电力电子与电机集成系统

赵凯岐——主　编
张　强——副主编

中国电力出版社
CHINA ELECTRIC POWER PRESS

内 容 提 要

本书是作者在多年从事电力电子与电机集成系统的教学、科研的基础上，结合近年来科技的发展和应用著写而成，主要研究电力电子与无刷直流电动机集成系统和电力电子与开关磁阻电动机集成系统，着重分析控制理论方法应用、硬件系统设计、实验性能研究，并针对具体实例进行解析。

全书共8章，第1章对电力电子与电机集成系统的发展历史、现状、典型结构进行概述，第2章从电磁理论基础出发，分析位置传感器、电动机本体及电力电子拓扑结构，第3章对无刷直流电动机的结构、磁场、绕组进行分析，第4章着重分析电力电子与无刷直流电动机集成系统的综合应用，含四开关拓扑及控制、无位置传感器控制、减小转矩脉动控制，第5章阐述集成系统硬件设计与实现，含主电路和控制电路设计、FPGA架构及DSP架构，第6章阐述电力电子与开关磁阻电动机集成系统的结构和原理，其控制方法及分析在第7章，最后，第8章分析电力电子与开关磁阻电动机集成系统的综合应用，面向减小电动机转矩脉动、新型无轴承电动机结构及电力电子电路结构。

本书可供电气、自动化领域的研究生作为教材，并供有关专业科技人员与高校师生参考之用。

图书在版编目(CIP)数据

电力电子与电机集成系统/赵凯岐主编. —北京：中国电力出版社，2024.7
ISBN 978-7-5198-8717-9

Ⅰ.①电… Ⅱ.①赵… Ⅲ.①电力电子技术—研究 Ⅳ.①TM1

中国国家版本馆CIP数据核字(2024)第046651号

出版发行：中国电力出版社
地　　址：北京市东城区北京站西街19号(邮政编码100005)
网　　址：http://www.cepp.sgcc.com.cn
责任编辑：丁　钊（010-63412393）
责任校对：黄　蓓　李　楠
装帧设计：王红柳
责任印制：杨晓东

印　　刷：北京雁林吉兆印刷有限公司
版　　次：2024年7月第一版
印　　次：2024年7月北京第一次印刷
开　　本：710毫米×1000毫米　16开本
印　　张：22.75
字　　数：348千字
定　　价：68.00元

前　言

电动机问世一个半世纪以来，作为主要动力，一直推动着社会文明的脚步不断向前发展；而电力电子出现半个多世纪以来，与电动机的融合能力不断增强，并随着新材料、新器件的不断涌现，其应用遍布工业生产、交通运输、航空航天、船舶海洋等各个领域与社会生活。目前，电力电子与电机集成系统已是现代电机控制系统的核心，是解决绿色能源、绿色电网的重要技术支撑，尤以无刷直流电动机和开关磁阻电动机为代表，成为不可分割的一体。

本书将电力电子与无刷直流电动机集成系统和电力电子与开关磁阻电动机集成系统统一撰述，结合本人多年在该领域的教学和科研实践经验，引入国内外最新发展成果及本人相关研究成果，涉及控制理论方法、硬件系统设计、实验性能研究，将理论和实践紧密结合，深入浅出，并针对具体实例进行解析，探索运用经典和现代控制理论、控制策略方法、驱动控制技术，满足社会日益增长的对电动机高效率、高可靠性和低转矩脉动等方面的需求。

全书共 8 章，第 1 章总体上对电力电子与电机集成系统发展历史、研究现状、典型结构进行概述；然后，第 2 章从电磁理论基础出发，引出电动机本体原理，再针对构成电力电子与电机集成系统的位置传感器、电动机本体及电力电子拓扑结构，分别进行阐述；第 3 章对无刷直流电动机的结构、磁场、绕组进行分析；第 4 章在前三章基础上阐述了电力电子与无刷直流电动机集成系统的综合应用，包括四开关拓扑及控制、无位置传感器控制、减小转矩脉动控制等；第 5 章阐述电力电子与无刷直流电动机集成系统硬件设计与实现，结合本人在该领域的研究经验与成果，包括主电路和控制电路设计、FPGA 架构及 DSP 架构等；之后，将电力电子与开关磁阻电动机集成系统的结构和原理放在第 6 章，其控制方法及分析在第 7 章；最后，第 8 章阐述电力电子与开关磁阻电动机集成系统的综合应用，包括减小电动机转矩脉动、新型无轴承电动机结构及电力电子电路结构等。

本书由赵凯岐主编，张强副主编，刘洋、赵爽、李承洋、胡峰峰、祝天宇、晏昭辉、周鹏达、孙沛彦、胡红霞等研究生参与了本书的编写、资料整理、图表制作等工作。撰写过程中，参阅了国内外大量文献、资料，在此对原作者一并致谢。

由于作者水平有限，加之时间仓促，书中难免有疏漏、错误、不妥之处，敬请读者批评指正。

编　者

于哈尔滨工程大学

目　录

第1章 绪　　论

电力电子集成概念的提出有十余年的历史，早期的思路是单片集成，体现了片内系统（System on Chip-SOC）的概念，即将主电路、驱动、保护和控制电路等全部制造在同一个硅片上。随着这一技术的发展，集成模块的设计和制造技术将成为电力电子技术本身研究的主要内容，而系统应用技术则逐渐成为具备基本素质的各行业工程师所掌握和使用的一般技术，他们会根据各自行业所针对的应用问题来设计和实现分散在各种装置中的电力电子系统。

电力电子与电动机集成系统是指以各类电动机为动力的传动装置与系统。因电动机种类的不同，有直流电动机传动简称直流传动、交流电动机传动简称交流传动、步进电动机传动简称步进传动、伺服电动机传动简称伺服传动等。直流电动机调速性能很好，所以在调速传动领域中原来一直占据主导地位。交流电动机与直流电动机相比，有结构简单、牢固、成本低廉等许多优点，缺点是调速困难。然而，由于电力电子技术的迅速发展，使电气传动发生了重大变革，即交流调速传动迅猛发展、电气传动交流化的新时代已经到来。电力电子技术已经很好地解决了交流电动机调速问题，因此交流调速传动已进入与直流调速传动相媲美、相竞争并逐渐占据主导地位的时代。

若将电力电子集成技术应用于交流传动系统中，就可以获得电力电子集成传动系统，其硬件结构如图 1-1 所示。图中的滤波器、AC/DC 整流器、DC/AC 逆变器均为智能化、标准化的集成电力电子标准化模块，或基于电力电子标准模块的集成系统，它们作为图 1-1 所示应用系统的子系统在应用管理器的统一控制下，再集成为能够实现各种控制策略的电力电子集成传动系统。

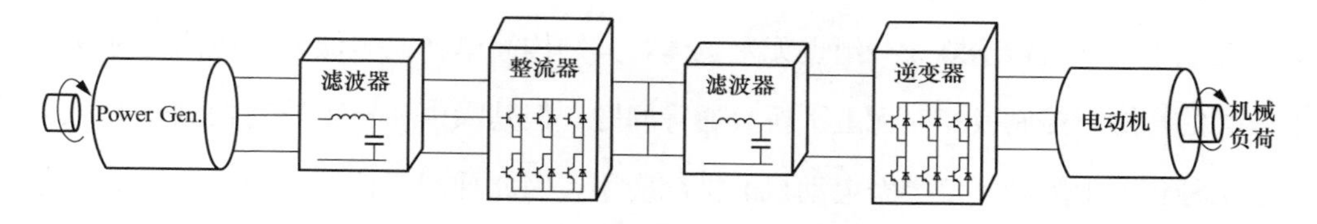

图 1-1　电力电子集成传动系统示意图

国内外常用的交流电动机主要包括永磁同步电动机、感应电动机、无刷直流电动机（Brushless DC Motor，BLDCM）以及开关磁阻电动机等。本书主要结合无刷直流电动机和开关磁阻电动机两种类型电动机的集成系统进行深入研究。

对无刷直流电动机的定义一般有两种：一种定义认为只有梯形波/方波无刷电动机才可以被称为无刷直流电动机，而正弦波无刷电动机则被称为永磁同步电动机；另一种定义认为梯形波/方波无刷电动机和正弦波无刷电动机都称为无刷直流电动机。无刷直流电动机是一种转子为永磁体，带转子位置信号，通过电子换相控制的自同步旋转电动机，其换相电路可独立也可集成于电动机本体上。本书将采用第一种定义，将具有串励直流电动机起动特性和并励直流电动机调速特性的梯形波/方波无刷电动机称为无刷直流电动机。无刷直流电动机由于其具有结构简单、转矩大和效率高等特点，已在国防、航空航天、机器人、工业过程控制、精密机床、汽车电子、家用电器和办公自动化等领域中得到了广泛的应用。

1.1 电力电子与电动机集成系统的发展历史

随着经济社会的飞速发展，电动机作为主要的机电能量转化装置，已普遍应用于现代社会和国民经济的各个领域及环节。为了适应不同的实际应用，各种类型的电动机应运而生，其中包括同步电动机、异步电动机、直流电动机、开关磁阻电动机等，其容量小到几毫瓦，大到百万千瓦。相比之下，同步电动机具有转矩大、效率和精度高、机械特性硬等优点，但同时同步电动机也存在调速困难、容易“失步”等缺点，这也进一步限制了它的应用范围。异步电动机结构简单、制造方便、运行可靠、价格便宜，但其机械特性软、起动困难、功率因数低，不能经济地实现范围较广的平滑调速且必须从电网吸取滞后的励磁电流，从而降低电网功率因数。开关磁阻电动机转子既无绕组也无永磁体，其结构简单、成本低廉，在低速时具有较大的转矩，控制换相时无上下桥直通等问题，但其噪声和转矩波动相对较大，这在某种程度上限制了该类型电动机的推广应用，因此抑制其转矩脉动问题显得尤为重要。直流电动机具有运行效率高和调速性能好等诸多优点，被广泛地应用于对起动和调速有较高要求的拖动系统，如电力牵引、轧钢机、起重设备等。目前，小容量的直流电动机在自动控制系统中仍然得到广泛应用。但是，传统直流电动机均采用电刷以机械方式换向，因而存在机械摩擦，使得电动机寿命缩短，并带来了噪声、火花以及无线电干扰等问题，再加上制造成本高及维修困难等缺点，从而限制了其在某些特殊场合的应用。因此，在一些对电动机性能要求较高的中小型应用场合，亟须新型高性能电动机的出现。

无刷直流电动机是在有刷直流电动机基础上发展起来的。1831 年法拉第发现电磁感应现象，从此奠定了现代电动机的理论基础。19 世纪 40 年代，第一台直流电动机研制成功。受电力电子器件和永磁体材料等发展的限制，无刷直流电动机在一个多世纪后才面世。1915 年，美国人 Langmuir 发明了控制栅极的水银整流器，并制成了直流变交流的逆变装置。针对传统直流电动机的弊病，20 世纪 30 年代，一些学者开始研制采用电子换相的无刷直流电动机，为无刷直流电动机的诞生提供了条件。但由于当时的大功率电子器件还处于初级发展阶段，没能找到理想的电子换相器件，使得这种可靠性差、效率低下的电动机只能停留在实验室阶段，无法推广使用。1955 年，美国首次申请成功用晶体管换相线路代替了电动机机械电刷的换向装置，这就是现代无刷直流电动机的雏形，如图 1-2 所示。

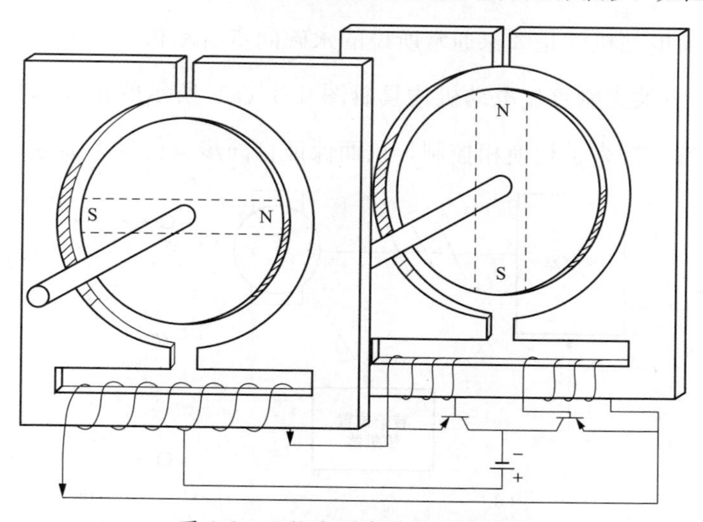

图 1-2　无换向器直流电动机模型

其工作原理是：当转子旋转时，在信号绕组中感应出周期性的感应电动势，此电动势导致对应晶体管导通，这样就使相应功率绕组轮流馈电，实现了换流。但该电动机的问题在于：首先，当转子静止时，信号绕组内不产生感应电动势，晶体管无偏置，功率绕组也就无法馈电，所以这种无刷电动机无起动转矩；其次，信号电动势的前沿陡度不大，使得晶体管的功耗较大。为了克服这些弊端，人们采用了带离心装置的换相器，或在定子上放置辅助磁钢的方法来保证电动机可靠的起动，但前者结构复杂，后者则需要附加的启动脉冲。其后，经过反复实验和不断实践，借助霍尔元件实现电子换相的无刷直流电动机终于在 1962 年问世，从而开创了无刷直流电动机产品化的新纪元。20 世纪 70 年代初期，出现了比霍尔元件的灵敏度高千倍左右的磁敏二极管，借助磁敏二极管实现换相的无刷直流电动机也试制成功。此后，随着电力电子工业的飞速发展，许多新型的高性能半导体功率器件相继出现，再加上钐钴、钕铁硼等高性能永磁材料的问世，均为无刷直流电动机的广泛应用奠定了坚实的基础。

1978 年，在汉诺威贸易展览会上德国正式推出 MAC 无刷直流电动机及其驱动系统，这标志着无刷直流电动机真正进入实用阶段。之后，各国对无刷直流电动机开展了深入的研究，先后研制成梯形波/方波和正弦波无刷直流电动机。正弦波无刷直流电动机就是大家通常所说的永磁同步电动机（PMSM）。一般来讲，它与梯形波/方波无刷直流电动机均具有图 1-3（a）所示的拓扑结构，可看作是采用转子位置反馈来进行换相控制，从而保证自同步运行且不需起动绕组的永磁

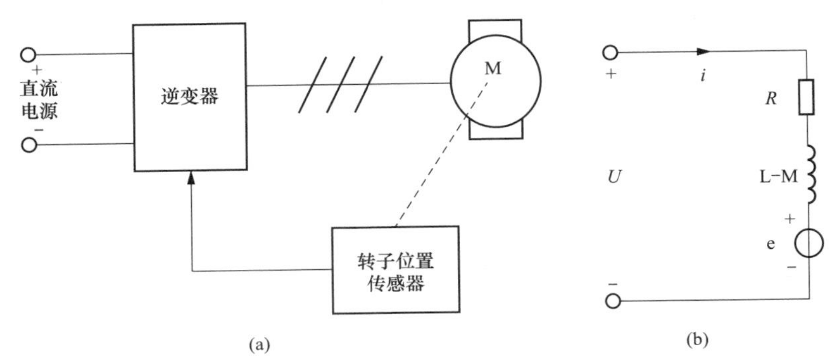

图 1-3　无刷直流电动机拓扑与等效电路图

电动机。同时，它们每相等效电路图也是相同的，如图 1-3（b）所示，图中 L-M 为每相等效电感。随着永磁材料、微电子技术、电力电子技术、检测技术以及自动控制技术特别是绝缘栅双极晶体管（IGBT）和集成门极换流晶闸管（IGCT）等大功率开关器件的发展，采用电子换相原理工作的无刷直流电动机正朝着智能化、高频化和集成化方向迅猛发展。

20 世纪 90 年代以后，计算机技术与控制理论发展十分迅速，单片机、数字信号处理器（DSP）、现场可编程门阵列（FPGA）、复杂可编程逻辑器件（CPLD）等微处理器得到了空前的发展，指令速度和存储空间都有了质的飞跃，进一步推动了无刷直流电动机的发展。此外，一些先进的控制策略和方法，如滑模变结构控制、神经网络控制、模糊控制、自抗扰控制和自适应控制等，不断地被应用到无刷直流电动机控制系统中。这些方法在一定程度上提高了无刷直流电动机控制系统在转矩波动抑制、转速动态和稳态响应以及系统抗干扰等方面的性能，扩大了无刷直流电动机控制系统的应用范围，同时还丰富了相关控制理论的内涵。

1.2 电力电子与电动机集成系统的国内外研究现状

1.2.1 无刷直流电动机转矩脉动抑制的研究现状

无刷直流电动机运行时的转矩波动大小是判断其运行可靠与否的重要标准，抑制它的大小是无刷直流电动机控制系统的重要研究方向。作为电动机的固有特征，无刷直流电动机不可能避免涡流效应和齿槽效应的影响。另外，由于电动机绕组呈电感性，导致电动机相电流不可能为理想形状的方波，这也给系统带来换相转矩脉动的问题。因此无刷直流电动机的转矩脉动抑制方面是一个重要的研究内容，许多学者在这方面进行了研究。

根据产生机理的不同，无刷直流电动机转矩波动主要分为齿槽转矩波动和换相转矩波动两类。相比于永磁同步电动机，其转矩波动较大，一定程度上制约了它在高精度、高稳定性场合的应用。为此，许多专家学者一直致力于无刷直流电动机系统转矩波动抑制的研究，并取得了丰硕的成果。

1.2.1.1 齿槽转矩波动抑制

齿槽转矩是由于定转子齿槽的存在，不同位置磁路的磁阻存在差异，气隙磁场在空间分布上出现锯齿形波动，进而造成电动机反电动势波形产生畸变，引起的转矩波动。减小齿槽转矩是无刷直流电动机设计时需解决的难题之一。采用CAD、CAM等技术，对电动机结构进行合理优化与改进，可有效减小齿槽转矩。目前抑制齿槽转矩的方法主要有斜槽法、分数槽法、磁性槽楔法和闭口槽法等。

1. 斜槽法

目前，抑制齿槽转矩脉动的方法中使用最多、技术最成熟的方法是斜槽法，斜槽法包括电动机定子斜槽和转子磁极斜极两种。斜槽的角度不是随意选取的，由一些实验数据可以看出，斜槽的角度与转矩的各次谐波幅值有关系，斜槽的角度不同，各次谐波的幅值也不同，谐波的幅值决定了定子绕组反电动势的波形。如果谐波幅值选取不当，容易使反电动势波形趋于正弦化，很难形成上顶平整的梯形波，电流换相信息很难采集，影响着反电动势法换相信息的获取。所以，斜槽法中的关键是斜槽角度的选取。

2. 分数槽法

分数槽法能削弱高次谐波电动势，减小脉动幅值，提高齿槽基波的频率，降低齿槽转矩脉动；缺点是容易与定子铁芯产生共振并且抵消电动机的有效转矩分量，使电动机的平均转矩下降。

3. 磁性槽楔法

磁性槽楔法就是在电动机定子绕组的插槽边固定上预定形状的磁性泥土，改变插槽口的形状。利用磁性槽楔改变了定子与转子气隙间的磁导分布，利用该原理减小了齿槽效应转矩脉动。但是由于磁性槽楔材料导磁性能的限制，也限制了对齿槽效应转矩脉动的抑制程度。

4. 闭口槽法

闭口槽法就是把电动机定子的齿槽口封住来减少齿槽转矩脉动。与磁性槽楔法相比，闭口槽法的导磁性好，改善齿槽转矩脉动的效果好。但是把电动机定子的齿槽口封住，会影响定子绕组的嵌线和无刷直流电动机控制系统的动态性能。

上面论述都是几种常用的方法，还有很多种不同的方法来抑制齿槽转矩脉动，但是这些方法要么实现起来复杂，要么抑制效果不理想，都没有得到广泛的应用。目前，也有很多研究人员在研究新的方法，能更好、更方便地抑制齿槽转矩脉动。文献［1］将电动机设计方案的优化归结为多目标函数的非线性规划问题，利用模糊小生境遗传算法对无刷直流电动机进行了优化设计，设计得到的电动机具有电磁转矩提升速度快和转矩波动小等特点。图 1-4 是对应的具体优化流程图。

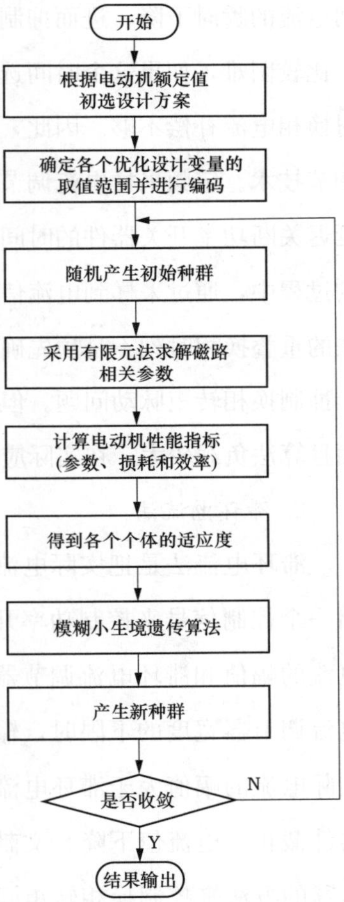

开始
根据电动机额定值初选设计方案
确定各个优化设计变量的取值范围并进行编码
随机产生初始种群
采用有限元法求解磁路相关参数
计算电动机性能指标(参数、损耗和效率)
得到各个个体的适应度
模糊小生境遗传算法
产生新种群
是否收敛
N
Y
结果输出

图 1-4　基于模糊小生境遗传算法的电动机优化设计流程

1.2.1.2　换相转矩波动抑制

电动机换相过程中转矩脉动是因为电动机定子绕组中电感的续流作用使电动机在换相时发生延迟而产生的。而且控制电动机一般采用的 120°导通方式下，换相转矩脉动问题尤为突出。前面提到的齿槽转矩脉动和谐波转矩脉动均可通过改进完善电动机本体的机械设计抑制到很小，但换相转矩脉动必须通过一系列控制算法等来加以抑制，也不能抑制到很小。在电动机的转矩脉动中，换相转矩脉动可占到平均转矩的 50％左右，抑制换相转矩脉动成为抑制电动机转矩脉动问题的主要项。

1. 重叠换相法

最早用来抑制换相转矩脉动的方法是重叠换相法，即在换相的时刻，使即将关断的开关器件延迟一个时间关断，让即将开通的开关器件提前一个时间间隔导通。延迟关断功率开关器件的时间和提前开通功率开关器件的时间可减缓换相期间电流的瞬时下降，进而抑制了换相转矩脉动。但是传统的方法在选取时间间隔上比较困难，如果这个时间选取过大将会对换相电流过补偿；如果选取过小，又对换相电流补偿不够。因此，通过改进传统的重叠换相法，提出了定频采样电流调节技术。定频采样电流调节技术与传统重叠换相法相比，不是在换相开始时，延迟关断功率开关器件的时间和提前开通功率开关器件的时间，而是在整个换相的过程中，通过采样到电流信号对确定补偿时间间隔的时刻。可以看出，这个方法的重叠换相时刻不是预先确定的，而是由电流信号自动调节的，能在更大程度上抑制换相转矩脉动问题。但是该方法需要有很高的开关频率和电流采样频率，而且算法负载较大，在实际应用中还是比较少的。

2. 滞环电流法

滞环电流法是把实际电流与参考电流输入到滞环电流调节器中作比较，输出一个控制信号来控制功率开关器件的导通与截止。输出的控制信号是由实际电流的幅值和滞环电流调节器的宽度共同决定的：当实际电流的幅值小于滞环电流调节器宽度的下限时，输出信号控制功率开关器件导通，电流值升高；当实际电流的幅值大于滞环电流调节器宽度的上限时，输出的信号控制功率开关器件截止，电流值下降。文献［2］在滞环电流法的理论基础上，提出了一种新颖的方法来控制换相转矩问题。根据换相转矩跟非换相相电流成正比，通过滞环电流调节器把非换相相电流与参考电流相比较，把非换相相电流确定到一个确定的值，这样换相转矩就确定到一个确定的值，进而减小换相转矩脉动。此方法电路简单快速，可把转矩脉动抑制到很小，功率开关器件的开关频率低、损耗小。

3. PWM 斩波法

在电动机低速运行情况下，滞环电流法能较好地完成换相转矩脉动的抑制任务，但是在电动机高速运行情况下，此种方法不能达到很好的抑制效果，所以提出了 PWM 斩波法来解决这个问题。PWM 斩波法是通过调节功率开关器件的频率来控制电动机定子绕组端电压的大小，使换相电流上升速率近乎等于下降速率，保证总电流的大小变化下降，抑制了换相转矩脉动问题。平均电磁转矩相等时，单斩 PWM 控制方式的换相转矩脉动小于双斩 PWM 控制方式的换相转矩脉动；当 PWM 的占空比和母线电压相同时，单斩 PWM 控制方式的电动机定子绕组电流值大于双斩 PWM 控制方式的电动机定子绕组电流值，而在 PWM 单斩控制方式中，采用 PWM_ON 控制方式下的换相转矩脉动最小。

4. 电流预测控制

重叠换相法适宜抑制电动机在低速运行情况下的换相转矩脉动，滞环电流法适宜抑制电动机在高速运行情况下的换相转矩脉动，把无刷直流电动机换相转矩脉动划分为低速区和高速区来进行研究抑制的。在电动机的实际控制是个变速控制过程，电动机的速度是变化的，不仅局限于只在低速情况下运行或只在高速情况下运行。因此，提出了一种无论电动机在低速运行情况下，还是高速运行情况下都能抑制换相转矩脉动的电流预测控制方法。电动机在低速运行下和高速运行下，可以找到换相电流的变化规律，然后通过预测其值进行合理的控制，使关断相的绕组电流下降率近乎等于导通相的绕组电流上升率，保证非换相的绕组电流值保持不变或者变化微小，进而抑制换相转矩脉动。该方法适用性强，能应用在不同的电动机控制方法中的换相转矩脉动的抑制上，并且抑制效果理想。

1.2.2　无刷直流电动机无位置传感器控制的研究现状

在无刷直流电动机无位置传感器控制中，传统的控制方法主要有反电动势法、电感法、磁链法、三次谐波法和续流二极管法。其中，反电动势法是目前最成熟、使用最广泛的方法。电感法和磁链函数法也有应用且电感法因其特殊的原理可用于电动机起动控制。与上述三种方法相比，三次谐波法和续流二极管法的研究与应用都不多。

1.2.2.1　反电动势法

此种方法是根据电动机在运行状态下定子绕组产生的反向电动势波形来确定

换相时刻，并给电动机提供换相电信号。有三种方法可通过反电动势获取转子的位置信号，即过零检测法、锁相环技术法和逻辑电平积分比较法，其中过零检测法在实际中应用的比较多。无刷直流电动机定子绕组的反电动势与气隙磁场的波形一样，都是呈梯形分布的，图 1-5 是以 A 相为例的反电动势法过零点与换相点关系图。由图 1-5 可知，反电动势过零点延迟 30°电角度就是定子电流换相的时刻，这样就得到六个换相信号，通过这六个换相信号控制全桥式驱动电路的六个功率开关器件，使电动机能够正确换相，正常运行。

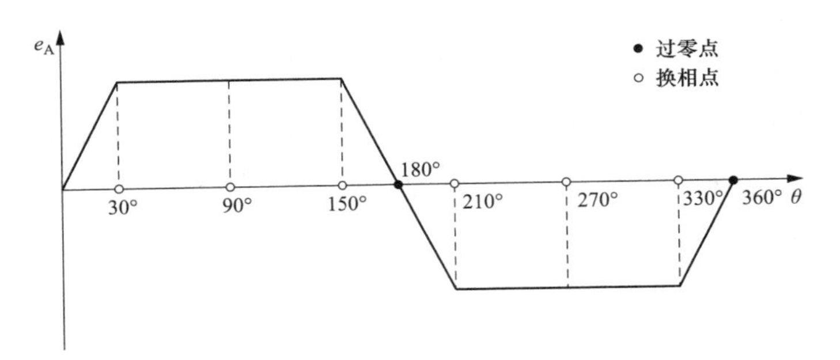

图 1-5　反电动势法过零点与换相点关系图

获取反电动势过零点的电路一般采用端电压检测电路，即检测电动机定子非导通相两端的电压信号，即进行一定的处理而得到反电动势的过零点，根据过零点与换相时刻的关系计算出换相时刻，反馈给电动机进行正确换相。而采用线电压法则无需延时，测得的反电动势过零点即为换相点。

反电动势法原理简单、实现方便，在市场上应用广泛。目前，大多数无位置传感器控制的无刷直流电动机采用反电动势法。但是，反电动势法同样存在着一些弊端，如当电动机静止或转速较低时，反电动势等于零或非常小并且难以检测，因此电动机难以自起动。此外，除了起动问题还有信号干扰以及非理想状态的问题。为了解决起动问题，国内外研究人员提出了多种起动方法，包括：三段式起动法、预定位起动法、升频升压同步起动法，I/f 恒流升频起动法。

（1）三段式起动法。三段式起动法是先给电动机外加电压，强迫电动机从静止状态加速到一定的速度，再切换到控制电动机转速的环节上，由此来实现电动机的起动。三段式起动法包括转子位置的确定、电动机加速环节和电动机运行状态切换三个过程，其电路原理图如图1-6所示。

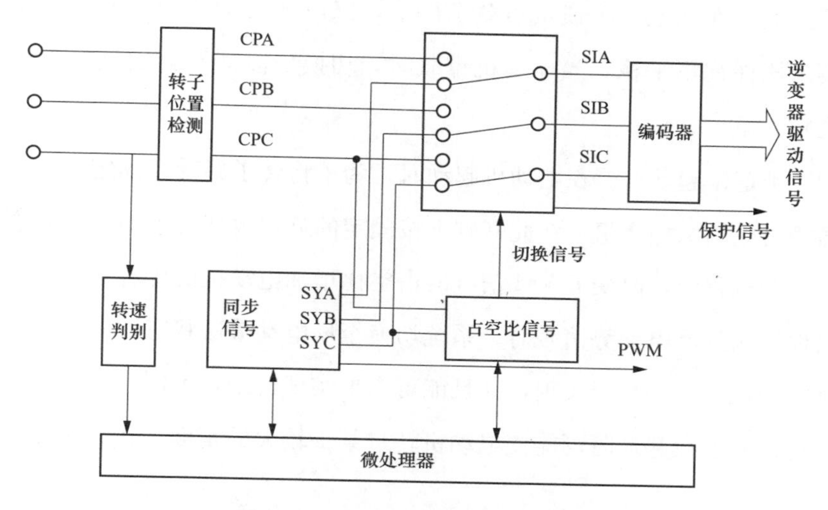

图1-6　三段式起动法电路原理图

电动机静止时很难确定转子的初始位置，而转子的位置信息又是控制驱动电路功率开关器件导通的控制信号，所以才有转子定位法，通过先给电动机的某相定子绕组通电，使电动机的转子转到预期想要的位置，然后再进行后续的换相操作，经过一段时间后，电动机能正常运行时，可以把转子转到的某个位置设定成电动机转子的初始位置，进而继续进行电动机的控制。

转子的位置确定后，中央处理器接收通过转速判断器处理的端电压值，再通过信号发生器发出一系列外同步信号SYA、SYB、SYC，与转子位置检测器输出的CPA、CPB、CPC共同送给信号选择电路，由信号选择电路作用输出的信号SIA、SIB、SIC输出给编码器，再经编码器产生驱动电路的功率开关器件控制信号。无刷直流电动机在低速运行情况下，反电动势小，波形不明显，驱动电路的占空比小；高速运行情况下，驱动电路的占空比相对提高，属于变频式调节，使电动机在不同转速情况下都能运行正常。可通过中央处理器调节外同步信号的频率来对电动机进行变频控制，在电动机加速到一定的速度后，可切换到反电动势法对电动机的进行转子位置信号的获取并进行合理换相和速度调节。三段式启动法易受电动机负载转矩、外施电压、加速曲线及转动惯量等诸多因素影响。在轻载、小惯量负载条件下，三段式启动法一般能成功实现，但在切换阶段往往不平稳，当电动机重载时，切换阶段甚至会发生失步进而导致起动失败。

（2）预定位起动法。在电动机起动时，为了将转子旋转到固定某一位置，通过导通相对应的两相绕组，在此基础上按固定的顺序改变绕组的导通状态进行换相。在这个过程中，改变 PWM 信号的占空比增加电动机的外施电压，并且当可以连续地检测到反电动势信号时，系统切换至反电动势法状态。

预定位起动方法易于实现，并且能可靠地实现转子在不同位置起始角度的起动。但是该方法在起动时可能使电动机转过某一较大的角度，在某种场合是不适用的。

（3）升频升压起动法。由硬件电路实现的升频升压法类似于三段式起动法，升频升压硬件原理图如图 1-7 所示。

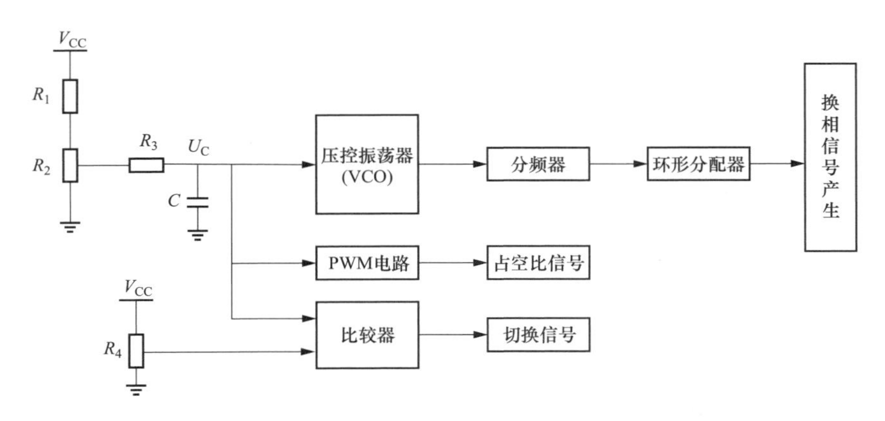

图 1-7　升频升压法硬件起动原理图

根据硬件原理图可看出，当给电路通电后，输入端的电容电压逐渐上升。施加在压控振荡器的输入端，压控振荡器输出经过分频后加在环形分配器上作为环形分配器的时钟信号，环形分配器输出信号控制逆变桥功率器件的接通和断开。同时加到PWM电路输入作为调制信号，这样PWM的占空比随U_C的增大而增大。另外，将U_C的值和设定的阈值进行比较，并且当其足够大时，将电动机切换到无位置传感器方法，以完成电动机升频升压模式的起动过程。

升频升压法可在一定范围内不同负载下实现可靠的起动，但有必要根据电动机参数设计合理的起动电路。这种方法利用硬件实现，可靠性高，但是增加了电路的体积。

（4）I/F恒流升频启动法。该方法在起动期间添加电流控制环以启用软起动。该方法的原理是通过参考速度积分得到参考位置，电动机根据参考位置的不同进行换相；在起动的过程中将母线电流作为反馈，将参考电流与母线电流之差经过调节之后得到PWM占空比，从而得到电动机的给定电压。

该方法同样需要转子的预定位，当起动负载较大时，需要的定位电流较大，某些场合并不适用。

（5）信号干扰问题。在采集的三相电压信号中，存在高频干扰信号，使得反电动势过零点信号不准确。对此，一般采用低通滤波器过滤掉高频信号，但由此产生的相移需要在后续的控制中进行补偿。文献［3］构造了反电动势与反电动势斜率之比的函数，通过分析函数的单调性来得到电动机的换相信号，该方法无需反电动势过零点信号，避免了低通滤波带来的延时，使电动机能工作在更宽的工况范围。续流阶段同样会对反电动势过零点信号采集造成干扰。文献［4］分析了PWM调制对反电动势过零点检测造成的影响，并对阻容滤波造成的相移以及硬件与软件产生的延时进行了补偿。文献［5］在考虑续流影响的基础上，通过分析电动机线电压差积分值与换相角度之间的关系，调制延时来控制线电压积分值为零，从而校正电动机换相点，实现精准换相。

（6）实际中的非理想情况。在实际中难免会存在着一些不理想的情况，非理想的反电动势波形、不平衡不对称情况和电动机参数的变化等都会对电动机控制产生影响。

非理想的反电动势波形会对过零点采集造成影响，导致电动机换相不准确。线反电动势法是一种减小梯形波波形不理想问题的可行方法，同时可避免采用相反电动势过零点检测产生的中性点重构误差和滤波延迟。文献［6］通过磁滞比较器、变换的线电压以及滤波器设计来减小低电感、非理想反电动势高速电动机的换相角误差。

对于不平衡不对称的问题，文献［7］提出了一种不平衡过零点检测补偿方法，来估计 6 个平衡的换相时刻，从而减少电流纹波。文献［8］则分析了电动机参数不对称和反电动势测量回路的电阻容限对过零点检测造成的影响，并提出了一种自适应阈值校正策略来抑制由此导致的换相误差，但是文中并未分析非对称互感的问题。

对于电动机参数变化的问题，文献［9］结合电动机的机械模型和电气模型，推导出与采样周期无关的反电动势算法，能有效抑制反电动势纹波，对参数变化和瞬态变化有较好的鲁棒性，同时也提出了对参数误差的补偿方法。

1.2.2.2 其他传统控制方法

（1）电感法。当电动机运行时，电动机定子绕组的电感值会随着转子位置的变化而变化。电感法的基本思想就是通过检测电感值变化来测定转子位置。不同于反电动势法，电感法不受反电动势影响，在起动或低速运行时也有很好的应用效果，但是电感法对电流检测的精度要求很高。文献［10］在保证检测脉冲数不变的情况下，通过同时分析脉冲电流的幅值与极性来提高检测精度，减小电动机实际运行中参数误差造成的影响。图 1-8 是线电感、线电流差与转子电角度的关系图。将 360°分为 12 个区间，即将精确度提升至 30°，并根据改进的修正原则，即使位置检测结果与三相的状态距离最短，也可消除检测盲区。文献［10］中也同时提出了“滑动窗口”的切换方法，通过检测换向序列来实现电动机运行状态切换，提高了电动机运行的稳定性与可靠性。

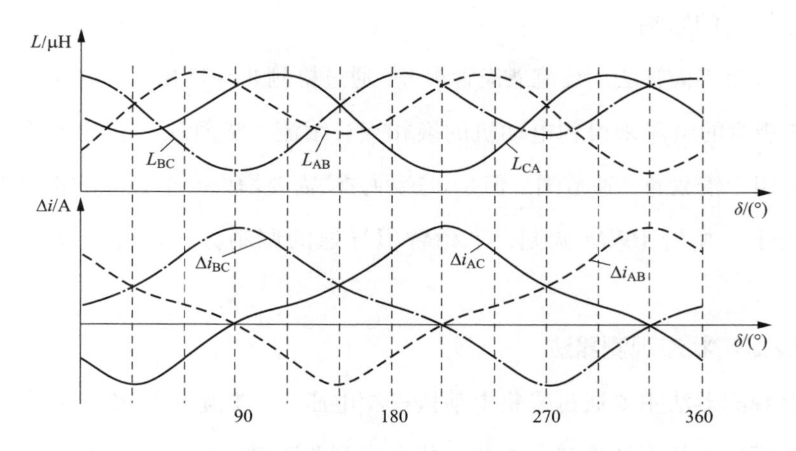

图 1-8　线电感 L、线电流差 Δi 与转子电角度 δ 关系图

（2）磁链法。磁链法依据磁链与转子位置之间的关系，通过磁链信息来估算转子位置。磁链法构造了与转速无关的磁链函数[11]，通过对函数的分析，得到电动机的换相点，所以理论上可在全转速范围内使用。磁链法计算复杂，对电压、电流的测量精度要求高，而且容易受到电动机参数变化的影响。此外，磁链法的使用也需要确定转子的初始位置，在实际使用中有一定的限制。

为了改进磁链法，拓展磁链法的应用范围，近年来学者们对磁链法也有进一步的研究。文献［12］通过对磁链函数的定性分析，简化了传统的磁链函数，并采用换相阈值闭环控制来滤去干扰脉冲，实现精准换相。文献［13］提出了无需磁链观测器的间接磁链法，提高了磁链控制的效果，简化了系统结构。文献［14］提出了一种基于磁链函数的新型自适应换相补偿方法，不仅滤除了高频噪声，同时补偿了换相误差，并提高了系统效率。这种控制策略在高低速时均有优良表现，低速可至约 30r/min（约额定速度的 3%），同时在高速时可进行精确的换相补偿。

（3）三次谐波法。三次谐波法[15-16]通过检测反电动势三次谐波的过零点来确定电动机的换相点。三次谐波法能应用于较广的转速范围且具有较小的相位延迟，但是使用时需要附加检测电路，而且积分过程会累计低速时的误差，对其使用造成了一定的影响。

（4）续流二极管法。续流二极管法[17] 通过检测非导通相反并联于开关管两端的续流二极管的电流来得到电动机的换相点。续流二极管法与转速无关，检测灵敏，可适用于较宽的转速范围。但是，这种方法需要增设 6 个独立的检测电源，并且只适用于上桥臂 PWM 调制、下桥臂恒导通的调制方式，具有很大的使用局限性。

1.2.2.3　状态观测器法

状态观测器法主要通过采集电动机三相电压、三相电流以及转速等参数，构建观测器模型，从而估算转子位置。状态观测器法对于传统控制方法是控制性能上的一个提升，在低速运行、转矩脉动抑制和转速控制性能等方面都有优异的表现，但是相对的，它对处理器性能有更高的要求。目前，Kalman 滤波器法和滑模观测器法是无刷直流电动机无位置传感器控制中常用的状态观测器方法，也是热点的研究方向。两种状态观测器法优缺点对比如下：采用 Kalman 滤波器鲁棒性、抗扰性、适应性强，但存在运算量大和发散问题；采用滑模观测器鲁棒性、抗扰性、适应性强，但系统存在抖振。

（1）Kalman 滤波器。在实际控制中，系统一般都会存在不确定性，包括数学模型不完美、系统扰动、测量误差和信号干扰等。Kalman 滤波器是解决这些问题的一种常用的智能控制方法。其应用递推的思想，以无偏及最小估计偏差方差为最优准则［18］，通过前次估计值与当前值得到新的估计值，使估计误差最小，从而得到最优估计值。故而 Kalman 滤波器也曾被叫作线性最小均方估计值。Kalman 滤波器控制系统框图如图 1-9 所示。

Kalman 滤波器可解决控制系统中的噪声问题，具有较强的抗扰能力，可使电动机换相控制更精确且适应更多的工作环境，但是 Kalman 滤波器在使用过程中需要大量的计算。文献［19］将 Kalman 滤波算法应用于直接转矩控制中，解决了微分运算噪声的干扰并且节省了滤波电路。

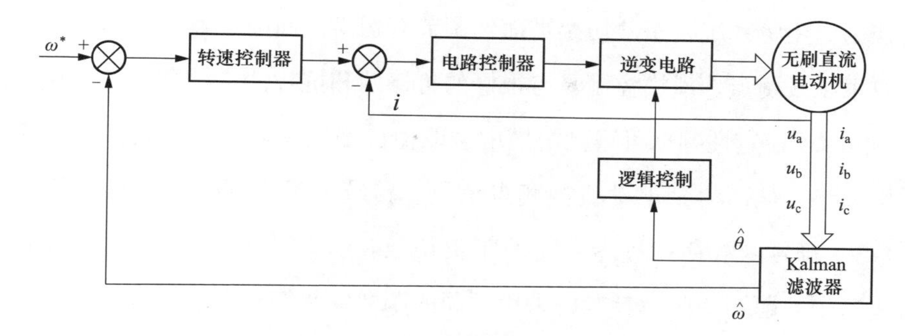

图 1-9　Kalman 滤波器控制系统框图

Kalman 滤波算法适用于线性系统，而扩展 Kalman 滤波（Extended Kalman Filter，EKF）算法是其在非线性系统应用领域的拓展。EKF 算法通过泰勒展开实现非线性系统的线性化。文献［20］为解决传统反电动势法中噪声与测量误差引起的观测不准确问题，提出了基于 EKF 算法的控制方法，并验证了系统具有良好的稳定性与控制性能。

此外，随着研究的深入，EKF 算法在实际应用中也有诸多改进。文献［21］引入衰减因子，提高当前测量值中的估计比重，减少前期测量值的影响，从而减小累计误差影响，避免 EKF 算法在转子位置估计中可能存在的发散问题。文献［22］提出了一种采用自适应 EKF 估计相电流的方法，可防止因测量灵敏度而导致的不稳定情况，提高电流控制的鲁棒性。文献［23］提出了一种基于降阶离散状态空间模型的 EKF 算法，根据定子电流测量值估计转子转速和位置，减少了滤波器的计算时间，简化了协方差矩阵的调整。

EKF 算法一般为一阶近似算法，为提高近似精度，基于 UT 变换的无迹 Kalman 滤波（Unscented Kalman Filter，UKF）算法被提出可用于无刷直流电动机位置检测[24] 且可达到二阶或三阶近似。文献［25］采用线磁链法并结合 UKF 算法来估算转子位置，经过与反电动势法的实验对比，证明提出的方法具有更好的换相精度且不受参数变化影响。针对其计算量大的问题，文献［26］采用球形采样策略取代传统的平方根对称采样策略，从而减少了采样点数量以及算法计算量。

（2）滑模观测器。滑模观测器根据需要的系统动态性能来设计切换平面，并通过控制作用将系统状态从切换平面外调节至切换平面内，最后在切换平面内将系统收束至平衡点。滑模控制具有很好的鲁棒性和抗扰性，结合滑模存在条件以及 Lyapunov 稳定性判据可得到滑模增益取值。根据建立的滑模观测器即可得到线反电动势，从而得到电动机换相点信息。传统的滑模观测器采用了符号函数 sgn，由于符号函数存在过零点时的正负切换，所以导致系统存在抖振的现象。为解决这个问题，一些学者考虑采用不同的函数取代符号函数。文献［27］采用了 sigmoid 函数取代传统滑模观测器中的 sgn 函数，利用设计函数光滑连续等特点来减小系统的抖振。图 1-10 是改进滑模观测器框图。文献［28］、［29］则分别考虑了采用双曲正切函数和一种新型饱和函数。

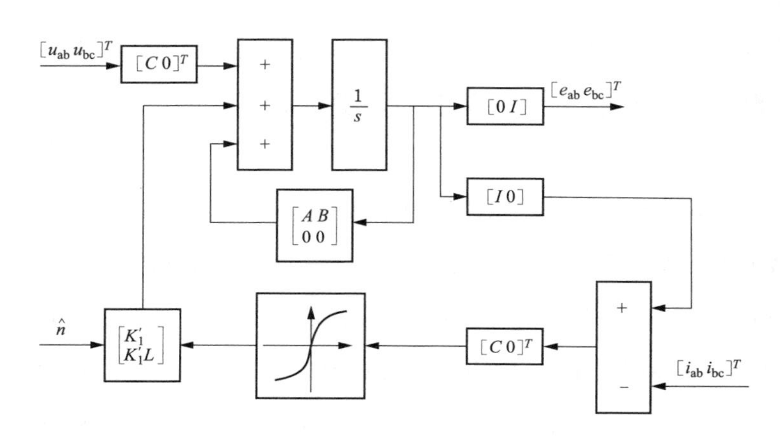

图 1-10　改进滑模观测器框图

幂次趋近律[30]、[31] 同样是一种可有效削弱抖振影响的方法。文献［31］采用幂次趋近律，通过调节幂指数来优化系统的控制性能，并结合构建的饱和函数，降低系统的抖振。此外，也可考虑结合其他控制算法，文献［29］便结合了自适应控制算法，减小了切换波动对转速控制的影响。在滑模控制方法中，滑模增益的选取是对系统控制来说比较重要的因素。文献［32］采用了多种群遗传算法来取代单种群遗传算法，优化了滑模观测器的增益参数，减少了参数选取时间与误差。

1.2.2.4　智能控制方法

智能控制方法对电动机系统的数学模型要求不高，具备优异的控制性能与广泛的适用性。高性能处理器的出现满足了智能控制方法对计算能力的需求，使智能控制方法在实际中的广泛应用成为可能。

（1）模糊控制。模糊控制是一种具有较好鲁棒性的智能控制方法，它无需知道精确的数学模型，在推理逻辑上更近似人类的思维方式，所以有很好的适应性和抗扰性。由于其优异的推理能力，故而在电动机这种不确定性较多的系统中也有着较好的应用。模糊 PID 控制[33]~[35]是常用的控制方法，图 1-11 是无刷直流电动机的模糊 PID 控制结构原理图。转速误差与误差变化率作为输入，通过合适的模糊规则，经过模糊推理后可以得到 PID 控制器 KP、KI 和 KD 的修正量，从而完成控制器参数的自整定，提高系统自适应能力。

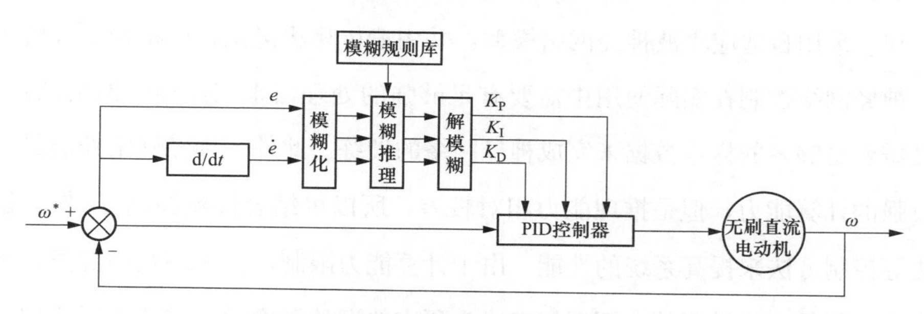

图 1-11　模糊 PID 控制结构原理图

模糊控制本身存在一些问题：一方面，规则库的建立需要依托于大量的专家经验；另一方面，模糊控制推理能力强，但是学习能力弱。在实际使用中，为实现更优的控制性能，模糊控制一般也会结合其他控制方法一起使用，如模糊神经网络控制[36]等。

（2）神经网络控制。随着计算机技术的进步，神经网络控制方法在控制领域已有广泛的应用。神经网络种类很多，不同的神经网络有不同的特性，故而神经网络控制能够满足很多的使用需求。在无刷直流电动机的控制中，单神经元网络[37]、BP 网络[38]、RBF 网络[39] 和小波网络是较常用的神经网络类型。单神经元网络结构简单，运算量相对其他网络较少，所以使用也较为灵活，也常用于优化电动机 PID 控制性能。

BP 神经网络存在局部收敛且收敛速度慢的问题，对此许多文献也提出了优化方法。文献［40］提出一种在线调整学习速率的 BP 神经网络，提高了控制性能，减小了系统的超调和振荡问题。文献［41］、［42］分别提出 Q 学习优化[41]和 LQR 优化方法[42]，改善了电动机速度控制性能。

RBF 网络可看作是一种特殊的 BP 网络，有着很好的逼近和收敛能力。文献［43］、［44］分别将 RBF 神经网络与模糊控制和滑模控制相结合，实现速度精准控制。文献［45］提出了以反电动势差作为返回信号的基本补偿策略以及基于自适应 RBF 神经网络的补偿方法，有效地补偿了高速电动机从加速到稳态的换相误差。

小波网络结合了神经网络和小波分析，具有收敛速度快和精度高的特点。文献［46］采用自适应小波神经网络模型，并用遗传算法优化，可精确估计转子位置。神经网络控制在实际使用中需要有足够强的处理器来支撑神经网络的运算，并且需要足够多的样本数据来完成神经网络的训练。此外，神经网络控制虽然有着较强的计算能力，但是推理能力相对较差，所以可结合模糊控制[47]、[48]、遗传算法等控制方法来提高系统的性能。由于计算能力限制，在大多数情况下，神经网络方法都是离线学习的，而近年来成为研究热潮的深度学习方法也同样因此难以在电动机控制中使用。但是相信随着科技的进步，深度学习方法也能成功应用在电动机控制领域中。

（3）其他智能控制方法。在模糊控制和神经网络控制之外，学者们对遗传算法、蚁群算法和粒子群算法等方法亦有研究。遗传算法[49] 的思想来源于生物遗传，根据评价函数、选择运算、交叉运算和变异运算实现寻优，具有较好的鲁棒性和全局搜索能力，多用于对模糊控制等方法的优化。但其效率不高，易过早收敛且对优化问题的约束多表达不全。蚁群算法[50] 模仿了蚂蚁的觅食行为，通过多样性和释放信息素的正反馈机制来得到最优解，但蚁群算法在初期速度慢且容易陷入局部收敛。粒子群算法通过粒子不断迭代寻求个体最优解来得到全局的最优解，算法收敛快、设置参数少，但在部分问题中并不适用。对于该算法同样存在的局部收敛问题，文献［51］提出了自适应惯性权重法来进行优化。

1.2.3　开关磁阻电动机转矩脉动以及噪声振动抑制的研究现状

目前对于开关磁阻电动机整个系统的应用存在很多限制性因素，其中电磁转矩波动与振动噪声是关键的两个因素，因此降低转矩波动和实现噪声抑制是开关磁阻电动机研究的热点，对于磁阻电动机整个驱动系统理论研究工作和实际应用具有重要意义。

1.2.3.1　转矩脉动抑制

影响开关磁阻电动机转矩波动的主要原因在于相绕组换相引起的相电感变化，一般降低转矩波动的方法有两种：①在电动机内部对定转子的各个结构进行合理化设计，通过改变齿槽以及极弧系数等参数，来最大程度地减小转矩脉动；②在外部改变电动机的控制策略，通过对导通角与关断角进行优化选取，合理的控制导通区间，在一定程度上可对转矩波动进行改善。目前在新型控制算法方面的研究还不算成熟，应用也较少。

由于开关磁阻电动机自身可控参数多的优势，所以对于转矩脉动问题采用的控制方法很多，比如直接对转矩进行约束的直接转矩控制方法，或者通过改变开通角度来抑制电流幅值从而限制转矩脉动的间接方法。

直接转矩控制是对转矩进行约束处理，一般情况下引入转矩闭环，通过一个给定转矩值进行输出值的限制，如图 1-12 所示。由于此方法是直接对转矩限制，所以对于转矩脉动抑制的实现效果明显。传统电动机的直接转矩控制策略同样适用于开关磁阻电动机，于是便衍生出多种控制方法，比如对转矩和磁链同时控制的基于开关矢量表的直接转矩方法，省去磁链环的基于 DITC 矢量表的直接转矩控制方法等。后者改进的方法更为简单更为有效，实验证明了该算法在电动机低速或高速运行中对转矩脉动抑制效果都有明显的改善。还有一些在已有的直接转矩控制基础上进行改进实现的方法。

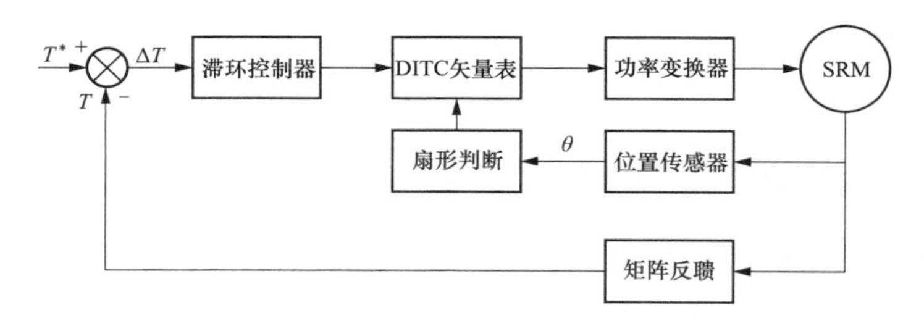

图 1-12 直接转矩控制图

间接转矩控制方法目前对于开关磁阻电动机的应用起到了助力的作用，尤其在无位置传感器控制过程中可起到更好的控制效果。该方法是通过对电动机的外部一些参数进行控制，通过对电流或角度等进行控制可对转矩波动进行一定程度的改善，从而实现间接转矩控制。间接控制可控参数多，调节起来更加方便。随着电动机控制策略研究的不断深入，以及新型控制方法的兴起，已经有越来越多的优化方法来对电动机的电流和转矩进行间接控制。

微步控制策略是目前磁阻电动机应用较多的间接方法之一，其控制的核心思想就是角度小步调节化，如图 1-13 所示。

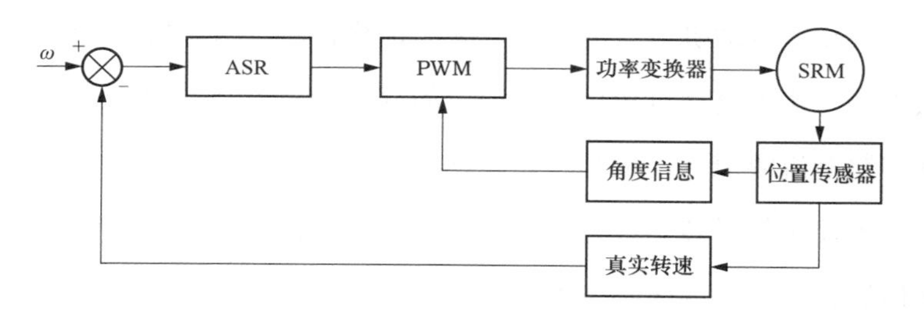

图 1-13 微步控制策略结构图

微步控制的基本原理就是通过规划步进角度来达到转矩波动抑制的效果，尽可能最大限度地缩短控制周期，从而对每一段步进角度都能调节，通过缩短步进角度在一定程度上可抑制转矩脉动，但是在一些复杂要求较高的场合下实现起来更加困难，角度调节的范围对电流和转矩波形影响很大，合理的控制开关角度对于开关磁阻电动机的整体性能影响巨大，但是由于磁阻电动机自身严重非线性结构，开通角度控制范围不易确定，因此如何选取开关角度需要借助于神经网络或模糊控制等先进理论的思想方法，通过实验已经证实对导通角度进行合理的优化和设计对于转矩脉动抑制有明显的效果，已经成为主要的间接控制方法。

基于电动机控制策略的转矩脉动抑制方法主要有：电流波形曲线法、转矩分配函数法（Torque Sharing Function，TSF）、直接转矩控制（Direct Torque Control，DTC）、直接瞬时转矩控制（Direct Instantaneous Torque Control，DITC）。文献［52］对常见的四种转矩分配函数进行对比分析，通过对开通角、关断角和重叠角等参数对电动机磁链变化率和铜损的分析，指出在不同控制要求下采用不同的分配函数以实现最优控制。文献［53］采用余弦 TSF 对整距绕组分块转子开关磁阻电动机的转矩脉动进行控制。提出相电流补偿的转矩控制策略，解决了关断区电流不可控和实际电流不能准确跟踪参考电流两方面导致的转矩脉动大的问题。文献［54］、［55］提出在线 TSF 和离线 TSF 两种转矩脉动抑制方法，并且与传统的线性 TSF、三次 TSF、指数 TSF 对比，实验结果表明在线 TSF 和离线 TSF 这两种方法均可在开关磁阻电动机宽转速范围内有效抑制转矩脉动。文献［56］首次在开关磁阻电动机中使用 DTC 进行转矩脉动抑制，根据转矩和磁链滞环控制器产生的误差信号，功率器件的开关信号由开关表的选择来产生。文献［57］首次进行了适用于开关磁阻电动机的 DITC 研究，该文献研究了电动机两相同时导通时 DITC 换相规则，首先实测电动机磁链和绕组电流，通过查表法获取电动机转矩，对其叠加得到瞬时转矩。德国学者在 2005 年对基于 DITC 的高动态性能四象限开关磁阻电动机展开研究，提出系统设计转矩滞环控制器的策略。由以上文献分析可知，将电动机本体设计与电动机控制方法结合，可有效降低开关磁阻电动机转矩脉动。

1.2.3.2 噪声振动抑制

开关磁阻电动机的特殊结构和工作方式是导致电动机固有的振动噪声偏大的主要原因，解决噪声振动问题一直是开关磁阻电动机研究的关键课题。美国学者 Cameron. D. E 教授等基于开关磁阻电动机频域实验进行噪声振动方面的研究，指出开关磁阻电动机振动和噪声产生的原因主要是定、转子之间径向磁吸力导致的定子压缩、扩张形变。另外，径向磁力引起的共振，将会带来更恶劣的振动和噪声。文献［58］基于时域分析得出开关磁阻电动机相绕组关断引起的冲击振动是导致其振动大的主要原因之一。Jung-PyoF Hong 研究了开关磁阻电动机不同类型的定子扼部和磁极形式对开关磁阻电动机振动的影响。孙剑波等提出了一种基于直接瞬时转矩控制的同时减小转矩脉动和减振降噪的控制策略。文献［59］通过改变转子齿形状来达到抑制电磁振动的目的。通过样机试验可以看出，采用转子齿两侧开槽的转子结构可有效减小电动机的电磁振动。文献［60］针对三相开关磁阻电动机，采用对电动机其中两相绕组同时通电的方式，取得了一定的降低噪声的效果。

1.2.4 开关磁阻电动机无位置传感器控制的研究现状

开关磁阻电动机无位置传感器技术引起世界各国学者高度重视。美国德克萨斯 A&M 大学 M. Ehsani 教授在文献［61］中综述了现有无位置传感器技术理论基础、方法的局限性、方法的现状和发展趋势。将现有无位置传感器技术分为三大类：基于硬件的方法、基于数据的方法、基于 MIPS（Millions Of Instructions Per Second）的方法。文献［62］将现有的无位置传感器技术分为起动和低速的方法、中高速的无位置方法两大类，针对开关磁阻电动机无位置传感器技术的关键技术和发展进行展望，为今后的研究提供参考。对于现有的无位置传感器技术，可从不同的角度将其进行分类。值得注意的是各种无位置传感器技术从原理上来说是相互关联的，不能绝对分类，因此，各种分类方法很难包括现有的众多检测方法，各种分类之间也难免会有部分内容出现重叠。

开关磁阻电动机无位置传感器技术得到快速发展，许多学者对例如电流波形检测法、电流梯度法、调制解调法、脉冲注入法、电感法、磁链/电流法、附加元件法、观测器法、电感模型法、模糊控制和神经网络智能控制算法等多种无位置算法进行深入的研究。将现有无位置传感器检测技术分为：被动检测技术、主动检测技术和混合检测技术，以上分类方法如图 1-14 所示。

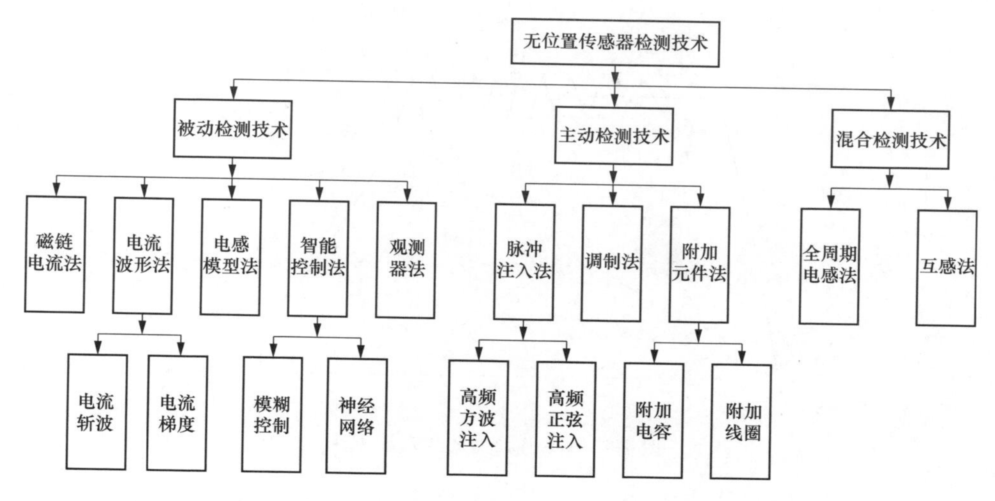

图 1-14　开关磁阻电动机现有无位置传感器技术分类

1.2.4.1　开关磁阻电动机位置信息被动检测技术

开关磁阻电动机位置信息被动检测技术指的是“被动”地利用电动机激励相的电压电流信息进行转子位置的解算，其理论依据是：开关磁阻电动机的电磁特性是转子位置的函数，通过求解激励相的电压方程可求得磁链、电感或反电动势等变量，进而解算出蕴含于其中的转子位置信息。被动检测技术可进一步分为基于电流波形的位置检测技术、基于磁链模型或电感模型直接进行解算的方法，基于滑模观测器、自适应观测器等的观测器法，以及使用神经网络、模糊逻辑等进行转子位置估计的人工智能方法等。

(1) 电流波形检测法。英国剑桥大学 P. P. Acarnley 教授等于 1985 年最早提出检测激励相电流波形估计转子位置信息的方法，并将该无位置技术成功应用于开关磁阻电动机。在开关磁阻电动机电流斩波控制模式下，增量电感的变化与绕组的电流变化率相关，而根据增量电感与转子位置之间的关系可检测转子位置。导通相电流波形检测法原理如图 1-15 所示。

如果忽略运动电动势和绕组电阻压降的影响，通过检测到的电流变换率可计算得到增量电感，根据增量电感就能估算转子位置。增量电感反映在斩波波形上即相电流上升和下降时间。因此，可通过监测相电流上升和下降时间来检测转子

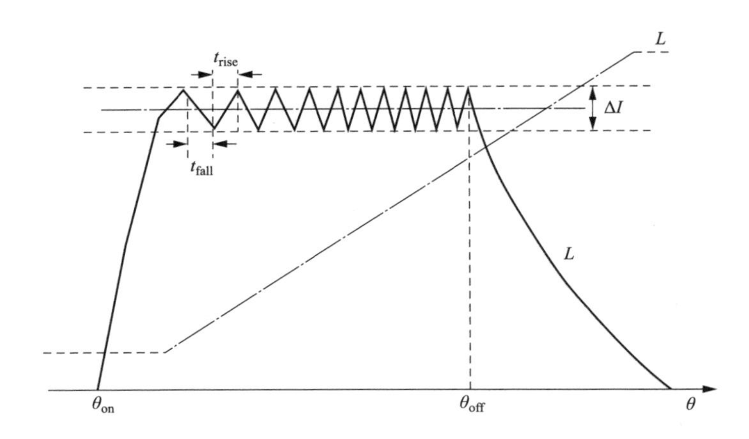

图 1-15 导通相电流波形检测法

位置。该方法忽略了运动反电势的影响，英国剑桥大学 Panda 等人在文献［63］中研究了考虑运动反电势对上述方法的影响，指出随着电动机转速升高，运动反电势的增加以及一个电周期内电流斩波次数的减少，都会影响转子位置的检测精度。

1998 年英国 Gallegos-Lopez 教授在文献［64］中提出一种基于脉宽调制（Pulse Width Modulation，PWM）控制模式下的电流梯度无位置传感器方法（Current Gradient Sensorless Method，CGSM）。该方法利用电流的变化率进行转子位置估计，本质与上述电流波形检测方法一致。电动机绕组电流变化率在定转子开始对齐位置处由正变负，通过检测电流梯度的过零点，就能获得转子的参考位置，以该特殊位置为基础，可得到整个周期内转子的位置。电流梯度法的原理如图 1-16 所示。该方法无需准确的电动机模型，只需电流传感器无需电压传感器，成本低，简单容易实现。但是该位置检测方法以相电流在特殊位置处存在最大值为理论基础，使电动机导通的角度范围受到影响，另外该方法虽然在中高速运行时能稳定实现电动机的无位置传感器运行，但是不适于电流斩波控制的低速运行和起动无位置传感器运行。

文献［65］将相电流梯度法用于特高速开关磁阻电动机的位置估计，分析了开通角、绕组两端电压、电动机转速等参数对方法稳定性的影响。研究结果表

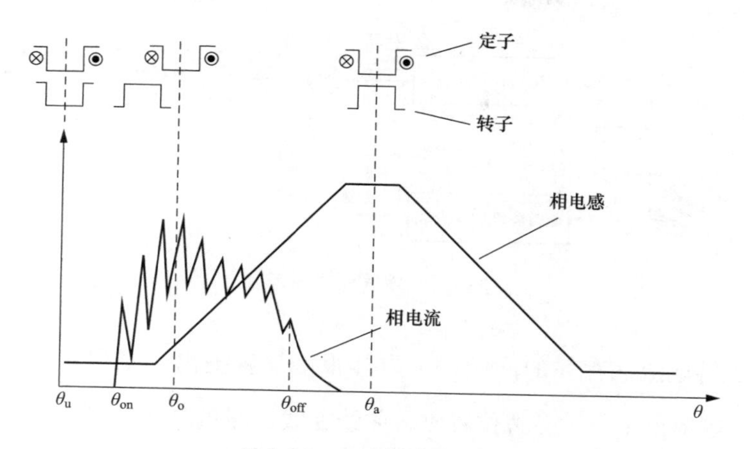

图 1-16 电流梯度法原理

明，为了确保该无位置方法的稳定性，不要使电动机过饱和，否则，无法获取电流峰值，系统没有参考位置将会导致不稳定。文献［66］采用分段控制电流梯度法的无位置传感器检测方案，解决了不能实现电流斩波控制的问题。文献［67］提出基于分步续流的无位置传感器技术，调整换相逻辑，使续流过程分步进行。提取零电压续流过程中电流的特征量可获取位置信号，获取单相最小电感始端位置信号，实现开关磁阻电动机无位置传感器控制。文献［68］提出一种开关磁阻电动机仅使用一个电流传感器在线无位置传感器转子位置的估计技术，首先从母线电流中解耦获取激励电流，然后根据励磁电流估计转子位置。在低速电流斩波控制模式下采用电流上升时间方法估计转子位置，而在高速电压脉冲控制模式采用电流梯度法估计转子位置。

（2）磁链电流法。1991 年 J. P. Lyons 等人最先提出根据激励相绕组磁链、电流和转子位置角之间的关系进行间接位置检测的方法，通过实时估计绕组磁链与相电流一起查表得到转子位置信息。为了简化算法，也可利用绕组电流查表得到换相位置下对应的参考磁链，比较实时磁链与换相参考磁链的大小即可判断换相位置，该方法的原理图如图 1-17 所示。磁链电流法虽然不需要额外添加硬件资源，但是需要提前通过有限元计算或离线测量的方法来获取磁链特性曲线，因此该无位置传感器算法计算量较大，可移植性较差。

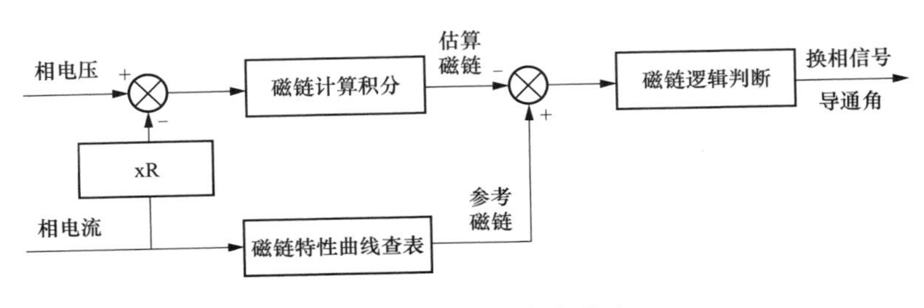

图 1-17 磁链电流法原理

针对磁链电流法存在的问题，国内外很多学者提出一系列简化的电流磁链法。Panda 等提出了一种参考位置磁链曲线在线测量的技术，利用磁链积分计算出参考位置的磁链电流曲线，通过比较检测磁链与参考磁链的大小，可估算出该参考位置信息。文献［69］提出了一种简化的磁链法，但是该方法需要满足 PWM 控制策略并且各相轮流导通的前提条件。文献［70］提出基于能量优化控制的在线开关角优化调节相结合的开关磁阻电动机无位置传感器控制方案。文献［71］提出了能任意给定开通角、关断角固定的改进型简化磁链法。文献［72］提出仅储存特定位置 7.5°处的磁链电流曲线的改进型简化磁链法。综上所述，简化的磁链电流位置估计方法通过比较实际磁链与特殊位置处的磁链曲线，保证一个周期内至少能确定一个角度位置，再通过计算转速估算全周期的位置信息。

2008 年新西兰梅西大学 Ray W. F. 和 I H Al-Bahadly 教授在文献［73］中提出了基于参考位置角的磁链法并对该方法的精度和稳定性做了详细的分析，该方法和改进型的磁链法原理类似，利用一条磁化特性曲线求取任意在非对齐位置与对齐位置间的转子位置。基于参考位置角的磁链法原理如图 1-18 所示。该方法既适合于高速也适合低速开关磁阻电动机无位置传感器运行，在每个周期检测特殊位置，只需要有限的内存和简单的计算过程。通过将测量的磁链与对应于测量电流特定位置的预存磁链进行比较，可得到估计位置和预先特定位置之间的角度差。参考角是预选位置，并且在整个速度范围内是固定的。角度是进行测量的实际位置。经过采集的电压、电流信号积分可得到测量的磁链，与查表得到的磁链比较得到磁链差。最终得到位置信息。

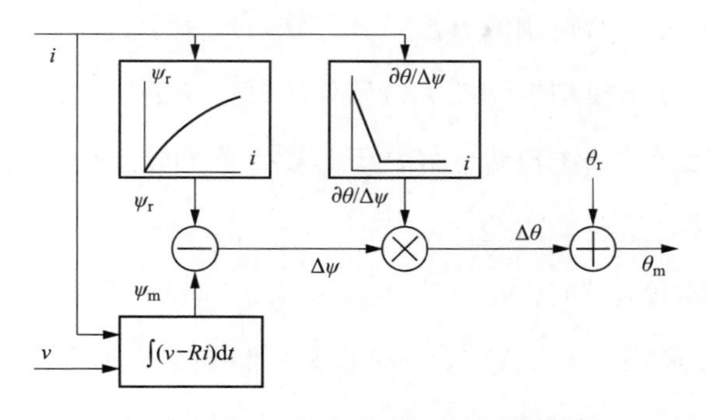

图 1-18 基于参考位置角的磁链法原理图

（3）智能控制算法。近年来，基于智能控制算法诸如模糊控制和神经网络的无位置传感器技术受到国内外学者越来越多的关注。开关磁阻电动机具有强非线性、强耦合的特点，基于智能控制的无位置算法本质也是磁链电流法。该类方法原理如图 1-19 所示。

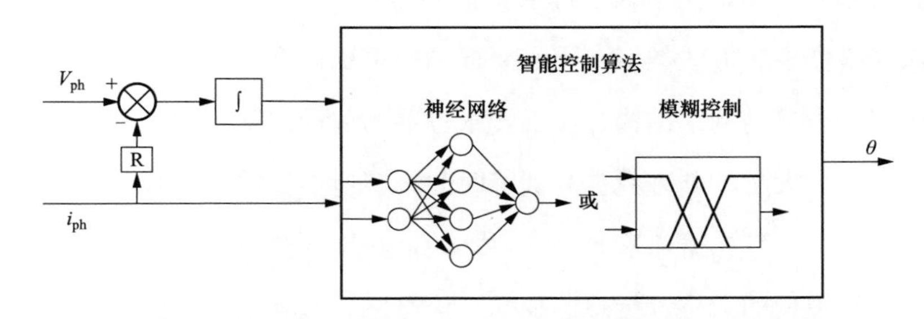

图 1-19 基于智能控制的无位置算法原理

1999 年，新加坡国立大学 Cheok 教授最先在文献［74］提出采用模糊逻辑建模，估计和预测开关磁阻电动机的转子位置。文献［75］提出基于模糊控制的开关磁阻电动机转子位置的间接检测方法，该方法不需要复杂的数学模型，能满足宽转速范围连续的位置估计和不同的电动机控制方式。文献［76］中提出基于自适应神经模糊推理系统（Adaptive Network Fuzzy Inference System，ANFIS）的开关磁阻电动机转子位置检测方法，为提高位置检测的精度，在算法中引入了前置滤波器以及位置预测模块和电阻在线估计策略。文献［77］提出结合模糊控制理论的一般非线性磁化模型（General Nonlinear Magnetizing Model，GNMM）开关磁阻电动机无传感器控制的方法，该方法可应用于超高速开关磁阻电动机无位置传感器运行。基于模糊控制的无位置传感器方法的优点是无需建立精确的电动机模型，抗干扰强、系统鲁棒性好，但是要正确的建立模糊规则库需要具备实际经验，此类方法自适应能力差。

2002 年，美国伦斯勒理工学院 Meses 和 Torrey 教授提出将神经元网络（Artificial Neural Network，ANN）应用于开关磁阻电动机转子位置检测的方法[78]。该方法将磁链和电流作为输入，转子位置角作为输出，通过一定的神经网络结构，形成转子位置角与磁链、电流之间的非线性函数关系，实现转子位置估计。文献［79］提出一种最小神经网络用于单相开关磁阻电动机的位置估计方法，该网络结构相对简单，无隐层单元，进一步简化了运算过程。天津大学夏长亮教授课题组对基于小波神经网络和自适应径向基函数神经网络在开关磁阻电动机无位置传感器控制中应用也进行了相关的研究[80]、[81]。基于神经元网络的位置估计方法与模糊控制方法类似，不需要准确的系统模型，只要有足够多的训练数据，便可根据合适的网络结构，实现转子位置的估计。基于神经网络位置检测方法的缺点是需要大量的训练数据和训练时间，转速估计的范围有限。

（4）电感法。美国德克萨斯农工大学 Suresh 教授课题组最早在文献［82］提出基于电感模型的无位置传感器技术。该电感模型利用对齐位置、不对齐位置及中间位置三条电感曲线，采用傅里叶级数来拟合相电感与相电流及转子位置之间的非线性函数关系。将电感模型代入开关磁阻电动机相电压方程，通过检测电压、电流计算出电感实际值即可估算出转子位置信息。文献［83］、［84］采用同样的电感模型，对开关磁阻电动机的无位置传感器技术进行研究。文献［85］提出适合低速的基于增量电感的开关磁阻电动机无位置传感器技术，该方案在实现的过程中既不需要额外的硬件，也不需要巨大的存储空间。

日本明治大学 Miki 教授课题组同样采用傅里叶展开的电感模型进行相关的无位置传感器技术研究，提出基于电感矢量的一系列方法分别对开关磁阻电动机的静止、低速、高速无位置算法进行研究[86]、[87]。基于电感的开关磁阻电动机无位置传感器技术除了采用电感模型之外，还可以利用电感的大小比较、电感的极值等特征进行转子位置的估计。文献［88］利用各相电感之间大小关系随转子位置不同而区域性变化的特点，将转子位置分成不同区间，根据电感曲线的交点得到换相信号。该方法无需开关磁阻电动机电磁特性数据，不需要复杂运算，适用于中高速无位置运行。Miki 教授最早在文献［89］提出基于电感梯度过零点的无位置算法，并在此位置实现电动机的正确换相。南京航空航天大学蔡骏博士针对这一方法进行了相关研究，提出具有容错功能的相电流斜率与相电感斜率结合的位置估计方法[90]。该方法针对电感斜率在开通角提前时出现误脉冲的问题，提出将电流斜率检测和电感斜率过零点检测相结合的方案，解决了电感斜率过零检测法易受开通角变化影响的问题。

（5）观测器法。近年来状态观测器法、卡尔曼滤波器、滑模观测器等一系列观测器法已被国内外很多学者应用于开关磁阻电动机的转子位置估计中。2001 年，美国 Husain I. 教授等最早提出将滑模观测器应用于开关磁阻电动机位置估计[91]。华中科技大学辛凯博士提出采用分段电感的滑模观测器，该方法考虑磁路饱和的影响，减小了计算量[92]。文献［93］、［94］将脉冲注入方法与滑模观测器结合，实现开关磁阻电动机四象限的无位置传感器运行。在高速阶段采用滑模观测器能避免脉冲注入方法在低速阶段带来的一系列缺点，例如转速范围的限制，脉冲注入带来的负转矩影响等。滑模观测器法通过检测的电压、电流信息进行转子位置估计，对由于开关磁阻电动机内部磁场高度非线性而产生的电动机参数不确定性具有很好的鲁棒性，但是滑模观测器在低速时位置估计的精度不高，主要原因是磁链的积分在低速时误差较大。

1.2.4.2 开关磁阻电动机位置信息主动探测技术

主动探测技术包括使用附加电元件进行“主动”探测和向空闲相注入检测脉冲信号进行“主动”探测两大类。

（1）调制法。1992 年，美国 Texas 大学 Ehsani 教授等最早提出调制解调法，将通信系统中常用的频率调制编码技术应用于开关磁阻电动机位置检测。调制法原理框图如图 1-20 所示，在开关磁阻电动机非激励相中注入高频正弦电压载波信号，经相电感调制后以相电流的形式输出，再对该相电流进行解码处理，根据所提取的幅值或相角信息，得到相电感的信息。该方法的主要缺点是需要外加激励源、调制解调电路和信号切换电路，使得系统电路复杂，检测信号易受干扰，因此检测精度和适用范围有限。

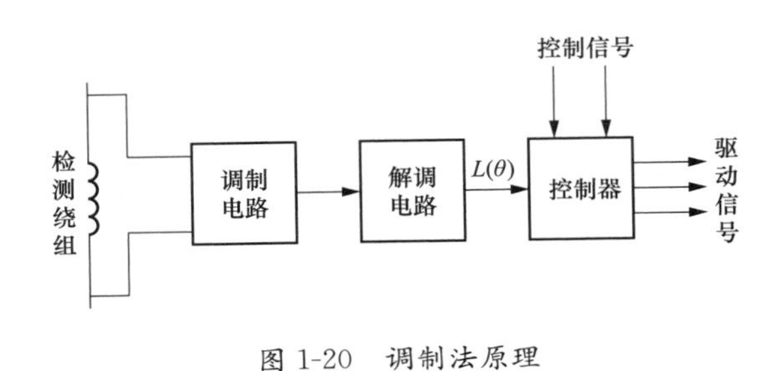

图 1-20　调制法原理

（2）附加元件法。附件元件法根据开关磁阻电动机内部安装的检测元件的电磁特性与转子位置的对应关系来检测转子位置。1999 年华中科技大学詹琼华等人提出附加电容检测法[95]，该方法在定子槽中插入电容极板，电容极板之间的正对面积以及间距会随着转子旋转发生改变，导致电容值随转子位置变化，检测电容器的电容值即可获取转子位置。附加电容式检测方法需要引入电容极板，信号的处理手段也比较复杂。

2000 年，南京航空航天大学的毛良明等首次提出串联电感线圈检测转子位置的方法[96]，在此基础上高速电动机课题组王骋[97] 等对利用检测线圈实现开关磁阻电动机转子位置估计进行了深入研究。针对检测线圈的绕组结构方式和信号调理方法，提出 NNNN、NNSS、NxSx 三种检测线圈结构，将正弦波注入附加的检测线圈估计转子位置的方法[96]、[97]。该方法将检测线圈与电动机主绕组同时绕制于电动机定子齿上，检测线圈的结构可有效抑制主绕组工作产生的感应电动势。通过注入高频正弦波信号，电动机的转子位置信号可通过解算采样电阻压降获得。由于检测线圈绕组与主绕组相互独立，因此高频信号无论电动机的转速高低均可正常注入，使得该方法可适用于极端条件和宽转速范围。图 1-21 给出了该双绕组电动机的主绕组结构示意，A 相绕组结构为 NSNS 型线圈，对 B 相及 C 相分析可知，其绕组的齿极性质与 A 相相同，均为 NSNS 结构。

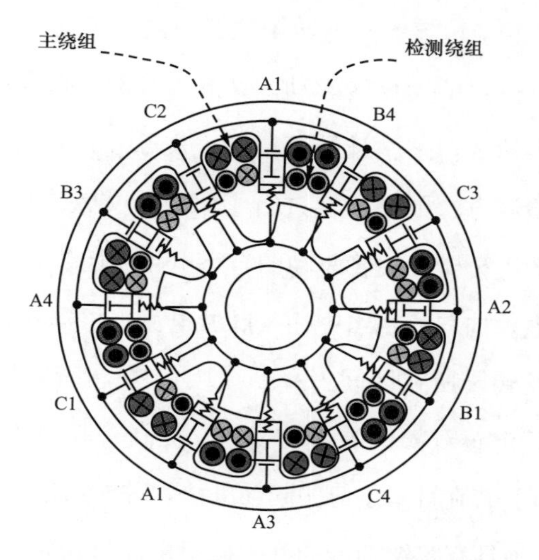

图 1-21　双绕组 12/8 开关磁阻电动机截面示意图

（3）高频信号注入法。高频信号的注入方法通过向电动机的空闲相注入高频脉冲信号，根据响应电流进行转子位置估计。基于高频脉冲注入的开关磁阻电动机初始位置检测的文献较多。2001 年美国德克萨斯大学 H. Gao 等提出基于高频脉冲注入的无位置传感器初始位置的估计方法，同时给各相绕组注入短时脉冲，比较响应电流幅值的大小关系可确定初始导通相。文献［98］采用高频脉冲注入与查询电动机磁链特性数据的方法来实现任意位置无迟滞起动。该方法分析了开关磁阻电动机起动时产生迟滞的原因，实现无迟滞起动和电动机正常运行时转子位置估计。文献［99］提出当转子处于静止和有初始转动两种情况下，转子初始位置估计方法。通过响应电流的上升和下降时间计算转子初始位置，并对位置估计的误差进行分析。文献［100］基于脉冲注入双阈值方法实现起动和低速的无位置传感器运行。将一个周期分成 6 个扇区，初始导通相通过比较响应电流幅值与预知的高、低阈值获取。功率器件开关频率的限制、电动机的极对数等都是误差产生的原因，并对阈值的选取进行分析。文献［101］在此基础上提出应用于高速的单个脉冲注入结合积分电路方法，实现宽转速范围的无位置传感器运行。

国内学者针对脉冲注入无位置传感器起动技术也展开相关研究，文献［102］利用脉冲注入之后的响应电流大小与转子位置的关系来判断初始起动相，可实现开关磁阻电动机任意位置的无反转起动。文献［103］利用最小二乘算法拟合响应电流峰值的数学表达式，来估计转子位置。文献［104］拟合峰值电流和位置的关系，对该位置检测方法的鲁棒性进行了研究。文献［105］研究了一种基于不对称半桥电路中的上桥臂开关管驱动的自举电路初始位置估计方法，通过给自举电路中的电容充电，向各相绕组中注入脉冲电流，根据各相响应电流峰值与转子位置的关系来判断转子所在区间。文献［106］在传统非导通相电流比较法的基础上提出非导通相电感双阈值的起动方法，提高了起动的效率和带负载能力。文献［107］提出基于电流斜率差值的起动办法，并对后续的低速运行进行研究。文献［108］提出一种具有容错功能的开关磁阻电动机初始位置估计方法。

针对电动机起动之后的低速运行使用脉冲注入方法的研究较少。文献［109］提出了一种两相电流比较法的起动方法，这种方法无需预知电感信息，也无需任何建模和解算过程，因此易于实现。文献［110］仅对一相绕组施加脉冲激励，比较响应电流幅值与阈值，实现无位置传感器运行。该方法对脉冲注入的时刻进行研究可消除负转矩的影响，仅对一相绕组检测简化了硬件和控制策略。文献［111］提出一种基于电流斜率差值法的低速运行方法，消除了反电动势的影响，扩大了电动机的调速范围。

常用的脉冲注入方法一般都是注入高频方波电压信号，除此之外将适用于永磁同步电动机的高频信号注入法移植到开关磁阻电动机同样适用。文献［112］、［113］利用开关磁阻电动机的凸极性，通过高频正弦信号的注入实现转子位置估计。驱动电压为由电动机转速和转子角度决定的正弦电压，高频正弦信号叠加到驱动电压构成与高频三角载波进行比较的参考电压，比较所产生的 PWM 信号用来驱动功率变换器。通过对响应电流的分析即可估算转子位置信息。基于高频信号注入的原理如图 1-22 所示。该类方法无需预知电动机的电磁参数，不受电动机参数变化的影响，通用性较强。但是在转子位置估计的过程中，要进行多次滤波和坐标变换，运算过程复杂，受到功率器件开关频率的限制，只适合于电动机低速运行时的位置估计。

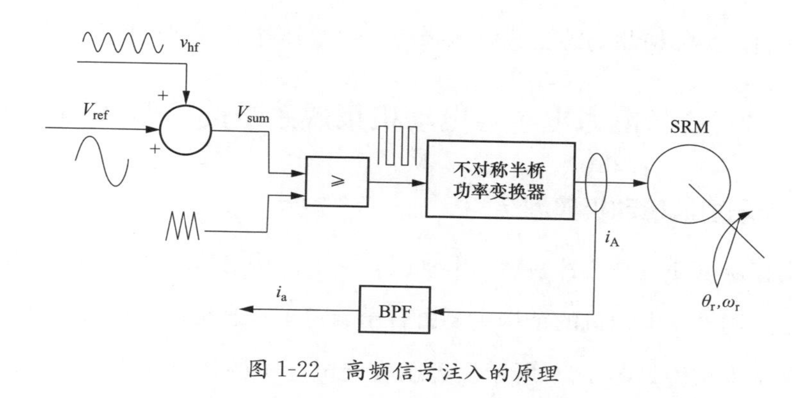

图 1-22　高频信号注入的原理

1.2.4.3　开关磁阻电动机位置信息混合检测技术

混合检测技术需要同时使用导通相和非导通相的电压、电流等信息来估计转子位置，典型的有全周期电感法的无位置传感器技术和互感电压检测等方法。

（1）基于全周期电感的无位置传感器方法。南京航空航天大学蔡骏博士最早提出开关磁阻电动机全周期电感的辨识方法，并在此基础上提出一系列基于全周期电感的无位置传感器算法。该方法的基本思想是：导通相采用电流斩波控制方式，非导通相注入高频脉冲，在 DSP 中同时利用导通相和非导通相的电流斜率差值，求取全周期电感的信息。基于全周期电感的无位置传感器方法是典型的混合检测技术，同时利用导通相和非导通相的电压电流信息估计全周期电感，进而获取转子位置信息。

基于辨识到的全周期电感信息，通过建立电感线性区的模型、曲线拟合相电感模型、电感的矢量合成等途径均可进行转子位置的估计。文献［114］基于全周期电感的线性区进行转子位置估计，消除互感的影响，提高了位置检测的精度。文献［115］、［116］提出基于全周期电感的起动办法，采用旋转坐标变换，利用综合矢量估计转子位置信息。

（2）互感法。通过检测电动机相间由于互感效应产生的感应电压来估计转子位置信息是一种典型的混合检测技术。开关磁阻电动机运行过程中，导通相和非导通相之间产生互感电压，文献［117］通过检测随着转子位置变化的互感电压来获取转子位置信息。互感法不需外加激励信号，易于实现，但是如果考虑反电动势的影响，实际检测到的互感电压很小，位置估计的准确性很难保证。

1.3 电力电子与电动机集成系统的典型结构

1.3.1 无刷直流电动机典型结构

无刷直流电动机是一种新型的电动机，它的结构与传统的有刷直流电动机差别很大。无刷直流电动机的结构主要由转子、定子、永磁体、传感器和控制器等组成。其基本结构如图 1-23 所示。无刷直流电动机的转子是由永磁体和铁芯组成的，永磁体通常采用稀土永磁材料，具有高磁能积和高磁导率等优点，可提高电动机的输出功率和效率。铁芯则是用来支撑永磁体和传导磁场的，通常采用硅钢片或纳米晶铁芯等材料。

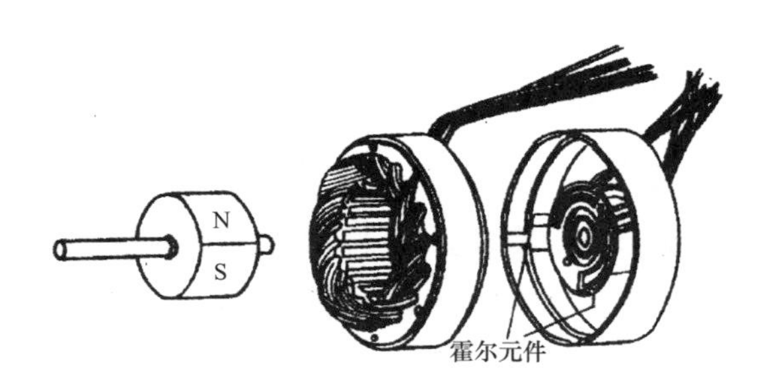

图 1-23　无刷直流电动机基本结构图

无刷直流电动机的定子是由线圈和铁芯组成的，线圈通常采用铜线或铝线等导电材料，铁芯则是用来传导磁场的。定子的线圈数量和排列方式决定了电动机的相数和极数，不同的相数和极数可实现不同的转速和扭矩输出。无刷直流电动机的永磁体是用来产生磁场的，它通常采用稀土永磁材料具有高磁能积和高磁导率等优点，可提高电动机的输出功率和效率。永磁体的形状和磁场分布决定了电动机的输出特性和效率。

无刷直流电动机还配备了传感器和控制器，传感器用来检测电动机的转子位置和速度，控制器则根据传感器的反馈信号来控制电动机的电流和转矩输出。控制器通常采用先进的数字信号处理技术和高效的功率电子器件，可实现高精度的转速和扭矩控制。无刷直流电动机的组成框图如图 1-24 所示。本节简单介绍无刷直流电动机结构，具体将在第 2 章介绍。

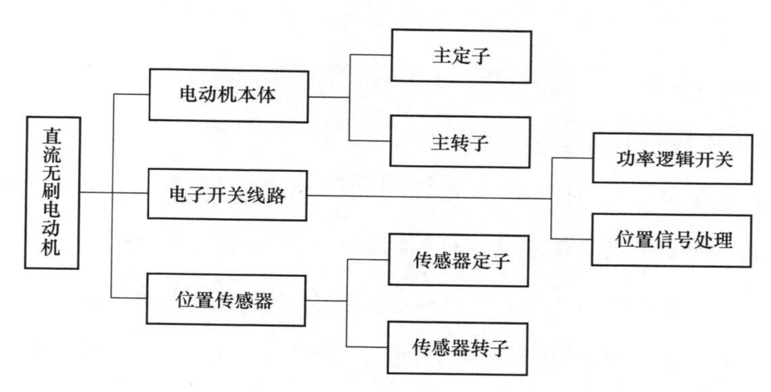

图 1-24　无刷直流电动机的组成框图

1.3.2　开关磁阻电动机典型结构

开关磁阻电动机（Switched Reluctance Motor，SRM）是继直流电动机、无刷直流电动机（BLDC）之后发展起来的一种调速电动机类型。开关磁阻电动机驱动系统（SRD）主要由开关磁阻电动机（SRM 或 SR 电动机）、功率电路、控制电路和角位移传感器四部分组成，如图 1-25 所示。

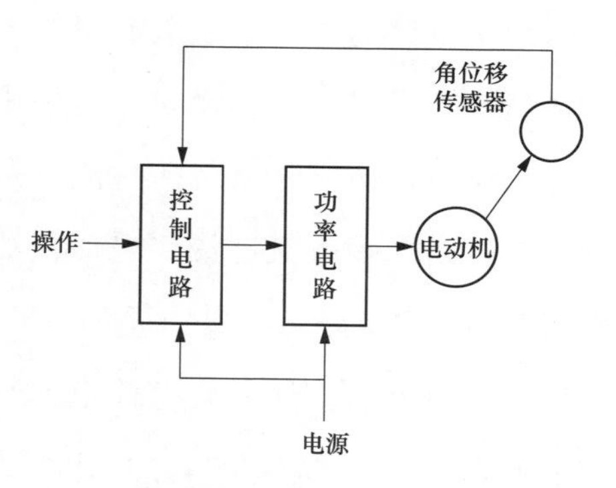

图 1-25　SRD 基本构成

1.3.2.1　开关磁阻电动机结构

SR 电动机是 SRD 中实现机电能量转换的部件，它的结构和工作原理与传统的交直流电动机有着很大的差别，图 1-26 为一台三相电动机的截面图。

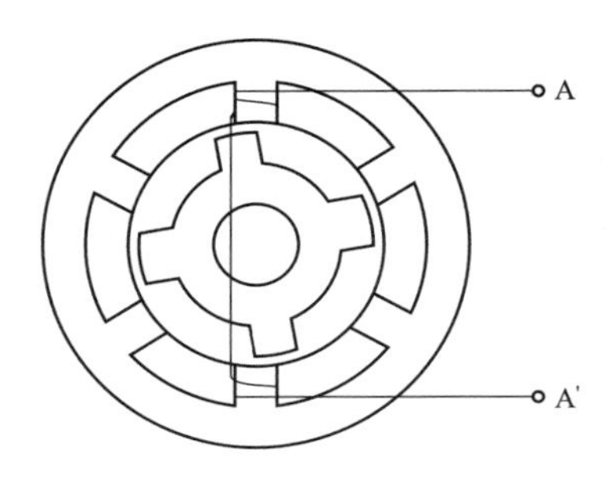

图 1-26　三相双凸极磁阻电动机结构示意图

其定转子均由硅钢片叠成，定子上有 6 个极，其上绕有集中绕组，圆周上相对的两个极的绕组相串联，共构成三相绕组。转子上有 4 个极，没有任何形式的绕组。

当 A 相绕组单独通电时，在电动机内建立以 $a-a'$为轴线的磁场，该磁场作用于转子，将产生使邻近的转子极与之相重合的电磁转矩，并使转子转动。若在上述二者重合时改为 B 相绕组通电，则由于转子极距为 90°，由此产生的转矩将使转子逆时针转动 30°。同理，再改为 C 相通电时，转子继续逆时针转动 30°。由此可知，若三相绕组轮流通电，即 A-B-C-A…，则转子连续逆时针转动。若改变通电相序为 A-C-B-A…，则可使转子顺时针转动。若改变相电流大小，则可改变电动机转矩大小，进而可改变电动机转速。若在转子极转离定子极时通电，所产生的电磁转矩于转子旋转方向相反，为制动转矩。由此可知，通过简单地改变控制方式便可改变电动机的转向、转矩、转速和工作状态。

1.3.2.2　功率电路

功率电路的作用是将电源提供的能量经适当转换后提供给电动机。当采用交流电源供电时，功率电路包括整流电路和逆变电路；当采用直流电源供电时，功率电路仅包括逆变电路，如图 1-27 所示。

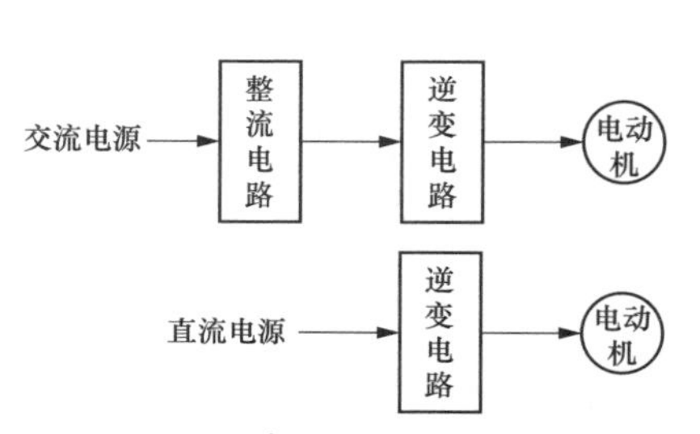

图 1-27　采用交流和直流电源供电的功率电路框图

整流电路的作用是将交流电源转换为直流电源，电路比较简单，为二极管组成的三相桥式电路、三相零式电路或单相桥式电路等。整流后的直流环节采用电解电容器滤波。图 1-28 给出三种常用的逆变器电路，即双电源电路、双开关电路和双绕组电路。图 1-28 中只画出其中一相绕组电路，当开关元件 S 闭合时，电路将电源能量提供给电动机，电流通入绕组。当开关元件断开时，绕组电流通过二极管续流，将绕组磁储能回馈给电源。其中双绕组电路依靠与主绕组紧耦合的辅助绕组续流。在续流过程中，绕组承受反向电源电压，使电流迅速衰减。

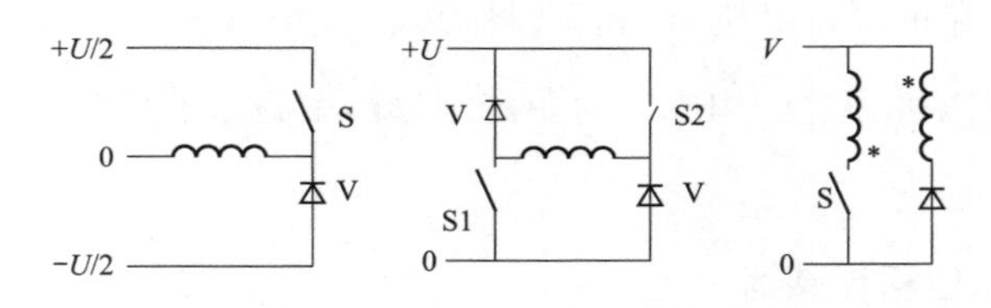

图 1-28　三种逆变电路示意图

1.3.2.3　控制电路

控制电路的作用是根据使用者的操作要求和系统的实际工作情况对系统进行有关的调节，使之满足预定运行工况。控制电路一般应包括下列几个部分：

（1）操作电路。接受外部指令信号，如起动转速、转向信号。这种信号可来自手动操作，也可来自其他自动化元件。

（2）调节器电路。将给定量与被控量相比较，并按规定算法计算出控制参数的调节量。如当转速低于给定值时调节加大绕组电流值。

（3）工作逻辑电路。决定控制电路的工作逻辑，如正反转相序逻辑、高低速控制方式等。

（4）传感器电路。检测系统工作时中的有关物理量，如转速、角位移、电流和电压等。

（5）保护电路。当系统工作时某些物理量达到不允许值时，采取相应地保护措施，如过电流保护、过载保护等。

（6）信号输出电路。用于直接控制各被控量，如控制功率开关器件的导通和关断等。

（7）状态显示电路。用于指示系统工作参数和状况，如指示电动机转速、指示故障保护情况等。

应当指出，控制电路的具体结构形式依据，系统性能要求的不同差异会很大，如伺服系统要求动态响应快、转速精度高；车辆传动系统要求起动和低速输出转矩大，可四象限运行等；两者的控制电路必然相差很大，但其共同点是一般均应包括上述几个部分。

构成控制电路的硬件结构目前有两种形式：①全部采用数字电路和线性电路构成；②以单片微机为核心构成。前者控制分辨率高、响应快，后者功能强、稳定性好、灵活性强。

1.3.2.4 角位移传感器

由上述磁阻式电动机的工作方式可知，为使其正常工作，必须在转子转到适当位置时导通适当的相绕组，并在转动过程中始终正确切换各相绕组。若不能做到这一点，非但电动机不能按要求转动，还会发生停转、反转或乱转现象。为了在电动机运行过程中随时知道转子的瞬时位置，电动机中必须装置角位移传感器，这是开关磁阻电动机与其他一般电动机的一个明显区别。

这里要求角位移传感器具有输出信号较大、抗干扰能力强、位置精度高、温度范围宽、环境适应能力强、耐振动、寿命长和安装定位方便的特点。可选用的角位移传感器种类很多，如霍尔传感器、光电式传感器、接近开关式传感器、谐振式传感器和高频耦合式传感器。

第2章　电力电子与无刷直流电动机集成系统基本工作原理

2.1　无刷直流电动机电磁理论基础及基本结构

2.1.1　无刷直流电动机的基本电磁理论

2.1.1.1　磁场和磁通量

磁场是由永磁体和线圈中电流产生的磁场，是电动机中的主要能量来源。在电动机中，磁场的产生和变化是通过磁通量的变化来实现的。磁通量是由磁场产生的磁通量，是描述磁场强度的基本物理量。磁通量的大小与磁场的强度和磁场的面积有关，可表示为

$$\Phi = BS \tag{2-1}$$

式中：Φ 为磁通量；B 为磁感应强度；S 为磁场的面积。磁场的单位是特斯拉，记作 T；磁通量的单位是韦伯，记作 Wb；磁场面积的单位是平方米，记作 m^2。

2.1.1.2　磁动势和磁感应强度

磁动势是描述磁场强度的物理量，与磁通量成正比。磁动势的单位是安培，记作 A。磁动势的大小可以表示为

$$F = NI \tag{2-2}$$

式中：F 为磁动势；N 为线圈中的匝数；I 为线圈中的电流。磁感应强度是描述磁场强度的物理量，与磁动势成正比。磁感应强度的单位是特斯拉，记作 T。磁感应强度的大小可表示为

$$B = \frac{\Phi}{S} \tag{2-3}$$

式中：B 为磁感应强度；Φ 为磁通量；S 为磁场的面积。

2.1.1.3　磁场强度

磁场强度是描述磁场强度的物理量，与磁动势成正比。磁场强度的单位是

安培/米，记作 A/m。磁场强度的大小可表示为

$$H = \frac{F}{I} \tag{2-4}$$

式中：H 为磁场强度；F 为磁动势；I 为磁场的长度。在电动机中，磁场强度是由永磁体和线圈中电流产生的，与电流和永磁体的磁场强度有关。

2.1.1.4 磁力和磁矩

磁力是描述磁场作用力的物理量，与磁感应强度和磁场面积的乘积成正比。磁力的单位是牛，记作 N。磁力的大小可表示为

$$F_m = BLI \tag{2-5}$$

式中：F_m 为磁力；B 为磁感应强度；L 为线圈中的长度；I 为线圈中的电流。磁矩是描述磁场强度的量，与磁场面积的乘积成正比。磁矩的单位是安培·平方米，记作 Am^2。磁矩的大小可表示为

$$M = \Phi S \tag{2-6}$$

式中：M 为磁矩；Φ 为磁通量；S 为磁场面积。

2.1.1.5 磁场的产生和变化

磁场的产生和变化是通过磁通量的变化来实现的。在电动机中，磁通量的变化是通过线圈中的电流和永磁体的磁场相互作用来实现的。

当线圈中有电流通过时，会产生磁场。磁场的方向可通过安培定则来确定，即右手定则。在右手定则中，大拇指指向电流的方向，四指弯曲的方向表示磁场的方向。

永磁体的磁场是电动机的基本能量来源，它通过磁场相互作用，产生转矩。在电动机中，永磁体的磁场是稳定的，不会随着电流的变化而发生变化。

2.1.1.6 磁场的控制

在无刷直流电动机中，磁场的控制是通过控制线圈中的电流来实现的。通过改变线圈中的电流方向和大小，可改变磁场的方向和强度，从而实现电动机的控制。

在无刷直流电动机中，通过电子换向器来控制线圈中的电流。电子换向器可实现线圈中电流的方向和大小的控制，从而实现电动机的正反转和速度控制。

2.1.1.7　磁场的损耗

在电动机中，磁场的产生和变化会产生磁能损耗和涡流损耗。磁能损耗是由于磁场的变化产生的能量损耗，涡流损耗是由于磁场变化时，导体中的电流产生的能量损耗。为了减少磁场的损耗，可采用高能磁体材料和减小磁场的变化速度等方法。

2.1.1.8　总结

无刷直流电动机的基本电磁理论包括磁场和磁通量、磁动势和磁感应强度、磁场强度、磁力和磁矩等概念。磁场的产生和变化是通过磁通量的变化来实现的，磁场的控制是通过控制线圈中的电流来实现的。在电动机中，磁场的损耗是不可避免的，需要采取相应的措施来减少损耗。

2.1.2　无刷直流电动机的基本结构及工作原理

2.1.2.1　基本组成环节

无刷直流电动机（Brushless DC Motor，BLDCM）是随着电子技术的迅速发展而发展起来的一种新型直流电动机。它是现代工业设备中重要的运动部件。无刷直流电动机以法拉第的电磁感应定律为基础，而又以新兴的电力电子技术、数字电子技术和各种物理原理为后盾，具有很强的生命力。

无刷直流电动机的结构原理如图 2-1 所示。它主要由电动机本体、位置传感器和电子开关线路三部分组成。电动机本体在结构上与永磁同步电动机相似，但没有笼型绕组和其他起动装置。其定子绕组一般制成多相（三相、四相、五相不等），转子由永久磁钢按一定极对数（$2p=2$，4，……）组成。图 2-1 中的电动

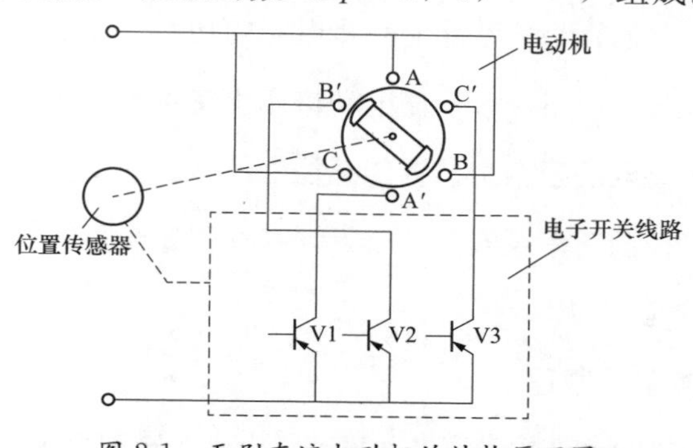

图 2-1　无刷直流电动机的结构原理图

机本体为三相两级。三相定子绕组分别与电子开关线路中相对应的功率开关管V1、V2、V3相接。位置传感器的跟踪转子与电动机转轴相连接。

当定子绕组的某一相通电时，该电流与转子永久磁钢的磁极所产生的磁场相互作用而产生转矩，驱动转子旋转，再由位置传感器将转子磁钢位置变换成电信号，去控制电子开关线路，从而使定子各相绕组按一定次序导通，定子相电流随转子位置的变化而按一定的次序换相。由于定子开关线路的导通次序是与转子转角同步的，因而起到了机械换向器的换向作用。

因此，所谓无刷直流电动机，就其基本结构而言，可认为是一台由电子开关线路、永磁式同步电动机以及位置传感器三者组成的“电动机系统”，其原理框图如图2-2所示。

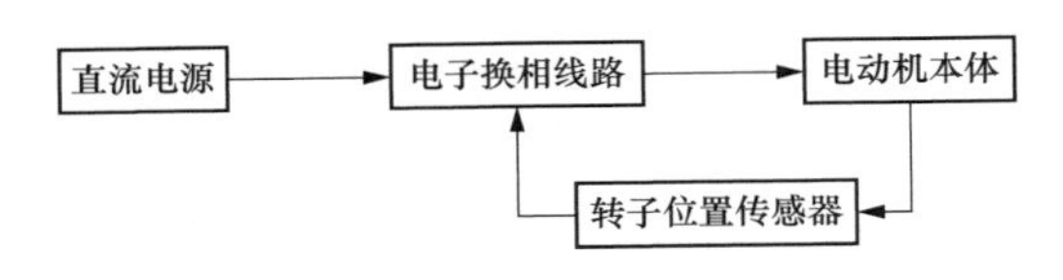

图2-2　无刷直流电动机工作原理框图

电动机转子的永久磁钢与永磁有刷电动机中所使用的永久磁钢作用相似，均是在电动机的气隙中建立足够的磁场，其不同之处在于无刷直流电动机中永久磁钢装在转子上，而有刷直流电动机的磁钢装在定子上。

无刷直流电动机电子开关线路用来控制电动机定子上各相绕组通电的顺序和时间，主要由功率逻辑单元和位置传感器信号处理单元两个部分组成。功率逻辑开关单元是控制电路的核心，其功能是将电源的功率以一定逻辑关系分配给无刷直流电动机定子上各相绕组，以便使电动机产生持续不断的转矩。而各相绕组导通的顺序和时间主要取决于来自位置传感器的信号。但位置传感器所产生的信号一般不能直接用来控制功率逻辑开关单元，往往需要经过一定的逻辑处理后才能去控制逻辑开关单元。

2.1.2.2　基本工作原理

众所周知，一般的永磁式直流电动机定子由永久磁钢组成。其主要的作用是在电动机气隙中产生磁场。其电枢绕组通电后产生反应磁场。由于电刷的换向作用，使得这两个磁场的方向在直流电动机运行的过程中始终保持相互垂直，从而产生最大转矩而驱动电动机不停运转。无刷直流电动机为了实现无电刷换向，首先要求把一般直流电动机的电枢绕组放在定子上，把永磁磁钢放在转子上，这与传统直流永磁电动机的结构刚好相反。但仅这样做还是不行的，因为用一般直流电源给定子各绕组供电，只能产生固定磁场，它不能与运动中转子磁钢所产生的永磁磁场相互作用，以产生单一方向的转矩来驱动转子转动。所以，无刷直流电动机除了由定子和转子组成电动机本体以外，还要由位置传感器、控制电路以及功率逻辑开关共同构成的换向装置，使得无刷直流电动机在运行过程中定子绕组所产生的磁场和转动中的转子磁钢产生的永磁磁场，在空间始终保持在（π/2）rad 左右的电角度。

为了更加清晰地阐述这种无刷直流电动机的工作原理和特点，下面就以三相星形绕组半控桥电路为例，来加以简要说明。图 2-3 为三相无刷直流电动机半控桥电路原理图。此处采用光电器件作为位置传感器，以三只功率晶体管 V1、V2、V3 构成功率逻辑单元。

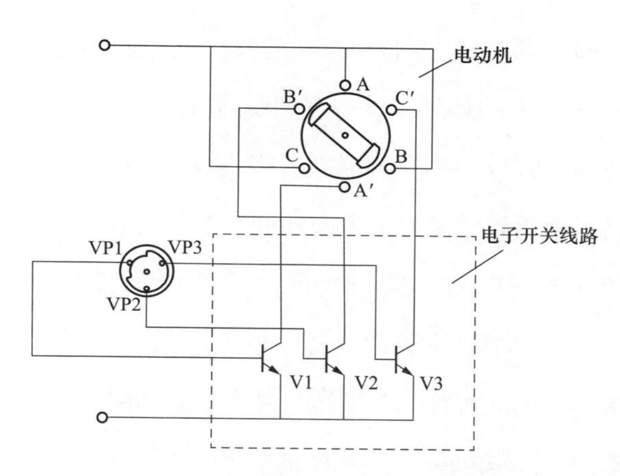

图 2-3　三相无刷直流电动机半控桥电路原理图

在图 2-3 中，三只光电器件 VP1、VP2、VP3 的安装位置各相差 120°，均匀分布在电动机一端。借助安装在电动机轴上旋转遮光板的作用，使得从光源射来的光线依次照射在各个光电器件上，并依照某一光电器件是否被照射到光线来判断转子磁极的位置。图 2-3 所示的转子位置和图 2-4（a）所示的位置相对应。

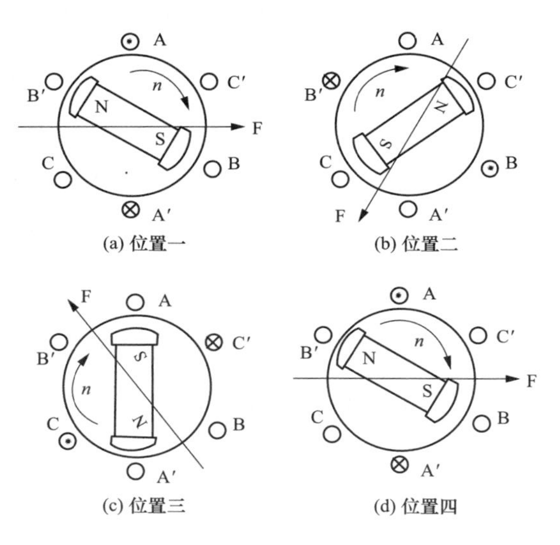

图 2-4　开关顺序及定子磁场旋转示意图

由于此时光电器件 VP1 被光照射，从而使功率晶体管 V1 呈导通状态，电流流入绕组 A-A′，该绕组电流同转子磁极作用后所产生的转矩使转子的磁极按图 2-4 中的箭头方向（顺时针方向）转动。当转子磁极转到图 2-4（b）所示的位置时，直接装在转子轴上的旋转遮光板亦跟着同步转动，并遮住 VP1 而使 VP2 受光照射，从而使晶体管 V1 截止、晶体管 V2 导通，电流从绕组 A-A′断开而流入绕组 B-B′，使得转子磁极继续朝箭头方向转动，并带动遮光板同时朝顺时针方向转动。当转子磁极转到图 2-4（c）所示位置时，此时旋转遮光板已经遮住 VP2，使 VP3 被光照射，导致晶体管 V2 截止、晶体管 V3 导通，因而电流流入绕组 C-C′，于是驱动转子磁极继续朝顺时针方向旋转，并重新回到图 2-4（a）的位置。

这样，随着位置传感器转子扇形片的转动，定子绕组在位置传感器 VP1、VP2、VP3 的控制下，便一相一相地依次馈电，实现了各相绕组电流的换相。不难看出，在换相过程中，定子各相绕组在工作气隙内所形成的旋转磁场是跳跃式的。这种旋转磁场在 360°电角度范围内有三种磁状态，每种磁状态持续 120°电角度。各相绕组电流与电动机转子磁场的相互关系如图 2-5 所示。图 2-4（a）为第一状态，F_a 为绕组 A-A′通电后所产生的磁动势。显然，绕组电流与转子磁场相互作用，使转子沿顺时针方向转动；转过 120°电角度后，便进入第二状态，这时绕组 A-A′断电，而绕组 B-B′随之通电，即定子绕组所产生的磁场转过了 120°，如图 2-4（b）所示，电动机转子继续沿顺时针方向旋转；再转过 120°电角度，便进入第三状态，这时绕组 B-B′断电，C-C′通电，定子绕组所产生的磁场又转过了 120°电角度，如图 2-4（c）所示；它继续驱动转子沿顺时针方向转到 120°电角度后就恢复到初始状态了。这样周而复始，电动机转子便连续不断地旋转。图 2-5 示出了各相绕组导通顺序的示意图。

图 2-6 示出的是电子换相线路中的功率开关晶体管的电压波形（一相）。

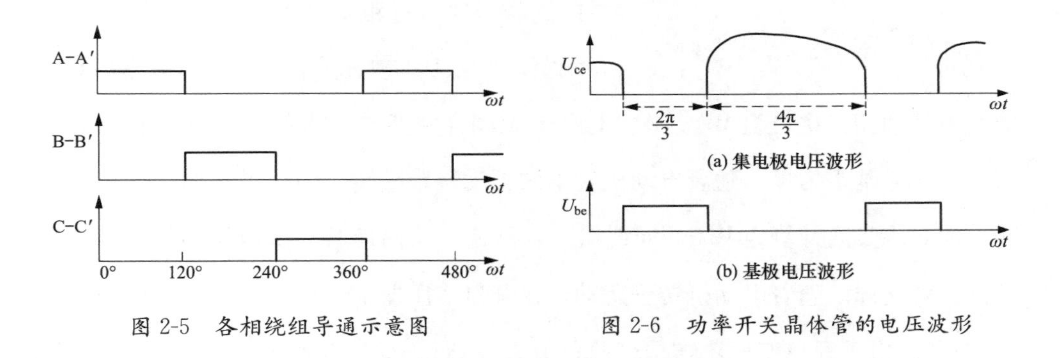

图 2-5　各相绕组导通示意图

图 2-6　功率开关晶体管的电压波形

2.2　无刷直流电动机转子位置传感器和运行实例分析

转子位置传感器是检测电动机转子位置的传感器，它是换相的重要依据。前面说到的转子与定子主磁场的夹角为 120°或 60°就是通过转子位置传感器来检测的。位置传感器可为换相线路及时准确地提供转子位置。转子位置传感器的种类很多，有电磁式、光电式、磁敏式等。

2.2.1　电磁式位置传感器

电磁式位置传感器是利用电磁效应来实现其位置测量作用的，主要有开口变压器式、铁磁谐振电路、接近开关等多种类型。在无刷直流电动机中，用得较多的是开口变压器。用于三相无刷直流电动机的开口变压器位置传感器原理如图 2-7

所示。它由定子和跟踪转子两部分组成。定子一般由硅钢片的冲片叠成，或用高频铁氧体材料压制而成，一般有六个极，它们之间彼此间隔 60°，其中三个极绕上一次绕组，并互相串联后通以高频电源，另外三个极分别绕上二次绕组 W_A、W_B、W_C，它们之间分别间隔 120°。跟踪转子是一个用非导磁材料做成的圆柱体，并在它上面镶上一块 120°的扇形导磁材料，如图 2-7 中涂黑的扇形片所示。在安装时将它同电动机转轴相连，其位置对应于某个磁极。当跟踪转子位置如图 2-7 所示时，一次绕组所产生的高频磁通通过跟踪转子上的导磁材料耦合到绕组 W_B 上，故在 W_B 上产生感应电压 U_B，而在另外两相二次绕组 W_A、W_C 上由于无耦合回路与一次绕组相联，其感应电压 U_A、U_C 基本为零。随着电动机转子的转动，跟踪转子的导磁扇形片也跟着旋转，使之逐步离开绕组 W_B 而向绕组 W_C 靠近，从而使其二次电压 U_B 下降、U_C 上升。就这样，随着电动机转子运动，在开口变压器上分别依次感应出电压 U_B、U_C、U_A。由于开口变压器结构简单可靠，目前得到了广泛的应用。扇形导磁片的角度一般略大于 120°电角度，常采用 130°电角度左右。在三相全控电路中，扇形导磁片的角度一般为 180°电角度。同时，扇形导磁片的个数应与无刷直流电动机的极对数相等。由于振荡电源的频率达几千赫兹，故变压器的铁芯往往采用铁氧体材料，频率较低的铁芯可采用其他软磁材料。

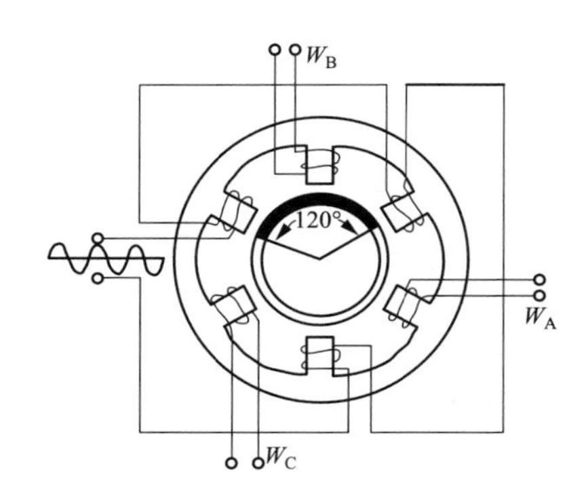

图 2-7　开口变压器的原理图

设计开口变压器时，一般要求把它的绕组同振荡电源结合起来统一考虑，以便得到较好的输出特性。

接近开关式位置传感器主要由谐振电路及扇形金属转子两部分组成，当扇形金属转子接近振荡回路电感 L 时，使得该电路的 Q 值下降，导致电路正反馈不足而停振，故输出为零。扇形金属转子离开电感元件 L 时，电路的 Q 值开始回升，电路又重新起振，输出高频调制信号，它经过二极管检波后，取出有用的位置信号，去控制逻辑开关电路，以保证电动机正确换向。

电磁式位置传感器具有输出信号大、工作可靠、寿命长、使用环境要求不高、适应性强、结构简单和紧凑等优点；但这种传感器信噪比较低、体积较大，同时其输出波形为交流，一般需经整流、滤波后方可应用。

2.2.2　光电式位置传感器

这种传感器是利用光电效应制成的，由跟随电动机转子一起旋转的遮光板和固定不动的光源及光电管等部件组成，如图 2-8 所示。

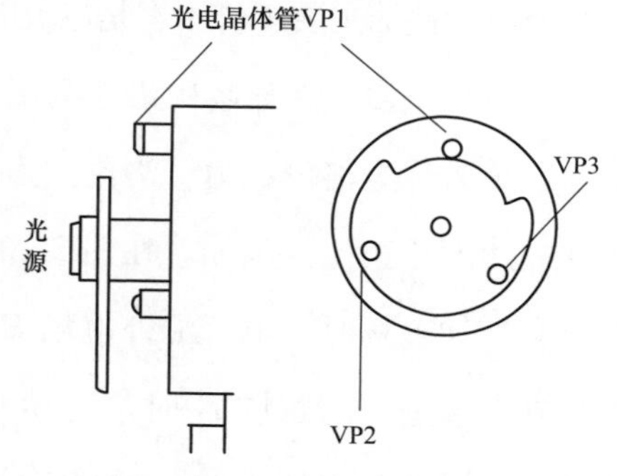

图 2-8　光电式位置传感器工作原理图

遮光板 Z 开有 120°电角度左右的缝隙且缝隙的数目等于无刷直流电动机转子磁极的极对数。当缝隙对着光电晶体管 VP1 时，光源 G 射到光电晶体管 VP1 上，产生“亮电流”输出。光电晶体管 VP2 和 VP3 因遮光板挡住光线，只有“暗电流”输出。在“亮电流”作用下，三相绕组中一相绕组将有电流导通，其余两相绕组不工作。遮光板随转子旋转，光电晶体管随转子的转动而轮流输出“亮电流”或“暗电流”的信号，以此来检测转子磁极位置，控制电动机定子三相绕组轮流导通，使该三相绕组按一定顺序通电，保证无刷直流电动机正常运行。和开口变压器一样，遮光板 Z 所开的缝隙也可能为 180°电角度。

光电式位置传感器性能较稳定，输出信噪比较大，但存在光源灯泡寿命短、使用环境要求较高等缺陷。若采用新型光电元件，可克服这些不足。

2.2.3　磁敏式位置传感器

磁敏式位置传感器是指它的某些电参数按一定规律随周围磁场变化的半导体敏感元件。其基本原理为霍尔效应和磁阻效应。目前，常见的磁敏传感器有霍尔元件或霍尔集成电路、磁敏电阻器及磁敏二极管等多种。它们具有不同的特性，如图 2-9 所示。

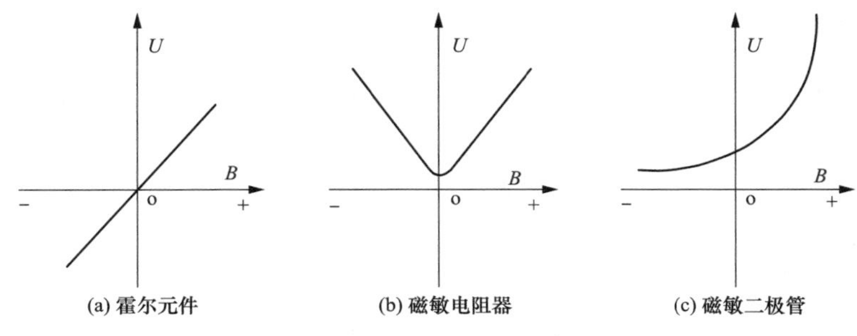

图 2-9　各种磁敏元件特性

磁敏元件的主要工作原理是电流的磁效应，它主要包括霍尔效应和磁阻效应。

任何带电质点在磁场中沿着与磁力线垂直的方向运动时，都会受到磁场的作用力，该力称为洛伦兹力。洛伦兹力的大小与质点的电荷量、磁感应强度及质点运动的速度成正比。例如，在图 2-10 所示的长方形半导体薄片上加上电场 E 后，在没有外加磁场时，电子沿外电场 E 的反方向运动，如图 2-10（a）所示。当加以与外电场垂直的磁场 B 时，运动着电子受到洛伦兹力作用向左边偏转了一个角度，如图 2-10（b）所示。因此，在半导体横向方向边缘上产生了电荷，由于该电荷积累产生了新的电场，称为霍尔电场。该电场又影响了元件内部的电场方向，随着半导体横向方向边缘上的电荷积累不断增加，霍尔电场力也不断增大，它逐渐抵消了洛伦兹力，使电子不再发生偏转，从而使电流方向又回到平行于半导体侧面方向，达到新的稳定状态，如图 2-10（c）所示。这个霍尔电场的积分，就是在元件两侧间显示出电压，称为霍尔电压，这就是所谓的霍尔效应。

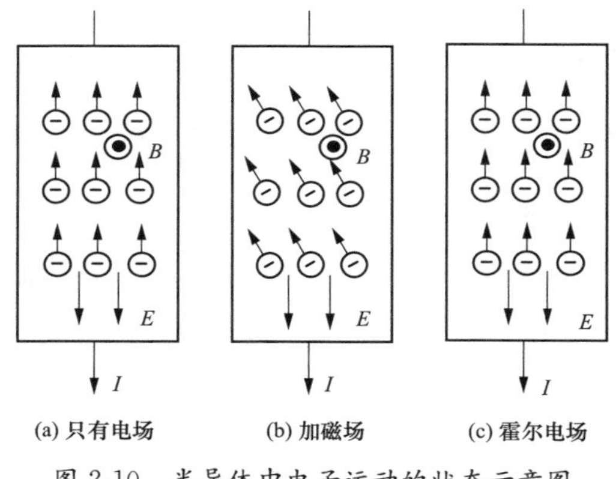

图 2-10　半导体中电子运动的状态示意图

利用霍尔效应产生电压输出的元件被称为霍尔元件。根据霍尔效应的原理，可制成如图 2-11 所示结构的四端子半导体元件。

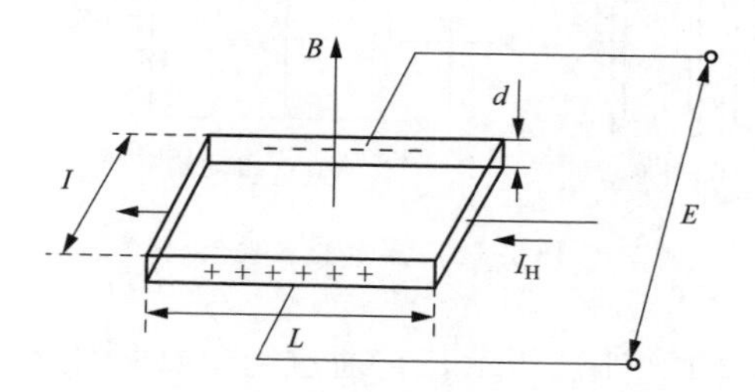

图 2-11　霍尔效应原理

研究结果表明，在半导体薄片上产生的霍尔电动势 E 可用下式表示

$$E = R_H \frac{I_H B}{d} \tag{2-7}$$

$$R_H = \frac{3\pi}{8}\rho\mu \tag{2-8}$$

式中：R_H 为霍尔系数，m^3/C；I_H 为控制电流，A；B 为磁感应强度，T；d 为薄片的厚度，m；ρ 为材料电阻率，$\Omega \cdot m$；μ 为材料迁移率，$m^2/(V \cdot s)$。

若在式（2-7）中各常项用 K_H 表示，则有

$$E = K_H I_H B \tag{2-9}$$

式中：K_H 为霍尔元件的灵敏度，mV/(mA · T)，$K_H = R_H/d$。

当磁感应强度 B 和霍尔元件的平面法线成一角度 θ 时，那么，实际上作用于霍尔元件的有效磁场是其法线方向的分量，即 $B\cos\theta$。此时，霍尔电动势为

$$E = K_H I_H \cos\theta \tag{2-10}$$

上述霍尔元件所产生的电动势很低，在应用时往往要外接放大器，很不方便。随着半导体集成技术的发展，将霍尔元件与半导体集成电路一起制作在同一块 N 型硅外延片上，这就构成了霍尔集成电路。图 2-12 为典型的集成电路实例。图 2-12（a）为其外形，它与一般的小型晶体管相类似，应用起来非常方便。

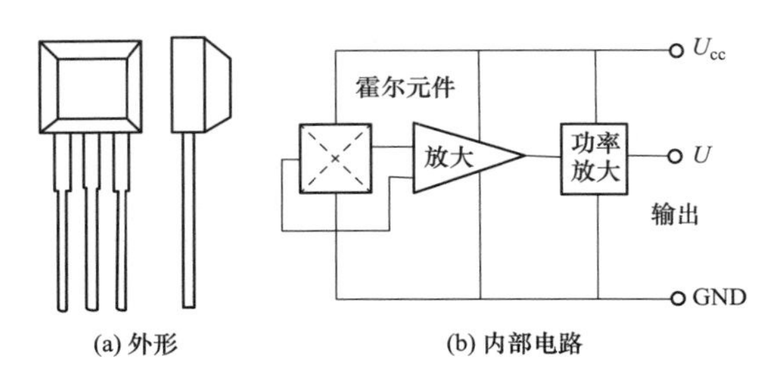

图 2-12　霍尔集成电路

其内部结构如图 2-12（b）所示，它通过简单开环放大器来驱动输出级。霍尔集成电路有线型和开关型两种，其灵敏度特性如图 2-13 所示，选择何种形式霍尔集成电路需根据具体用途而定。一般而言，无刷直流电动机的位置传感器宜选用开关型，其特性曲线如图 2-13（b）所示。

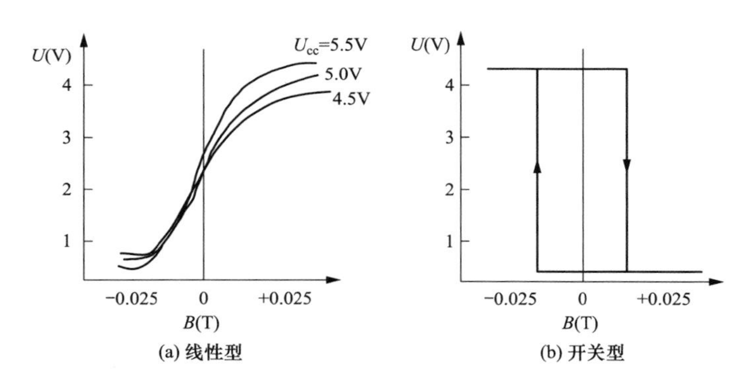

图 2-13　霍尔集成电路特性曲线

磁阻效应是指元件的电阻值随磁感应强度而变化的现象。根据磁阻效应制成的传感器叫磁敏电阻。

它可制成任意形状的两端子元件，也可做成多端子元件，这有利于电路设计。另外应当特别注意，霍尔元件输出电压的极性随磁场方向的变化而变化，磁敏电阻器的阻值变化仅与磁场的绝对值有关，与磁场方向无关。其输出特性如图 2-9（b）所示。

磁敏式位置传感器也是由定子和跟踪转子两部分组成，现以霍尔元件为例来说明它在无刷直流电动机中的应用。图 2-14 表示采用霍尔元件作位置传感器的工作原理。定子由一组霍尔元件及磁导体组成，霍尔元件数一般与绕组相数相等，也可能比绕组相数少一半。图 2-14 所示位置传感器是由两个霍尔元件组成，它可用于开关状态下四相半控电路的无刷直流电动机，并可控制正反转。现假定图中的 Q_1 为高电平，Q_2 为低电平，这时与非门 D_b 不通，与非门 D_a 开通，电动机正转。

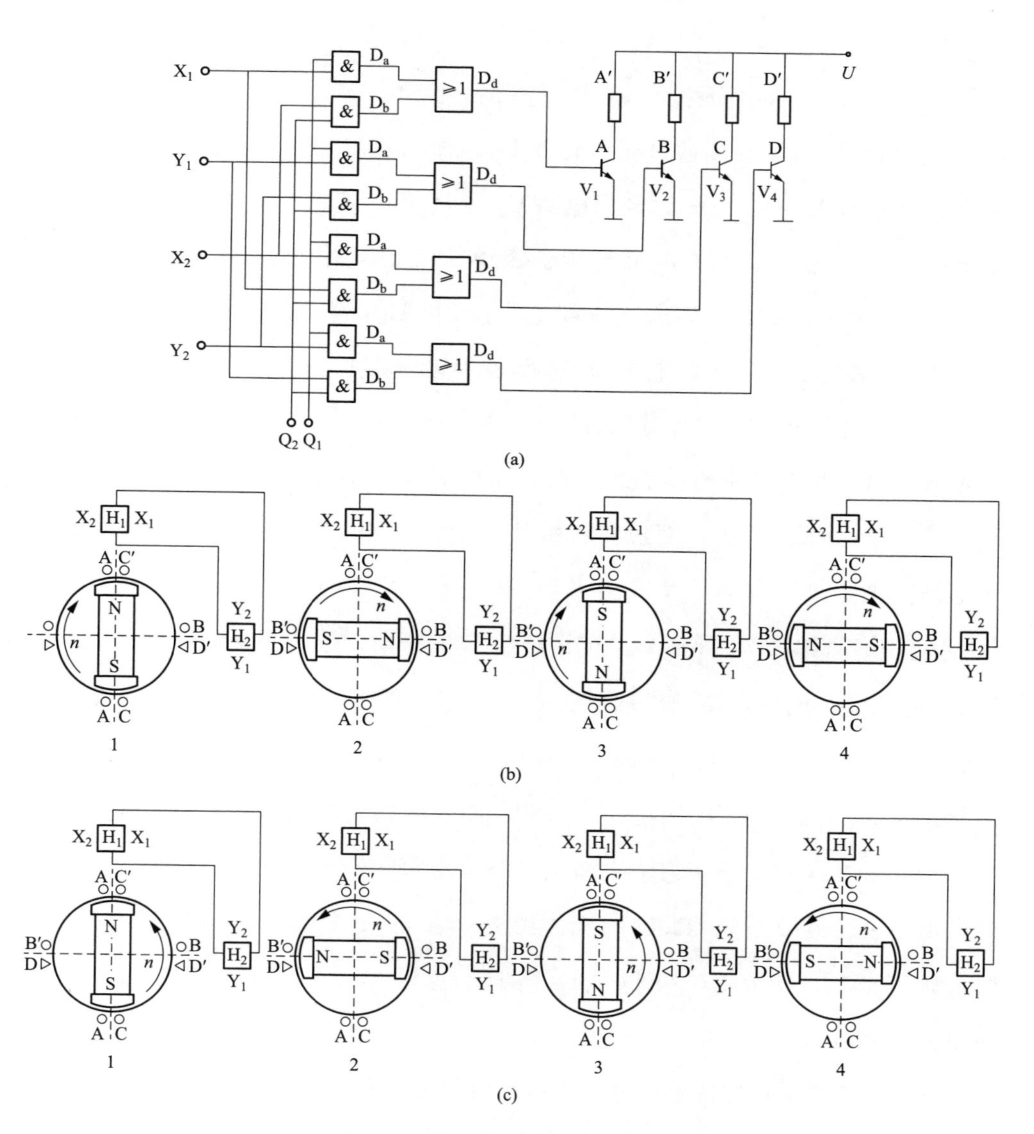

图 2-14　霍尔无刷直流电动机原理图

两个霍尔元件 H_1、H_2 以 90°电角度间隔安置于定子绕组 A-A′和 B-B′的轴线上，作为位置传感器定子。电动机本体的定子绕组由四个彼此成 90°电角度间隔的集中线圈构成。在这里，转子磁钢既作为电动机转子的磁极，同时又作为霍尔元件励磁磁场的磁极即位置传感器的转子。霍尔元件的输出信号经过逻辑处理后加在与定子绕组相联的功率开关晶体管的基极上，下面来分析它的换相过程。

图 2-14（b）示出四种状态时转子磁钢的位置。当转子处于图 2-14（b）的 1 所示位置时，转子磁场通过霍尔元件 H_1，那么霍尔元件 H_1 便有霍尔电动势产生，其输出 X_1 为正电压，经门电路 D_a 和 D_d 后，使功率晶体管 V_1 导通，给定子绕组 A-A′馈电，它的电流与转子磁场的相互作用，使转子以顺时针方向转动 90°电角度；此时，转子磁场通过霍尔元件 H_2，于是 H_2 产生霍尔电动势，其输出 Y_1 为高电平，经门电路 D_a 和 D_d 后使功率晶体管 V_2 导通，给定子绕组 B-B′馈电，转子又以顺时针方向转动 90°电角度；到了图 2-14（b）的 3 所示的位置，此时，虽然转子磁场仍通过霍尔元件 H_1，但磁场方向改变了，原来 H_1 相对于转子磁钢的 N 极，而现在它相对于转子磁钢的 S 极，所以它所产生的霍尔电动势也要改变方向，其输出 X_2 为高电平，X_1 为低电平，经门电路 D_a 和 D_d 后使功率晶体管 V_3 导通，给定子绕组 C-C′馈电，使转子又以顺时针方向转动 90°电角度；同样，转子磁场再次通过霍尔元件 H_2，如图 2-14（b）的 4 所示位置，这时 Y_2 为高电平，而 Y_1 仍为低电平，它经过门电路 D_a 和 D_d 后使功率晶体管 V_4 导通给定子绕组 D-D′馈电，使转子回到起始状态，以后又重复上述的动作。这样，定子绕组依次馈电，它产生跟随转子的跳跃式旋转磁场，于是电动机就会连续不断地旋转起来。当图中地 Q_1 变为低电平、Q_2 变为高电平时，则与非门 D_a 关闭，与非门 D_b 开通。这时电动机反转，如图 2-14（c）所示。

除上述三大类位置传感器外，还有正余弦旋转变压器和编码器等多种位置传感器。但是，这些元件成本较高、体积较大、所配线路复杂，因而在一般无刷直流电动机中很少采用。

此外，近期还出现了利用电动机定子绕组的反电动势作为转子磁钢的位置信号，该信号检出后，经数字电路处理，并送给逻辑开关电路去控制无刷直流电动机的换向。由于它省去了位置传感器，使得无刷电动机的结构更加紧凑，近年来的应用日趋广泛。

第3章　无刷直流电动机的磁场和绕组结构

无刷直流电动机的特点之一就是其转子由永久磁钢组成。要深入研究无刷直流电动机的运行特性，首先就要对永磁材料以及由它组成的磁路进行深入了解。本章就是从有关磁性的一些基本知识出发，结合无刷直流电动机的基本要素，由浅入深地来说明永磁材料的特性及其磁路的计算。

3.1　无刷直流电动机的磁场分布

3.1.1　有关磁的基本知识

磁现象是自然界中常见的现象，已在许多科学技术领域及日常生活中得到广泛的应用，我国是发现和应用磁现象最早的国家之一。早在公元前3世纪（战国时期），《吕氏春秋》就有“磁石召铁，或引之也”的记载。公元11世纪，我国宋代科学家沈括就阐述了指南针，后来指南针被广泛地应用于航海事业，成为我国古代四大发明之一。

1. *磁感应强度*

具有外部磁场的物体，称为磁体，通常也称之为磁钢（或磁铁）。关于磁钢，人们最早发现的是它具有吸引铁屑等物体的性质，并将这一性质称为磁性。一块磁钢具有极性相反而强度相同的两个磁极（N极和S极）。磁极之间存在着同性相斥、异性相吸的现象。

磁钢对周围运动的电荷有力的作用，它是通过一种特殊的物质——磁场来传递的。在磁场中任何一点，都存在一特定的方向。当电荷 q 沿该方向运动时并没有受到力的作用，但当它垂直于该方向运动时，则要受到力 f 的作用。这里力 f 的大小正比于电荷 q 及它的运动速度 v，即

$$f \propto qv$$

在磁场中的同一点上，对于不同 q 和 v，比值 $f/(qv)$ 都相同。可见这一比

值反映了该点磁性的本质，称之为磁感应强度 B，它的大小为

$$B = f/(qv) \tag{3-1}$$

B 有大小，又有方向，是一矢量。在国际单位制中 B 的单位为 T（特斯拉，1T=1Wb/A）。在工程计算中，过去习惯采用 Gs（高斯），它和特斯拉的换算关系为

$$1\mathrm{T} = 1 \times 10^4 \mathrm{Gs}$$

2. *磁通*

在工程上，通常用磁力线来形象地描述空间磁场的强弱和方向，磁力线上各点的方向与该点 B 的方向一致。B 的大小则用磁力线的疏密来表示。通过一个面的磁力线总数叫做磁通量，简称磁通，用 Φ 表示，即

$$\Phi = \int_{\mathrm{s}} B \mathrm{d}S \tag{3-2}$$

在均匀的磁场中，则有

$$\Phi = BS \tag{3-3}$$

磁通不是矢量，但有正负。在国际单位制中，磁通的单位为 Wb（韦伯），S 的单位 m^2，即当磁感应强度为 1T 时，通过垂直于磁场方向截面积为 $1\mathrm{m}^2$ 的磁通量为 1Wb。在工程计算中，过去常用 Mx（麦克斯韦）作磁通单位，它同韦伯的关系为

$$1\mathrm{Mx} = 1 \times 10^{-8} \mathrm{Wb}$$

3. *电流的磁效应*

由物理学得知，电流周围存在磁场，如直线导线中的电流为 I，与该导线距离为 r 的某点上磁感应强度的大小为

$$B = KI/r \tag{3-4}$$

其方向可由右手定则确定。

在国际单位制中，比例系数 K 在真空中取 $K = \mu_0/2\pi$，将其代入式（3-4）中，则有

$$B=\frac{\mu_0 I}{2\pi r} \tag{3-5}$$

式中：μ_0 为真空磁导率，$\mu_0=4\pi\times10^{-7}\text{H/m}$。

除非在真空中，电流周围总有物质存在，物质分子电流的磁矩在电流所产生的磁场中使原来杂乱无章的分子电流平面的法线和外磁场方向趋向一致，分子电流因此产生附加磁场从而影响原来的外磁场，这些能影响外磁场的物质称为磁介质。

设原来电流磁场的磁感应强度为 B_0、磁介质附加磁场的磁感应强度为 B'、总磁场的磁感应强度为 B，则

$$B=B_0+B' \tag{3-6}$$

不同磁介质的附加磁场有很大的差异。有些物质所产生的 B' 和 B_0 方向相同，称为顺磁性物质，如铝、钨、钠以及氯化铜等都是顺磁性物质；另一些磁介质所产生的 B' 和 B_0 方向相反，称为抗磁性物质，如铋、铜、氯化钠以及石英等都是抗磁性物质。这些磁介质的 B' 都比 B_0 小很多，一般不到它的万分之一，只有几种磁介质，它在外磁场中所产生的附加磁场 B' 和 B_0 同方向，而且 B' 比 B_0 大几百倍甚至几千倍，即 $B'>B$。这种磁介质称为铁磁性物质，它们是铁、钴、镍等元素及其合金。

有时把铁磁性物质称为磁性材料，把其他顺磁性物质和抗磁性物质称为非磁性材料。但严格地说来，所有物质都是磁性物质，只是前者为强磁性物质，后者为弱磁性物质。铁磁性物质有一些特有的性质且在工农业生产上得到了广泛的应用。由磁学基本知识得知，B' 和 B_0 可以由下式描述

$$B'=4\pi\eta B_0 \tag{3-7}$$

式中：η 为磁化率。将式（3-7）代入式（3-6），可得

$$B'=(1+4\pi\eta)B_0$$

令 $\mu_r'=1+4\pi\eta$，μ_r'称为相对磁导率，则

$$B=\mu'_r B_0 \tag{3-8}$$

真空中的相对磁导率 $\mu_r'=1$，顺磁性物质的相对磁导率 μ_r'略大于 1，抗磁性

物质的相对磁导率 μ_r' 略小于 1，而铁磁性物质的 $\mu_r' \gg 1$，表 3-1 列出了几种常用物质的相对磁导率。

表 3-1　几种常用物质的相对磁导率

材料名称	组别	相对磁导率 μ_r'
钛	抗磁性物质	0.99983
银	抗磁性物质	0.99998
铅	抗磁性物质	0.999983
铜	抗碰性物质	0.999991
铋	抗磁性物质	0.999991
真空	顺抗磁性物质	1
空气	顺抗磁性物质	1.0000001
铝	顺磁性物质	1.00002
钯	顺磁性物质	1.0008
2-81 坡莫合金粉（81Ni2Mo）	铁磁性物质	130
钛	铁磁性物质	250
镍	铁磁性物质	600
锰锌铁氧体	铁磁性物质	1500
软钢（0.2C）	铁磁性物质	3000
铁（0.2 杂质）	铁磁性物质	5000
硅钢（4Si）	铁磁性物质	7000
78 坡莫合金（78Ni）	铁磁性物质	100000
纯铁（0.05 杂质）	铁磁性物质	200000
导磁合金（5Mo79Ni）	铁磁性物质	1000000

4. *磁场强度*

为了进一步叙述磁场的性质，再引入磁场强度 H 这一物理量，H 的定义为

$$H = B/\mu \tag{3-9}$$

式中：μ 为磁导率，定义为 $\mu = \mu_r'\mu_0$。在国际单位制中，H 的单位为 A/m，但工程上，过去一般采用 Oe（奥斯特）。它们的换算关系为

$$1\text{A/m} = 4\pi \times 10^{-3}\text{Oe} = 0.0126\text{Oe}$$

由于在真空中 $\mu = 1$，因此在真空中（或近似于真空）的磁感应强度 $B = H$。

又由于历史上在讨论磁现象时大都是研究空气中的磁现象，H 和 B 在数值上差别甚微（见表 3-1），所以把衡量磁场强度的物理量用 H 表示，这已成为历史的习惯。实际上，描述磁介质中磁场强度的物理量应用磁感应强度 B，应分清：真正确定磁场强度大小的物理量是 B，而不是 H。磁场强度 H 这个物理量在磁路计算中要用到它，它只是作为一个重要辅助量出现的。

由电磁理论可知，磁路中的麦克斯韦方程为

$$\oint H\mathrm{d}L = NI \tag{3-10}$$

式中：N 为线积分路径所包围的导体数；I 为每根导体所流过的电流；H 为磁场强度。

由式（3-10），可得一闭合的、各处截面均匀磁场的安培定律形式为

$$H = IN/L \tag{3-11}$$

由此可知，磁场强度 H 的大小和磁介质无关，而和安匝成正比。安匝数 IN 又称为磁动势，一般用 F 表示。

5. *永磁材料的磁滞回线和去磁曲线*

无刷直流电动机的结构特点之一就是转子磁极由永磁材料组成。该材料磁性能的优劣，将直接影响到无刷直流电动机的磁路尺寸、电动机体积及其功能指标和运行特性。永磁材料的种类很多，其磁性能较为复杂，但其基本磁性能可用磁滞回线来反映，即用 $B=f(H)$ 曲线来表示磁钢中磁感应强度 B 随磁场强度 H 改变的特性，如图 3-1 所示。图 3-1 表明，一块未磁化的磁钢在磁化过程中，其磁化曲线首先从坐标原点 0 开始，磁感应强度 B 随着磁场强度 H 的增大而增加，并渐渐进入饱和状态 a 点。此后，如再增加外加磁场强度 H，则 B 基本保持不变，与 a 点相应的磁感应强度 B_s 称为饱和磁感应强度，此时的磁场强度 H 称为饱和磁场强度，曲线 OA 称为起始（或初始）磁化曲线。

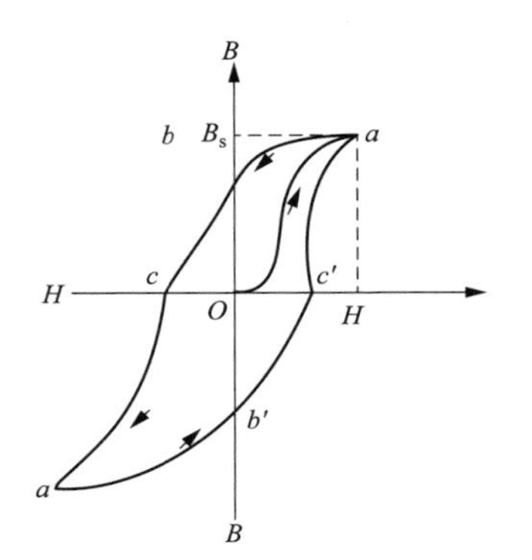

图 3-1　磁滞回线和起始磁化曲线

当磁钢充磁达到饱和状态后，若逐渐减小外加磁场强度 H，磁钢中的磁感应强度 B 将随之减小。但是 B-H 关系不再按 OA 曲线下降，而是按图 3-1 中另一条曲线 ab 下降。当外加磁场为零时，磁钢中的磁感应强度 B 不等于零，此时若改变外加磁场的方向，并逐渐向相反的方向增加，则 B-H 关系按图 3-1 所示曲线 bca' 变化，a' 点达到负向的饱和状态。此后若再增加负向外加磁场强度 H，则其磁感应强度 B 基本不变。而当它逐渐减小到零，并再逐渐以正值增加时，B-H 关系将沿曲线 $a'b'c'a$ 变化。随着外加磁场的不断反复变化，磁钢中的 B-H 关系将沿封闭曲线 $abca'b'c'a$ 重复变化。这样的封闭曲线称为磁滞回线。由于所谓永磁材料的“磁性适应”现象，一般磁滞回线要经过 2～3 次反复磁化后才会完全重合。

在图 3-1 所示的磁滞回线中，其第二象限的 bc 段称为去磁曲线，它表示永磁材料被完全磁化后无外励磁时的 B-H 关系，由于永磁材料一般应用在无外励磁状况下，因而去磁曲线是表示永磁材料磁特性的主要特性曲线。

3.1.2　去磁现象及其防止措施

在无刷直流电动机运行过程中，由于定子绕组电流在磁路中产生新的磁场，该磁场通常减弱转子磁钢所产生的磁力线（类似于一般直流电动机中的电枢反应），这种现象称为去磁。如果使用不当，无刷直流电动机转子磁钢一旦被去磁，其磁性能大大减弱，从而影响了无刷直流电动机运行性能。如何更好地防止这种去磁现象的产生，是使用无刷直流电动机的一个重要问题。

1. 去磁含义

为讨论方便起见，现以一般两极永磁直流电动机为例来说明去磁现象，该电动机的定子磁极产生的磁通分布和由转子电枢绕组电流产生的磁通分布分别画在图 3-2 中。由于定子磁钢所产生的磁通与电枢绕组通电后所产生的磁通在电枢铁心中相互

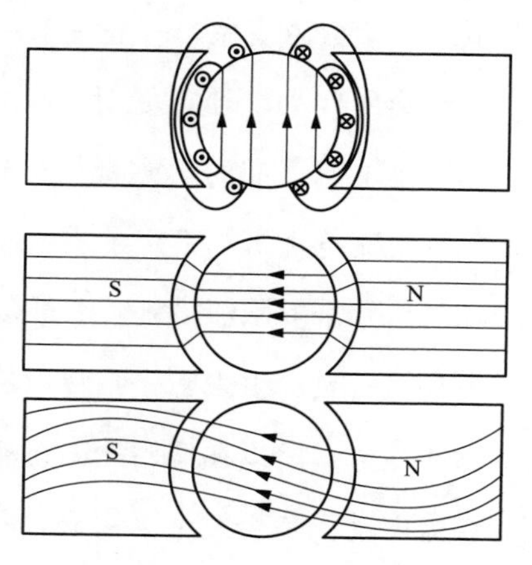

图 3-2　永磁直流电动机内磁通的分布化

垂直（相位相差 90°）。当这两个磁场作用在一起，合成磁场就发生畸变，在电动机气隙中的磁感应强度在磁极的一边升高，另一边则变低，如图 3-2 所示。这种变化若超越某一界限，变低的一边就要产生去磁现象。

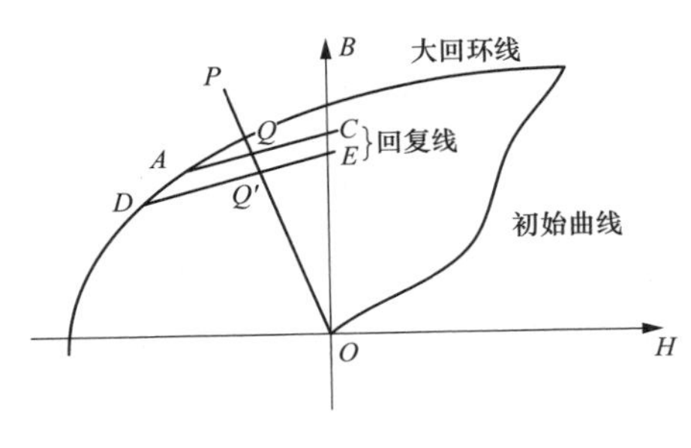

图 3-3　回复线和去磁曲线

这是由于永磁直流电动机在出厂前，一般都经过磁性能稳定处理（简称稳磁处理）。所谓稳磁是指使永久磁钢的磁化状态在电动机运行中不发生变化，具体而言，就是把永久磁钢的状态稳定在某一回复线上，如图 3-3 所示。由图 3-3 可以看出，在电枢绕组没有电流通过时，电动机的工作点稳定在回复线 AC 和磁导曲线 OP 的交点 Q。所谓磁导曲线就是通过原点的负斜率直线，其斜率依电动机的磁路结构而定。电枢中通过电流后，则磁极一边磁场变强，而另一边磁场变弱。问题就出在变弱的一边，在电动机正常的运行过程中，工作点仅在回复曲线 AC 上徘徊，每当电动机空载后工作点又回到 Q 点；而一旦电动机通过的电流过大时，则工作点就有可能退出回复线并沿磁滞大回环线达 D 点。如在这时电动机的电流消失后，工作点则通过新的回复线 DE，落在 Q'上，而不再回到原来的 Q 点。结果就使得气隙中的磁感应强度降低，产生去磁现象。一般说来，直流电动机在起动时，由于没有反电动势存在，通常会出现大电流，如对此不加限制，在磁极一边就有可能去磁。不难看出，当绕组电流反向时，磁极另一边也要产生去磁现象。同一般直流电动机一样，无刷直流电动机当其定子绕组通过电流过大时，同样也会产生去磁现象，因此起动时也要采取限流措施，一般限定在额定电流的 2 倍左右。

电动机一旦产生去磁，则转矩常数 K_T 和电动势常数 K_e 均要变小，电动机运行性能变劣，所以在使用无刷直流电动机时，一定要注意去磁的问题。要查明无刷直流电动机是否发生了去磁，只要测定空载转速即可清楚。当发生去磁时，空载转速势必上升。

2. 防止去磁的措施

防止发生去磁的措施很多，最简单可靠的措施就是让流过的电流限制在某一限度内，另外，在电动机的磁路结构上加极靴也是防止去磁的一项有效措施。极靴的作用，一方面是将永久磁钢的磁通集中并引导到气隙中，如图 3-4 所示；另一方面定子绕组电流所产生的磁通通过由软磁材料组成的极靴而被短路，不再对转子磁钢产生去磁作用。此外，由于软磁材料的加工比较方便，可通过设计获得适当磁钢极靴形状，以改善气隙中磁通分布的波形。

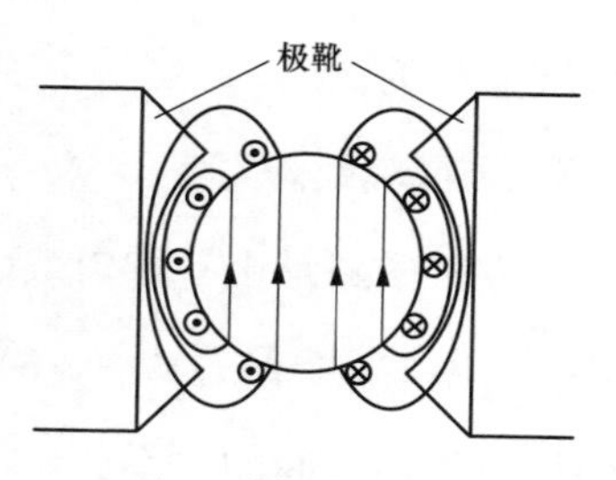

图 3-4　加极靴防止去磁

极靴固然可用单块的软钢制成，但是在有槽式定子的情况下，它可能由于磁通脉动形成涡流而发热，故大多数采用带有绝缘层的硅钢片叠成。钐钴磁钢的矫顽力非常高，由它来制成转子磁钢，一般可不必考虑去磁影响。

3.1.3　磁路及其基本定律

从广义的概念来讲，凡磁通穿过的路径都称为磁路。在工程上，为了加强磁场并把分散的磁场集中起来，往往在磁路中加一包含工作气隙的铁磁材料回路，使绝大部分磁力线沿着铁磁材料和工作气隙形成回路，只有少量的磁力线穿出铁磁材料经周围空气形成回路，如图 3-5 所示。沿着铁磁材料通过的磁通称为主磁通，或称为工作磁通。穿出铁磁材料的少量磁通称为漏磁通。通常把主磁通通过的路径称为磁路。值得特别指出的是，在一般的电路中，导电材料的电导率比其周围绝缘材料的电导率相差高达 100 倍左右。而磁路中导磁材料的磁导率只不过比周围非导磁材料（如空气）的磁导率大几千倍。因此，磁路中的漏磁现象比电路中的漏电现象要严重得多，这就给磁路的精确计算带来很大的困难，有时连近似计算也很烦琐。

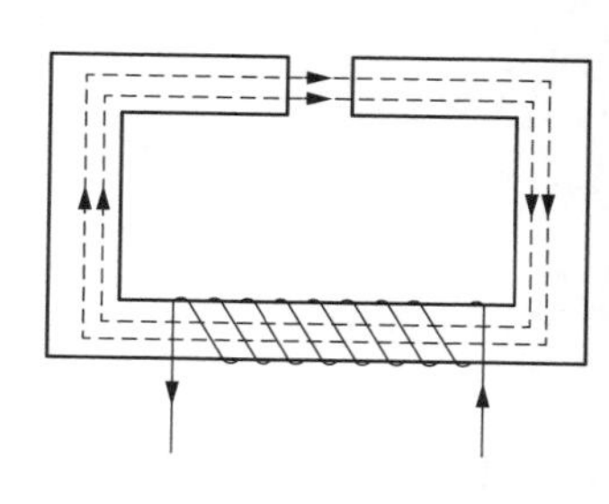

图 3-5　简单的环形磁路

因此在一般工程计算中常只算主磁通，而忽略漏磁通，或在主磁通上加一个修正系数，作为对漏磁通的补偿。磁路中的许多基本定律都是在忽略漏磁通的条件下建立的。

1. 磁路欧姆定律

设某磁路是由一均匀截面为 S、长度为 L 的铁磁材料组成，该材料的磁导率为 μ。由式（3-9）、式（3-3）及式（3-11）可得，该磁路中的磁感应强度和磁场强度及磁通之间的关系为

$$B=\mu H$$

$$\Phi=BS$$

$$H=\frac{IN}{L}$$

联立解得

$$\Phi=\frac{IN}{\dfrac{L}{\mu S}} \tag{3-12}$$

令

$$R_{\mathrm{m}}=\frac{L}{\mu S} \tag{3-13}$$

$$F=IN$$

式中：F 为磁动势；R_{m} 为磁阻。

将式（3-13）代入式（3-12），得

$$\Phi=\frac{F}{R_{\mathrm{m}}} \tag{3-14}$$

由式（3-13）可知，磁路中的磁阻与磁路的长度成正比，与磁路截面积及磁路中导磁材料的磁导率成反比，其单位为 H^{-1}。磁路中磁阻的公式和电路中电阻的公式 $R=l/(\sigma S)$ 在形式上类似，其中 σ 为电导率，与磁导率 μ 相对应。磁路中磁动势 F 用来产生磁通中，磁阻 R_{m} 可看作对磁通起阻碍作用的参数，故式（3-14）称为磁路欧姆定律。由于磁路中铁磁材料的磁导率 μ 不是常数，用磁路欧姆定律来求解磁路的 F 比较困难。磁路欧姆定律往往用来定性分析磁

路的工作情况。实际计算磁路时，还要针对具体磁路的基本情况加以适当补充和修正。

2. 磁路中的基尔霍夫定律

在电路中，根据电流的连续性原理有基尔霍夫第一定律，即$\sum I=0$；同样在磁路中，根据磁通的连续性，也可得出磁路基尔霍夫第一定律，即磁路中通过任何闭合面上的磁通代数和等于零，也就是说进入闭合面的磁通等于离开闭合面的磁通。它可表示为

$$\sum \Phi=0 \tag{3-15}$$

式（3-15）中，一般把穿出闭合面的磁通取正号，穿入闭合面的磁通取负号。

同样根据磁路中的麦克斯韦方程式（3-10）可得出磁路基尔霍夫第二定律

$$\sum HL=\sum IN \tag{3-16}$$

即闭合磁路中，各段磁压降的代数和$\sum HL$ 等于闭合磁路中磁动势的代数和$\sum IL$。此定律适用于磁路中任何一个闭合回路，它把磁场强度和电流相联系起来，因此具有广泛的用途。

对比磁路和电路的物理量及基本定律，有很多类似之处，可用类比方法列出它们之间的对应关系，见表 3-2。

表 3-2　　磁路和电路的对比

电路		磁路	
电流	I	磁通	Φ
电动势	E	磁动势	F
电导率	σ	磁导率	μ
电阻	$R=\frac{L}{\sigma S}$	磁阻	$R=\frac{L}{\mu S}$
电压降	$U(IR)$	磁压降	$HL(\Phi R_m)$
欧姆定律	$I=\frac{E}{R}$	磁路欧姆定律	$\Phi=\frac{F}{R_m}$
基尔霍夫第一定律	$\sum I=0$	磁路基尔霍夫第一定律	$\sum \Phi=0$
基尔霍夫第二定律	$\sum IR=\sum E$	磁路基尔霍夫第二定律	$\sum HL=\sum IN$

3. 永磁磁路的等效磁路图

与其他磁路一样，永磁磁路也可用等效磁路图来表示其运行特性。应用等效磁路后，在磁路分析计算过程中可比较方便地运用磁路的欧姆定律和基尔霍夫定律。

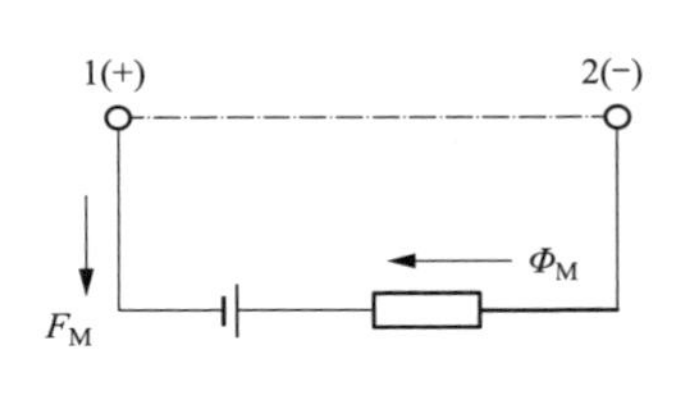

图 3-6　永磁磁路的等效磁路

在永磁磁路中，永久磁钢既是一个可变磁动势源，又是磁路的一个组成部分。与类似的电路比较，它相当于一个具有内阻抗可变的电源。因此，一块永久磁钢可采用如图 3-6 所示的等效磁路来表示永久磁钢的运行（工作）状态。图 3-6 中包括一个假想的"虚拟磁动势"F_{MX} 和永久磁钢的磁导 G_{MX}。当永久磁钢内部的磁通为 Φ 时，永久磁钢两端作用于外磁路的磁动势为 F_M。

当永久磁钢与外磁路组成闭合回路时，如设外磁路的总磁动势降为 F_{12}，按基尔霍夫第二定律 $\sum F=0$ 可得

$$F_M+F_{12}=0$$

或

$$F_{12}=-F_M$$

也就是说，磁钢两端的磁动势 F_M 等于外磁路的总磁动势降，两者符号相反。其等效磁路图如图 3-7 所示，并可据此做出任何永磁磁路的等效磁路图。例如，对于图 3-8 的具有固定气隙的环形永久磁钢，其等效磁路示于图 3-9。

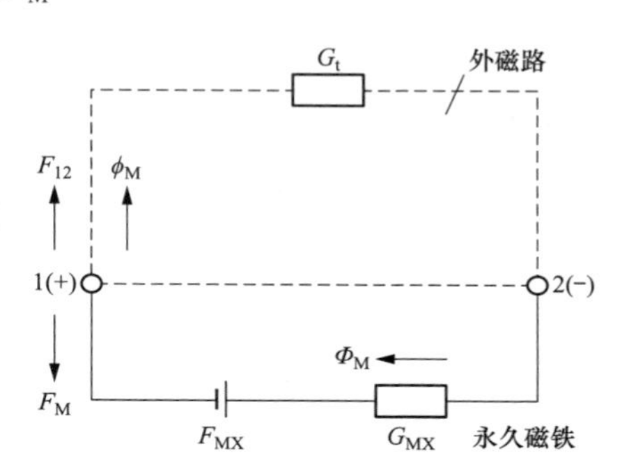

图 3-7　永磁磁路等效磁路图的组成部分

根据磁路与电路相似的原则，可求得图 3-9 中的 F_M 与 Φ_M 之间关系为

$$F_M=F_{MX}-\Phi_M/G_{MX} \tag{3-17}$$

但是，只有当 F_{MX} 和 G_{MX} 值为常数时，式（3-17）才是一个直线方程式，

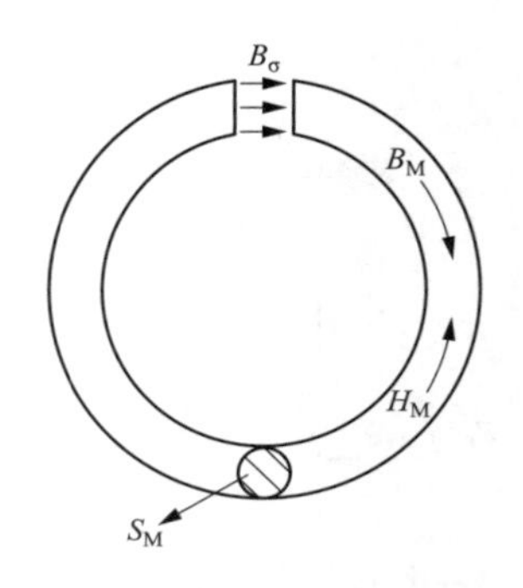

图 3-8　具有固定气隙的环形永久磁钢

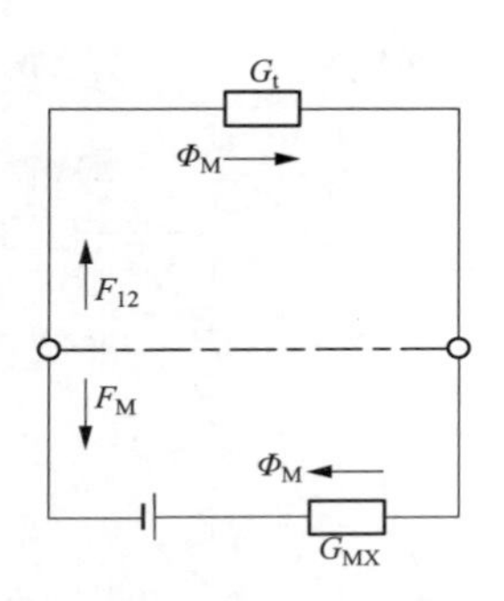

图 3-9　简单永磁磁路的等效磁路图

F_{M} 和 ϕ_{M} 才呈线性关系。在现有永磁材料中，只有稀土钴和一部分铁氧体磁钢的去磁曲线近似于直线。对于其他大多数永磁材料来说，其去磁曲线都是非线性的。如果磁钢工作点在去磁曲线上，则上述等效磁路图中的 F_{MX} 和 G_{MX} 都是不定值。由于去磁曲线上每一点的磁导率 μ 不相等，即使工作点处于回复直线上，G_{MX} 也是一个不定值。由此可知，对于大多数永磁材料来说，F_{MX} 和 G_{MX} 由去磁曲线的形状和磁钢工作点的具体位置决定。它们与工作点以及 B_{M} 之间的关系是比较复杂的且 B_{M} 本身还是一个欲求的未知数，这就是求解永磁磁路的困难所在。

为此，现介绍一种简化的开环式等效磁路图。这种等效磁路图是以永久磁钢为磁路中的可变磁动势源为基础，但避开 F_{M} 和 Φ_{M} 之间的复杂变化关系。它适用于图解分析法、数学计算法以及一般的作图法。对于图解分析法，其主要步骤是先算出磁钢两端外磁路的磁化曲线，然后利用永磁材料现成的去磁曲线，采用作图法解出所需的工作点；对于数学计算法，则首先是用数学计算法算出永久磁钢两端外磁路的合成等效磁导，然后利用去磁曲线的方程式，用代数法解出所需的工作点。开环式等效磁路图的主要特点是：①只需进行磁钢两端外磁路的磁导计算；②只需利用现成的永久磁钢去磁曲线或回复直线的图形或方程式。因此，在绘制永磁磁路的等效磁路图时，只需绘出磁钢两端外磁路的等效磁路图，而不必把磁钢本身包含进去，如图 3-10 所示。图 3-10 中以 1(＋) 和 2(－) 表示磁钢的两端，称为开环式磁钢两端外磁路的等效磁路图，为了便于阐述，以后简称为

“等效磁路图”。

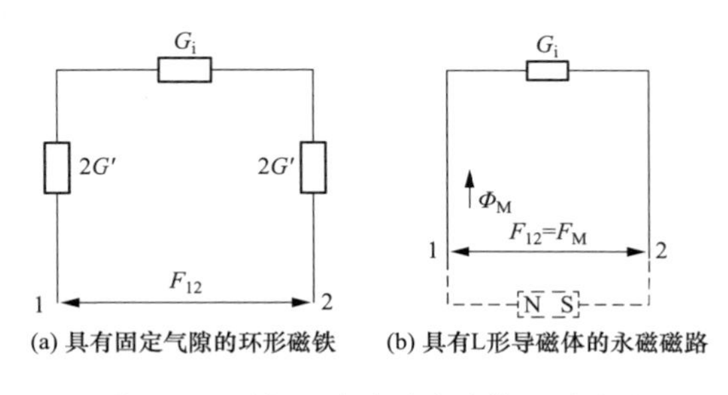

图 3-10　磁钢两端外磁路的等效磁路图

利用等效磁路图求解磁钢工作点时，首先按图 3-10 求出永久磁钢两端外磁路的总磁动势降 F_{12} 和总磁通 Φ_M 的关系 $F_{12}=f(\Phi_M)$。

当采用图解法时，将 $F_{12}=f(\Phi_M)$ 曲线绘于第二象限内；当采用数学计算法时，去磁曲线或回复直线方程式中的 F_M 值以绝对值 $F_M=F_{12}=f(\Phi_M)$ 代入方程式。由此可知，不论是图解分析法或是数学计算法，都只须应用 $F_{12}=f(\Phi_M)$ 的关系，不必改变符号。

这种等效磁路简单明了，适用于无刷直流电动机主磁路的分析和求解。

4. 简单的磁路计算

无刷直流电动机的磁路，一般由永久磁钢、导磁体和气隙三部分组成。其中导磁体磁阻很小。最简单的考虑办法是将导磁材料的磁阻忽略不计。这样一来，磁路仅由磁钢和气隙两部分组成，它近似于具有空气隙的一个圆环形永久磁钢的简单磁路，如图 3-8 所示。

为进一步简化计算过程，分析时假设环形永久磁钢之间的漏磁通为零，即忽略环形磁钢本身的漏磁通，并设环形磁钢的截面积处处相等，均为 S_M 平均长度为 L_M。因此可认为磁钢内部的磁感应强度在任一截面处都是均匀分布的，而沿全长 L_M 磁钢内部的磁场强度分布也是均等的。

当磁路中的气隙长度为 δ 时，按磁路的基尔霍夫第二定律，可得

$$H_M L_M+\delta H_\delta=0 \tag{3-18}$$

式中：L_M 为环形永久磁钢的平均长度，m；δ 为气隙长度，m；H_M 为环形永久磁钢内部的磁场强度，A/m；H_δ 为气隙中的磁场强度，A/m。

若认为气隙磁感应强度是均匀分布的，不考虑气隙边缘效应，则气隙磁感应强度 B_δ，近似地等于磁钢内部的磁感应强度 B_M。同时由于 $H_\delta=\mu_0 B_r$，代入式（3-18）可得

$$H_M=-\frac{B_M\delta}{\mu_0 L_M} \tag{3-19}$$

式（3-19）为一直线方程式，在 B-H 坐标（T·A/m）中，可表示为一条斜率 $\tan\alpha=-L_M\mu_0/\delta$ 的过原点直线。如图3-11所示，$\mu_0 L_M/\delta$ 前的负号表示该直线在第二象限内。

由于磁钢的工作点不但要满足式（3-19）的关系，而且要处在永久磁钢的去磁曲线上，因此，OG 线与去磁曲线的交点 a 即为永久磁钢的工作点。a 点的坐标给出了所求永久磁钢中的 B_M 和 H_M 值。

利用上述图解法求得 B_M 后，即可得气隙磁感应强度 $B_\delta=B_M$。气隙中的磁通为

$$\Phi_\delta=S_\delta B_\delta=S_M B_M \tag{3-20}$$

在分析和计算永磁磁路时，为了比较方便地运用磁路欧姆定律和基尔霍夫定律，磁钢的去磁曲线最好采用本章所介绍的 F-Φ 坐标系统，即将 B-H 去磁曲线的纵坐标乘以磁钢的截面积 $S_M(\mathrm{m}^2)$，得到磁通 Φ(Wb）的坐标，将横坐标乘以 L_M(m)，得磁动势 F(A或A·匝）的坐标，如图3-12所示。

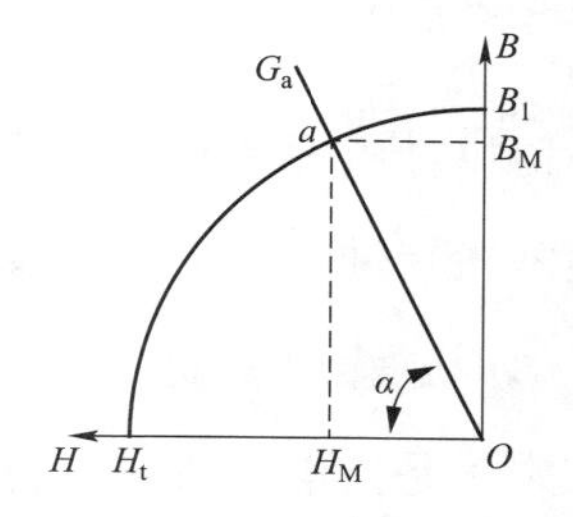

图3-11　具有固定空气隙的永久磁钢工作图

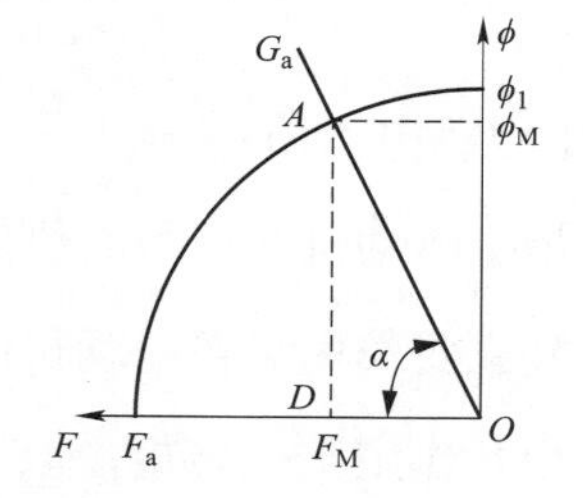

图3-12　F-Φ 坐标中的具有固定气隙永久磁钢工作图

在求解 $F\text{-}\Phi$ 坐标的磁钢工作图时，只须在式（3-19）两端都乘以 L_M，由于 $F_M=H_ML_M$ 表示环形磁钢内部的磁动势，取 $S_M=S_\delta$，由式（3-19）可得

$$F_M=-\frac{B_M\delta S_M}{\mu_0 S_\delta}=-\frac{\Phi_M\delta}{\mu_0 S_\delta}$$

或写成

$$\Phi_M=-\frac{F_M\mu_0 S_\delta}{\delta}=-F_MG_\delta \tag{3-21}$$

式中：G_δ 为气隙磁导，Wb/A。

$$G_\delta=\frac{\mu_0 S_\delta}{\delta} \tag{3-22}$$

根据式（3-22），在图 3-12 中过原点 O 作气隙的磁导线 OG_δ，使

$$\tan\alpha=G_\delta=\frac{\mu_0 S_\delta}{\delta} \tag{3-23}$$

图 3-12 中气隙磁导线 OG_δ，与 $F\text{-}\Phi$ 坐标去磁曲线的交点 A，即为磁钢的工作点。显然，$\Phi_M=AD$；$F_M=OD$；$\Phi_\delta=\Phi_M=AD$。

特别值得指出的是，在 $\Phi\text{-}F$ 坐标系中，磁钢工作点 A 的位置不但与去磁曲线有关，还与气隙的 S_δ/δ 比值有关。当 S_δ/δ 改变时，磁钢的工作点以及对应的 F_M 和 Φ_M，值也随之改变。可见，永久磁钢作为永磁磁路的磁动势源，虽然充磁后不再施加外励磁，但永久磁钢作用于外磁路的磁动势却是一个变量，并由外磁路的磁导所决定。这是永磁磁路与电励磁磁路的不同之处。

3.2 无刷直流电动机的绕组结构

同其他类型电动机一样，无刷直流电动机本体也是由定子和转子两大部件构成。转子是指电动机在运行时可转动的部分，通常由转轴、永久磁钢及磁轭等部件组成。其主要作用是在电动机的气隙内产生足够的磁感应强度，并同通电后的定子绕组相互作用产生转矩，以驱动自身运转。定子是指电动机在运行时不动的部分，主要由硅钢冲片同分布在它们槽内的绕组以及机壳、端盖、轴承等部件组成。

所谓“绕组”，是指一些按一定的规律连接起来的线圈的总和。绕组通电后，与转子磁钢所产生的磁场相互作用，产生力或转矩驱使转子带动外负载一块转动，从而决定了电动机的运动过程。转子磁钢转动后，其磁力线反过来又切割定子绕组，在定子绕组中产生感应电动势，反过来又影响了电动机内电动势的平衡关系。可见通电绕组和磁场之间的相互作用，是电动机内部机电能量转换的主要媒介。只有搞清电动机内磁场的分布和作用情况，才能确切地分析绕组所产生的转矩和感生电动势的大小及方向，以便导出电动机的转矩平衡方程和电动势平衡方程。

然而离开了绕组的具体结构及连接方式，很难讲清楚电动机内机电能量转换的基本过程，对感应电动势、电路参数和电磁转矩等基本问题，也会感到空洞或不着边际。在本节里，将结合无刷直流电动机的基本性能要求来讨论绕组结构的一些基本问题。为了简明扼要地分析有关绕组问题，首先对无刷直流电动机的磁路及气隙磁通进行必要的描述和简化。

3.2.1　无刷直流电动机磁场的简化

在无刷直流电动机中，主磁场一般由转子磁钢产生，通常用简化了的磁路来计算。主磁路如图 3-13 所示，它通过相邻两个极的中心线，经定子和转子铁心闭合。主磁路主要由气隙、定子齿、定子轭和转子轭几部分组成。图中，Φ_U 为工作磁通，Φ_M 为永久磁钢内磁通，Φ_S 为漏磁通。

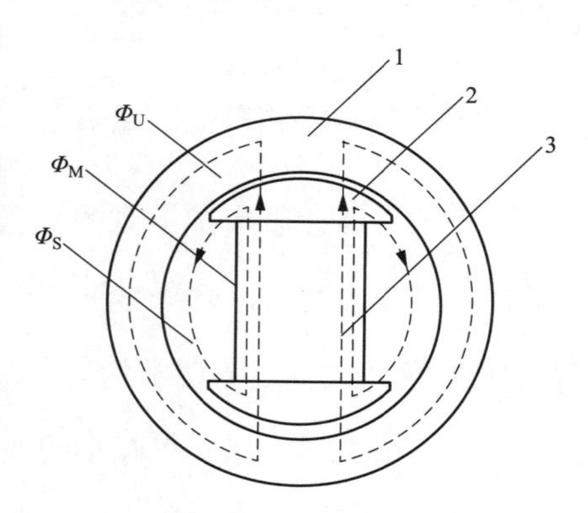

图 3-13　电动机内部磁路

1—定子铁心；2—软铁极靴；3—永久磁钢

严格地说，无刷直流电动机内的磁场乃是含有不同磁介质的三维场，由于其几何形状复杂，又含有铁磁物质等非线性因素，使得问题变得非常复杂。在工程分析中，为了突出主要的过程，抓住主要矛盾而不让一些次要的因素把问题搞混，常作下列简化。如有必要，当对某些问题做进一步的深入研究时，再对某个被忽略的因素进行一定的补差和适当的修正。

（1）不计端部效应。即不计电动机主磁场向两端的扩散，则在电动机绕组直线部分气隙中的磁场没有轴向分量，这样一来，就把气隙内的磁场简化为一个二维平面场。

（2）不计铁心部分的磁压降及铁心内的磁滞、涡流效应。这样，铁心内磁通是连续的，但场强为零，磁能及损耗皆为零，因而可局限于研究空气隙内的磁场。

（3）不计定子铁心表面开槽的影响，或用一个等效的均匀气隙来考虑定子开槽的影响。这样，就使相当复杂的气隙磁场大大简化。

（4）由于通常气隙宽度 g 远小于气隙半径 D，所以在气隙中可不计磁场的切向分量及气隙沿径向的变化，即空气隙中磁感应强度 B_δ，和场强 H_δ 只有一个值，方向是径向的。于是整个问题就简化为一维场。

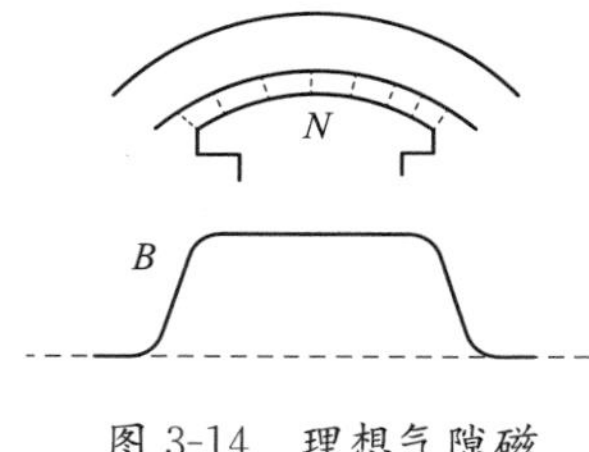

图 3-14　理想气隙磁感应强度的分布波形

图 3-14 示出了在上述假定条件下的无刷直流电动机气隙磁感应强度 B_δ 的分布情况。这时气隙磁感应强度 B_δ 与每极磁通量更有以下关系

$$B_\delta=\frac{\Phi}{\tau L} \tag{3-24}$$

式中：τ 为极距；L 为电动机铁心的有效长度。

由于磁通具有边缘扩散现象，气隙磁感应强度分布就变成如图 3-15 所示，为了进一步改善气隙，通常都使转子磁钢外圆 R_P 与定子内圆 R 有不同圆心，如图 3-16 所示，这时气隙就不均匀了，磁极两边对应的气隙比极中间的大，称为最大气隙，用 δ_{max} 表示。气隙小的地方，磁阻小，磁力线密；气隙大的地方，磁阻大，磁力线疏，所以，气隙里各处磁感应强度大小就不同了。最大气隙与最小气隙的比值一般取 $\delta_{max}/\delta_{min}=1.3\sim1.8$。

满足这些要求后，B_δ 的分布形状就可变成图 3-16 所示的接近正弦形的气隙磁感应强度。

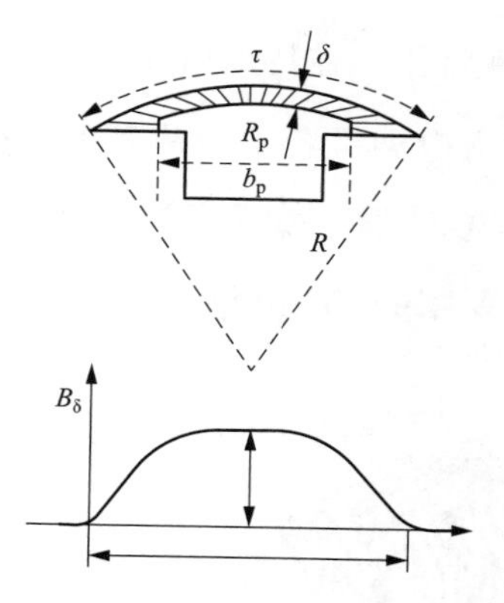

图 3-15　考虑边缘扩散现象的气隙磁感应强度波形

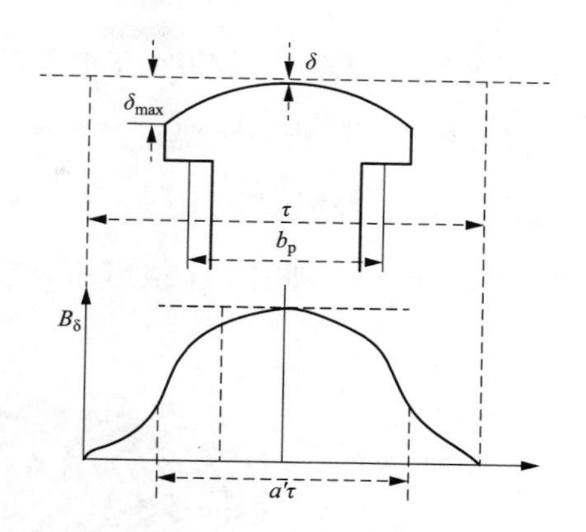

图 3-16　气隙不均匀时的磁感应强度波形

还要说明一下，图 3-16 所示的气隙磁感应强度分布波形，是在假设定子铁心表面没有齿槽的条件下画出的。实际上，电动机的定子表面有齿和槽，会对气隙磁感应强度波形有影响，其中增加了与齿数有关的齿谐波，在此就不详加讨论了。

3.2.2　绕组的构成及基本要求

绕组的基本单元是线圈。每个绕组有两个边，分别放置在定子叠片的两个槽内。两个绕组边相连接的部分，称为绕组端部。绕组边的直线部分放在槽内，称为绕组的有效部分，如图 3-17 所示。无刷直流电动机中的电磁能量转换主要通过绕组的直线部分进行。绕组一般是由多匝线圈组成，即由若干匝数的线圈串联构成，如图 3-17（b）所示。在特殊情况下，也可以是单匝的，如图 3-17（a）所示。

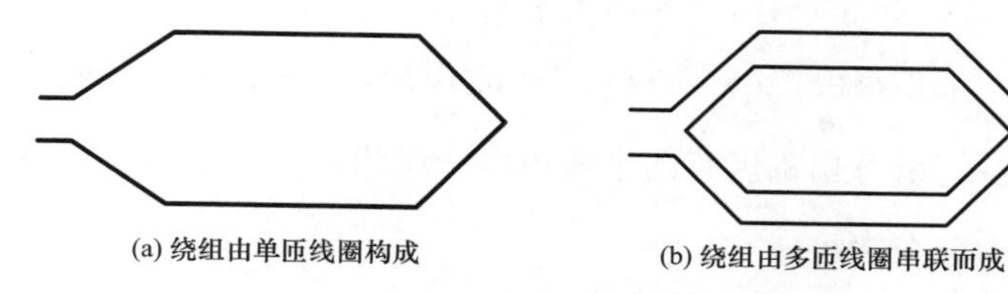

图 3-17　绕组的基本结构

一个绕组的两个有效绕组边沿圆周相隔的距离，称为绕组的节距 y，一般用定子内的槽数或它与极距的比值 β 来表示。当绕组的节距与极距相等时，称为整距（或全距）绕组。节距小于极距时，称为短距绕组。在特殊情况下，节距也可以大于极距，称为长距绕组。例如，某无刷直流电动机转子为两对极（$p=2$），定子槽数 $z_s=36$，则极距 $\tau=z_s/2p=36/(2\times2)=9$ 槽。如采用整距绕组，则取节距 $y=\tau=9$，即将一个绕组的两边分别放在第 1 槽和第 10 槽，如图 3-18 所示。

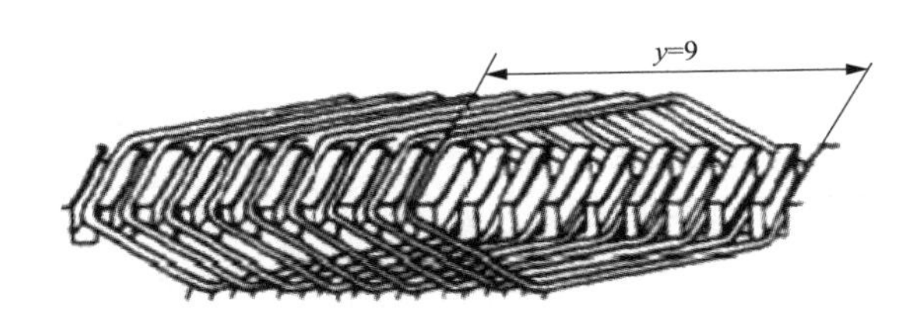

图 3-18　$y=9$ 时绕组在槽中的分布

如上例中节距取

$$y=8 \tag{3-25}$$

或

$$\beta=8/9=0.889$$

它小于极距 $\tau(\tau=9)$。这时绕组两边分别放置在第 1 槽和第 9 槽中，这种绕组就称为短距绕组。

在无刷直流电动机内，绕组又可分为单层绕组和双层绕组。每个槽内放置一个绕组边时，称为单层绕组；每个槽内放置两个绕组边且分为上、下层时，称为双层绕组。双层绕组一般都采用短距绕组，其节距 y 在 0.8τ 左右，以使其 5 次谐波和 7 次谐波的影响同时削减到比较小，这样既改善了电动机的电磁性能，又可节省材料（因为绕组的端部接线缩短了）。

单层绕组，每相每极仅一个绕组；而双层绕组，每相每极仅两个绕组时称为集中绕组。单层绕组每相每极有两个或更多个绕组，双层绕组每相每极有两个以上绕组时，称为分布绕组。

电动机的定子（或转子），其圆周等于 360°，这种用机械关系计量的空间角度叫做机械角。每对磁极占定子圆周空间的机械角为 360°/(极对数)，但其电角度为 360°且每经过一对磁极，就相应转过 360°电角度。显然电角度是与磁极数有

关，它与机械角度的关系（见图 3-19）为

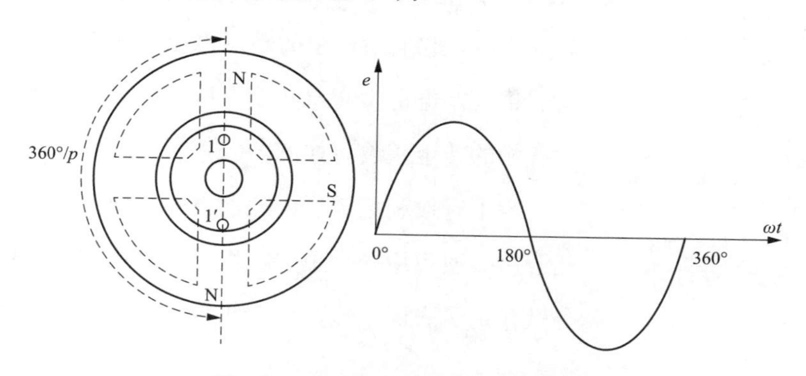

图 3-19　电动机机械角与电角的关系

(a) 4 极电动机磁场示意图；(b) 转子导体 1 的感应电动势波形

$$电角度=极对数\times机械角度 \tag{3-26}$$

归纳起来，无刷直流电动机对绕组有下列基本要求：

(1) 绕组导体沿定子圆周排列，通电后产生的磁场，应形成与转子磁场相同的极对数，这是最基本的要求。否则，它将无法运行。

(2) 要求节铜。在用铜量一定时，产生的转矩或电动势最大。

(3) 绕组的结构应尽力使工艺简单，制作维修方便。

(4) 绝缘可靠，散热条件好。

3.2.3　整数槽绕组

3.2.3.1　单层绕组

前已指出，无刷直流电动机的绕组一般是由多个线圈串联起来的，如图 3-20 所示。若节距 y 等于极距时，称为整距绕组。最简单的情况，用一个整距绕组作为电动机中一相的绕组称为集中绕组。

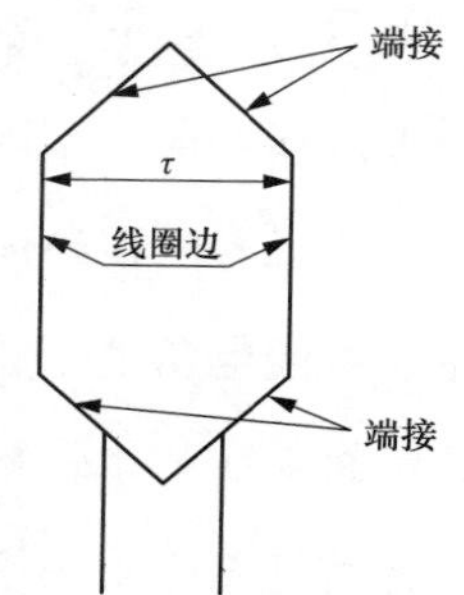

图 3-20　整距绕组

最简单的三相无刷直流电动机由三个单相整距集中绕组组成。为了使三个相绕组所产生的转矩幅值大小相同，要求三相绕组完全对称，所以在安排三相绕组时，各相绕组必须完全一样，它们之间的相位互差 120°电角度。如果

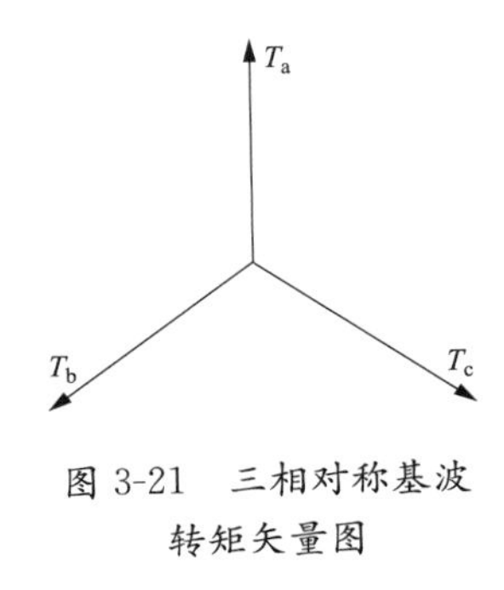

图 3-21 三相对称基波转矩矢量图

气隙中磁通分布为正弦波，则当各相绕组通以相同的直流电流后，它们所产生的转矩也应为正弦波形，相互之间的相位差也是 120°电角度。因此，可用转矩矢量图表示各相的转矩基波，如图 3-21 所示。

为了有效利用定子内表面空间，便于绕组散热。每相绕组一般不用一个集中绕组，而是用几个绕组均匀地分散在定子表面上作为一个相绕组，这就是所谓的分布绕组。

当一个集中绕组被几个分布绕组代替后，怎样组成三相绕组呢？又怎样计算它们所产生的合成转矩呢？由于各分布绕组在定子上的位置不同，它们所产生的转矩波形在相位上也不相同。对于不同相位的转矩所形成的合成转矩应用矢量和来计算。为此在计算时不仅需要求出各个分布绕组里所产生转矩幅值的大小，还要找出它们之间的相位关系。

如果每个分布绕组的匝数都一样且它们在同一磁感应强度和电流的作用下，各分布绕组所产生的转矩幅值大小应该都是一样的。问题是它们之间的相位关系如何确定。

为此，通过一个具体实例来说明。设某无刷直流电动机的总槽数 $z=36$，极对数 $2p=4$，相数 $m=3$，如图 3-22 所示。图 3-22 中导体通以电流后，该电流同转子磁钢所产生的磁通互相作用后产生一定的转矩，当转子磁钢转过一对磁极的位置后，导体里产生的转矩中的基波在时间上也完成了一个周期。即导体相对于磁极位移了 360°空间电角度时，导体中基波转矩在时间上也度过了 360°电角度。

如果有两根导体（见图 3-22 中第 36 号导体和第 1 号导体）在定子表面上相距 α 空间电角度，通电后一旦电动机开始转动，在某一稳定的转速下，不难看出该绕组上所产生转矩的基波在时间上必然也相差 α 电角度，如图 3-23 所示。这样即可把图 3-22 中所有导体的基波转矩矢量画出来。在画图前，先算出 α 角的大小。

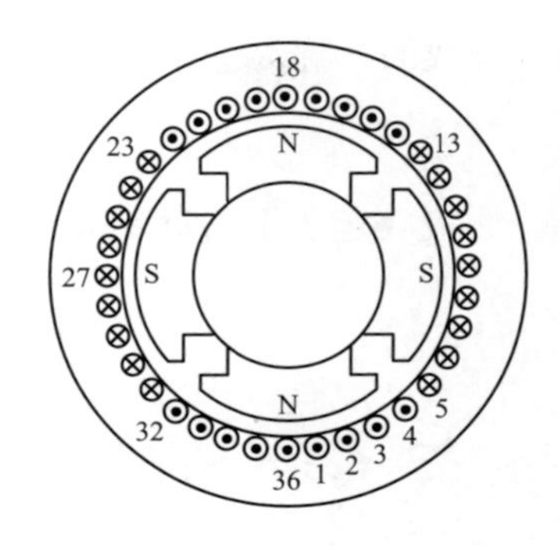

图 3-22　槽导体在定子上的分布

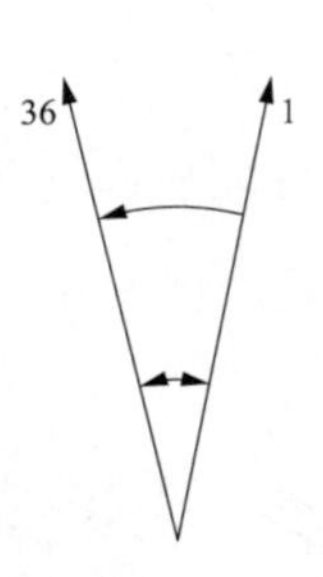

图 3-23　导体力矩矢量

$$\alpha = \frac{p \times 360^\circ}{z_D} = \frac{2 \times 360^\circ}{36} = 20^\circ \text{电角度}$$

式中：p 为极对数；z_D 为总槽数。

按相邻两槽内导体的转矩基波矢量相差 α 电角度的规律，画出电动机内全部槽导体转矩基波矢量图（叫做星形矢量图），如图 3-24 所示。在星形矢量图上，可清楚地看出各槽导体力矩之间的相对关系。星形矢量图对于安排绕组的连接方法，以及计算绕组的转矩大小都有很大的用途。

利用星形矢量图，并根据三相绕组对称和合成转矩最大的原则来分配各相绕组分别包含哪些槽导体，然后把它们连成三相绕组。

仍以图 3-22 的电动机为例，把图 3-24 的转矩矢量分成六等份。由每一等分里矢量对应的槽组成一个相带（即每一相在电枢表面所占的空间地带），并以顺时针转向依次标上 A、C′、B、A′、C、B′，每个相带占有 60°电角度空间，这种分法叫 60°相带法。

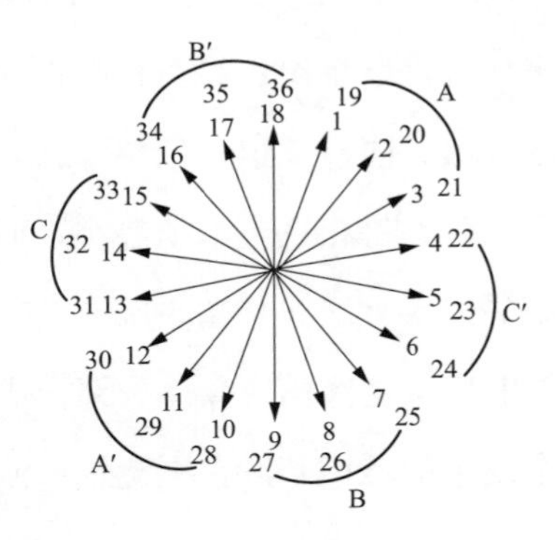

图 3-24　星形矢量图

为了分相带方便，可先计算每个相带中包含的槽数，即每极每相槽数 q 为

$$q = \frac{z}{2mp} = \frac{36}{2 \times 3 \times 2} = 3$$

q 等于整数的，称为整数槽绕组；等于分数的，称为分数槽绕组，分数槽绕组在后面再介绍。

把图 3-22 沿轴向剖开，再展成一平面，磁极在定子上边就不画了，如图 3-25 所示，这就是绕组展开图。

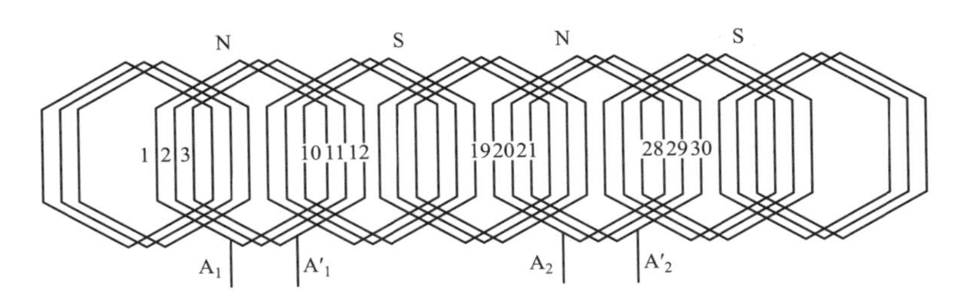

图 3-25　相绕组的连接方式

先画 36 根等长又等距的直线，代表槽数，对每个槽标上号码。从星形矢量图中可清楚得知：1、2、3 槽和 19、20、21 槽是属于 A 相带；10、11、12 槽和 28、29、30 槽是属于 A′相带。它们之间相差 180°电角度。于是，把属于 A 相带的一个槽和属于 A′相带的一个槽导体连接起来，构成绕组组合，引出线标以 A_1A'。同样，可得另一对极下的绕组组合成 A_2A_2'。怎样把两个 A 相带的绕组组合成一个 A 相绕组呢？一般有两种办法：一种是把图 3-25 中的 A_1'和 A_2 连接起来成为串联绕组；另一种是把图 3-25 中的 A_1 与 A_2 连接，A_1'与 A_2'连接，成为并联绕组。同一绕组，如用串联，则每相感应电动势大，允许通过的相电流小；如用并联，每相感应电动势小，而通过的相电流大。同理可画出 B 相绕组和 C 相绕组的连接方法。从图 3-25 知道，在一对极里，属于 A 相的槽有 1 和 10、2 和 11、3 和 12，这些槽内导体分别构成 A 相的三个绕组。如果用 T_{k1}、T_{k2}、T_{k3} 代表每个绕组的转矩基波，则绕组基波转矩的幅值为

$$T_k = Z'_D L B_M r I \tag{3-27}$$

式中：Z_D'为绕组中的导体数；L 为绕组的有效边长度；B_M 为气隙中的磁感应强度的最大值；I 为流过绕组的电流；r 为电动机气隙半径。

绕组基波转矩的相位依次相差 α 角，如图 3-26（a）所示。要计算相转矩，

必须把三个绕组转矩按矢量方式相加起来，得到绕组总转矩$\sum T_k$

$$\sum T_k = T_{k1} + T_{k2} + T_{k3} \tag{3-28}$$

图 3-26 画出了 T_{k1}、T_{k2}、T_{k3} 及合成的转矩$\sum T_k$。根据几何学，可做出它们的外接圆。如果外接圆半径为 R，则有

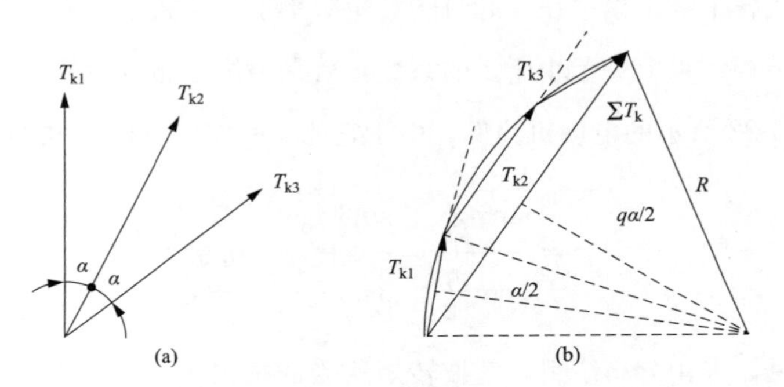

图 3-26　各线圈的合成力矩

$$T_k = 2R\sin\frac{\alpha}{2} \tag{3-29}$$

$$\sum T_k = 2R\sin\left(q\ \frac{\alpha}{2}\right) \tag{3-30}$$

如果把分布的绕组都集中在一起，每个绕组所发出的转矩彼此之间就没有相位差了，它们的总转矩是 qT_k。把分布绕组时的总基波转矩$\sum T_k$，被绕组集中时的总基波转矩 qT_k 去除，可得

$$\frac{\sum T_k}{qT_k} = \frac{\sin\left(q\ \frac{\alpha}{2}\right)}{q\sin\frac{\alpha}{2}}$$

于是

$$\sum T_k = qT_k\ \frac{\sin\left(q\ \frac{\alpha}{2}\right)}{q\sin\frac{\alpha}{2}} = qT_k k_{d1} \tag{3-31}$$

式中

$$k_{d1}=\frac{\sin\left(q\ \frac{\alpha}{2}\right)}{q\sin\frac{\alpha}{2}}$$

k_{d1} 叫基波分布系数，它是比 1 小的数。这就是说，由于采用了分布绕组，合成总转矩比各个绕组集中在一起时的转矩减小了。从数学上看，就是把绕组集中在一起的转矩，乘上一个小于 1 的系数，就是绕组分布以后的总转矩。

仍以图 3-22 所示的电动机为例，由于它的 $q=3$、$\alpha=20°$，可得

$$k_{d1}=\frac{\sin q\ \frac{\alpha}{2}}{q\sin\frac{\alpha}{2}}=\frac{\sin 3\ \frac{20°}{2}}{3\sin\frac{20°}{2}}=0.959$$

由此可见，采用分布绕组，基波转矩所受的损失不大，只有 4%。但是采用分布绕组后，除了可以更好地利用空间、改善散热条件外，还带来了另一个好处，就是分布绕组改善了合成转矩的波形。例如，某电动机的气隙磁感应强度为平顶波，当绕组通以一定电流后，则集中绕组各相转矩波形与气隙磁感应强度波形相似，也是平顶波（暂不考虑槽齿的影响），但是，分布绕组时情况就不同了。图 3-27（b）是由两个分布的绕组串联在一起的相绕组输出转矩的波形。如果每个绕组里的转矩是平顶波，加起来的相转矩波形已接近正弦波了，如图 3-27（b）所示。可见，把绕组分布开，就能改善相转矩的波形。

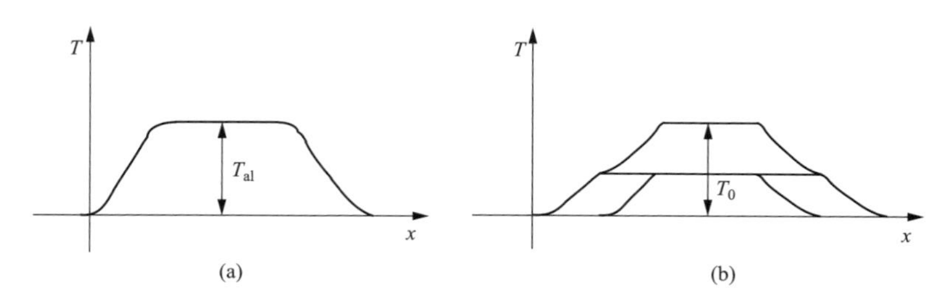

图 3-27　绕组分布后能改善转矩波形

同样从谐波观点来看，由于电动机气隙中磁感应强度为平顶波，显然集中绕组里含有比例较大的各高次谐波转矩。但是，绕组一经分布，各相的合成转矩里

高次谐波的比例就大大地降低了。这是由于绕组分布后，虽然各个绕组在定子表面空间上，分别相差一个电角度 α，所产生的基波转矩之间，也差了同一个相角 α。

但对高次谐波转矩而言，绕组分布以后的相位差不是 α 角，而是 $\gamma\alpha$ 角（γ 是高次谐波的次数）。因此，它们所产生的高次谐波转矩在时间上，当然也相应地相差 $\gamma\alpha$ 电角度。计算分布绕组的高次谐波转矩时，仍可用分布系数的概念，只不过用 $\gamma\alpha$ 角代替基波时的 α 角即可，于是有

$$k_{d\gamma}=\frac{\sin\left(q\,\frac{\gamma\alpha}{2}\right)}{q\sin\left(\gamma\,\frac{\alpha}{2}\right)} \tag{3-32}$$

以图 3-22 电动机为例，$q=3$，$\alpha=20°$，$k_{d1}=0.96$，三次谐波的分布系数为

$$k_{d3}=\frac{\sin\left(3\,\frac{3\times20°}{2}\right)}{3\sin\left(\frac{3\times20°}{2}\right)}=0.667$$

五次谐波分布系数为

$$k_{d5}=\frac{\sin\left(3\,\frac{5\times20°}{2}\right)}{3\sin\left(\frac{5\times20°}{2}\right)}=0.217$$

由此可见，合成转矩的基波仅被削减了 4%，三次谐波被削减了约 1/3，五次谐波被削减了约 4/5。所以说采用分布绕组后，合成转矩的基波转矩损失不大，高次谐波转矩却可大大削减，因而起到了改善转矩波形的作用。

3.2.3.2　单层绕组的连接方式

前面已说过，对绕组最基本的要求，是通电后产生 $2p$ 个极的磁场，极距相等。按这一要求，一相绕组的线圈边沿圆周必然有规律分布，即相隔一个极距就存在一组槽属于同一相，称为一个相带。

上面介绍了利用星形矢量图分出相带后连接各相绕组的基本方法。为了缩短绕组的端接线，节约用铜，考虑到嵌线工艺的方便，提高劳动生产率，保证电动机的质量，在实际生产的电动机中，存在几种不同连接方式的单层绕组。常见的

有链式绕组、同心式绕组和交叉式绕组。下面分别说明一下这几种连接法的特点。

(1) 链式绕组。为便于描述，现举例说明，设某电动机的槽数 $z=24$，磁极数 $2p=4$，则

$$q=\frac{z}{2mp}=\frac{24}{2\times3\times2}=2$$

$$\alpha=\frac{p\times360^{\circ}}{z}=\frac{2\times360^{\circ}}{24}=30^{\circ}$$

画出星形矢量图，并划分出相带，如图 3-28 所示。由图 3-28 可知，1、2 槽和 13、14 槽属于 A 相带；7、8 槽和 19、20 槽属于 A′相带。如果把 1 与 7 槽导体连接成一个绕组；同样，把 2 与 8、13 与 19、14 与 20 分别连接成绕组，就可串联组成 A 相绕组，如图 3-29 所示。

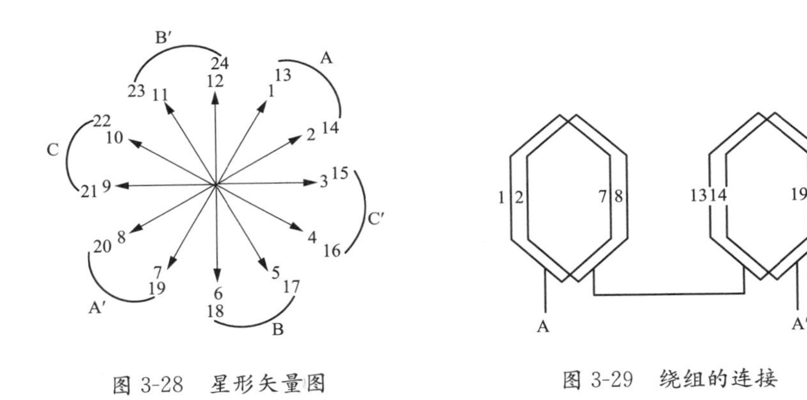

图 3-28　星形矢量图

图 3-29　绕组的连接

由于绕组的端部接线不产生转矩，只起连接槽内有效导体的作用，所以只要把属于 A 相带的槽内导体和属于 A′相带的槽内导体全部连接，组成 A 相绕组，连接的原则是不管连接的次序如何，只要其结果能保证在一定电流的作用下，每相所产生的合成转矩保持最大即可。

为了缩短端部接线，节约用铜，可把 2 与 7 槽、8 与 13 槽、14 与 19 槽、20 与 1 槽连成绕组，这时绕组的节距缩短了，故其端接线也就缩短了。再串接各绕组组成 A 相绕组，为了不使串联中各绕组转矩相互抵消，必须注意各绕组应当

首端与首端相接，尾端与尾端相接，如图 3-30 所示。用这种连接方法连成的绕组，就叫做链式绕组。采用链式绕组，缩短了端接连线，链式绕组主要用于 4、6、8 级三相电动机中。

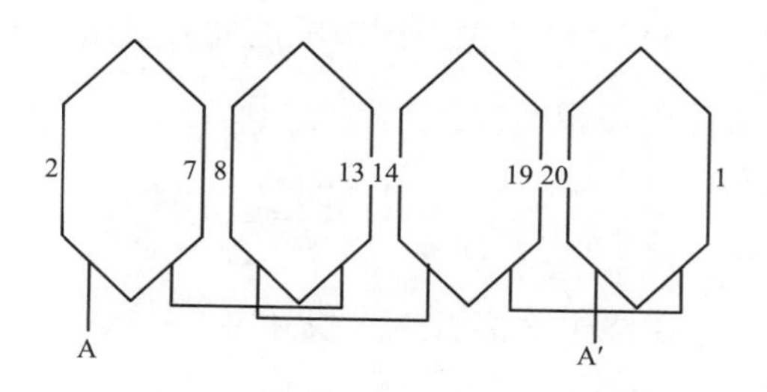

图 3-30　链式绕组

（2）交叉式绕组。在每极每相槽数 q＝奇数（例如 $q=3$）的单层绕组中，为了缩短绕组的端接线长度，经常采用交叉式绕组。现仍以具体例子加以说明。设某电动机 $z=36$，$2p=4$，则

$$q=\frac{z}{2mp}=\frac{36}{2\times3\times2}=3$$

即每相带有三个槽。

画绕组展开图，如图 3-31 所示。1、2、3 与 19、20、21 属 A 相带；10、11、12 与 28、29、30 属 X 相带。如果把 11 槽与 19 槽、12 槽与 20 槽、2 槽与 29 槽、1 槽与 30 槽连成一种节距的绕组，再把 3 槽与 10 槽、21 槽与 28 槽连成另一种节距更短的绕组，然后，依次串接成 A 相绕组，称为交叉式绕组。

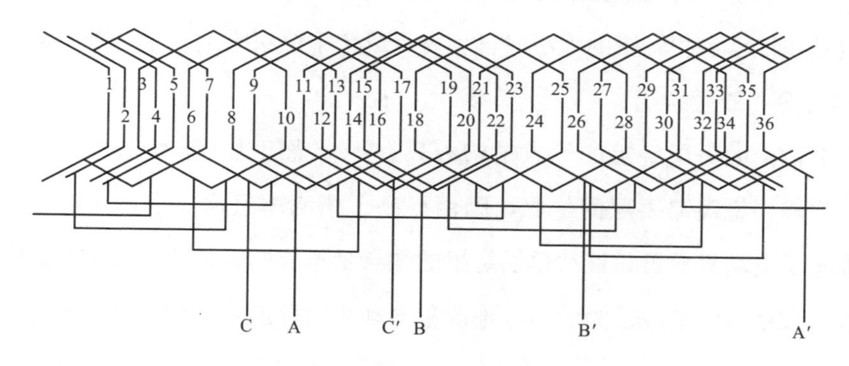

图 3-31　交叉式绕组

交叉式绕组的特点，是为了节省绕组端部接线，把绕组制成两种节距。如上述定子绕组，A 相六个绕组，其中四个为节距大的绕组，两个为节距小的绕组。这种绕组常用在 $q=3$ 的小型异步电动机中。

（3）同心式绕组。同心式绕组由不同节距的同心绕组组成。如某电动机的槽数 $z=24$，$2p=2$，则每极每相槽数

$$q=\frac{z}{2mp}=\frac{24}{2\times 3}=4$$

图 3-32 画出了同心式绕组的展开图，其中 1、2、3、4 槽属于 B 相带；13、14、15、16 槽属于 B′相带。把 4 与 13、3 与 14、1 与 16、2 与 15 槽组成四个绕组，依次连接成 B 相绕组。

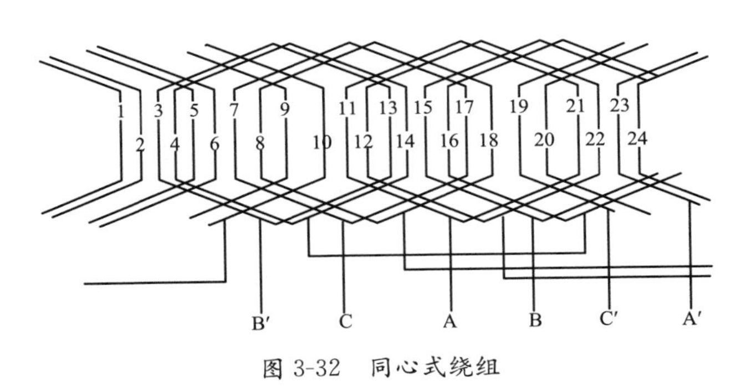

图 3-32　同心式绕组

同心式绕组目前主要用在每极每相槽数较多（如 $q=4$）的电动机中。因两极电动机嵌线时端部较困难，用同心式，则端部的重叠层数少，便于布置；缺点是要制造节距不同的绕组且端部接线也比链式的长。上述绕组的形式虽然各不相同，但是在计算各相转矩的大小时，均可看成集中绕组乘上一个分布系数。

3.2.3.3　双层绕组

上节讨论的单层绕组的优点是槽内只有一个绕组边，嵌线方便，可提高工效，不像双层绕组需要层间绝缘，因而提高了槽满率且没有层间绝缘的击穿问题，提高了电动机的可靠性。单层绕组的缺点是不能同时采用分布的任选节距的办法来有效地抑制谐波。为了更好地改善电动机的性能，一般无刷直流电动机多数采用双层绕组。

所谓双层绕组，是指电动机定子每槽安放着两个不同绕组的线圈边，分为上层和下层，中间用层间绝缘隔开。对于每个绕组来说，绕组的一边放在某槽的上层，绕组的另一边则放在其他槽的下层。同样地，如果绕组的节距等于极距时，这种绕组叫做整距绕组；节距小于极距的，叫做短距绕组。对双层绕组而言，电动机定子有多少个槽，就会有多少个绕组，即绕组数等于槽数。

双层绕组特点之一是一般都用短距绕组。节距缩短一或两个槽时，对于各个绕组的安放，一般不会发生什么妨碍。而短距绕组的明显好处是缩短了端接线，节省了铜线。而所产生的基波转矩削弱得并不多。相反，采用短距绕组以后，对转矩的高次谐波可削弱很多，这对改善转矩的波形是有利的。为了定量分析上述优点，下面通过计算短距绕组的基波转矩和高次谐波转矩来加以说明。图 3-33 画出了一个短距绕组，它由导体Ⅰ和导体Ⅱ组成，绕组的节距 y_1 小于极距 τ。其节距比为 β。采用短距绕组后，该绕组所产生的转矩比全距绕组的应有所减少，那么如何来精确地计算其数值呢？为此先看其中一相所产生的转矩。在分析转矩之前，首先规定好导体与绕组转矩的正方向。导体转矩以顺时针方向作为转矩的正方向，并规定绕组的中心线处在磁极之间时作为时间的起点（即图 3-28 所示瞬间）。

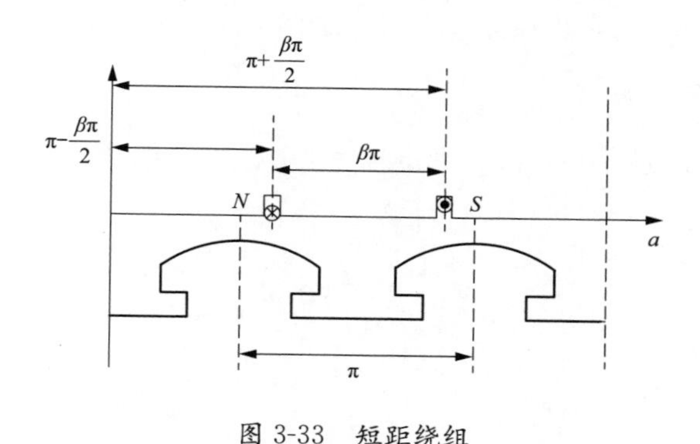

图 3-33　短距绕组

导体Ⅰ的基波转矩

$$T_1 = T_{\mathrm{m}}\sin\left[\omega t + \left(\pi - \frac{\beta\pi}{2}\right)\right] = -T_{\mathrm{m}}\sin\left(\omega t - \frac{\beta\pi}{2}\right)$$

导体Ⅱ的基波力矩

$$T_2 = T_m \sin\left[\omega t + \left(\pi + \frac{\beta\pi}{2}\right)\right] = -T_m \sin\left(\omega t + \frac{\beta\pi}{2}\right)$$

绕组的基波转矩

$$\begin{aligned} T_{12} = T_1 - T_2 &= T_m\left[\sin\left(\omega t + \frac{\beta\pi}{2}\right) - \sin\left(\omega t - \frac{\beta\pi}{2}\right)\right] \\ &= 2T_m \sin\frac{\beta\pi}{2}\cos\omega t \end{aligned} \tag{3-33}$$

当绕组为整距时，绕组基波转矩应为

$$T_{12} = 2T_m \cos\omega t$$

所以短距绕组的基波转矩

$$T_{12} = T'_{12}\sin\frac{\beta\pi}{2} = T'_{12}k_{p1} \tag{3-34}$$

式中：k_{p1} 为基波短距系数，$k_{p1}=\sin\beta\pi/2$。

短距系数也是一个小于 1 的数，这是由于当绕组采用短距后，线圈里的两根导体所产生的基波转矩的相角不是相差 180°。所以，线圈的基波转矩不是导体基波转矩的两倍，而是相当于整距绕组的基波转矩乘上小于 1 的系数。

举例说明：一台电动机极数 $2p=4$，总槽数 $z=36$，线圈边分别放在第 1 槽和第 8 槽里，求短距系数？

这台电动机的极距 $\tau=z/2p=36/4=9$ 个槽。绕组节距 $y_1=8-1=7$ 个槽。节距比为

$$\beta = 7/9$$

基波短距系数

$$k_{p1} = \sin\frac{\beta\pi}{2} = \sin\frac{\frac{7}{9}\pi}{2} = 0.939$$

可见，绕组节距由 9 个槽缩短到 7 个槽时，基波转矩只被削弱了 6.1%。再来分析高次谐波转矩，因为绕组的两个线圈边对基波来说，距离是 β 电角度；对高次谐波来说，距离就是 $\gamma\beta\pi$ 电角度了。所以，高次谐波短距系数与基波短距系

数有不同的数值。高次谐波短距系数为

$$k_{p\gamma}=\sin\frac{\gamma\beta\pi}{2}$$

仍以上例来计算高次谐波的短距系数。其中三、五、七次谐波的短距系数分别为

$$k_{p3}=\sin\frac{3\,\frac{7}{9}\pi}{2}=-0.5$$

$$k_{p5}=\sin\frac{5\,\frac{7}{9}\pi}{2}=-0.173$$

$$k_{p7}=\sin\frac{7\,\frac{7}{9}\pi}{2}=0.766$$

值得指出的是，在以上计算 k_{p3} 和 k_{p5} 时，式中出现了负号，它反映的是转矩瞬时值，在转矩的瞬时值表达式中才有意义，而上式只需考虑转矩大小，负号可不必考虑。

从这个例子看到，高次谐波转矩在短距绕组中受到很大的削弱。如三次谐波削去了一半，五次谐波削去约 5/6，七次谐波削去约 1/4（七次谐波虽然削弱较少，但它本身的数值就很小、同时还可配合绕组分布的办法，来进一步削弱它）。因为谐波次数越高，幅值越小，它的影响也就小了，故不必计算更高次谐波。

可见，适当安排短距绕组，基波转矩仅被削弱得很少，但采用短距绕组后，一方面可使端接部分缩短，节省了铜；另一方面还能改善转矩的波形，这是双层短距绕组的显著优点。

在无刷直流电动机的设计过程中，如有需要，也可采取适当的短距，专门来消除某一次高次谐波转矩。

例如，在上述例子中，如果使 $\beta=2/3$，则

$$k_{p3}=\sin\frac{3\times\frac{2}{3}\pi}{2}=0$$

就可以把三次谐波转矩完全消除。这是因为，线圈节距比极距缩短了 1/3，两根导体所在位置，对三次谐波，处在同一极性的磁极下，所以，在同一电流的作用下两导体里所受的三次谐波转矩在线圈里互相抵消；同样，如要消除第 γ 次谐波，只要使绕组的节距缩短第 γ 次谐波的一个极距，即 $y=(\gamma-1)/\gamma$，就可达到。

3.2.3.4　双层绕组的连接

如上所述，单层绕组可有几种可能的连接。如构成双层绕组，每个绕组的节距即可在一定范围内自由选择，通常取绕组节距略小于极距。

双层绕组连接的基本步骤如下：在安排单层绕组时，曾介绍过用星形矢量图的方法。双层绕组同样可用星形矢量图来安排它们之间的连接，归纳起来可分如下几个基本步骤。为了便于叙述，仍以具体例子加以说明，设某无刷直流电动机定子绕组数 $z=36$，$2p=4$，采用短距 $y=7/9$。

第一步：画出槽的展开图，即画 36 根实线和 36 根虚线，实线代表槽的上层，虚线代表槽的下层。让实线和虚线靠得近些，在实线上标上号码。

第二步：根据绕组的节距，把上、下层导体依次连成绕组。例如，本例中节距 $y=7/9$，那么第一槽上层和第八槽下层构成一个绕组，第二槽上层和第九槽下层构成一个绕组等依次安排下去。由于三相绕组完全对称，为了看起来清楚，在画绕组时，一般只画一相绕组，其他两相只需画出引线即可。

第三步：为了便于画出星形矢量图，把所有绕组按其上层边所在的槽号统一编号。上层在第一槽的绕组，叫做第 1 号绕组，上层在第二槽的绕组，叫做第 2 号绕组，依此类推。整个电动机共有 36 个绕组，把这 36 个绕组基波转矩的矢量图画出来，就是星形矢量图（注意：在单层绕组里的矢量图，就是槽导体的基波转矩矢量图）。

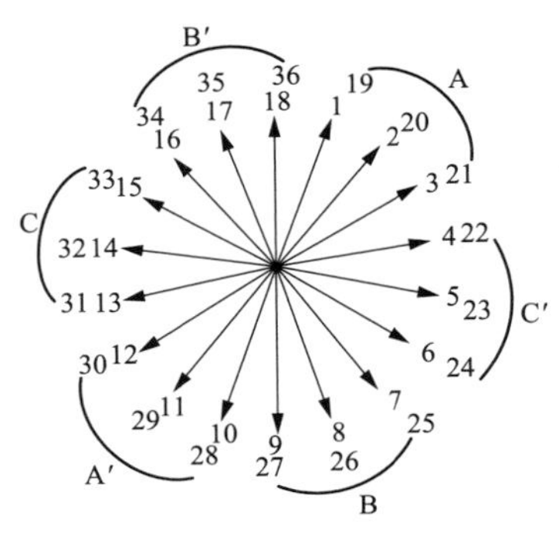

图 3-34　星形矢量图

由于绕组之间的空间距离为 $\alpha=p\times360^\circ/z=2\times360^\circ/36=20^\circ$电角度，所以，绕组基波转矩相位也互差 20°，画出来的星形矢量图如图 3-34

所示。

第四步：划分相绕组。在单层绕组的安排里，由于星形矢量图画的是槽导体的基波转矩，所以在星形矢量图中，首先要根据槽导体转矩安排哪两个槽的导体作为一个绕组的两个线圈边。在双层绕组的星形矢量图里，每一个矢量已代表一个绕组的转矩，不必再考虑构成绕组的问题了。因此，为了得到三相对称的绕组，可在星形矢量图中，选取 120°电角度范围内的转矩矢量作为一相。例如，把绕组 1、2、3、4、5、6 作为 A 相，7、8、9、10、11、12 作为 B 相，13、14、15、16、17、18 作为 C 相（下一对极也是这样安排）。按这样安排的绕组，称为 120°相带绕组。这种绕组有明显的缺点，就是绕组分布范围太广了，同一相的各绕组转矩方向差别较大，合成的基波转矩受到的损失太大，也就是说，基波的分布系数较小。例如，在本例中

$$k_{\mathrm{d1}}=\frac{\sin\left(q\,\dfrac{\alpha}{2}\right)}{q\sin\dfrac{\alpha}{2}}=\frac{\sin\left(6\,\dfrac{20}{2}\right)^{\circ}}{6\sin\left(\dfrac{20}{2}\right)^{\circ}}=0.824$$

因此，除了在特殊的情况下采用这种 120°相带的绕组外，现在绝大多数的无刷直流电动机，都是采用 60°相带绕组。所谓 60°相带就是像图 3-34 所示那样，每相绕组的分布，仅占 60°范围。例如，1、2、3 绕组归 A 相；7、8、9 绕组归 B 相；13、14、15 绕组归 C 相（下一对极也是这样安排）。剩下的绕组怎么办呢？4、5、6 绕组的转矩与 C 相相反，划归 C 相，但需要反方向连接，所以叫做 C′相（或－C 相）。同样，10、11、12 绕组划归 A 相，叫做 A′相（或－A 相）。16、17、18 绕组划归 B 相，叫做 B′相（或-B 相）。用了 60°相带，基波分布系数必然得到了提高。在本例中

$$k_{\mathrm{d1}}=\frac{\sin\left(q\,\dfrac{\alpha}{2}\right)}{q\sin\dfrac{\alpha}{2}}=\frac{\sin\left(3\,\dfrac{20}{2}\right)^{\circ}}{3\sin\left(\dfrac{20}{2}\right)^{\circ}}=0.96$$

第五步：根据星形矢量图上相绕组的划分，画出绕组展开图。每相有四组绕

组，它们根据设计的要求，可串联或并联组成不同的支路数。本例采用并联方式，所以把一对极下的两组绕组串联起来再与另一对极的两组绕组并联，成为两个支路。

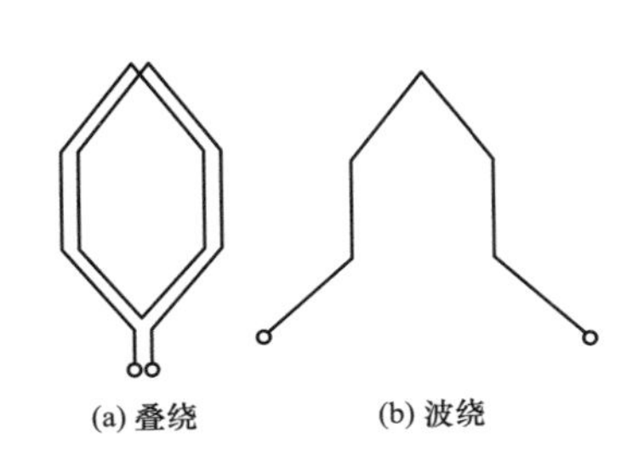

图 3-35　双层绕组的两种绕组形式

双层绕组一般存在两种绕组形式，即叠绕组和波绕组，图 3-35 表示了两种绕组的绕组形式。上面所举的绕组例子就是叠绕组。叠绕组的连接特点，是把一个极下同一相的几个绕组依次串联起来成为一个极相组。由于串联元件是后一个叠在前一个上面，故叫做叠绕组。如上例中把绕组 1、2、3 及 19、20、21 连成两个 A 相的极相组；把绕组 10、11、12 及 28、29、30 连成两个 X 相的极相组，再把这四个极相组串或并联连接成 A 相的绕组。

叠绕组的优点是：短距时端部可节约用铜；缺点是：各相绕组之间的连线较长，极数多时费铜。叠绕组一般为多匝绕组，主要用于电压、额定电流不太大的中、小型电动机定子绕组中。波绕组的连接特点是把所有同极性下的属于同一相的绕组按一定的次序连接起来，相连接绕组的外形似波浪形，因此称作波绕组。由于目前的无刷直流电动机大多数为小型和微型电动机，故多数均采用叠绕组。

3.2.3.5　单双层绕组

无刷直流电动机的绕组安排，有时还采用一种单双层绕组，它是由双层绕组演变而来的。仍以 36 槽 4 极电动机为例，若做成双层绕组且 $y=8/9$，每极每相槽数 $q=z/(2mp)=3$。由星形矢量图可知 A 相绕组占有槽的情况，为看得清楚起见，把 A 相绕组在整个电动机中占有的槽号排列如下：

槽上层：2，3，4　11，12，13　20，21，22　29，30，31

槽下层：1，2，3　10，11，12　19，20，21　28，29，30

可以看到，A 相绕组在有的槽是占有整个槽，有的槽占有半个槽。若把占有整槽的地方，构成整槽单层绕组；占有半槽的地方，构成半槽双层绕组。本例中，A 相有四个单层绕组，四个双层绕组，把它们连接成同心式绕组。其中，大绕组为单层绕组（节距 3～11），小绕组为双层绕组（节距 4～10）。这样的绕组结构，是由单层绕组和双层绕组混合而成，所以称作单双层绕组。

如何计算单双层绕组的合成力矩呢？由于它是双层绕组演变而来，所以，它的分布系数和短距系数都应按双层绕组同样方法计算，即相绕组基波力矩也和双层绕组时一样计算

$$k_{d1}=\frac{\sin\left(q\,\frac{\alpha}{2}\right)}{q\sin\frac{\alpha}{2}}=\frac{\sin\left(3\,\frac{20}{2}\right)^{\circ}}{3\sin\left(\frac{20}{2}\right)^{\circ}}=0.96 \tag{3-35}$$

$$k_{p1}=\sin\frac{y\pi}{2}=\sin\frac{\frac{8}{9}\pi}{2}=0.985$$

$$k_{dp1}=k_{d1}k_{p1}=0.96\times0.985=0.945$$

因为单双层绕组是由双层绕组演变而来的，所以，如果要把一个双层绕组改为单双层绕组时，只要把槽内上、下层属于同相绕组的两个绕组边合起来，成为一个单层大绕组的线圈边；把槽内上、下层属于不同相绕组的两个绕组边作为双层小绕组的线圈边，绕组的端接部分按同心式绕组来连接即可。当然，由于同心式绕组的每极每相绕组边数为偶数，所以，把双层绕组改为单双层绕组时每极每相的大、小绕组总线圈边数亦应为偶数，这样，才能组成一个单双层绕组。单双层绕组具有双层绕组的可采用短距绕组的特点，它能改善电动机的电气性能；同时，它又有一部分是单层绕组，这部分绕组具有不要层间绝缘、嵌线工艺方便等单层绕组的优点。

3.2.4　分数槽绕组

在无刷直流电动机中，如采用整数槽，往往会产生定子的齿同转子磁极相吸而产生类似于步进电动机的齿和磁极“对齐”的现象。如图 3-36（a）所示。对电动机的运行性能产生不良的影响。因此常需要采用分数槽，它的优点之一就是能把定子上齿和转子上的各磁极互相错开，从而改善了电动机的运行性能，如

图 3-36（b）所示。所谓分数槽绕组，是指每极每相槽数 q 为一分数。一般，表示为 $q=b+c/d$，其中 b 为一整数，c/d 为不可约的真分数。采用分数槽后，由于无刷直流电动机内的槽不可能成为分数，又要保证各相所产生的转矩对称，这就使问题变得复杂化。本节将着重讨论分数槽绕组的构成及绕组系数等问题。

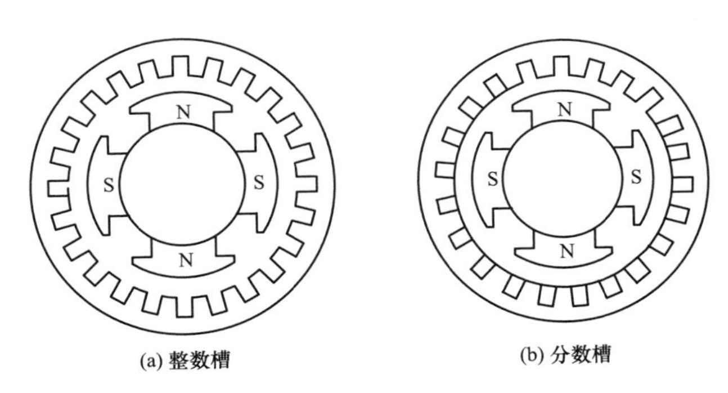

图 3-36　整数槽中的齿和磁极相吸

3.2.4.1　分数槽绕组的分相

在整数槽绕组中，按照 60°相带法，每对极仍可分为六个相带，每相带占 q 个槽，可很方便地构成三相对称绕组。但在分数槽绕组中，由于 q 是分数，而单个槽是不可能再分割的，所以，实际上每极下每相的槽数会出现有多有少。问题是怎样来确定每极下每相的槽数，从而构成对称的三相绕组。

对分数槽绕组，若总槽数 z 和极对数 p 之间存在最大公约数 k_t，则整个电动机里槽与磁极的相对位置有 k_t 次重复，所有绕组就可分成 k_t 个完全相同的单元，每单元的星形矢量图是一样的。每单元有 p/k_t 对极，有 $z_0=z/k_t$ 个槽，只要研究其中一个单元的星形矢量图来划分三相绕组即可。

举例说明，已知 $z=54$、$2p=8$、$m=3$，连成双层短距分布绕组。每极每相的槽数

$$q=\frac{z}{2mp}=\frac{54}{2\times3\times4}=2\frac{1}{4}$$

相邻两个槽之间的距离

$$\alpha=\frac{p\times360^\circ}{z}=\frac{4\times360^\circ}{54}=\left(26\frac{2}{3}\right)^\circ（电角度）$$

由于 z 与 p 之间有最大公约数 $k_t=2$，所以，整个定子槽可分为两个单元，每个单元有四个极，它们的星形矢量图是重合的。需研究其中一个单元内的所有绕组如何对称地分成三相。图 3-37 示出了它们的星形矢量图。

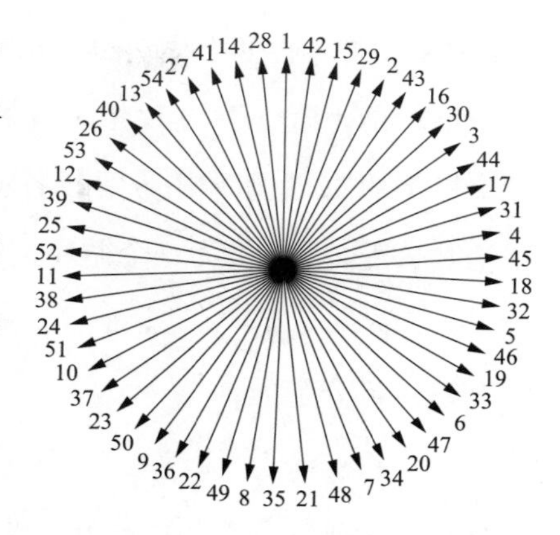

图 3-37　分数槽绕组的星形矢量图

与整数槽相带划分原则一样，为了得到最大的合成转矩，可把一个单元中四个极下所有绕组的星形矢量图分为六个相带，属于 A 相的绕组有 1、15、2、16；属于 A′相的绕组有 21、8、22、9、23，这九个绕组组成一组，并把它们串联起来（A′相线圈要反串）成为一绕组组合。同样，另一单元中四个极下的 28、42、29、43、48、35、49、36、50 这九个绕组也属于 A 相。两组合成转矩完全相同，因此在连接时，可根据需要进行串联或并联，组成 A 相绕组。B、C 相的情况与 A 相完全一样，A、B、C 三相绕组之间互差 120°电角度。

通过上述例子可知，分数槽绕组的构成与整数槽绕组不同的地方是：分数槽绕组每对极下槽分布的情况不同，不能像整数槽那样，以一对极下的槽（或绕组）来分相，必须以 p/k_t 对极作为一个单元来研究，即把一个单元内所有的槽（或绕组）分为六个相带，组成一相绕组，再与别的单元绕组进行串、并联组合，组成一相绕组。

在极数多的情况下，画分数槽绕组的星形矢量图相当麻烦。为此，也可这样来考虑每极下每相槽的分配，在分数槽中，q 是一个分数，但是，一相在 d 个极下的槽数 $q'=qd=bd+c$ 却是一个整数，d 个极下三相总槽数应是 3 的倍数，可分为对称的三相，组成三相绕组。

仍用上面的例子来分析，因为 $q=2\frac{1}{4}$，它与 $q=2$ 的整数槽相比，4 个极下多了 3 个槽。只要把这 3 个槽均匀地分配到 4 个极的 12 个相带中，即每 4 个相带增加 1 个槽，就能得到对称绕组。如果让第一组的 A 相带占 3 个槽，则该组的

C′、B、A′相带各占两个槽；再让第二组的 C 相带占 3 个槽，B′、A、C′相带各占两个槽；再让第三组的 B 相带占 3 个槽，A′、C、B′相带各占两个槽。这样，在 4 个极下的 12 个相带中，每相各增加了 1 个槽。另外的 4 个极可同样地进行相带槽数分配，4 个极为一个循环，可用一系列数字表达

3，2，2，2，3，2，2，2，3，2，2，2，…

当然也可分配为

2，3，2，2，2，3，2，2，2，3，2，2，…

现将一个循环的各相槽数分配列成表格，见表 3-3。

表 3-3　分数槽的各相相带分配

极	N_1	S_1	N_2	S_2
槽数	2 3 2	2 2 3	2 2 2	3 2 2
相带	A C′ B	A′ C B′	A C′ B	A′ C B

表 3-3 中的各相带槽数分配与图 3-37 星形矢量图一致，据此就可放置各相绕组，把 d 个极下每相 q 个绕组串联起来成为一相绕组组合。因为，电动机的总极数为 $2p$，整个电动机里这样并联相绕组组合应有 $2p/d$ 个。所以，整个绕组可能连接的最大的支路数为 $\alpha=2p/d$ 个。

上例中，$2p=8$，$d=4$，所以 $\alpha=8/4=2$。

3.2.4.2　分数槽绕组的分布系数及对称条件

短距系数与整数槽时一样计算。但是，分布系数则由于一个循环内各个极下槽的位置不同，属于同一相的所有绕组在气隙中所产生的转矩相位都不相同。所以，在计算分布系数时，也必须用 $q'=bd+c$ 个转矩矢量的矢量和来考虑。由于同一相的各绕组分布在 60°相带内，所以，相邻两个转矩矢量之间的夹角 $\alpha'=60°/q'$。

转矩基波分布系数为

$$k_{d1}=\frac{\sin\left(q'\frac{\alpha'}{2}\right)}{q'\sin\frac{\alpha'}{2}}$$

转矩 y 次谐波分布系数为

$$k_{dv}=\frac{\sin\left(vq'\frac{\alpha'}{2}\right)}{q'\sin\left(v\frac{\alpha'}{2}\right)}$$

从图 3-37 的例子来看，星形矢量图中属于一相的绕组电动势共有九个矢量分布开，$q'=9$，相邻转矩矢量之间夹角为

$$\alpha'=\frac{60°}{q'}=\frac{60°}{9}=6\frac{2°}{3}$$

基波分布系数

$$k_{d1}=\frac{\sin\left[9\frac{\left(6\frac{2}{3}\right)^{\circ}}{2}\right]}{9\sin\frac{\left(6\frac{2}{3}\right)^{\circ}}{2}}=0.955$$

三次谐波分布系数

$$k_{d3}=\frac{\sin\left[3\times9\frac{\left(6\frac{2}{3}\right)^{\circ}}{2}\right]}{9\sin\left[3\frac{\left(6\frac{2}{3}\right)^{\circ}}{2}\right]}=0.64$$

五次谐波分布系数

$$k_{d5}=\frac{\sin\left[5\times9\frac{\left(6\frac{2}{3}\right)^{\circ}}{2}\right]}{9\sin\left[5\frac{\left(6\frac{2}{3}\right)^{\circ}}{2}\right]}=0.195$$

七次谐波分布系数

$$k_{d7}=\frac{\sin\left[7\times9\frac{\left(6\frac{2}{3}\right)^{\circ}}{2}\right]}{9\sin\left[7\frac{\left(6\frac{2}{3}\right)^{\circ}}{2}\right]}=0.14$$

所以，从电动势星形矢量图和分布系数看，分数槽绕组相当于一个每极每相槽数为q'的整数槽绕组。上例的$q=2\frac{1}{4}$，与$q=2$的整数槽很接近，但却得到了$q'=9$的分布效果，这也是分数槽的特点之一。

为使绕组能绕成一个对称三相绕组，保证无刷直流电动机三相转矩对称，必须满足对称条件。设k_t为z和p的最大公约数，则分数槽绕组可分为k_t个完全相同的单元（星形矢量图是重合的），而每个单元中每相槽数应相等并为整数，即

$$\frac{z}{k_t m}=\text{整数}$$

从上式也可推出分数槽绕组q的分母d必定不能是相数m的倍数，因为

$$\frac{z}{k_t m}=\frac{2mpq}{k_t m}=2\frac{pq}{k_t}=2\frac{p}{k_t}\left(b+\frac{c}{d}\right)=2\frac{p(bd+c)}{k_t d}=\text{整数}$$

式中：p/k_t；不可能是m的倍数（如果是m倍数，则因z/k_t必然是m倍数，k_t就不是最大公约数了），若d是m的倍数，则$z/(k_t m)$就不是一个整数了。

3.3 多种无刷直流电动机绕组实例分析

3.3.1 三相二级内转子无刷直流电动机

一般来说，定子的三相绕组有星形联结方式和三角联结方式，而“三相星形联结的两两导通方式”是最为常用的联结方式，这里就对该模型进行简单分析。

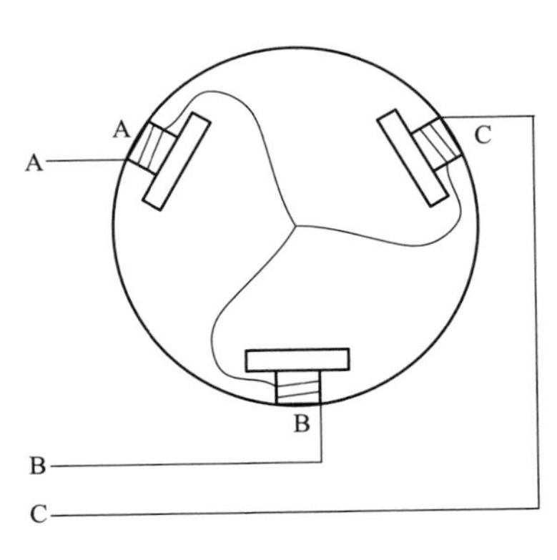

图 3-38　三相星形联结的两两导通方式

图 3-38 显示了定子绕组的联结方式（这里转子未画出，可将其假想为一个两极磁铁），三个绕组通过中心的连接点以“Y”形的方式被联结在一起。整个电动机引出的三根线分别为A、B线和C线。当它们之间两两通电时，通电顺序依次为AB、AC、BC、BA、CA、CB。

如图 3-39 所示，当AB相通电时，电流从A流入，从B流出，则A线圈所产生的

磁力线方向如图 3-40 中深色箭头所示，B 产生的磁力线方向如图 3-40 中浅色箭头所示，那么产生的合力方向即如图 3-40 中长箭头所示。假设其中有一个两极磁铁，根据“中间的转子会尽量使得自己内部的磁力线方向与外磁力线方向保持一致”的观点，那么 N 极方向则会与长箭头所示方向重合。

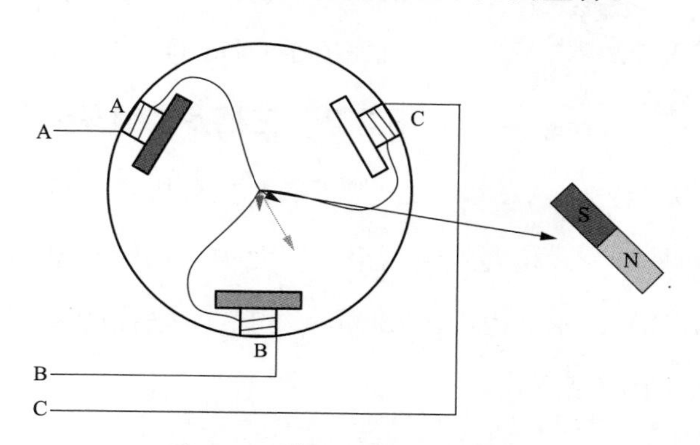

图 3-39　第一阶段 AB 相通电

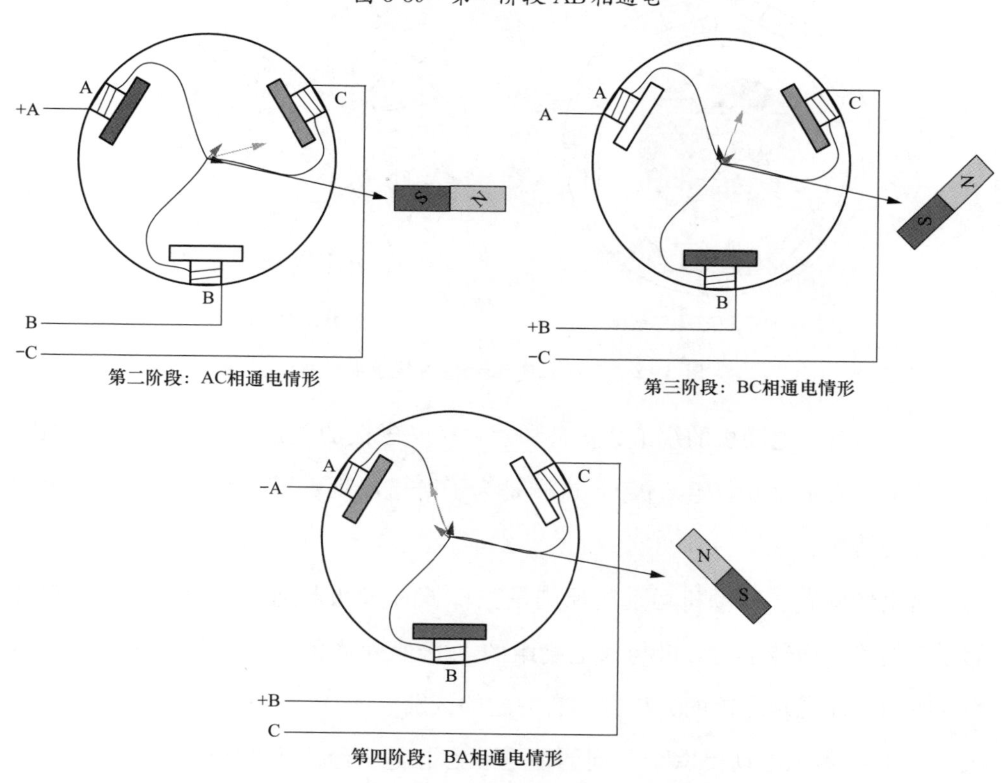

图 3-40　第二、三、四阶段通电情况

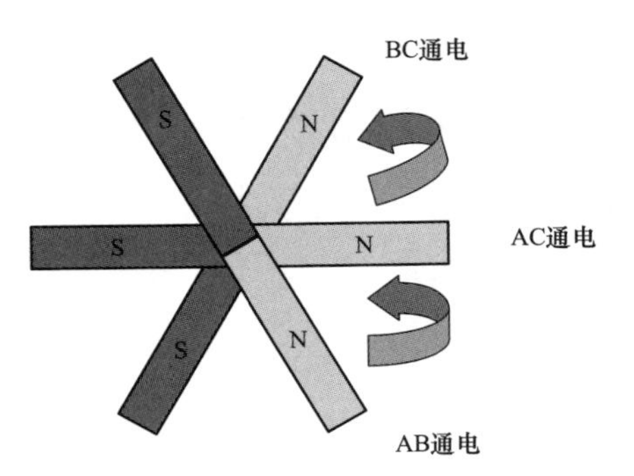

图 3-41　中间磁铁（转子）状态图

通过同样的方法也可对 CA、CB 相的通电情况进行分析。图 3-41 种给出了中间磁铁（转子）的状态图。其中转子在每一个通电阶段会旋转 60°，因此六个通电过程结束后就完成了一周的转动，即进行了六次换相。

3.3.2　三相多绕组多级内转子电动机

下面再来分析一下较复杂的内转子电动机。图 3-42（a）是一个三相九绕组六极（三对极）内转子电动机，它的绕组连线方式如图 3-42（b）所示。由图 3-42（b）可知，其三相绕组是将中间点连接在一起的，也属于星形联结方式。

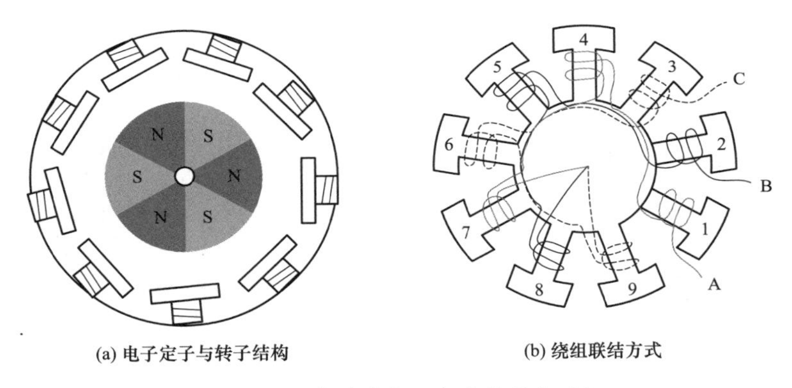

图 3-42　三相九绕组六极内转子电动机

一般而言，电动机的绕组数量都和永磁转子磁极的数量不一致（比如采用 9 绕组 6 极，而不是 6 绕组 6 极），这样是为了防止出现定子的齿与转子的磁钢相吸对齐的情况。

这里的内转子电动机运动的原则是：转子的 N 极与通电绕组的 S 极有对齐的运动趋势，而转子的 S 极与通电绕组的 N 极有对齐的运动趋势。即为 S 与 N 相互吸引，注意跟之前的分析方法有一定的区别。

图 3-43 为该电动机六个不同的通电状态。其中经历了五个转动过程，每个过程为 20°，如图 3-44 所示。

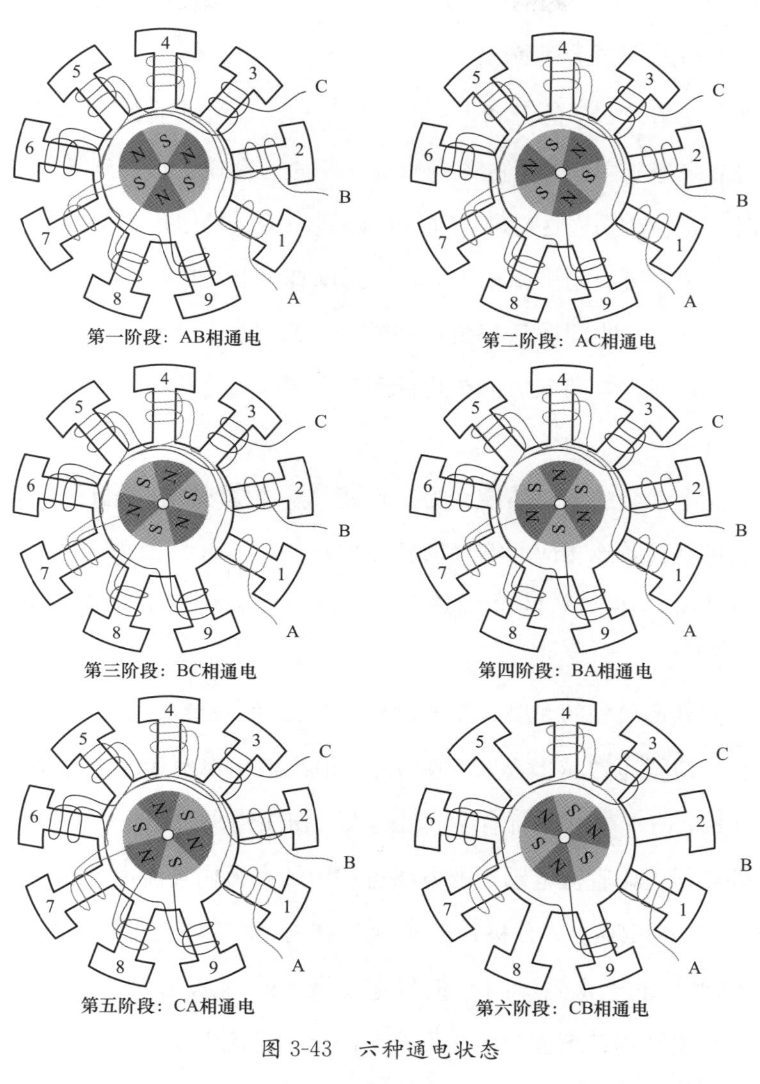

图 3-43　六种通电状态

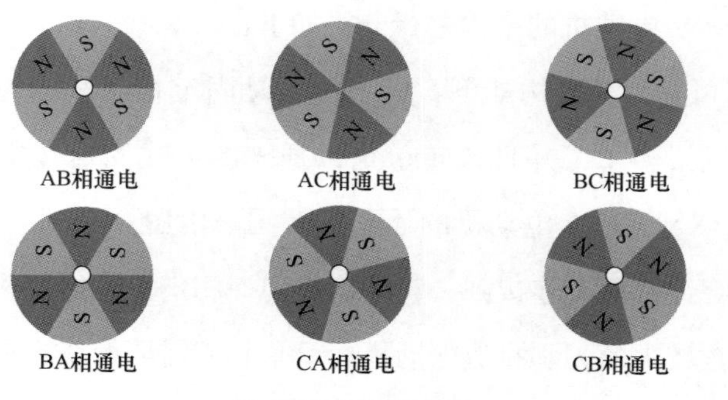

图 3-44　转动过程

3.3.3 外转子无刷直流电动机

接下来再介绍外转子的无刷直流电动机结构。其区别就在于外转子的无刷直流电动机将原来处于中心位置的磁钢做成一片片的形式并且贴到了外壳上。在电动机运行时，是整个外壳在旋转，而中间的线圈定子是保持不动的。

外转子无刷直流电动机相较于内转子无刷直流电动机，其转子的转动惯量要大很多（因为转子的主要质量都集中在外壳上），所以其转速相较于内转子电动机也要慢一些，通常它的 KV 值在几百到几千之间，是一种主要应用于航模的无刷直流电动机。

无刷直流电动机的 KV 值定义为：转速/V，意思是输入电压每增加 1V，无刷直流电动机空转转速相应所增加的转速值。例如，标称值为 1000kV 的外转子无刷直流电动机，在 11V 的电压条件下，最大空载转速即为 11000r/min（转/分钟）。

同系列同外形尺寸的无刷直流电动机，根据绕线匝数的多少，会表现出不同的 KV 特性。绕线匝数越多，KV 值越低，最高输出电流越小，扭矩越大；绕线匝数越少，KV 值越高，最高输出电流越大，扭矩越小。

分析外转子无刷直流电动机的方法也和内转子无刷直流电动机类似，根据右手螺旋定理判断线圈的 N/S 极，转子永磁体的 N 极与定子绕组的 S 极有对齐（吸引）的趋势，转子永磁体的 S 极与定子绕组的 N 极有对齐（吸引）的趋势，从而驱动电动机转动。下面介绍一下经典的无刷直流电动机结构。对经典的无刷直流 2212 1000kV 电动机的结构进行分析如下。

由图 3-45 可知，其结构如下：定子绕组是固定在底座上的，转轴和外壳则固定在一起构成了转子，并且该转子是以插入的方式固定在定子中间的轴承上的。图 3-46 为 XXD 2212 电动机的线圈拆解图。由图 3-45 中可看出，相同相不同极下的定子绕组都需要连接到一起并构成同一相定子绕组，多极的无刷直流电动机相较于极数较少的无刷直流电动机，只是其所需要缠绕到同一相下的极数更多，绕线更加复杂而已。

(a) DJI 2312S电动机　　(b) XXD 2212电动机

图 3-45　经典的无刷直流电动机解剖图

图 3-46　XXD 2212 电动机线圈拆解图

第4章 电力电子与无刷直流电动机集成系统综合应用

4.1 主电路结构及电动机合成转矩

4.1.1 三相半控电路

常见的三相半控电路如图 4-1 所示，L_a、L_b 和 L_c 为电动机定子 A、B、C 三相绕组，VF_1、VF_2 和 VF_3 为三只 MOSFET 功率管，主要起开关作用。H_1、H_2 和 H_3 为来自转子位置传感器的信号。在三相半控电路中，要求位置传感器的输出信号 1/3 周期为高电平，2/3 周期为低电平，并要求各传感器信号之间的相位差也是 1/3 周期，如图 4-2 所示。

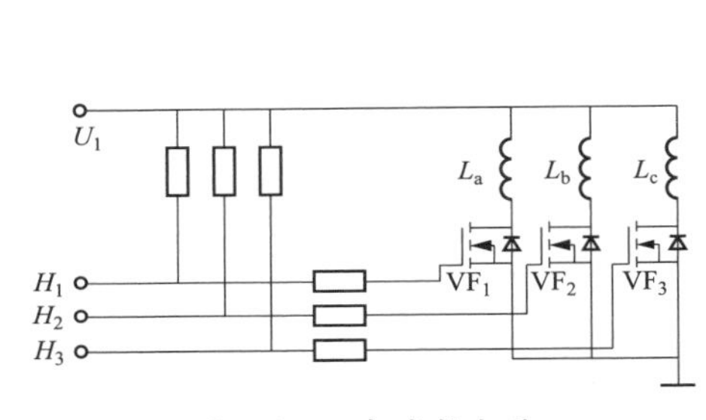

图 4-1 三相半控电路

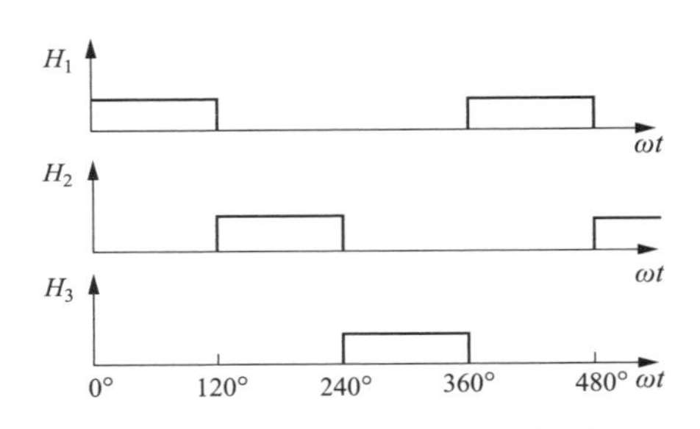

图 4-2 三相半控电路中的位置传感器信号波形

当转子磁钢位置如图 4-3（a）所示时，要求 H_1 处于高电平，H_2 和 H_3 均处于低电平。VF_1 导通，A 相绕组通电，由左手定则可知，在电磁力的作用下，转子顺时针方向旋转。当转子磁钢位置如图 4-3（b）所示的位置时，H_2 处于高电平，H_1 和 H_3 均处于低电平。VF_2 导通，B 相绕组通电，A 相绕组断电。在转子磁钢同 B 相绕组电磁力的作用下，转子继续沿顺时针方向旋转，到图 4-3（c）的位置时，位置传感器 H_3 处于高电平，H_1 和 H_2 均处于低电平，VF_3 导通，C 相绕组通电。在 C 相绕组所产生的电磁力的作用下，转子继续沿顺时针方向旋转，而后回到图 4-3（a）的位置，再继续重复上述过程。在电流值恒定的情况下，三相半控电路转矩波形如图 4-4 所示。

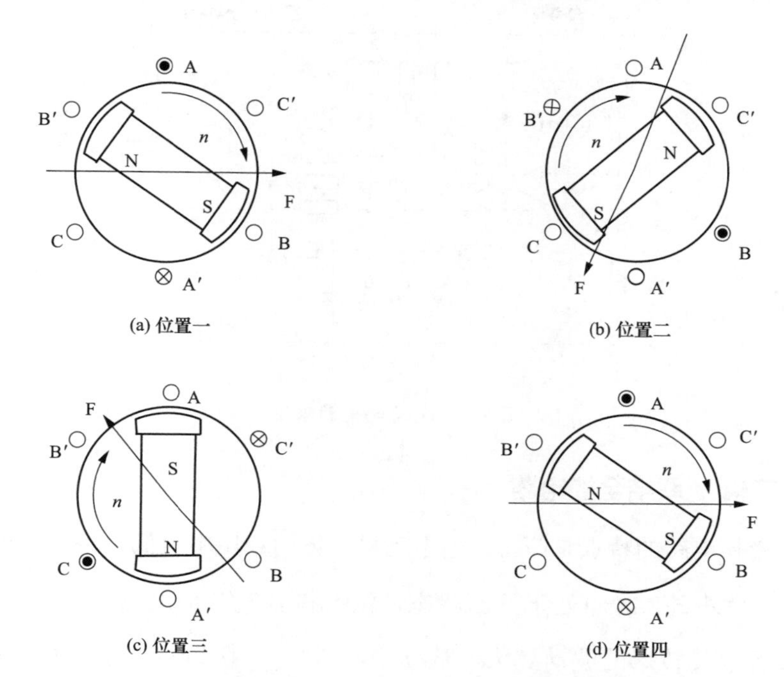

图 4-3　绕组通电同转子磁钢位置的关系

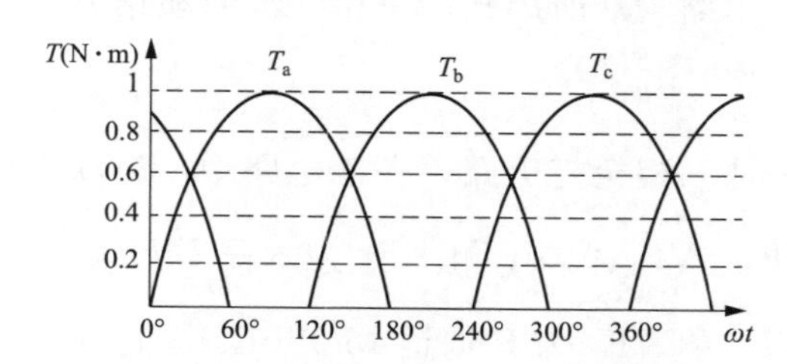

图 4-4　三相半控电路恒电流下的转矩波形

和一般直流电动机一样，在电动机起动时，由于其转速很低，故转子磁通切割定子绕组所产生的反电动势很小，因而可能产生过大电流 I。为此，通常需要附加限流电路，图 4-5 是常见的一种。图 4-5 中的 LM311 为电压比较器，主要用来限制主回路电流，当通过电动机绕组的电流 I 在反馈电阻 R_f 上的压降 IR_f 大于某给定电压 U_o 时，LM311 电压比较器输出低电平，同时关断了 VF_1、VF_2 和 VF_3 三只功率场效应晶体管，即切断了主电路。当 $IR_f<U_o$ 时，LM311 输出高电平，这时它不起任何作用。$I_o=U_o/R_f$ 就是所要限制的电流最大值，其大小视具体要求而定，一般取额定电流的 2 倍左右。

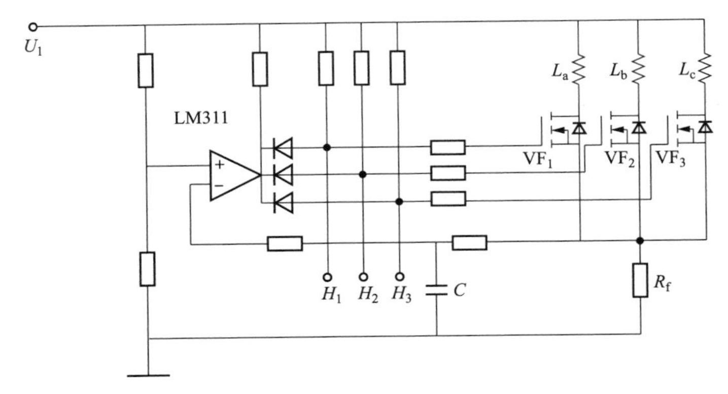

图 4-5　起动电流的限制

4.1.2　三相 Y 联结全控电路

三相半控电路的特点是简单。但电动机本体的利用率很低，每个绕组只通电 1/3 时间，另外 2/3 时间处于开断状态，没有得到充分的利用。由图 4-4 可知，在运行过程中其转矩的波动较大，从 $T_m/2$ 到 T_m。所以在要求比较高的场合，一般均采用三相全控电路。众所周知，三相绕组的联结方式有 Δ 和 Y 之分，现分别加以讨论。

图 4-6 示出了一种三相全控电路，在该电路中，电动机的三相绕组为 Y 联结。VF_1、VF_2、VF_3、VF_4、VF_5 和 VF_6 为六只 MOSFET 功率管，起绕组的开关作用。VF_1、VF_3 和 VF_5 为 P 沟道 MOSFET，低电平时导通；VF_2、VF_4 和 VF_6 为 N 沟道 MOSFET，高电平时导通。它们的通电方式又可分为两两导通方式和三三导通方式两种。

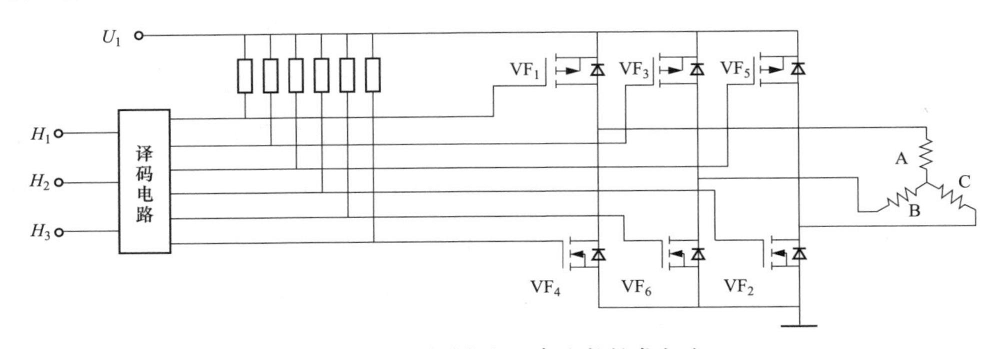

图 4-6　Y 联结绕组三相全控桥式电路

（1）两两通电方式。所谓两两导通方式是指每一瞬间有两个功率管导通，每隔1/6周期（60°电角度）换相一次，每次换相一个功率管，每一功率管导通120°电角度，各功率管的导通顺序是VF_1VF_2、VF_2VF_3，VF_3VF_4、VF_5VF_6、VF_6VF_1、…。当功率管VF_1和VF_2导通时，电流从VF_1管流入A相绕组，再从C相绕组流出，经VF_2管回到电源，如果认定流入绕组的电流所产生的转矩为正，那么从绕组流出所产生的转矩则为负，它们合成的转矩如图4-7（a）所示，其大小为$\sqrt{3}T_a$，方向在T_a和$-T_c$的角平分线上。当电动机转过60°后，由VF_1、VF_2通电换成VF_2、VF_3通电。这时，电流从VF_3流入B相绕组再从C相绕组流出，经VF_2回到电源，此时合成的转矩如图4-7（b）所示，其大小同样为$\sqrt{3}T_a$。但合成转矩T_{bc}的方向转过了60°电角度。而后每次换相一个功率管，合成转矩矢量方主电路结构及电动机合成转矩向就随之转过60°电角度，但大小始终保持$\sqrt{3}T_a$不变。图4-7（c）示出了全部合成转矩的方向。

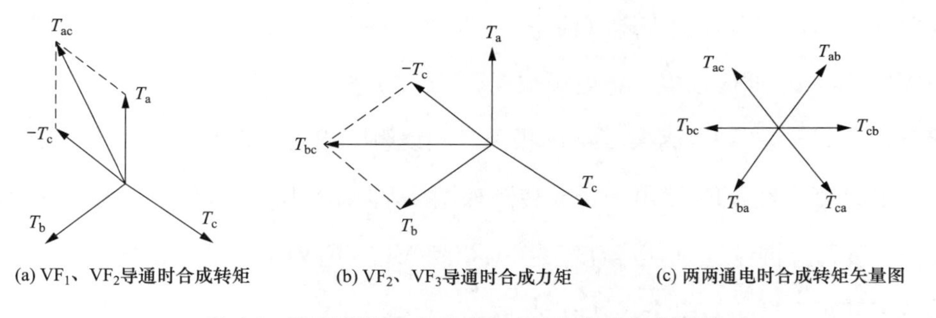

(a) VF_1、VF_2导通时合成转矩　(b) VF_2、VF_3导通时合成力矩　(c) 两两通电时合成转矩矢量图

图4-7　Y联结绕组两两通电时的合成转矩矢量图

所以，同样一台无刷直流电动机，每相绕组通过与三相半控电路同样的电流时，采用三相Y联结全控电路，在两两换相的情况下，其合成转矩增加了$\sqrt{3}$倍。每隔60°电角度换向一次，每个功率管通电120°，每个绕组通电240°，其中正向通电和反向通电各120°，其输出转矩波形如图4-8所示。由图4-8可看出，三相全控时的转矩波动比三相半控时小得多，仅从$0.87T_m \sim T_m$。如将三只霍尔集成电路按相位差120°安装，则它们所产生的波形如图4-9所示。

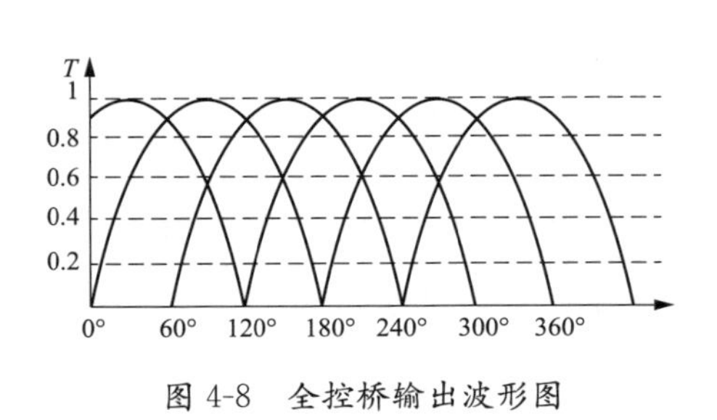

图 4-8　全控桥输出波形图

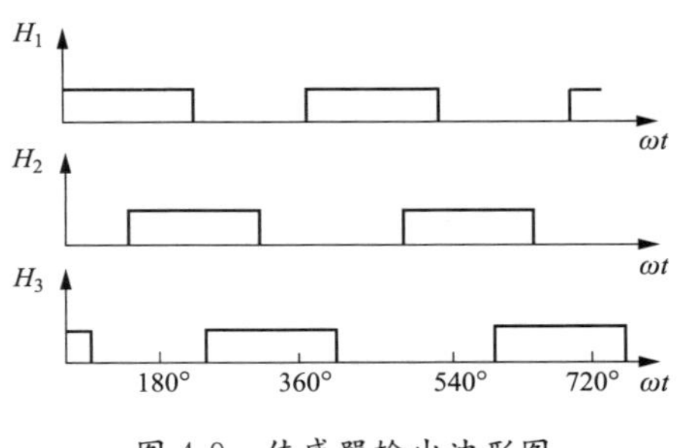

图 4-9　传感器输出波形图

（2）三三通电方式。所谓三三通电方式，是指每一瞬间均有三只功率管同时通电，每隔 60°换相一次，每只功率管通电 180°。它们的导通次序是 VF_1→VF_2→VF_3、$VF_2VF_3VF_4$、$VF_3VF_4VF_5$、$VF_4VF_5VF_6$、$VF_5VF_6VF_1$、$VF_6VF_1VF_2$、$VF_1VF_2VF_3$。当 $VF_6VF_1VF_2$ 导通时，电流从 VF_1 管流入 A 相绕组，经 B 相和 C 相绕组（这是 B、C 两相绕组为并联）分别从 VF_6 和 VF_2 流出，这时流过 B 相和 C 相绕组的电流分别为流过 A 相绕组的一半，其合成转矩如图 4-10 所示，方向同 A 相，而大小为 $1.5T_a$。经过 60°电角度后，换相到 $VF_1VF_2VF_3$ 通电，即先关断 VF_6，而后导通 VF_3（注意，一定要先关 VF_6 而后通 VF_3，否则就会出现 VF_6 和 VF_3 同时通电，则电源被 VF_3VF_6 短路，这是绝对不允许的）。这时电流分别从 VF_1 和 VF_3 流入，经 A 相和 B 相绕组（相当于 A 相和 B 相并联）再流入 C 相绕组，经 VF_2 流出，合成转矩如图 4-10（b）所示。转过了 60°，大小仍然是 $1.5T_a$。再经过 60°电角度后，换相到 $VF_1VF_2VF_3$ 通电，依此类推，它们的合成转矩矢量图如图 4-10（c）所示。

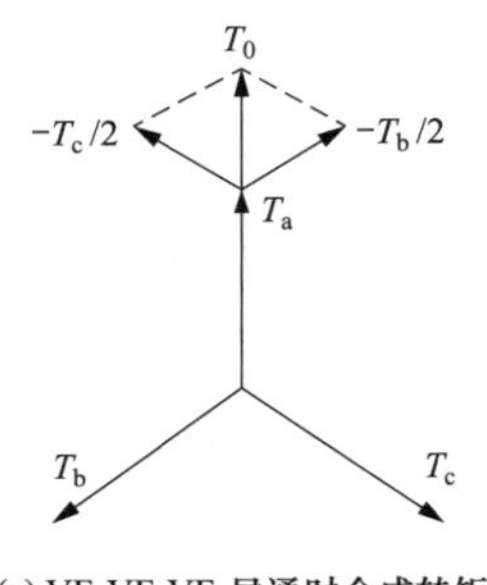

(a) $VF_6VF_1VF_2$导通时合成转矩

(b) $VF_1VF_2VF_3$导通时合成力矩

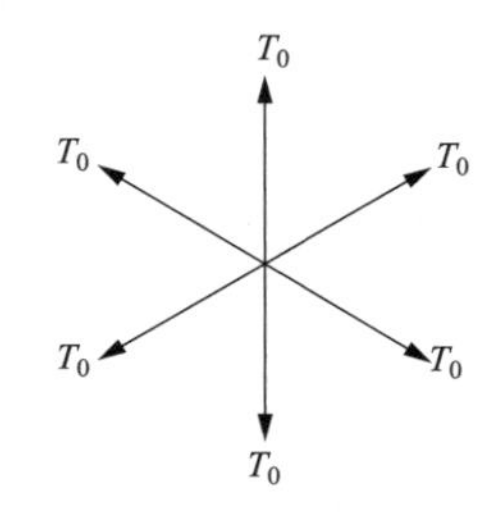

(c) 三三通电时合成转矩矢量图

图 4-10　Y 联结绕组三三通电时的合成转矩矢量图

其换相的逻辑控制电路如图 4-11 所示。在这种通电方式里，每瞬间均有三个功率管通电。每隔 60°换相一次，每次有一个功率管换向，每个功率管通电 180°。

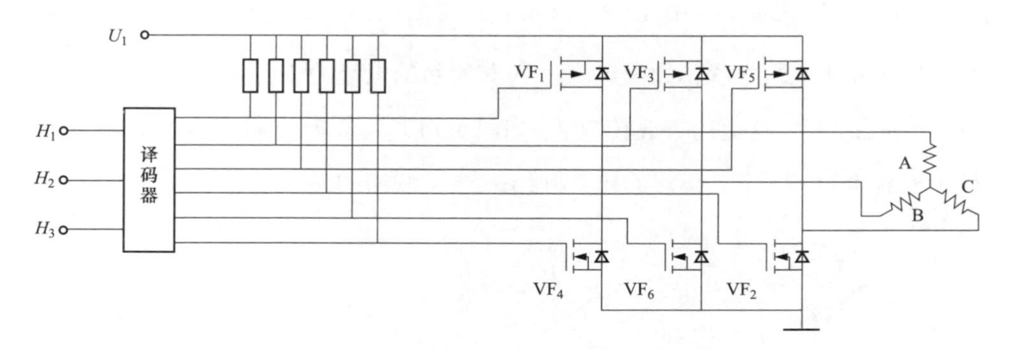

图 4-11　Y 联结三三通电方式的控制原理图

从某一相上看，它们的电压波形如图 4-12 所示。

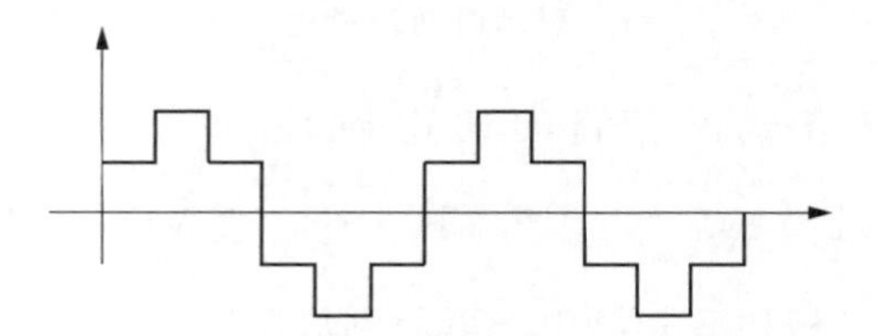

图 4-12　Y 联结三三通电方式一相电压波形

4.1.3　三相 Δ 联结全控电路

三相 Δ 联结电路如图 4-13 所示，也可分为两两通电和三三通电两种控制方。

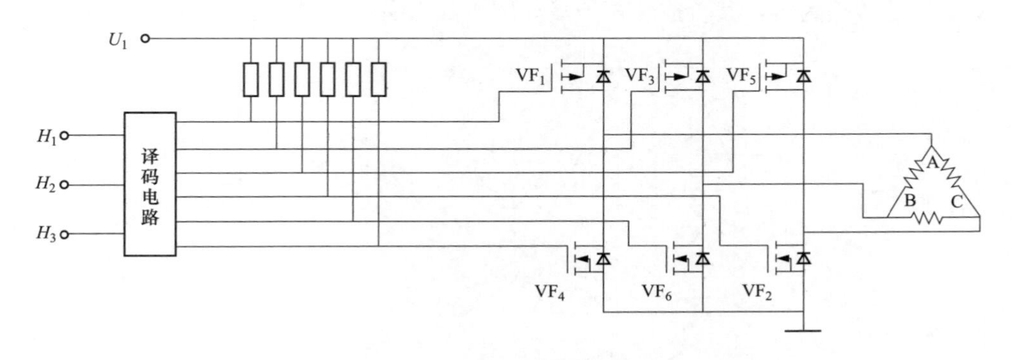

图 4-13　三相 Δ 联结控制原理图

(1) 两两通电方式。它们的通电顺序为 VF_1VF_2、VF_2VF_3、VF_3VF_4、VF_4VF_5、VF_5VF_6、…，当 VF_1VF_2 导通时，电流从 VF_1 流入，分别通过 A 相绕组和 B、C 两相绕组，再从 VF_2 管流出。这时绕组的联结是 B、C 两相绕组串联后再同 A 相绕组并联，如假定流过 A 相绕组的电流为 I。则过 B、C 相绕组的电流分别为 $I/2$。这里的合成转矩 T_o 如图 4-14 所示，其方向同 A 相转矩，大小为 A 相转矩的 1.5 倍。不难看出，其结果与 Y 联结的三三通电相似。

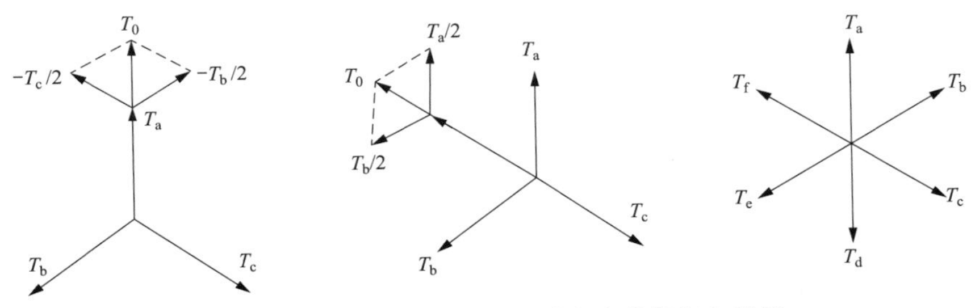

图 4-14　三相 △ 联结时两两通电合成转矩矢量图

(2) 三三通电方式。它们的通电顺序为 $VF_1VF_2VF_3$、$VF_2VF_3VF_4$、$VF_3VF_4VF_5$、$VF_4VF_5VF_6$、$VF_5VF_6VF_1$、…，当 $VF_6VF_1VF_2$ 导通时，电流从 VF_1 流入，同时经 A 相和 B 相绕组，再分别从 VF_6 管和 VF_2 管流出。C 相绕组没有电流通过，这时相当于 A、B 两相绕组并联。如果假定电流的方向从 A 到 B、B 到 C，C 到 A 所产生的转矩为正，则从 B 到 A、C 到 B，A 到 C 所产生的转矩为负。由图 4-14 可知，流向 A 相绕组所产生的转矩为正，而流入 B 相绕组所产生的转矩为负，其合成转矩矢量如图 4-15 所示。其大小为 A 相转矩的$\sqrt{3}$倍。

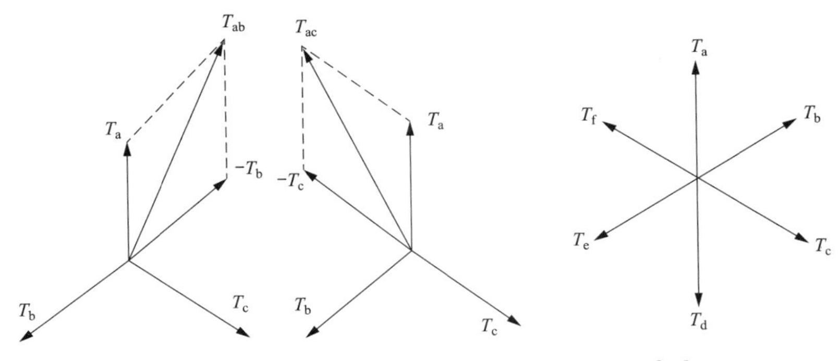

图 4-15　三相 △ 联结时三三通电合成转矩矢量图

不难看出，其结果与 Y 联结两两通电的相似。所不同的是当绕组 Y 联结两两通电，为两绕组相串联，而当 Δ 联结三三通电时，则为两绕组并联。

4.2　基于 74HCT238 译码器的无刷直流电动机设计

4.2.1　无刷直流电动机的拓扑结构

图 4-16 是本节所采用的线圈星形连接的无刷直流电动机（BLDC），主电路为三相全桥拓扑结构的六步驱动逻辑。在这种拓扑结构中，位于上桥臂的逆变器可使用的是 P 型沟道的场效应管或 PNP 型的晶体管，并标记为 V_1、V_3 和 V_5。位于下桥臂的逆变器可使用的是 N 型沟道的场效应管或 NPN 型的晶体管，并标记为 V_2、V_4 和 V_6。因此，按照这个排列规律，上桥臂的三个晶体管只有当输入门信号 B_0、B_1 和 B_2 为低时才会导通，同理，下桥臂的三个晶体管是只有当门信号 B_3、B_4 和 B_5 为高时才会导通。

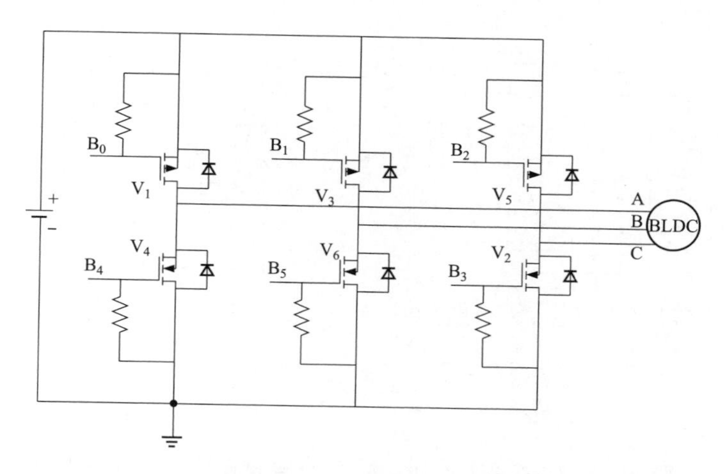

图 4-16　线圈星形连接的无刷直流电动机

对于本实验中所采用的六步驱动逻辑来说，理想情况下任何时候在 B_0、B_1 和 B_2 这三个门信号中只能出现有一个低电平信号，在 B_3、B_4 和 B_5 这三个门信号中只能出现有一个高电平信号。通常用二进制数来为位 B_0 到位 B_5（位 B_6 和 B_7 空闲不用）这六个电平信号的高低情况，并与不同的门信号状态结合起来，称之为控制字。DSP 或其他的数字集成电路就是将这些控制字给它的输出端，然后根据霍尔信号的状态来判断打开或是关闭相应的逆变器开关。本实验的主要工作就是找到驱动无刷直流电动机旋转运行的控制字，并将这些控制字通过 74HCT238 译码器输出给 B_0～B_5。

图 4-17 是理想的三相反电动势 e_A、e_B、e_C 的三相波形，相电流 i_A、i_B、i_C 的波形和位置传感器信号 H_A、H_B、H_C 的理想波形，从图中能很容易得到不同位置传感器信号状态的控制字。在图 4-17 中，霍尔传感器位于各相绕组轴线上，在这个配置中，无论无刷直流电动机（BLDC）运行在什么方向，霍尔信号都比对应的相反电动势延迟 90°电角度。

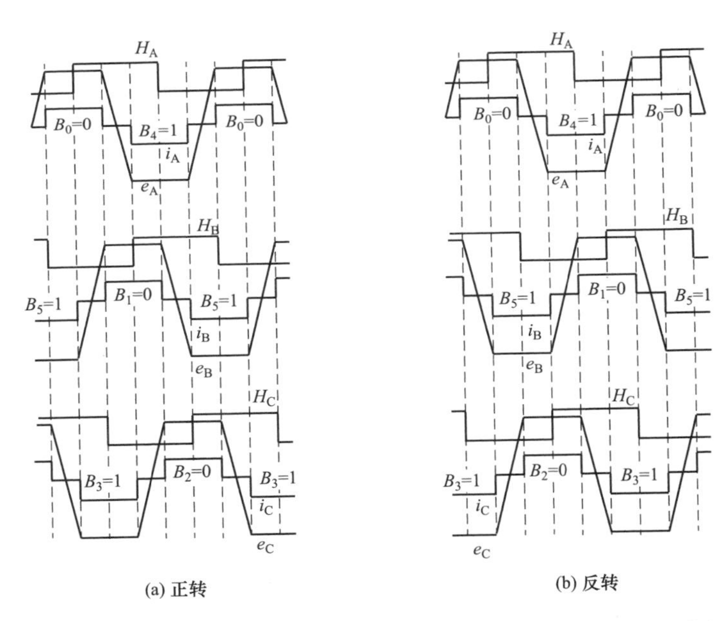

(a) 正转　　(b) 反转

图 4-17　无刷直流电动机在两个方向上运行时，每相的电动势、电流和霍尔信号波形

4.2.2　无刷直流电动机驱动电路的设计

本实验使用的方案，结合一个 74HCT238 译码器和六个光耦合器来实现六步驱动星形连接的无刷直流电动机，避免使用复杂的数字方法或特殊的数字集成电路。

74HCT238 译码器和 74LS138 译码器一样都是三线—八线译码器，但 74LS138 是反相译码器，即低电平有效；而 74HCT238 是非反相译码器，即高电平有效。表 4-1 是 74HCT238 译码器的功能表，详细的规律规则可在表 4-1 中看到。

表 4-1　　74HCT238 的功能表

输入						输出							
$\bar{E}_1$	$\bar{E}_2$	$\bar{E}_3$	A	B	C	Y_0	Y_1	Y_2	Y_3	Y_4	Y_5	Y_6	Y_7
H	X	X	X	X	X	L	L	L	L	L	L	L	L
X	H	X	X	X	X	L	L	L	L	L	L	L	L
X	X	L	X	X	X	L	L	L	L	L	L	L	L
L	L	H	L	L	L	H	L	L	L	L	L	L	L
L	L	H	H	L	L	L	H	L	L	L	L	L	L
L	L	H	L	H	L	L	L	H	L	L	L	L	L
L	L	H	H	H	L	L	L	L	H	L	L	L	L
L	L	H	L	L	H	L	L	L	L	H	L	L	L
L	L	H	H	L	H	L	L	L	L	L	H	L	L
L	L	H	L	H	H	L	L	L	L	L	L	H	L
L	L	H	H	H	H	L	L	L	L	L	L	L	H

当控制量 $\bar{E}_1$ 为低电平，控制量 $\bar{E}_2$ 为低电平，控制量 $\bar{E}_3$ 为高电平时，在从 Y_0 到 Y_7 这 8 个输出端中只能有一个管脚是高电平的。这是一个非常理想的无刷直流电动机所需要的驱动功能。如果选择 Y_1 到 Y_6 的信号向 B_0 到 B_5 这六个位置进行输入，则可发现，只有当 74HCT238 译码器的三个输入端口 A、B 、C 全接入为高电平或全接入为低电平时，Y_1 到 Y_6 这六个输出端才会全部为低电平信号，否则 $Y_1 \sim Y_6$ 中就仅有一个输出引脚为高电平信号，那也就是说 74HCT238 译码器可以配合来自位置传感器的输入信号从 $Y_1 \sim Y_6$ 中选择一个位置并作为高电平信号输出，这样即可使电路简单，避免使用复杂的数字技术和 DSP 或是其他的数字集成电路。

仔细研究表 4-1 即可分析出三相星形连接的无刷直流电动机正转运行时的控制逻辑，即以六步驱动的模式实现正转，也就是由 74HCT238 译码器输出六个控制字。数字控制方案和74HCT238译码器的控制方案见表4-2，H_1、H_2和H_3是三个霍尔信号，“传统的控制字”是上面提到的数字控制方案，“74HCT238的输出”表明了在74HCT238控制方案中74HCT238译码器的高电平输出管脚，在该方案中H_1、H_2和H_3的信号输出取反后分别连接到了74HCT238译码器的输入管脚A、管脚B和管脚C。

基于74HCT238译码器的无刷直流电动机（BLDC）驱动方案电路原理图如图4-19所示，显然，对于74HCT238译码器的任何高电平输出管脚都已经列在了表4-2中。以Y5为例，它的光耦合器OP1是用于驱动三相全桥逆变器的两个晶体管，光耦合器OP1上的集电极通过一个上拉电阻来驱动位于上桥臂的PNP型晶体管V_1，光耦合器OP1上的发射极则通过一个下拉电阻来驱动位于下桥臂的NPN型晶体管V_2。基于这种方式下，位于这种逆变器中每个上桥臂的PNP晶体管都会工作在120°电角度，也就是说他们会由两个不同的光耦合器通过一个上拉电阻来驱动两个60°电角度的间隔。每个下桥臂中的NPN型晶体管则会通过一个下拉电阻以同样的方式来工作，这样一来，无刷直流电动机的换相逻辑就能实现。

表4-2　　BLDC运行时的转向控制逻辑

霍尔信号 H_A H_B $H_{C(高位)}$	导电开关	工作相	传统的控制字 ($B_5B_4B_3B_2B_1B_0$)	74HCT238的输出	对应连接的光耦
1　0　1	V_1V_2	AC	0EH=001，110B	Y_2	OP1为高电平
1　0　0	V_3V_2	BC	0DH=001，101B	Y_6	OP2为高电平
1　1　0	V_3V_4	BA	15H=010，101B	Y_4	OP3为高电平
0　1　0	V_5V_4	CA	13H=010，011B	Y_5	OP4为高电平
0　1　1	V_5V_6	CB	23H=100，011B	Y_1	OP5为高电平
0　0　1	V_1V_6	AB	26H=100，110B	Y_3	OP6为高电平

本实验中所使用的无刷直流电动机是取自笔记本电脑上一个坏的光驱上的驱动电动机。但是光驱电动机的霍尔位置传感器三相输出信号是双极性的，也称双象限，每相都有两路逻辑相反的输出，一路信号（例如H_{A+}）的输出电压是

+0.5V 的方波，一路信号（例如 H_{A-}）的输出电压是 −0.5V 的方波，则差动输出（例如 H_{A+} H_{A-}）的峰峰值为 1V，这就需要把它转换成单象限的信号并进行放大输出。由于电源是来自于笔记本电脑上的 USB 接口，为单极的 +5V，那就需要创造一个虚地的 $1/2V_{cc}$ 来把双象限信号转换成单象限并将它放大，在本实验中利用比例运算放大器和比较器来实现所需的功能。

（1）虚拟地电路。在图 4-18 中，运算放大器 U1D 被配置为一个电压跟随器来创建虚拟地。通过调整可变电阻器 R_{15} 使分压器能在运算放大器 U1D 的 12 管脚输出一个略低于 1/2Vcc 的电压信号。然后在运算放大器 U1D 的输出 14 管脚上的 V_{mid} 信号为虚地信号，其值与 12 管脚上的信号相同且不会受负载的影响。

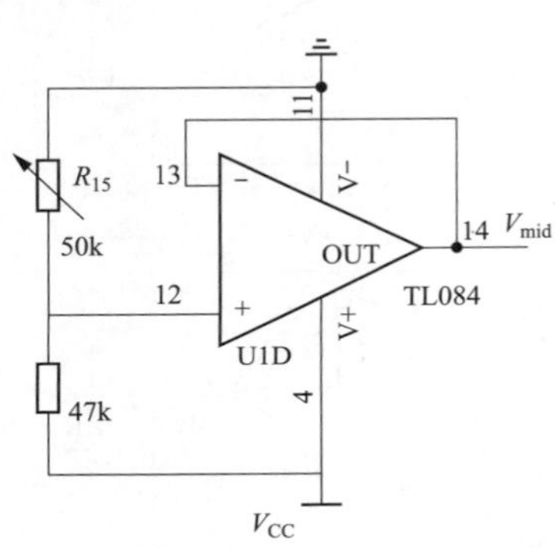

图 4-18　虚拟地电路

（2）霍尔信号的放大与传输。在图 4-19 中，运算放大器 U1A、U1B 和 U1C 用于放大三个霍尔信号。因为电源是一个单极的 5V 电源，而运算放大器的输出电压必须得小于 5V，并且是双边的 ±0.5V 的霍尔信号（约为 1V 的峰峰值），为了保证输出在可供应的范围内，那就要求放大增益必须得略低于 5。以运算放大器 U1A 为例，电阻值都标注在图 4-20 中了，运算放大器 U1A 的 1 管脚输出电压为

$$V_{mid}-(V_{HA+}-V_{HA-})\times 47k/10k=V_{mid}-4.7\times(V_{HA+}-V_{HA-})$$

[根据叠加定理及虚短的概念，差动信号单独作用时和在 V_{mid} 单独作用下的输出电压分别为 $U_{01}=-(V_{HA+}-V_{HA-})\times 47k/10k$ 和 $U_{02}=V_{mid}$]，这是一个在 0～5V 的电压信号。

比较器 U2A、U2B 和 U2C 将会把虚地信号 V_{mid} 分别与三个双象限信号进行比较，然后将霍尔信号进行放大，输出三个分别间隔 120°电角度的方波信号，反映霍尔传感器与磁极间的相对位置，作为逆变器的换向信号，但这样处理后的位置传感器信号逻辑与处理前的逻辑是相反的，因此表 4-2 中的霍尔信号再取反后

加在 74LS238 译码器输入端 ABC。

图 4-19 为 BLDC 驱动试验系统完整的电路图。

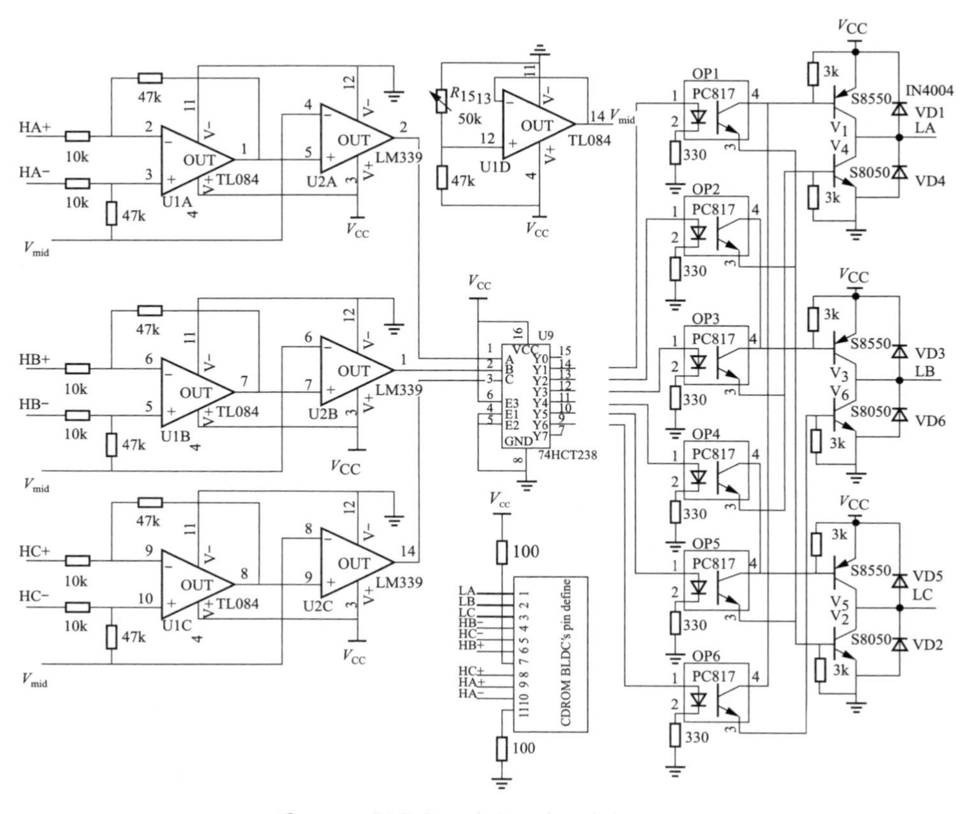

图 4-19　BLDC 驱动试验系统完整电路图

（3）三相全桥逆变器的结构。在本次实验中，用 PNP 型的晶体管作为逆变器的上桥臂，用 NPN 型的晶体管作为下桥臂，这样一来驱动方案即可得到简化。因为用来自 USB 口的 5V 电源作为整个实验的电源，根据上面所示的驱动方案电路，当一个光耦合器运行时，它只能为每一个桥臂提供偏置电压小于 2.5V 的电压。由于晶体管是电流驱动型的，如果上拉电阻和下拉电阻的阻值是可以选择的，那么就有足够的电流流过晶体管的基极，然后晶体管将会转换到饱和区域来确保反相器的正常运行。然而场效应晶体管是电压驱动型的，并且一般来说它们的门阈值电压是大于 2.5V 的，因此在这个实验中如果想要用场效应管来代替晶体管，那接下来的实验过程将会出现有很多麻烦。

4.2.3 无刷直流电动机驱动实验系统的实现与系统测试

4.2.3.1 驱动实验系统的实现

图4-20为实验驱动电路搭建起来以后的照片。将USB数据线插入一个正在运行的电脑的USB端口里，无刷直流电动机（BLDC）将会开始运转。在这个实验中，需要以下的电子元件和设备仪器：

1. 无刷直流电动机（BLDC）一个

它取自笔记本电脑上一个坏的光驱上的无刷直流电动机，可在电子市场上以很便宜的价格买到。购买时一定要挑选那些扁平带状电缆完好的光驱电动机（万用表可帮助确定并选择出来）。

一般来说，一个取自光驱上的无刷直流电动机（BLDC），霍尔传感器会在它的背板面上并且和电枢连接在一起。如图4-21所示，光驱上的无刷直流电动机扁平带状电缆有11个痕迹线路接口。

图4-20 实验驱动电路

图4-21 无刷直流电动机内部构造

在图4-19的底部区域，已经给出了一个插图来显示无刷直流电动机（BLDC）的11个管脚定义连接。从粗的到细的，标记这11个接口管脚为1～11号。从管脚1～管脚3是三个线比较粗的接口，他们代表了三相线圈的三个相序A、B相和C相。从4～11号的八根线比较细的接口，他们是来自三个霍尔传感器，其中接口7和接口11分别为电源的正极和负极的连接。接口9和接口10则分别代表连接来自霍尔传感器HA的信号HA+和HA－，接口6和接口4则分别代表连接来自霍尔传感器 HB 的信号 HB+和 HB−，接口 8 和 5 分别代表连接来自霍尔传感器 HC 的信号 HC+和 HC−。这 11 个管脚接口的具体定义可通过万用表来测量出来，或也可将无刷直流电动机给撬开后通过观察分析内部结构来确定。

2. 扁平电缆插座（FPC 插座）一个

本实验中所需的 FPC 插座为 11 针，间隔距离为 1mm 的 FPC 插座。如果找到这个插座很困难，也可将无刷直流电动机上的扁平电缆固定好，然后用 11 根细的导线与电缆上的 11 个接口焊接起来（不过这个步骤所要求的焊接水平比较高，一般不建议使用）。

3. 运算放大器：TL084 一个

每一个 TL084 芯片里面有 4 个运算放大器，本实验中使用其中三个来对霍尔信号进行放大，剩下的一个用来进行创建虚地信号 V_{mid}。

4. 比较器：LM339 一个

每一个 LM339 芯片里面有 4 个比较器，本实验只用其中的三个来对霍尔信号进行传输。

5. 译码器：74HCT238 一个

参照前面所论述的内容可知，74HCT238 是一个三线—八线译码器。参考图 4-19 中，用三个输入管脚 A、B 和 C 来接收来自比较器的三个霍尔信号，它的 Y1 到 Y6 这六个管脚输出来驱动无刷直流电动机（BLDC）。当 A、B 和 C 这三个输入信号不都全为高电平或低电平时，74HCT238 译码器的六个管脚的输出信号里面就有一个为高电平信号，其余五个为低电平信号，否则这六个输出信号就全为低电平信号。以上的这个逻辑规律就使得本实验中的电动机的驱动方案变得可行。

6. 光电耦合器

PC817 六个或者 PC847 两个（其中每个 PC847 里面包含 4 个光电耦合器）。

7. 晶体管（BJT）

S8550 三个 PNP 型，S8050 三个 NPN 型。

8. 二极管

IN4004 六个，二极管 IN4004 是非常常见的电子元件，在很多电力电子电路里面都可以找到。

9. 可变电阻器

50kΩ 一个，本实验中用来进行分压使产生 1/2Vcc 信号创建虚拟地。

10. 电阻

用 6 个 10kΩ 的电阻和 7 个 47kΩ 的电阻来放大霍尔信号，用两个 100Ω 的电阻接霍尔传感器的电源，用 6 个 330Ω 的电阻来对光耦合器的输入电流进行限流，6 个 3kΩ 的电阻来分别用作上拉电阻和下拉电阻。

11. 面包板：SYB-130 型号两个

面包板每一竖列的几个小孔内部都是由导体连接在一起的，在外围的两排孔被分为内部连接在一起的几组，具体的连接情况需要用万用表测量即可知道。

12. 导线

可取一段长 2m 左右的铜芯导线，用小刀将它裁切成一段长 10cm 左右的小段，然后再将每一小段的两端剥开露出铜芯以方便连接。

13. USB 数据线一根

数据线用来连接电脑的 USB 接口并传输正 5V 的电源作为整个实验的电源，但是需要利用万用表来测试确定出数据线的正负极出线口。

14. 电烙铁一个

由于无刷直流电动机（BLDC）的带状电缆所连接的插座针脚之间的间隔太密，只有 1mm，如果直接将它与导线进行焊接，则很容易发生短路的情况。在本实验中先用一小块电路板来进行腐蚀操作，然后再将插座的 11 个小针脚分别用烙铁焊锡引出来连接到 11 个排针上，这样即可用很方便地连接电动机的各个出口管脚从而避免了连接时发生短路的情况。

15. 万用表一个

为了正确地标记出无刷直流电动机（BLDC）扁平电缆上的 11 个出口管脚的

定义，确认电路的连接导通情况，正确找到USB数据线的正极和负极，测量出虚地信号V_{mid}的电压等级，这里就需要借助万用表。

表4-3为上述元器件及所需设备清单的列表。

表4-3　　　　器　件　清　单

编号	器件名称	型号	数量
1	无刷直流电动机	笔记本光驱电动机	1
2	FPC插座	11针	1
3	运算放大器	TL084	1
4	比较器	LM339	1
5	译码器	74HCT238	1
6	光电耦合器	PC817（PC847）	6（2）
7	晶体管	S8550/S8050	3/3
8	二极管	IN4004	6
9	可变电阻器	50kΩ	1
10	电阻	10kΩ/47kΩ/100Ω/330Ω/3kΩ	6/7/2/6/6
11	面包板	SYB-130	2
12	导线	无	若干
13	USB数据线	无	1
14	电烙铁	无	1
15	数字万用表	无	1

以上所列出的电子元件和设备都非常便宜，总体的价格不会超过一百元人民币。如果已有了电烙铁和万用表，那就只用购买以上的电子元件和面包板来搭建整个实验电路，价格则不会超过三十元。在完成所有电器元件的搭建后，完整的实验电路实物如图4-22所示。

图4-22　完整实验电路实物图

4.2.3.2　实验系统测试

在实验电路搭建完成后，进行电路的调试和运行部分。首先进行的是电路各元件间的连接导通情况的测试，用万用表的红黑两个表笔放在测试部分的两端，发出“嘀”声即为通路，经测试，所搭建的电路导通情况良好且没有短路情况出现。

接下来将 USB 数据线连接 PC 机的 USB 接口传输 5V 电压给实验电路连接供电，然后用示波器开始检测各个模块的波形，并与预期进行对比。经检测发现 LM339 波形不正确，仔细排查各个管脚后确认是其中一个比较器的 $V+$ 和 $V-$ 位置接反而导致的波形不正确。重新连接后，在确认驱动电路情况良好的条件下，将无刷直流电动机按照用万用表所测出的各管脚定义接入电路，结果发现电动机并没有像预期的情况那样正常的旋转。断电进行检查，因为之前确认电路是完好的，所以确定是电动机接线的问题，用万用表对电动机的各个管脚进行检查，发现问题出现在霍尔元件的位置，发现光驱电动机所带的三个霍尔元件是四个管脚，分别为电源的正极和负极，还有位置信号的 $H+$ 和 $H-$ 正负两个信号，这四个信号接口，之前由于把电源的两个管脚和位置信号的两个管脚位置接反了，所以电动机并没有运行旋转。在改换位置并再次确认所有电路的情况后，再次接通电源，电动机正常旋转运行。

再次对电路进行波形测试，针对无刷直流电动机的输入 A 相和 B 相测试波形。首先测的是所用无刷直流电动机的反电动势波形，如图 4-23 所示。

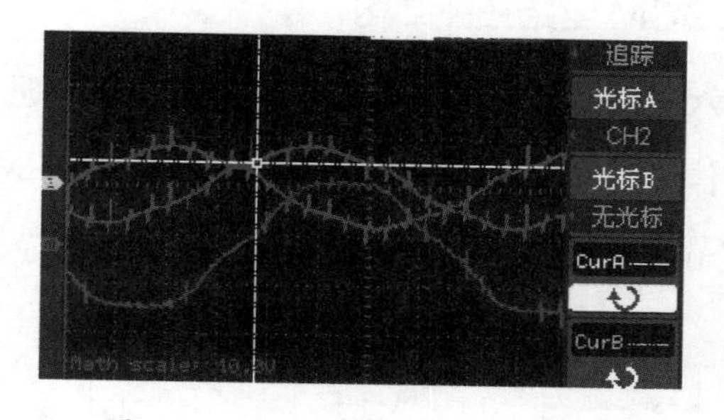

图 4-23　电动机反电动势实验波形

其次对电动机 A、B 两相的电压波形进行测试，本实验所用的无刷直流电动机为光驱无刷电动机，其中带三个霍尔传感器，正常情况下所测 A、B 两相电压波形为相位相差 120°的梯形波，如图 4-24 所示。

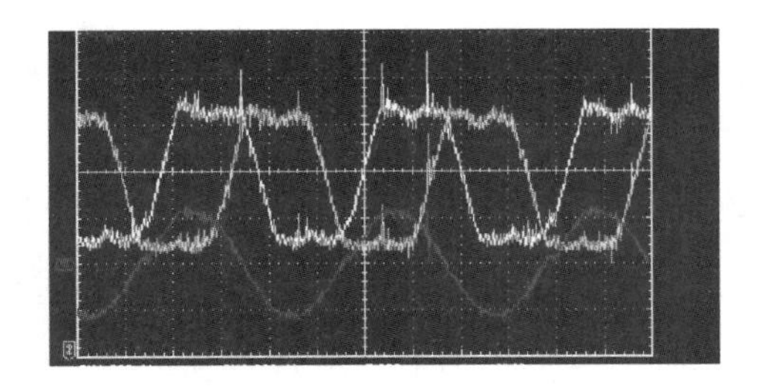

图 4-24　A、B 两相的电压波形

最后测得是 B 相的电压和对应 B 相的电流波形，如图 4-25 所示。

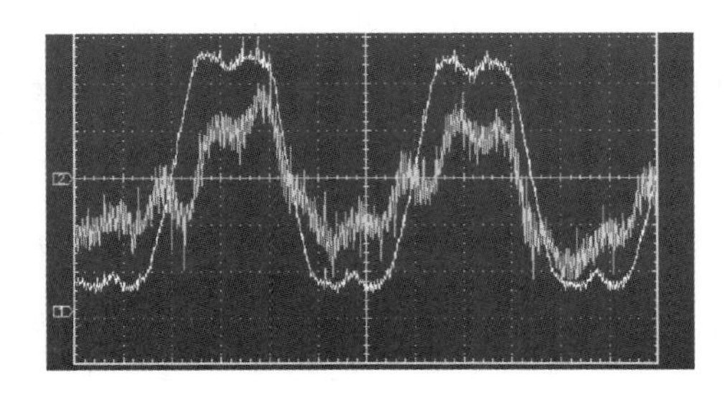

图 4-25　B 相的电压和电流波形

4.3　四开关 BLDCM 电路拓扑及控制方法

4.3.1　四开关 BLDCM 电路拓扑结构

4.3.1.1　传统六开关 BLDCM 电路拓扑结构及工作原理

图 4-26 给出了传统六开关三相逆变器的拓扑结构图。逆变器正常工作时可产生 6 个彼此对称的电压矢量。图 4-27 为 BLDCM 反电动势、相电流波形。

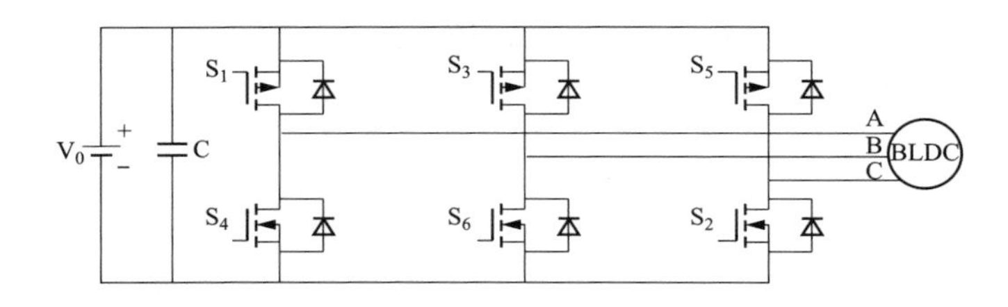

图 4-26　传统六开关三相逆变器的拓扑结构图

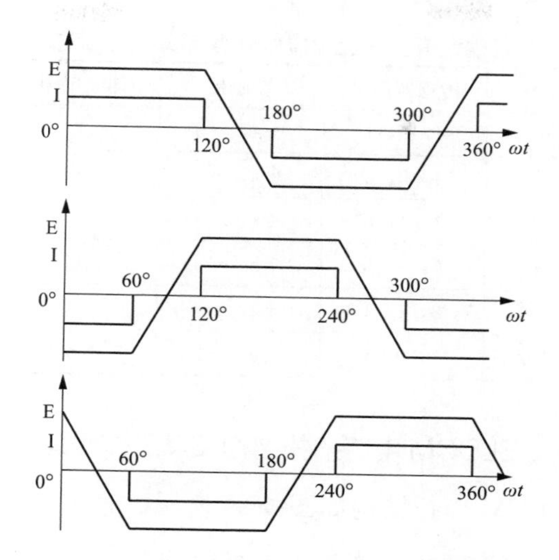

图 4-27　常规 BLDCM 反电动势、相电流波形

BLDCM 作为一种特殊的交流同步电动机，在工作时要保证定子的旋转磁场和转子的励磁或永磁磁场严格同步。同时为了产生最大的电磁转矩，定子电枢绕组的通电次序、相反电动势和转子磁极位置也要满足一定的对应关系。

用六开关逆变器驱动三相 BLDCM，其本质问题是如何参照转子位置传感器的反馈信号，用逆变器的电压矢量驱动 BLDCM，产生标准的相电流波形（见图 4-28）。表 4-4 给出了常规六开关三相 BLDCM 逆变器和 BLDCM 的工作状态。

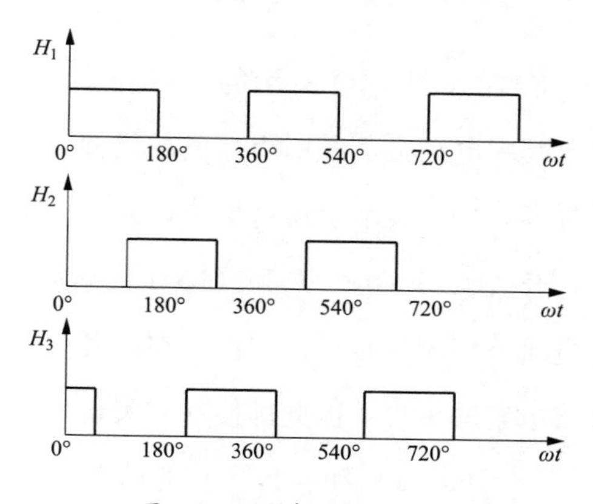

图 4-28　传感器输出波形

表 4-4 常规六开关三相 BLDCM 各部分工作状态

模式定义	转子位置	传感器信号	导通相	非导通相	逆变器导通开关
模式 1	0°～60°	1，0，1	+a，−b	C	S1，S6
模式 2	60°～120°	1，0，0	+a，−c	B	S1，S2
模式 3	120°～180°	1，1，0	+b，−c	A	S3，S2
模式 4	180°～240°	0，1，0	+b，−a	C	S3，S4
模式 5	240°～300°	0，1，1	+c，−a	B	S5，S4
模式 6	300°～360°	0，0，1	+c，−b	A	S5，S6

4.3.1.2 四开关 BLDCM 电路拓扑结构及其工作原理

四开关三相 BLDCM 拓扑结构如图 4-29 所示。直流电动机需要方波电流驱动，电流波形与反电动势同步以产生恒定的输出转矩，并且具有 120°导通区和 60°非导通区。此外，在任意时刻，只有两相导通，另外一相不导通。然而，如前所述，在四开关逆变器中，产生 120°导电电流分布本质上是困难的。

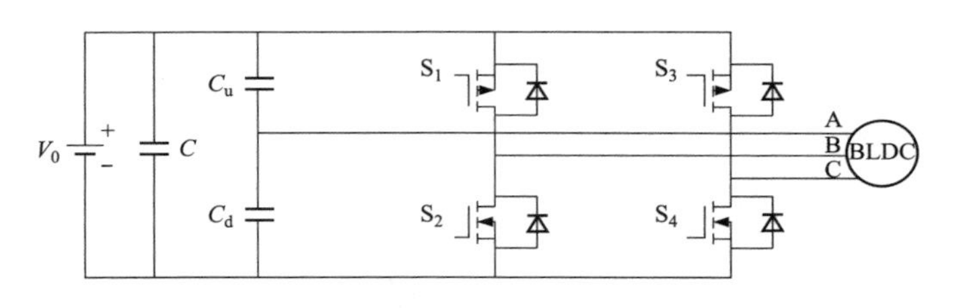

图 4-29 四开关三相 BLDCM 结构图

在四开关配置中，存在如图 4-30 所示的四种开关状态，如（0、0）、（0、1）、(1、0)、(1、1)，其中电动机负载用阻性负载代替，开关用简单理想开关代替。“0”表示下桥臂导通，“1”表示上桥臂导通，并且上下两个桥臂不会同时导通。对六开关逆变器，开关状态（0、0）和（1、1）视为零矢量，不能向负载提供直流环路电压，使电流不能流过负载。然而，在四开关逆变器中，电动机的一个相位总是连接到直流电容的中点，因此即使在零矢量处，也有电流，如图 4-30 (a)、(b) 所示。此外，在（0，1）和（1，0）的情况下，连接到直流电容器中点的相位是不受控制的，只有其他两个相位的合成电流通过这个相位。如果负载是理想对称的，则（0，1）和（1，0）向量中没有电流。通过使用四个开关矢量进行操作，可描绘出如图 4-31 所示的相电压或电流波形。从图 4-31 可看出，基于“不对称电压 PWM”获得 120°导通周期和 60°非导通周期的电流曲线本质上是困难的。这意味着传统四开关感应电动机 PWM 驱动方案不能直接用于 BLDC 电动机驱动。因此，为了将四开关逆变器拓扑用于 BLDC 电动机驱动，提出了一种新的控制方案。

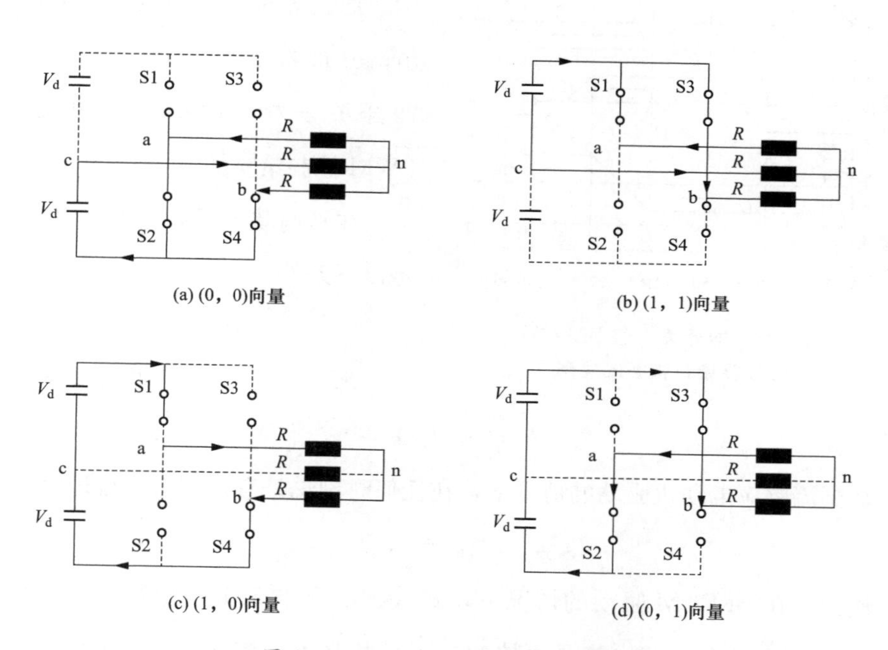

图 4-30　四开关逆变器电压矢量图

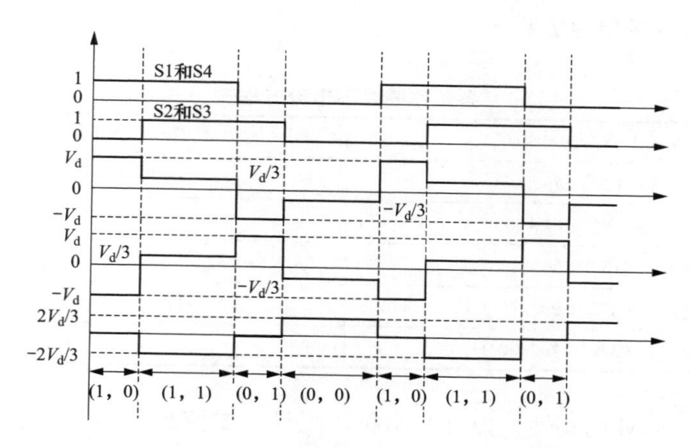

图 4-31　基于四开关矢量的四开关变换器的电压和电流波形

4.3.2 四开关 BLDCM 控制方法

1. 直流 PWM 控制的工作原理

从电动机的角度来看，BLDCM 是由四开关逆变器驱动，三相 BLDCM 的理想反电动势和电流分布如图 4-32 所示，通过对四开关结构、反电动势和电流分布的分析，本节提出一种针对四开关三相 BLDC 电动机驱动的 PWM 控制策略如下：

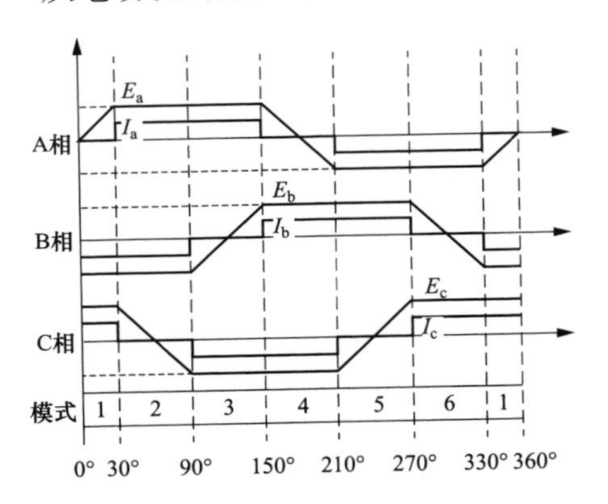

图 4-32 四开关三相 BLDCM 反电动势和相电流波形

在平衡状态下，三相电流总是满足以下条件

$$I_a + I_b + I_c = 0 \tag{4-1}$$

那么，式（4-1）可以改写为

$$I_c = -(I_a + I_b) \tag{4-2}$$

在交流感应电动机驱动的情况下，在任何时刻总是有三相电流流过负载，则

$$I_a \neq 0,\ I_b \neq 0,\ I_c \neq 0 \tag{4-3}$$

然而，在 BLDCM 驱动的情况下，式（4-3）不再有效。值得注意的是，在图 4-32 中，A 相和 B 相电流是可控的，而 C 相是不可控的。根据工作模式，可以推导出表 4-5 的电流方程。

表 4-5 各工作模式下电流方程式

模式 1（0°<θ<30°）	$I_b+I_c=0$ 和 $I_a=0$
模式 2（30°<θ<90°）	$I_a+I_b=0$ 和 $I_c=0$
模式 3（90°<θ<150°）	$I_a+I_c=0$ 和 $I_b=0$
模式 4（150°<θ<210°）	$I_b+I_c=0$ 和 $I_a=0$
模式 5（210°<θ<270°）	$I_a+I_b=0$ 和 $I_c=0$
模式 6（270°<θ<330°）	$I_a+I_c=0$ 和 $I_b=0$

根据 BLDCM 的特性，如果有两相，则只需要控制两相（四个开关），而不是三相。因此，可使用以下四个开关制订开关序列：见表 4-6，两相电流需要通

过四个开关的磁滞电流控制方法进行直接控制。因此，它被称为直接电流 PWM 控制方案。直接电流 PWM 控制的开关时序和电流流向如图 4-33 所示。

表 4-6　四开关逆变器的开关顺序

模式	导通相	非导通相	工作开关
模式 1	B 和 C 相	A 相	S4
模式 2	A 和 B 相	C 相	S1 和 S4
模式 3	A 和 C 相	B 相	S1
模式 4	B 和 C 相	A 相	S3
模式 5	A 和 B 相	C 相	S2 和 S3
模式 6	A 和 C 相	B 相	S2

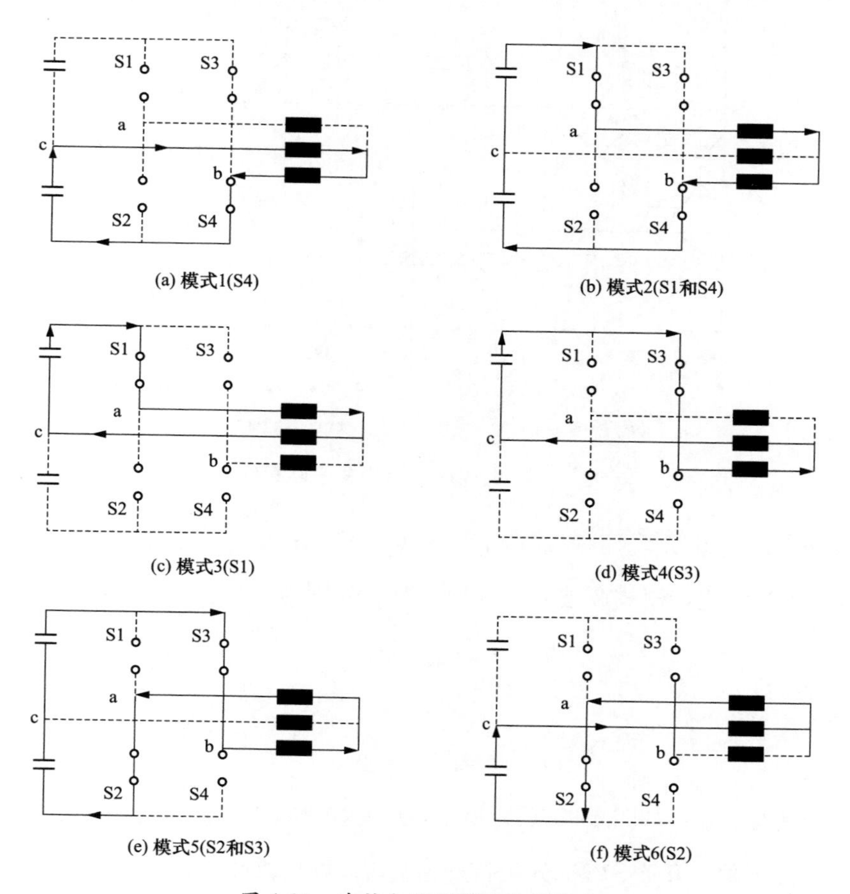

图 4-33　直接电流 PWM 控制策略

2. 电流调节

根据表 4-6 中的开关顺序，电流调节实际上是通过使用磁滞电流控制来执行的。调节的目的是形成具有可接受的开关（纹波）频带的准方波。

电流波形和开关导通顺序如图 4-34 所示。粗线是电流参考值，是从转矩和速度控制环中得到以达到参考转矩。开关频率和转矩脉动是设置上限和下限的主要考虑因素。这意味着较小的频带会导致较高的开关频率，但会降低转矩脉动。

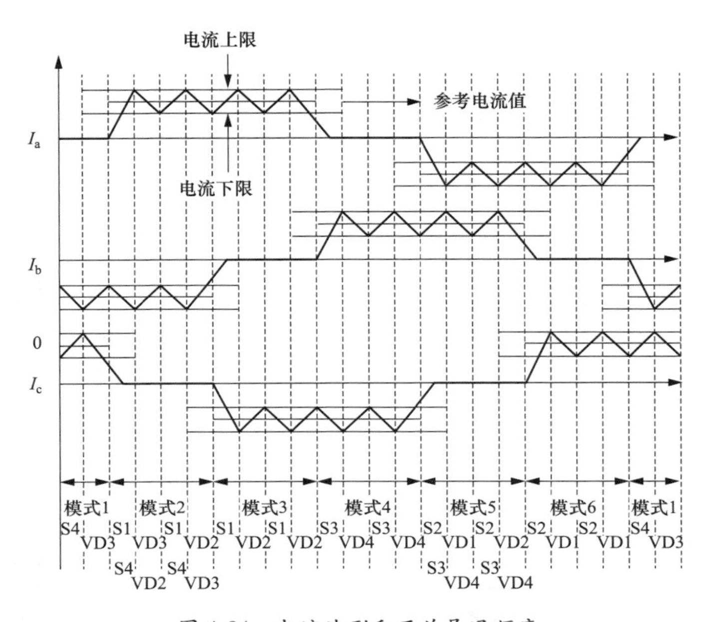

图 4-34　电流波形和开关导通顺序

使用模式 2 和模式 3，电流调节可做如下解释：在模式 2 中，$I_a>0$，$I_b<0$，并且 $I_c=0$。因此，模式 2 被分为两种情况，分别为

$$\mathrm{d}i_a/\mathrm{d}t>0,\ \mathrm{d}i_b/\mathrm{d}t<0 \tag{4-4}$$

和

$$\mathrm{d}i_a/\mathrm{d}t<0,\ \mathrm{d}i_b/\mathrm{d}t>0 \tag{4-5}$$

在这种模式下，如图 4-33（b）所示，开关 S1 和 S4 是工作的。直到电流I_a（I_b）达到上限或下限，开关 S1 和 S4 被打开为直流环路提供能量，以增加电流。当电流达到上限时，S1 和 S4 被关断，通过反并联二极管 VD2 和 VD4 以降低电流。此时，

反向偏置（负直流环路电压）被施加到相位上，从而导致电流减小。另一方面，在模式 3 中，只能有一个电流 I_a 可控，在这种模式下，如图 4-33（c）所示，只有开关 S1 是工作的。显然，与模式 2 相同的原理也适用于模式 3。当电流 I_a 增加，开关 S1 被打开，其他情况下关断。根据电流调节，电压和电流方程汇总见表 4-7。

表 4-7　　　　电压和电流方程

模式	$\mathrm{d}i/\mathrm{d}t>0$	$\mathrm{d}i/\mathrm{d}t<0$
模式 1	$\frac{\mathrm{d}i_c}{\mathrm{d}t}=-\frac{R}{L}i_c+\frac{1}{2L}(V_d-e_{cb})$	$\frac{\mathrm{d}i_c}{\mathrm{d}t}=-\frac{R}{L}i_c-\frac{1}{2L}(V_d+e_{cb})$
模式 2	$\frac{\mathrm{d}i_a}{\mathrm{d}t}=-\frac{R}{L}i_a+\frac{1}{2L}(2V_d-e_{ab})$	$\frac{\mathrm{d}i_a}{\mathrm{d}t}=-\frac{R}{L}i_a-\frac{1}{2L}(2V_d+e_{ab})$
模式 3	$\frac{\mathrm{d}i_a}{\mathrm{d}t}=-\frac{R}{L}i_a+\frac{1}{2L}(V_d-e_{ac})$	$\frac{\mathrm{d}i_a}{\mathrm{d}t}=-\frac{R}{L}i_a-\frac{1}{2L}(V_d+e_{ac})$
模式 4	$\frac{\mathrm{d}i_b}{\mathrm{d}t}=-\frac{R}{L}i_b+\frac{1}{2L}(V_d-e_{bc})$	$\frac{\mathrm{d}i_b}{\mathrm{d}t}=-\frac{R}{L}i_b-\frac{1}{2L}(V_d+e_{bc})$
模式 5	$\frac{\mathrm{d}i_b}{\mathrm{d}t}=-\frac{R}{L}i_b+\frac{1}{2L}(2V_d-e_{ba})$	$\frac{\mathrm{d}i_b}{\mathrm{d}t}=-\frac{R}{L}i_b-\frac{1}{2L}(2V_d+e_{ba})$
模式 6	$\frac{\mathrm{d}i_c}{\mathrm{d}t}=-\frac{R}{L}i_c+\frac{1}{2L}(V_d-e_{ca})$	$\frac{\mathrm{d}i_c}{\mathrm{d}t}=-\frac{R}{L}i_c-\frac{1}{2L}(V_d+e_{ca})$

3. 反电动势补偿 PWM 控制策略

应特别注意模式 2 和模式 5，在这些模式下，A 相和 B 相可传导电流，而 C 相被认为是未被激励的，因此预计 C 相中没有电流。然而，C 相的反电动势会引起额外的和非预期的电流，导致 a 相和 B 相的电流畸变。因此，在直接电流 PWM 控制中，应考虑反电动势补偿问题。这种现象借助图 4-35 中的简化等效电路进行解释。例如模式 2 中，在理想情况下，只需要感应一个电流（A 相或 B 相），并且与的开关信号 S1 和 S4 是相同的。在感应 A 相电流的情况下，开关信号 S1 是独立的，S4 依赖于 S1，因此，A 相电流可看作是一个恒流源。但是，在这种情况下，B 相电流会因 C 相电流而畸变。另一方面，如果对 B 相进行控制，则 B 相电流可成为恒流源，从而使 A 相电流发生畸变，同样的解释也适用于模式 5。从图 4-30 的等效电路中，可得到一个解决方案，如果将 A 相和 B 相作为独立的电流源，则可阻断 C 相反电动势的影响而不能作为电流源，从而使 C 相没有电流。也就是说，在直接电流的 PWM 控制中，A 相和 B 相电流应独立感应和控制，开关信号 S1（S3）和 S4（S2）应独立创建，如图 4-36 所示。

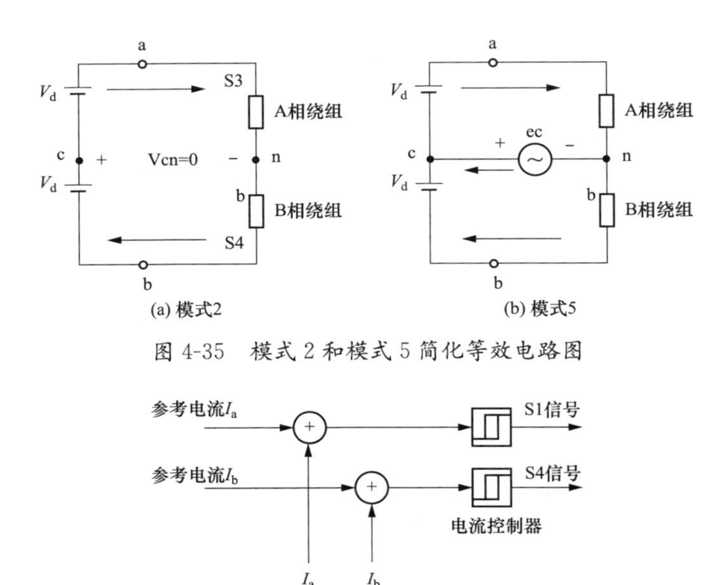

图 4-35　模式 2 和模式 5 简化等效电路图

图 4-36　反电动势补偿 PWM 策略

4.3.3　仿真实验分析

使用 1HP 功率 BLDC 电动机，额定电压 160V 和额定转速 3000r/min，实验结果如图 4-37 和图 4-39 所示。

当负载电流为 2A，频率为 20kHz 时，采用直接 PWM 控制策略的四开关三相 BLDCM 的性能测试，图 4-37 为传统六开关相电流曲线。图 4-38 显示了反电

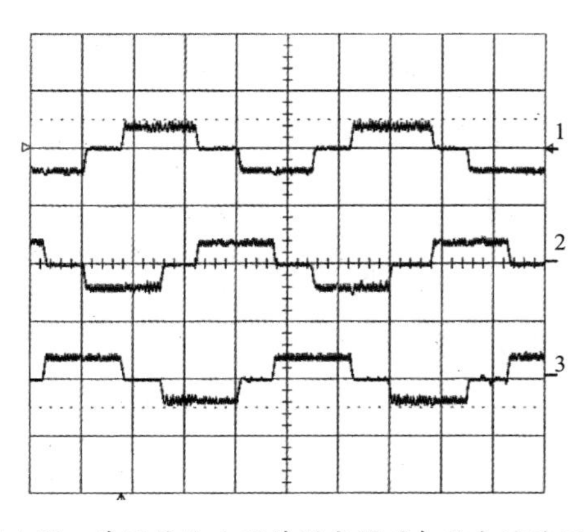

图 4-37　采用传统六开关逆变器时相位电流波形图

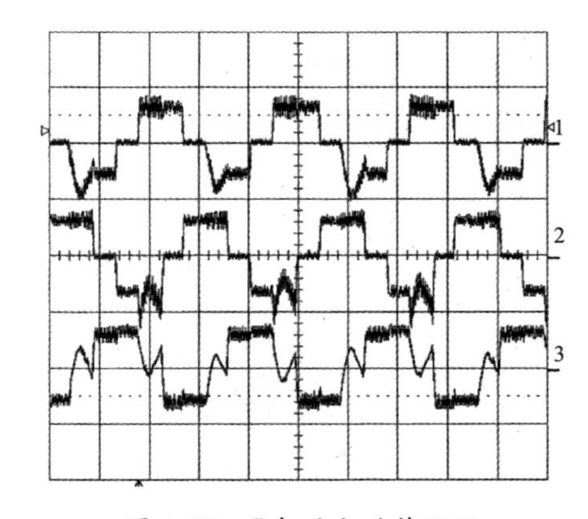

图 4-38　C 相反电动势问题

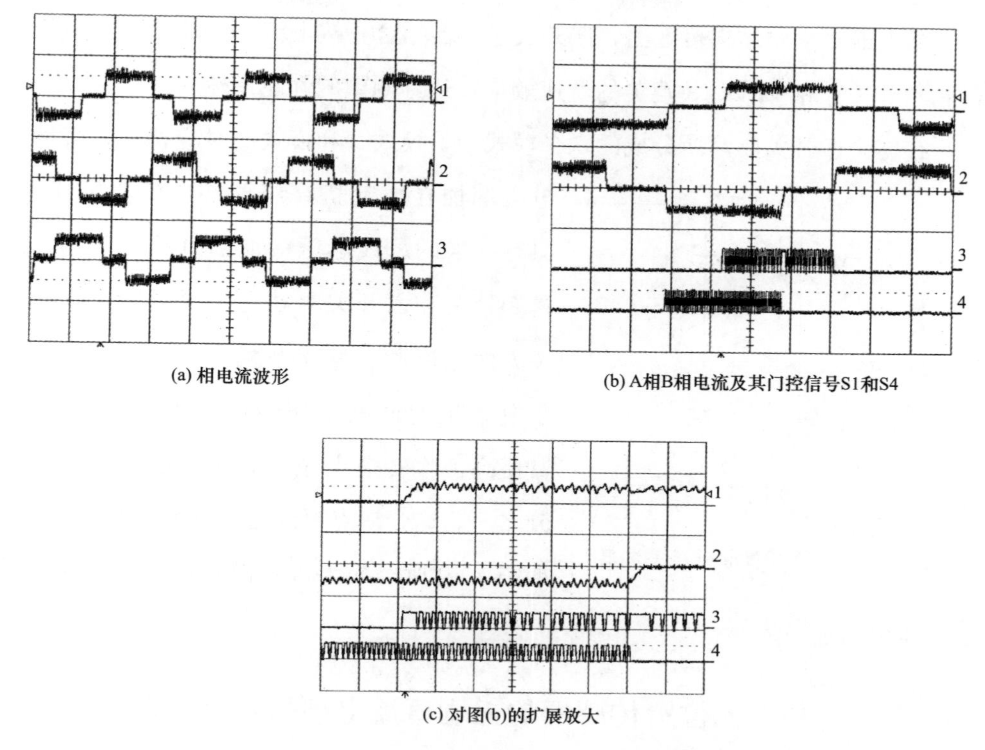

图 4-39　四开关三相 BLDC 电动机驱动实验电压和电流波形

动势问题，可看出 C 相电流导通，由于其反电动势是模式 2 和模式 5。在这些情况下，只有正电流被检测反馈，再产生 PWM 信号，因此电流畸变出现在不可控的负电流上。通过改进的直接电流 PWM 控制策略，考虑反电动势补偿解决方案。当 A 相和 B 相分别独立控制时，可以得到如图 4-39（a）所示的相电流波形。比六开关逆变器产生的电流纹波多，但在可接受的范围内。如图 4-39（a）所示，当 A 相和 B 相同时导通时（模式 2 和 6），电压由 C_1 和 C_2 串联提供，所以在一个 PWM 的周期，电流比其他工作模式增加得更多。此外，A 相和 B 相的独立控制导致 C 相的电流纹波，即 A 相和 B 相电流的差异，详细的开关信号波形如图 4-39（b）、（c）所示。如图 4-39（c）所示，注意到，S1 和 S4 的开关信号并不相同。这意味着 A 相和 B 相电流是独立控制的，以防止在模式 2 和模式 5 时 C 相反电动势的影响。

从上面对实验结果可看出，四开关逆变器结合直接电流 PWM 控制策略可获得和六开关三相 BLDCM 媲美的调速效果，达到期望的性能指标。

在整个四开关驱动所分成的六个模式中，模式 2 和模式 5 对应整个直流母线电压都加在电动机绕组两端，其他模式下，只有一半的母线电压被加到电动机两端，这是四开关和六开关驱动的主要区别，这导致一方面电流动态变化率减小，另一方面限制了电动机的最高工作转速，在同样负载下，其最高工作转速也减少为全母线工作时的二分之一。这个缺点可通过倍压整流电路克服，如图 4-40 所示为半桥二极管倍压整流器，母线电压可增加一倍。

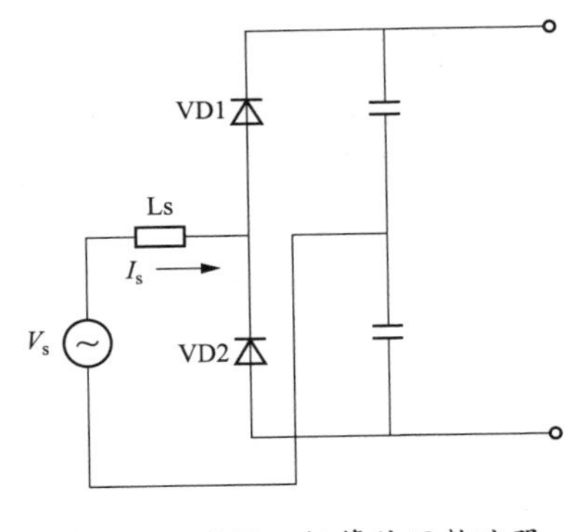

图 4-40　半桥二极管倍压整流器

4.4　基于无位置传感器的无刷直流电动机转矩脉动抑制

4.4.1　无位置传感器的无刷直流电动机控制

4.4.1.1　基于端电压检测的无位置传感器控制方法

BLDCM 转子初始位置判断的准确与否，直接关系到系统起动转矩的大小和起动时间的长短。由于 BLDCM 无位置传感器控制在电动机静止或转速很低时，反电动势为零或很小不容易检测。所以应判断出转子的确切初始位置所在的区间，才能进一步得到首先应控制哪两个功率开关管。传统的三段式起动包括转子预定位、加速和运行状态切换三个阶段，其中的转子初始位置采用了转子预定位的方法。通过施加特定电压矢量将电动机的转子拉到特定位置，具有实现简单的特点，但是转子不可避免地转动一个特定角度。最大角度可能达到 180°电角度，但是这种情况在很多场合是不允许的。因此，起动前电动机转子的初始位置检测具有重要意义，短时脉冲电压检测法是一种常用的方法。通过这种方法，可获得电动机静止时转子初始位置时位于一个电周期的具体哪一个 60°区间，然后导通具体哪两个功率开关管，以实现电动机的起动。

（1）转子初始位置定位方法分析。短时脉冲电压检测法是基于定子的铁芯饱和特性实现的，定子铁芯饱和的原理特性是：当给电动机定子特定绕组通电时，由于定子铁心在被磁化时呈现非饱和特性，定子铁心的饱和程度随着转子永磁体位置的不同而变化，所以定子铁心的等效电感也是不同的。在相同时间内给定子施加幅值相等且方向不同的电压矢量，产生的合成定子电流矢量值也是不同的。当施加与转子 N 方向一致的电压矢量时，磁路是最饱和的。此时对应的电感值最小，电流上升的速度最快，定子绕组中的电流最大。

采用两两导通的六个脉冲电压空间矢量施加到电动机的定子端，进而实现转子的初始位置检测。这里，空间电压矢量由六位二进制数描述，“0”表示三相逆变桥功率开关管关断，“1”表示三相逆变桥功率开关管导通。则六个电压空间矢量 V_1～V_6 以及其组成的六个区间Ⅰ～Ⅵ如图 4-41 所示。六种电压矢量分别对应六种不同导通状态，即 V_1(100100) 对应开关管 VT_1、VT_6 导通（即 A＋B－）；V_2(100001) 对应开关管 VT_1、VT_2 导通（即 A＋C－）；V_3(001001) 对应开关管 VT_2、VT_3 导通（即 B＋C－）；V_4(011000) 对应开关管 VT_3、VT_4 导通（即 B＋A－）；V_5(010010) 对应开关管 VT_4、VT_5 导通（即 C＋A－）；V_6(000110) 对应开关管 VT_5、VT_6 导通（即 C＋B－）。这 6 个电压矢量在 360°空间相隔 60°均匀分布。

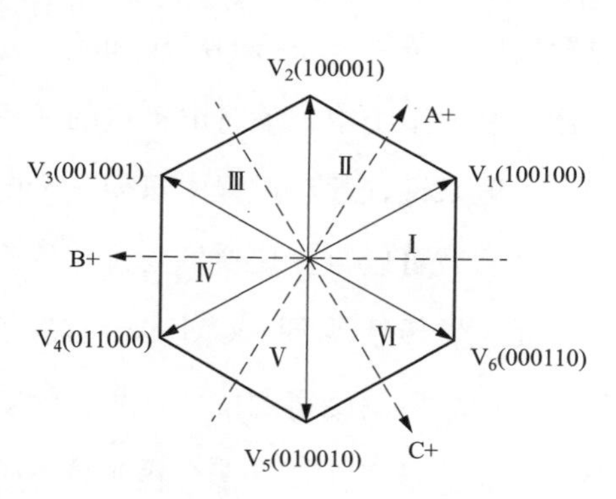

图 4-41　两两导通组成的六个电压矢量和六个空间区域

所施加一定时间长度的矢量顺序为 V_1—V_2—V_3—V_4—V_5—V_6 的脉冲电压矢量，检测器电流响应 i_1—i_2—i_3—i_4—i_5—i_6，通过检测电流值的大小，得到较大的两个电流值，进而判断转子的初始位置。当 i_1、i_2 值较大时，说明转子的 N 极在图中的Ⅱ区域；当 i_2、i_3 值较大时，说明转子的 N 极在图中的Ⅲ区域；

当 i_3、i_4 值较大时，说明转子的 N 极在图中的Ⅳ区域；当 i_4、i_5 值较大时，说明转子的 N 极在图中的Ⅴ区域；当 i_5、i_6 值较大时，说明转子的 N 极在图中的Ⅵ区域；当 i_6、i_1 值较大时，说明转子的 N 极在图中的Ⅰ区域。

（2）转子的起动加速和状态切换过程。当转子的初始位置确定在一个扇区后，电动机需要进入外同步加速阶段，当加速到一定转速后可以检测反电动势过零点后，再切换到无位置方法运行。

升频升压法的硬件实现简单可靠，但需要额外的硬件电路。所以可根据上述的原理，使用软件方式实现起动。利用软件来实现这种方法起动的重点是已知的曲线。因此，对于相同的电动机，电动机参数在起动时是相同的，因此可使用有位置传感器条件下获得的电压和频率之间的关系。将这种关系应用于没有位置传感器控制的系统中起动时电动机的换相。

一般来说，起动过程中只需一个电周期六个换相时刻即可检测到反电动势信号，之后就可以直接切换到无位置传感器运行方式。

无位置传感器 BLDCM 由于省去了位置传感器，通过检测电压、电流信号并且经过运算后间接得到位置信号。计算得到的转子位置信号用于给相应的开关管提供开通信号。在具有三个霍尔位置传感器的传统 BLDCM 中，通过检测三路相差 120°电角度、宽度为 180°的方波霍尔信号，可得到六个关键的转子位置信息，霍尔传感器输出的三路信号 H_A、H_B、H_C 如图 4-42 所示，通过三路信号的逻辑关系，导通相应的开关管，控制电动机旋转。

无位置传感器 BLDCM 的控制系统中如果能在每个周期内检测到为电子管提供换相的六个关键的转子位置信号，则可做到跟有位置传感器一样的效果。通过观察 BLDCM 的三相反电动势信号如图 4-43 所示。与霍尔传感器输出的信号对比可看出反电动势过零点延时 30°电角度的时刻就是 BLDCM 的换相时刻，因此可通过反动势电信号进一步得到转子换相信息，根据相应的功率管导通顺序触发功率管。在本仿真中，通过检测系统的端电压进而得到近似的反电动势波形，用于换相控制。

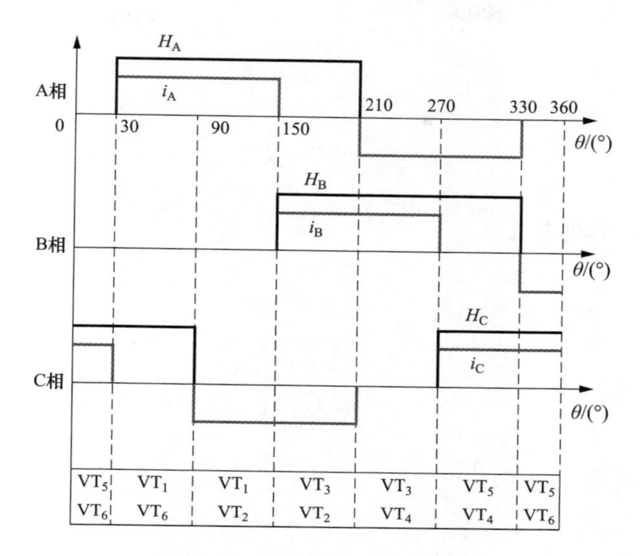

图 4-42 霍尔传感器输出信号

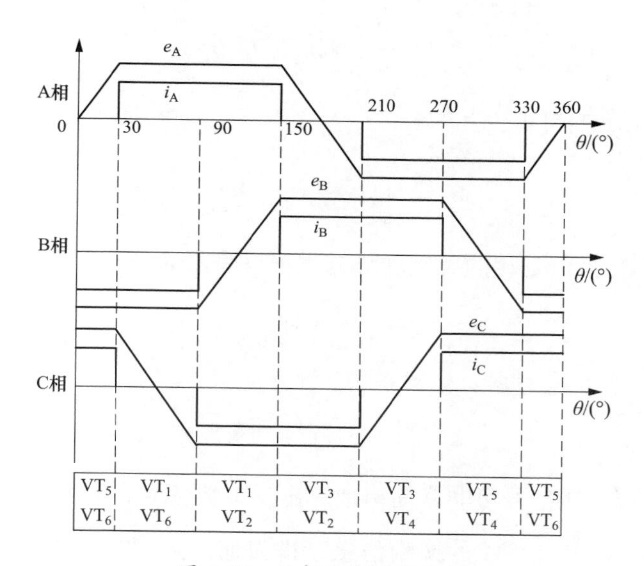

图 4-43 三相反电动势信号

端电压是绕组末端和电源负极之间的电压。根据 BLDCM 的三相绕组端电压方程，可得出结论：当 A 相和 C 相导通，B 相不导通时，此时 A、C 相电流大小相等、方向相反，$i_B=0$，则 U_B 可表达为

$$U_B=e_B+U_n \tag{4-6}$$

所以：

$$e_B = U_B - U_n \tag{4-7}$$

由此可得出其他两相

$$U_A = e_A + U_n \tag{4-8}$$

$$e_A = U_A - U_n \tag{4-9}$$

$$e_C = U_C - U_n \tag{4-10}$$

两式相加可得

$$U_A + U_C = e_A + e_C + 2U_n \tag{4-11}$$

其中，$e_A + e_C = 0$，所以

$$U_n = \frac{1}{2}(U_A + U_C) \tag{4-12}$$

由 $e_B = U_B - U_n$ 可得

$$e_B = U_B - \frac{1}{2}(U_A + U_C) \tag{4-13}$$

那么同理 A 相和 C 相的反电动势方程可以表示为

$$e_A = U_A - \frac{1}{2}(U_B + U_C) \tag{4-14}$$

$$e_C = U_C - \frac{1}{2}(U_A + U_B) \tag{4-15}$$

所以根据端电压信号可非常简单地算出反电势信号，通过对反电动势信号延时 30°便可以得到 BLDCM 的换相信息，进而通过逻辑运算来控制电动机换相，完成电动机的自同步运行。

控制系统结构原理图如图 4-44 所示。控制系统主要由三部分组成：电动机本体，功率逆变模块和控制模块。

4.4.1.2 无刷直流电动机转矩控制方法

直接转矩控制方法在当前各种电动机控制方法中效果突出，直接转矩控制的是

定子磁场，将定子电阻的值测出，则该磁场就会被磁链观测模块观测出，如图 4-45 所示。

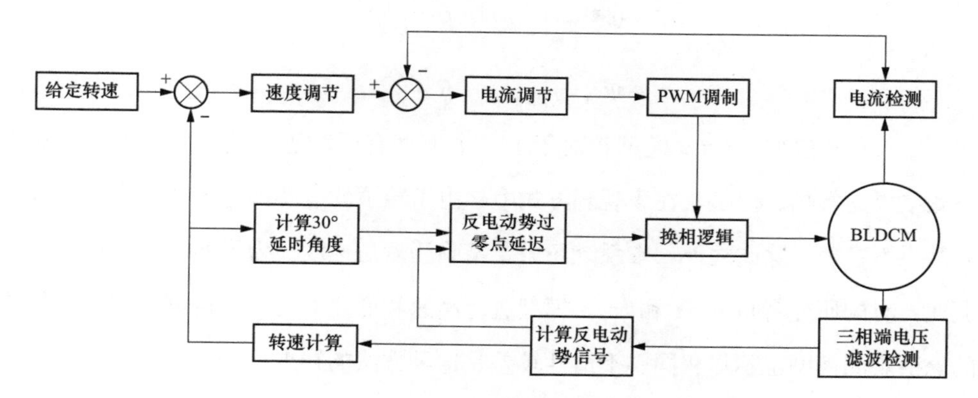

图 4-44　控制系统结构原理图

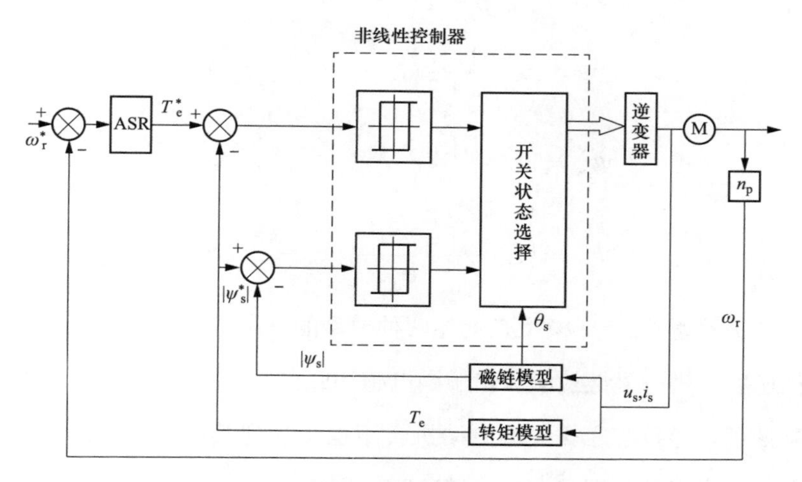

图 4-45　直接转矩控制原理图

（1）磁链观测实现原理。在直接转矩控制技术中，对磁链进行观测是不可或缺的一环，其结果对此控制方式极为重要。在研究的无刷电动机中，对于磁链仅能经过估算来得到。目前，科研和学术方面工作者所掌握的获取磁链的常用方法有三种：$u-i$ 观测、$i-n$ 观测、$u-n$ 观测。这三种方法的介绍如下：

1）$u-i$ 模型。这种方法是上述方法中最不复杂一种估算模型，根据定子的端电压和相电流以及电阻进行磁链计算。这种方法简单快捷，应用也比较广泛。

但是这种方法也存在着不足，电动机低速或静止不动时，电动机内部的电压等数据非常小，测量带来的误差会使得观测器数据的严重失真。

$$\boldsymbol{\Psi}_{s\alpha}=\int[u_{s\alpha}-R_s i_{s\alpha}]\mathrm{d}t \tag{4-16}$$

$$\boldsymbol{\Psi}_{s\beta}=\int[u_{s\beta}-R_s i_{s\beta}]\mathrm{d}t \tag{4-17}$$

2）$i-n$ 模型。$i-n$ 模型相对于上一个模型有所改进，免去了定子电阻对于观测结果的影响。但是，在该观测方式中，由于转子的电感和电阻变化也会造成观测结果不准确。除此之外，本系统还需要精确测量角速度。为了实现在全速范围内调速，有的研究者将 $u-i$ 和 $i-n$ 模型进行高速和低速的切换，速度不同，所使用的磁链观测模型也不尽相同。平滑性较差是这种方法的缺点。$i-n$ 模型方程为

$$\boldsymbol{\Psi}_{r\alpha}=\frac{1}{T_r p+1}(L_m i_{s\alpha}-\omega T_r \boldsymbol{\Psi}_{r\beta}) \tag{4-18}$$

$$\boldsymbol{\Psi}_{r\beta}=\frac{1}{T_r p+1}(L_m i_{s\beta}-\omega T_r \boldsymbol{\Psi}_{r\alpha}) \tag{4-19}$$

$$\boldsymbol{\Psi}_{s\alpha}=\left(L_\sigma-\frac{L_m\times L_m}{L_r}\right)i_{s\alpha}+\frac{L_m}{L_r}\boldsymbol{\Psi}_{r\alpha} \tag{4-20}$$

$$\boldsymbol{\Psi}_{s\beta}=\left(L_\sigma-\frac{L_m\times L_m}{L_r}\right)i_{s\beta}+\frac{L_m}{L_r}\boldsymbol{\Psi}_{r\beta} \tag{4-21}$$

3）$u-n$ 模型。$u-n$ 模型是上述两种模型的一种综合，集合了它们的优点，可在任何速度下进行磁链检测。定子漏电感在此模型不参与计算，等同于对其进行了忽略处理，导致与之相关的电动机转矩也会受到其影响，导致转矩的波动，而且这个模型实现较为困难。$u-n$ 模型方程为

$$T_r\frac{\mathrm{d}\boldsymbol{\Psi}_{r\alpha}}{\mathrm{d}t}+\boldsymbol{\Psi}_{r\alpha}=L_m i_{s\alpha}+T_r\omega\boldsymbol{\Psi}_{r\beta} \tag{4-22}$$

$$T_r\frac{\mathrm{d}\boldsymbol{\Psi}_{r\beta}}{\mathrm{d}t}+\boldsymbol{\Psi}_{r\beta}=L_m i_{s\beta}-T_r\omega\boldsymbol{\Psi}_{r\alpha} \tag{4-23}$$

$$\boldsymbol{\Psi}_{s\alpha}=\int[U_{s\alpha}-I_{s\alpha}R_s]\mathrm{d}t \tag{4-24}$$

$$\boldsymbol{\Psi}_{s\beta}=\int[U_{s\beta}-I_{s\beta}R_s]\mathrm{d}t \tag{4-25}$$

$$\Psi_{s\alpha} \approx \Psi_{r\alpha} + L_\sigma i_{s\alpha} \tag{4-26}$$

$$\Psi_{s\beta} \approx \Psi_{r\beta} + L_\sigma i_{s\beta} \tag{4-27}$$

上式中，$T_r = \dfrac{L_r}{R_r}$，$L_r = L_m + L_\sigma$。

在工程运用中，转矩观测模块大多利用更加简单的 $u-i$ 模型。磁链估计主要的作用还是对当前电动机的磁链进行一个有效的估计，要将电动机定子的电压和定子电流检测出来，才能将磁链有效观测出。在 $\alpha-\beta$ 静止坐标系下，它们的关系如式（4-16）和式（4-17）所示。以 $\alpha-\beta$ 为两轴坐标系；其中：$\Psi_{s\alpha}$、$\Psi_{s\beta}$ 为定子磁链分量；$u_{s\alpha}$ 及 $u_{s\beta}$ 为 $\alpha-\beta$ 下的定子电压分量；$i_{s\alpha}$、$i_{s\beta}$ 为 $\alpha-\beta$ 下的定子电流分量；定子电阻用 R_s 表示。

Ψ_s 和 θ_e 分别可以表示为

$$\Psi_s = \sqrt{\Psi_{s\alpha}^2 + \Psi_{s\beta}^2} \tag{4-28}$$

$$\theta_e = \arcsin \frac{\Psi_{s\beta}}{\Psi_s} \tag{4-29}$$

（2）转矩观测实现原理。与感应电动机不同，磁通密度在无刷直流电动机中的分布呈梯形波形式，因此运用在此类电动机中的转矩公式需要重新推导。

对于无刷直流电动机，高次谐波是造成转矩产生波动的影响因素之一，但其对于转矩的波动影响很微小，甚至可忽略。又因为在隐极无刷直流电动机中，$L'_{sd} = L'_{sq} = L_s$，L'_{sd} 和 L'_{sq} 分别为定子在 d-q 两轴的电感分量。将上式代入下式

$$T_e = \frac{3}{2} p \left[\left(\frac{dL'_{sd}}{d\theta_e} + \frac{d\phi_{sd}}{d\theta_e} - \phi_{sq} \right) i_{sd} + \left(\frac{dL'_{sq}}{d\theta_e} + \frac{d\phi_{sq}}{d\theta_e} + \phi_{sd} \right) i_{sq} \right] \tag{4-30}$$

可得：

$$T_e = \frac{3}{2} p \left[\left(\frac{d\varphi_{rd}}{d\theta_e} - \phi_{rq} \right) i_{sd} + \left(\frac{d\varphi_{rq}}{d\theta_e} + \phi_{rd} \right) i_{sq} \right] \tag{4-31}$$

除此之外，还有另外一种计算方法是

$$T_e = \frac{p}{\Omega} = \frac{u_A i_A + u_B i_B + u_C i_C}{\Omega} \tag{4-32}$$

转矩的这两种计算公式均可应用到转矩计算中。第一种计算方法公式复杂，计算量非常大，但是电动机磁链编写程序容易，实现方法单一。而第二种方法，

节省硬件，节省计算量。

（3）电压矢量实现原理。采用电压源类型三相逆变器时，若位于相同桥臂的开关器件在相同时刻导通，将导致短路，因此必须防止此类状况发生。用二进制计数来记录各个开关管的导通或关断的状态。对于无刷直流电动机控制中，基本上常采取两两导通形式。这种导通方式下，三相同时导通的情形只能出现在二极管续流状态下，电动机正常工作时只有两两导通的开关管工作。因此，可组建一个六位数作为功率开关管工作状态的象征。在这个六位数中，“1”代表通，“0”代表断。6 个非零电压矢量如下：u_1（100001）、u_2（001001）、u_3（011000）、u_4（010010）、u_5（000110）、u_6（100100）。由空间矢量理论，电压空间矢量为

$$u=\frac{2}{3}(u_A+\alpha u_B+\alpha^2 u_C) \tag{4-33}$$

式（4-33）中，$\alpha=e^{j\frac{2\pi}{3}}$。由式（4-33）可知：在本电动机系统中，只有获取了三相电压的值，才能将三相电压的幅值和相位进行矢量相加，得到电压空间矢量。正常工作的每个节点，都会有两个开关管进行导通，而电动机的每个相电压可根据基尔霍夫定律计算得出。图 4-46 给出了空间矢量的分布情况图示。

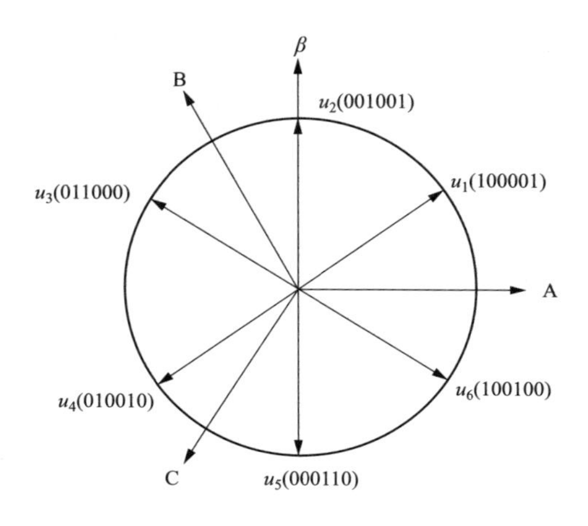

图 4-46　非零电压矢量对应位置

（4）磁链和转矩控制模块的实现。传统 DTC 方法是在得到转矩和磁链目标

量和反馈量后，将两值之差送入滞环比较，从而形成一个闭环信号，来达到对于转矩的控制与对于磁链的控制。如图 4-47 所示，将目标值和反馈值进行比较作差后，若所得差值不超过滞环的可容纳范围，则输出与原信号相同；当差值过大，则从已经制订完备的向量表中找出能将差值缩小的向量；恰恰相反的是，差值过小时则将从该向量表中找出能将差值扩大的向量，转矩系统将在一个动态平衡处运转。

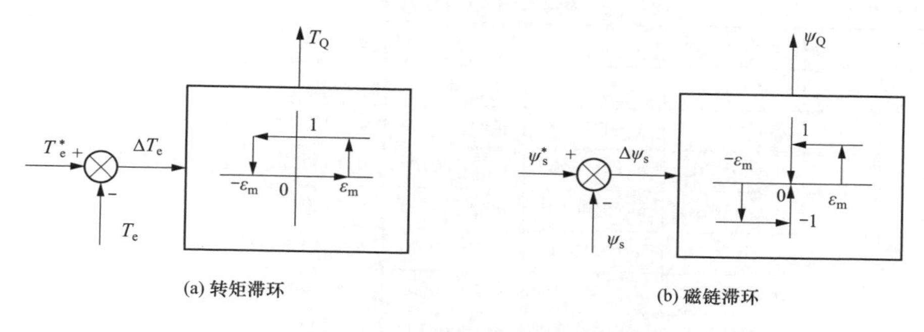

图 4-47 转矩和磁链滞环比较器

（5）直接转矩控制表的实现。定子磁链分区，顾名思义，就是依据定子的位置来将现有的空间进行分割开来。涉及的定子磁链分区，分为了 6 个区间，具体的区间分配见表 4-8。

表 4-8 六区间划分表

电角度 θ_e(rad)	$\frac{11\pi}{6}\leqslant\theta_e<0$ 或 $0\leqslant\theta_e<\frac{\pi}{6}$	$\frac{\pi}{6}\leqslant\theta_e<\frac{\pi}{2}$	$\frac{\pi}{2}\leqslant\theta_e<\frac{5\pi}{6}$	$\frac{5\pi}{6}\leqslant\theta_e<\frac{7\pi}{6}$	$\frac{7\pi}{6}\leqslant\theta_e<\frac{9\pi}{6}$	$\frac{9\pi}{6}\leqslant\theta_e<\frac{11\pi}{6}$
扇区 S	1	2	3	4	5	6

在电动机系统的滞环控制策略中，当滞环输出 Ψ_Q 为 1 时，为磁链增加信号，为 0 时，为保持信号；若为－1 时，为减小信号。控制方便起见，将输出 $T_Q=1$ 是代表转矩增加信号，$T_Q=0$ 时代表转矩减小信号，把以 Ψ_Q、T_Q 和定子磁链为依据决定的电压矢量用表格形式给出，作为电动机转矩的控制策略。

由表 4-9 举例可知，当定子位于第一区间（$S=1$），若此时 $T_Q=1$，可对

u_1、u_2、u_3 进行合成，控制磁链向正向转动，以增加电动机转矩，同时还能以合成量达到改变定子磁链的效果。若此时 $T_Q=0$，可采用 u_1、u_3 再加一个零矢量 u_0 的组合，这样即可达到使转矩减小的目的，并且也能控制定子磁链变化。总之，在任意的区间，使用非零矢量和零矢量来控制转矩的增大或减小，以实现空间电压矢量的选择，开关矢量表的定义直接影响控制系统的性能。

表 4-9　　BLDCM 的转矩控制表

T_Q	Ψ_Q	扇区 S					
		1	2	3	4	5	6
1	1	u_1(100001)	u_2(001001)	u_3(011000)	u_4(010010)	u_5(000110)	u_6(100100)
	0	u_2(001001)	u_3(011000)	u_4(010010)	u_5(000110)	u_6(100100)	u_1(100001)
	−1	u_3(011000)	u_4(010010)	u_5(000110)	u_6(100100)	u_1(100001)	u_2(001001)
0	1	u_1(100001)	u_2(001001)	u_3(011000)	u_4(010010)	u_5(000110)	u_6(100100)
	0	u_0(000000)	u_0(000000)	u_0(000000)	u_0(000000)	u_0(000000)	u_0(000000)
	−1	u_3(011000)	u_4(010010)	u_5(000110)	u_6(100100)	u_1(100001)	u_2(001001)

（6）改进型直接转矩控制实现。在交流电动机中，DTC 策略的运用目前已十分广泛。但是，无刷直流电动机中，其运用尚不成熟，仍是学者们共同探索的方向。但是，不管是使用位置传感器，还是将位置观测技术应用到电动机中，当电动机转动在连续状态时，产生的位置观测信号经过处理后得到的电压矢量信号能在定子上生成六边形的磁链。

在对控制系统建模的同时，也要将反电动势考虑在内。图 4-48 为给出的改进型系统原理图。

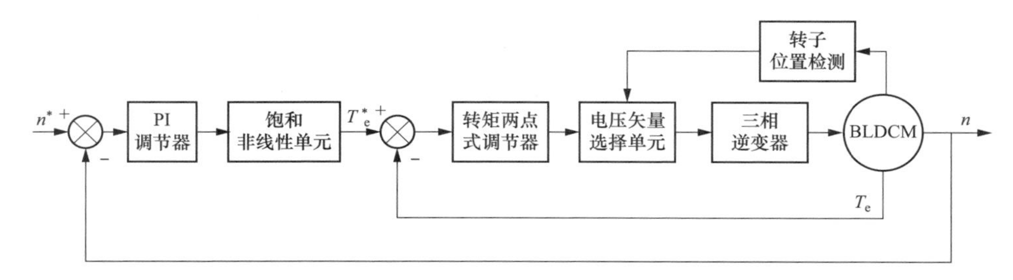

图 4-48　改进型 DTC 系统原理图

采用霍尔元件作为位置传感器的电动机，利用 3 路霍尔信号 H_A、H_B、H_C 在不同时刻的状态组合为依据选择合适的电压空间矢量。表 4-10、表 4-11 给出了电动机在顺时针运行和逆时针运行时的空间矢量选择标准。

表 4-10　　电压空间矢量表（逆时针）

H_A	H_B	H_C	电压空间矢量	H_A	H_B	H_C	电压空间矢量
1	0	1	u_1 (100001)	0	1	0	u_4 (010010)
1	0	0	u_2 (001001)	0	1	1	u_5 (000110)
1	1	0	u_3 (011000)	0	0	1	u_6 (100100)

表 4-11　　电压空间矢量表（顺时针）

H_A	H_B	H_C	电压空间矢量	H_A	H_B	H_C	电压空间矢量
1	0	1	u_4 (010010)	0	1	0	u_1 (100001)
1	0	0	u_5 (000110)	0	1	1	u_2 (001001)
1	1	0	u_6 (100100)	0	0	1	u_3 (011000)

由图 4-12 可以得知，在简化的无刷控制系统中，将给定的转速与测量速度值经过速度闭环控制器后成为目标转矩，反馈转矩和目标转矩进行做差，随后将所得信号输入控制器，这个控制器为滞环调节器。在本系统设计的滞环比较控制器中，当给定转矩和测量转矩的之差小于拟定义的滞环环宽，则该控制器输出为“−1”，表示要减小转矩；若两者相减大于环宽，则输出为“1”，此时应进行增大转矩操作；若之差处在滞环宽度的中间，保持现在的转矩大小不变。由此可知，不含磁链环的直接转矩技术核心在于如何设计出滞环比较器。表 4-12 展现了结合滞环调节器的转矩差值输出和转子位置的扇区 S 共同选择合适的电压空间矢量。

表 4-12　　无磁链环 DTC 模态下扇区表

转矩差值	扇区 S					
	1	2	3	4	5	6
1	u_2	u_3	u_4	u_5	u_6	u_1
0	u_0	u_0	u_0	u_0	u_0	u_0
−1	u_5	u_6	u_1	u_2	u_3	u_4

4.4.2 换相转矩脉动抑制策略

4.4.2.1 基于端电压检测法抑制转矩脉动

（1）换相点的确定。在无位置传感器的无刷直流电动机驱动系统中，如何确定转子位置以此控制功率器件的通断信号成为电动机正常运行的关键。常用的间接检测方法有：反电动势法、磁链法、电感法、人工智能法。在端电压检测抑制换相转矩脉动方法中对转子位置的间接检测使用的是反电动势法。无刷直流电动机定子绕组产生的反电动势波形是梯形波，反电动势波形有三种状态：正向平顶、反相平顶、斜坡部分。当绕组导通时，导通相绕组的反电动势处于梯形的平顶部分且其幅值大小相等、方向相反，所以可由此判定绕组的导通时刻。但是在一个周期内，任意两相绕组都有两段时间反电动势大小相等、方向相反，但是这两相绕组中的每一相在两段时间内的反电动势方向是相反的，如果在第一次幅值相等时其反电动势为正值，则在另一次幅值相等时其反电动势一定为负值，所以可利用这个特点来判断绕组的导通时间，由此也可得到绕组的换向时间。又因为相反电动势与端电压通过推导可建立数学关系式，所以通过测量端电压即可得到无刷电动机的换相点。

（2）转矩脉动抑制方法。两两导通模式下，无刷直流电动机在稳定运行时，两相绕组中有电流通过，另外一相中无电流，以 AC 相导通为例，此时的电流路径如图 4-49 所示。

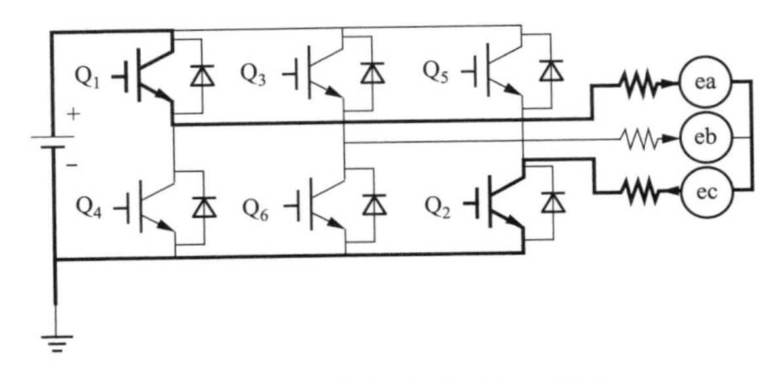

图 4-49　AC 相导通时电流路径

换相时，由于电感的作用，关闭相 Q_1 不能立刻关断，电流缓慢下降并且要经过二极管续流，开通相 Q_3 的电流缓慢上升。当关断相的电流下降为零时换相才结束。关断相与开通相的电流变化速率不一定相同，这就导致了换相期间非换相相的电流出现波动，导致转矩脉动。

以 AC 相换相到 BC 相为例，换相时电流路径如图 4-50 所示。

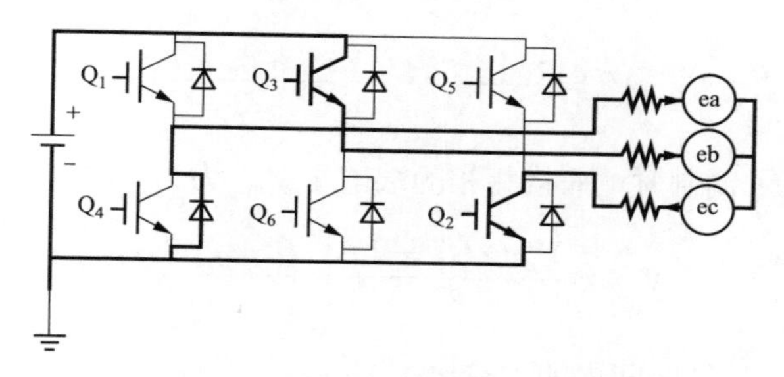

图 4-50　AC 相换相到 BC 相时电流路径

假设此时反电动势保持常量为 E 或者 $-E$，电动机的稳态电流值为

$$I=\frac{U_{\mathrm{d}}-2E}{2R} \tag{4-34}$$

式中：U_{d} 为直流母线电压。

换相时，由于存在电感，电流不能突变。仍以 AC 相换相到 BC 相为例，换相时电磁转矩的公式为

$$T_{\mathrm{e}}=\frac{e_{\mathrm{A}}i_{\mathrm{A}}+e_{\mathrm{B}}i_{\mathrm{B}}+e_{\mathrm{C}}i_{\mathrm{C}}}{\Omega}=\frac{-2Ei_{\mathrm{c}}}{\Omega} \tag{4-35}$$

可见，换相时转矩的大小与非换相相的电流大小为线性关系。导通相与关断相的电流变化率在换相期间有三种关系：前者大于后者、前者小于后者、前者等于后者。前两种关系都会导致非换相相电流波动，只有最后一种关系才能保证非换相相电流不变。所以，要保持转矩不变就要保持换相时非换相相 i_{c} 电流值不变。通过控制其端电压可控制其电流。非换相相在换相前的端电压 V_{m1} 计算公式为

$$V_{\mathrm{m1}}=\frac{V_{\mathrm{dc}}}{2}D_{\mathrm{a}} \tag{4-36}$$

式中：V_{dc} 为逆变器的直流电压；D_{a} 为两相导通时 PWM 的占空比。

从图 4-50 中可得到相电压等式

$$V'_{\mathrm{a}}=0=R\cdot i_{\mathrm{a}}+L\cdot\frac{\mathrm{d}i_{\mathrm{a}}}{\mathrm{d}t}+e_{\mathrm{a}}+V_{\mathrm{n}} \tag{4-37}$$

$$V'_b = V_s = R \cdot i_b + L \cdot \frac{di_b}{dt} + e_b + V_n \tag{4-38}$$

$$V'_b = V_s(1-S) = R \cdot i_c + L \cdot \frac{di_c}{dt} + e_c + V_n \tag{4-39}$$

$$V_n = \frac{V_s(2-S)}{3} - \frac{e_a + e_b + e_c}{3} \tag{4-40}$$

当使用单极 PWM 调制时，非换相相的端电压 V_{m2} 为

$$V_{m2} = \frac{V_{dc}(2D_b - 1)}{3} - \frac{e_a + e_b + e_c}{3} \tag{4-41}$$

式中：D_b 为换相持续时间内的占空比。

因为换相前一时刻非换相相的端电压与换相开始后非换相相的端电压不相等，换相导致了非换相相的端电压产生波动，电压波动引起电流波动。换相期间转矩大小与非换相相的电流成比例，所以电流波动引起了转矩波动。为了将电流波动减小到最小，可使用 PWM 调制的方法控制功率管的通断，以此来调整非换相相的端电压，使之保持不变。所以，换相期间的 PWM 占空比必须按照式（4-42）调整，这样可使非换相相的平均电压保持不变，即 $V_{m1} = V_{m2}$

$$D_b = \frac{1}{2} + \frac{3}{4}D_a + \frac{e_a + e_b + e_c}{2V_{dc}} \tag{4-42}$$

假设换相期间反电动势和转速保持不变，则

$$e_a = e_b = e_c = -K_e\omega_m \tag{4-43}$$

式（4-42）变为

$$D_b = \frac{1}{2} + \frac{3}{4}D_a + \frac{K_e\omega_n}{2V_{dc}} \tag{4-44}$$

式中：K_e 为反电动势常量；ω_n 为电动机的机械转速。如果换相之后 PWM 占空比仍然使用 D_b，则会因为过补偿产生电流尖峰。为了应用此策略减小无刷直流电动机换相期间的转矩脉动，必须精确地知道换相的起止时间。

（3）换相时间的确定。为了知道换相时间，需要使用电流传感器，使用传感器增加了电动机的维护复杂度。介绍了一种不用电流传感器测量换相时间的新方

法。之前的章节介绍了无位置传感器控制器可通过端电压得到反电动势的过零点。如果端电压能为转矩脉动抑制提供换相间隔的信息，那么就不需要电流传感器了。使用单极 PWM 调制时，以图 4-50 中从 AC 相到 BC 相换相为例说明换相间隔的测量。此时，A 相为静止相，B 相为换相相，C 相为非换相相。换相开始，Q_1 关断，电流经由 Q_4 桥臂的二极管续流，端电压 V'_a 等于 0，端电压 V'_a 小于系统直流母线电压的一半。当 Q_4 桥臂的二极管续流结束，端电压 V'_a 上升为 $\frac{1}{2}V_{dc}$ 与 A 相相电压之和。检测换相开始后比较器输出状态的改变时间即可得到换相时间，如图 4-51 所示。由图 4-51 可见，当 Q_4 桥臂二极管续流时，端电压 V'_a 为 0，经过比较器后输出高电平，续流结束后，端电压升高，端电压值大于直流母线电压的一半，比较器输出变为低电平，由此可确定 AC 相到 BC 相的换相时间，在换相时间内对非换相相 Q_2 使用 D_b 调制。

使用提出的方法时，换相点必须与 PWM 载波的起始点同步，如图 4-52 所示。

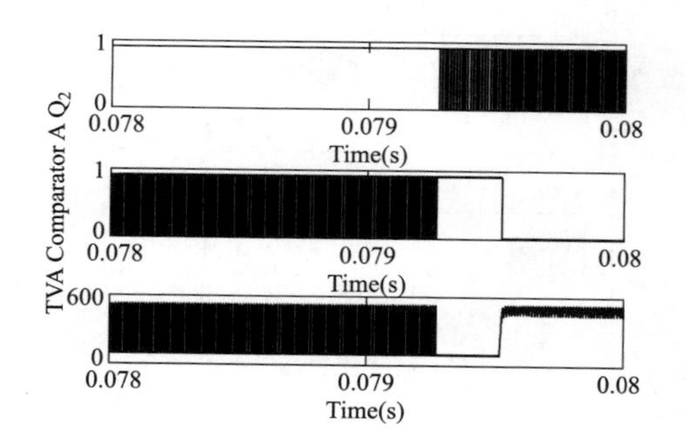

图 4-51　换相时 Q2、比较器输出、端电压波形

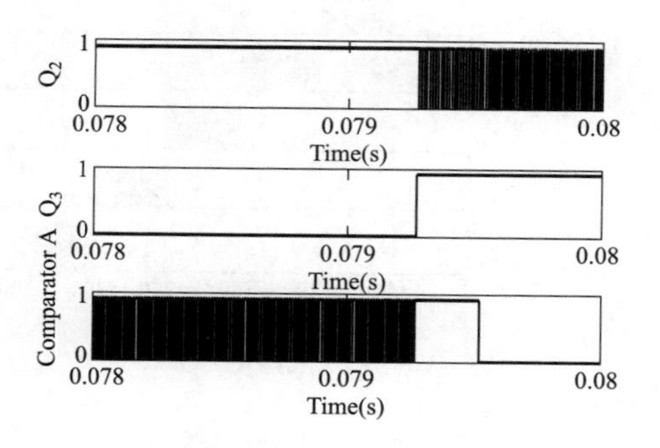

图 4-52　AC 导通换相到 BC 导通（12 桥臂换相到 23 桥臂）时换相点与 PWM 同步

如果不同步，非换相相换相前的平均电压会产生波动，电流也会产生波动。速度控制器决定了两相导通时 PWM 的占空比。换相开始，PWM 的占空比由 D_a 变为 D_b。

4.4.2.2　基于 SEPIC 变换器的转矩脉动抑制方法

1. PWM 调制方式对转矩脉动的影响

对于本论文所用的星形连接，三相六状态两两导通工作模式的 BLDCM，存在五种不同的常用 PWM 调制方式，即 HPWM_LON、HON_LPWM、PWM_ON、ON_PWM 以及 HPWM_LPWM 常用的 PWM 调制方式。其调制方式如图 4-53 所示。

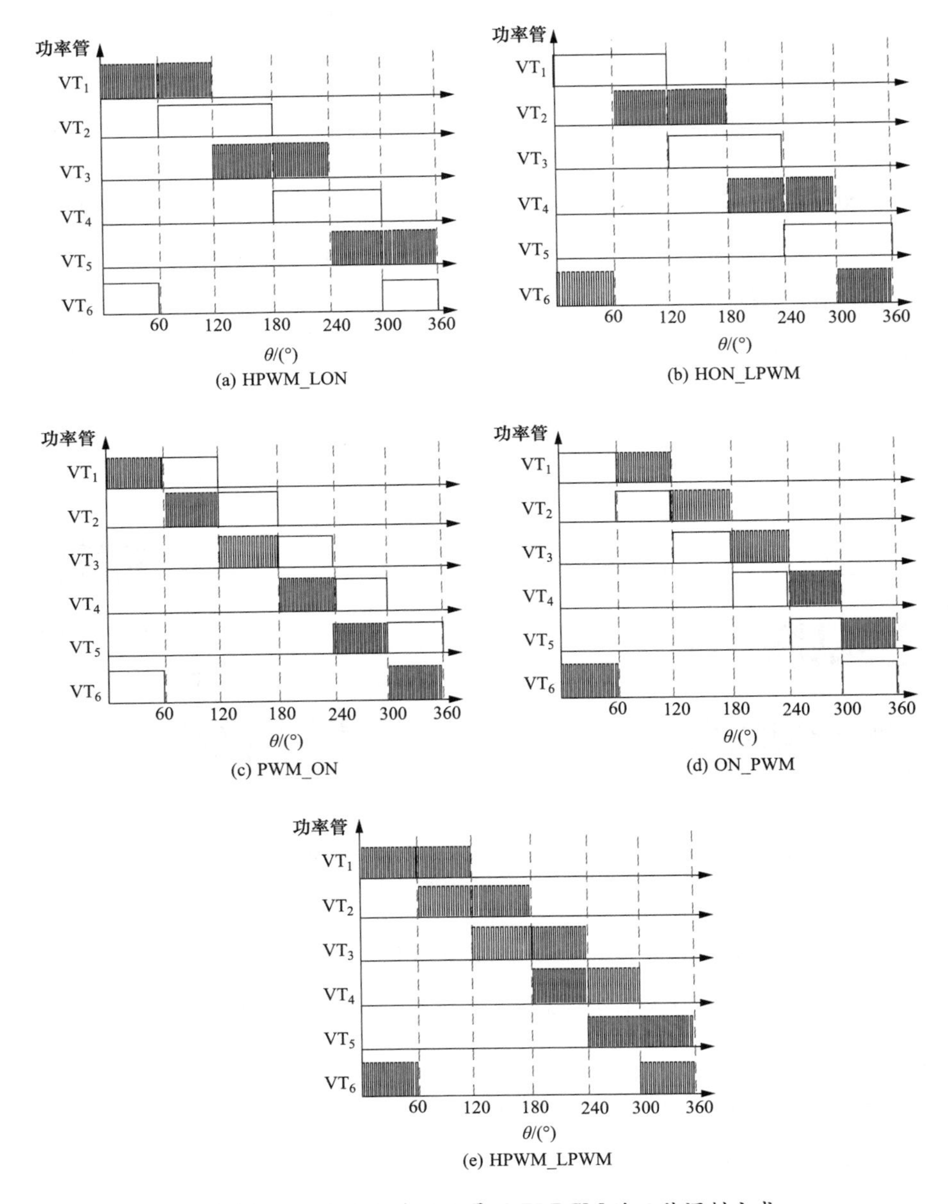

图 4-53　三相六状态两两导通 BLDCM 的五种调制方式

图 4-53（a）为 HPWM_LON 调制方式，上桥臂开关执行 PWM 调制，下桥臂开关保持恒通；图 4-53（b）为 HON_LOPWM 调制方式，上桥臂开关保持恒通，下桥臂开关管执行 PWM 调制；图 4-53（c）为 ON_PWM 调制方式，每个开关管导通的前 60°恒通，后 60°执行 PWW 调制；图 4-53（d）为 PWM_ON 调制方式，每个开关管的前 60°执行 PWM 调制，后 60°恒通。图 4-53（e）为 HPWM_LPWN 调制方式，即上下桥臂同时采用 PWM 调制。综上所述，前四种属于单极性调制，就是每一时刻都只有一个开关管执行 PWM 调制，HP-WM_LPWN 属于双极性调制，也就是说在同一时刻上下开关同时执行 PWM 调制。

在两两导通的工作方式中，电动机工作在 120°导通范围，以 AC 导通相换到 BC 相导通为例。通过关断 VT_1，开通 VT_3 来完成电流的换相。C 相作为非换相相，设 C 相电流 $i_C=I$，满足 $i_A+i_B+i_C=0$ 和 $e_A=e_B=-e_C=E$，可得到此时的电磁转矩为

$$T_e(0)=-\frac{2EI}{\Omega} \tag{4-45}$$

针对上桥臂或下桥臂换相五种 PWM 调制方式的续流回路是不一样的，所以产生的转矩波动也不一样。因此，要分成上桥臂换相和下桥臂换相两种情况进行分析。由于 HPWM_LPWM 的调制方式所产生的续流回路情况特殊，所以需要单独来分析。

（1）上桥臂换相。上桥臂换相情况下，不同 PWM 方式在开关管开通时刻电流回路是相同的，主要区别是在调制关断时的续流回路不同。其中 HPWM_LON 和 PWM_ON 续流回路相同，HON_LPWM 和 ON_PWM 续流回路相同。

首先讨论采用 HPWM_LON 和 PWM_ON 调制方式。同样取 A 相切换到 B 相为例，VT_1 管关断，VT_2 管为非换相管保持恒通，VT_3 管执行 PWM 调制。VT_3 管在 PWM 调制关断时的续流回路如图 4-54 所示。

三相端电压为

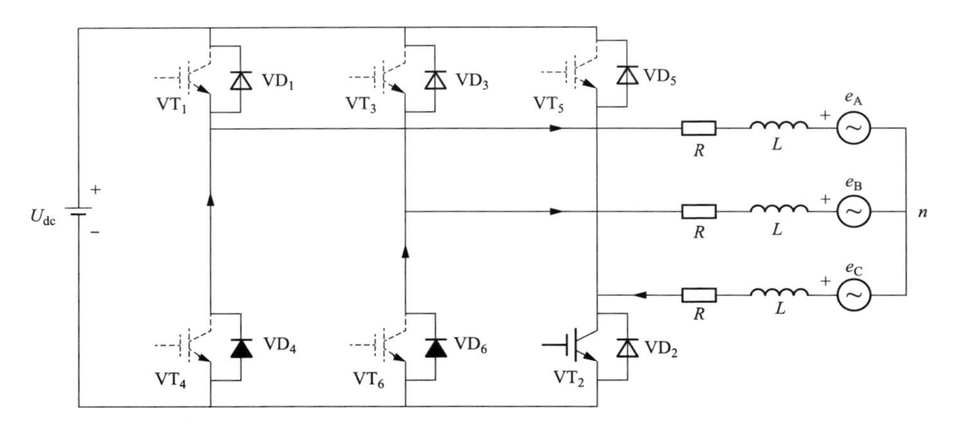

图 4-54　上桥臂换相 HPWM_LON 和 PWM_ON 调制关断时电流回路

$$
\begin{cases}
0=Ri_{\mathrm{A}}+L\dfrac{\mathrm{d}i_{\mathrm{A}}}{\mathrm{d}t}+e_{\mathrm{A}}+U_{\mathrm{n}} \\
DU_{\mathrm{dc}}=Ri_{\mathrm{B}}+L\dfrac{\mathrm{d}i_{\mathrm{B}}}{\mathrm{d}t}+e_{\mathrm{B}}+U_{\mathrm{n}} \\
0=Ri_{\mathrm{C}}+L\dfrac{\mathrm{d}i_{\mathrm{C}}}{\mathrm{d}t}+e_{\mathrm{C}}+U_{\mathrm{n}}
\end{cases}
\tag{4-46}
$$

由于电动机的绕组很小，将它忽略不计，由于换相过程很快，可以近似认为换相瞬间各相绕组的反电势是不变的，即满足 $i_{\mathrm{A}}+i_{\mathrm{B}}+i_{\mathrm{C}}=0$ 和 $e_{\mathrm{A}}=e_{\mathrm{B}}=-e_{\mathrm{C}}=E$，可以解得中性点电压方程为

$$
U_{\mathrm{n}}=\frac{(U_{\mathrm{dc}}D-E)}{3}
\tag{4-47}
$$

假设在换相的前一个状态中，$i_{\mathrm{A}}(0)=-i_{\mathrm{C}}(0)=\mathrm{I}$，$i_{\mathrm{B}}(0)=0$。可以解得三相绕组的电流方程为

$$
\begin{cases}
i_{\mathrm{A}}(t)=I-\dfrac{(2E+DU_{\mathrm{dc}})}{3L}t \\
i_{\mathrm{B}}(t)=\dfrac{2(2E-DU_{\mathrm{dc}})}{3L}t \\
i_{\mathrm{C}}(t)=-I+\dfrac{(4E-DU_{\mathrm{dc}})}{3L}t
\end{cases}
\tag{4-48}
$$

进一步可得到，当上桥臂换相时，在 HPWM_LON 和 PWM_ON 调制模式

下，此时的电磁转矩 T_{eH1} 为

$$T_{eH1}=\frac{2EI}{\Omega}-\frac{(8E^2-2EDU_{dc})}{3L\Omega}t \tag{4-49}$$

因此，在上桥臂换相期间，HPWM_LON 和 PWM_ON 调制方式下的电磁转矩脉动 ΔT_{H1} 为

$$\Delta T_{H1}=T_e(0)-T_{eH1}=-\frac{4EI}{\Omega}+\frac{(8E^2-2EDU_{dc})}{3L\Omega}t \tag{4-50}$$

接着讨论 HON_LPWM 和 ON_PWM 调制方式。类似地，以 A 相切换到 B 相，VT_1 关断，VT_2 为非换相相进行 PWM 调制，VT_3 恒通。VT_2 调制关断时电流回路如图 4-55 所示。

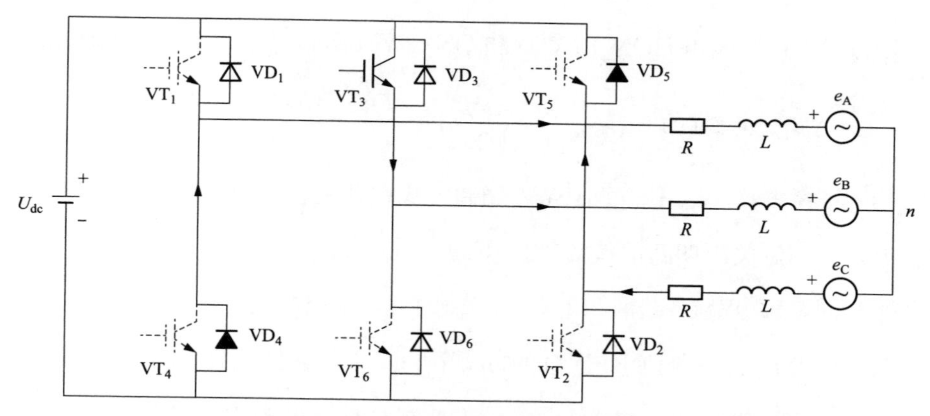

图 4-55　上桥臂换相 HON_LPWM 和 ON_PWM 调制关断时电流回路

三相端电压方程为

$$\begin{cases}0=Ri_A+L\dfrac{di_A}{dt}+e_A+U_n\\ U_{dc}=Ri_B+L\dfrac{di_B}{dt}+e_B+U_n\\ (1-D)U_{dc}=Ri_C+L\dfrac{di_C}{dt}+e_C+U_n\end{cases} \tag{4-51}$$

此时解得中性点的电压为

$$U_n=\frac{(2U_{dc}-U_{dc}D-E)}{3} \tag{4-52}$$

同样，可解得三相电流的方程

$$\begin{cases} i_{\mathrm{A}}(t)=I-\dfrac{(2E+2U_{\mathrm{dc}}-DU_{\mathrm{dc}})}{3L}t \\ i_{\mathrm{B}}(t)=-\dfrac{(2E-U_{\mathrm{dc}}-DU_{\mathrm{dc}})}{3L}t \\ i_{\mathrm{C}}(t)=-I+\dfrac{(4E+U_{\mathrm{dc}}-2DU_{\mathrm{dc}})}{3L}t \end{cases} \tag{4-53}$$

此时，当上桥臂换相时，在 HON_LPWM 和 ON_PWM 调制模式下，此时的电磁转矩 T_{eH2} 为

$$T_{\mathrm{eH2}}=\frac{2EI}{\Omega}-\frac{(8E^2-4EDU_{\mathrm{dc}}+2EU_{\mathrm{dc}})}{3L\Omega}t \tag{4-54}$$

所以，上桥臂换相 HON_LPWM 和 ON_PWM 调制时的电磁转矩脉动 ΔT_{H2} 为

$$\Delta T_{\mathrm{H2}}=T_{\mathrm{e}}(0)-T_{\mathrm{eH2}}=-\frac{4EI}{\Omega}+\frac{(8E^2-4EDU_{\mathrm{dc}}+2EU_{\mathrm{dc}})}{3L\Omega}t \tag{4-55}$$

（2）下桥臂换相。不同的 PWM 调制方式在开关管调制导通时的电流回路一致，但是在调制关断期间的续流回路不同，其中 HPWM_LON 和 ON_PWM 续流回路相同，HPWM_LON 和 PWM_ON 的续流回路相同。

在 HPWM_LON 和 ON_PWM 的方式下，以 A 相切换到 B 相为例。VT_4 关断，VT_6 恒通，VT_5 执行 PWM 调制，在 VT_5 调制关断时电流回路如图 4-56 所示。

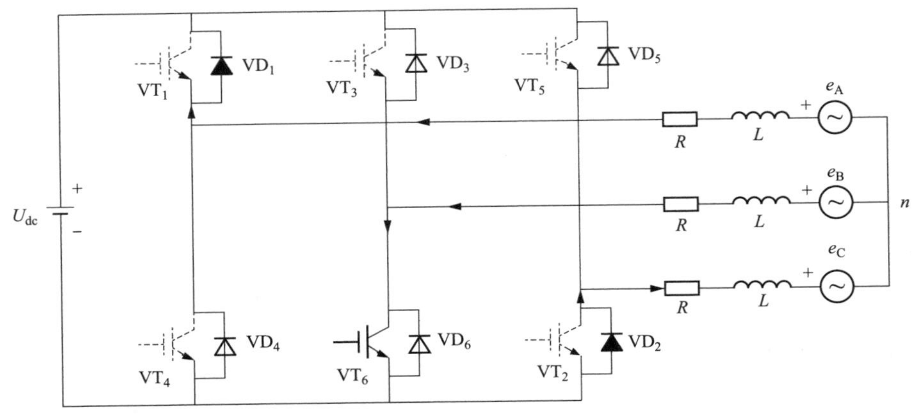

图 4-56　下桥臂换相 HPWM_LON 和 ON_PWM 调制关断时电流回路

三相端电压方程为

$$\begin{cases} D_{dc}=Ri_A+L\dfrac{di_A}{dt}+e_A+U_n \\ 0=Ri_B+L\dfrac{di_B}{dt}+e_B+U_n \\ DU_{dc}=Ri_C+L\dfrac{di_C}{dt}+e_C+U_n \end{cases} \tag{4-56}$$

同样可解得中性点电压为

$$U_n=\frac{(U_{dc}+U_{dc}D+E)}{3} \tag{4-57}$$

假设在换相的前一个状态中，$i_A(0)=-i_C(0)=I$，$i_B(0)=0$，可解得三相绕组的电流方程为

$$\begin{cases} i_A(t)=-I+\dfrac{(2E+2U_{dc}-DU_{dc})}{3L}t \\ i_B(t)=\dfrac{(2E-U_{dc}-DU_{dc})}{3L}t \\ i_C(t)=I+\dfrac{(-4E-U_{dc}+2DU_{dc})}{3L}t \end{cases} \tag{4-58}$$

因此，下桥臂换相时，HPWM_LON 和 ON_PWM 调制模式下的电磁转矩为

$$T_{eL1}=\frac{2EI}{\Omega}+\frac{(-8E^2+4EDU_{dc}-2EU_{dc})}{3L\Omega}t \tag{4-59}$$

因此，此时的电磁转矩脉动 ΔT_{L1} 为

$$\Delta T_{L1}=T_e(0)-T_{eL1}=-\frac{4EI}{\Omega}+\frac{(8E^2-4EDU_{dc}+2EU_{dc})}{3L\Omega}t \tag{4-60}$$

接下来讨论 HON_LPWM 和 PWM_ON 方式。同样用 A 相切换 B 相来分析，VT_6 进行 PWM 调制，VT_5 恒通，VT_4 关断。VT_6 调制关断时电路回流如图 4-57 所示。

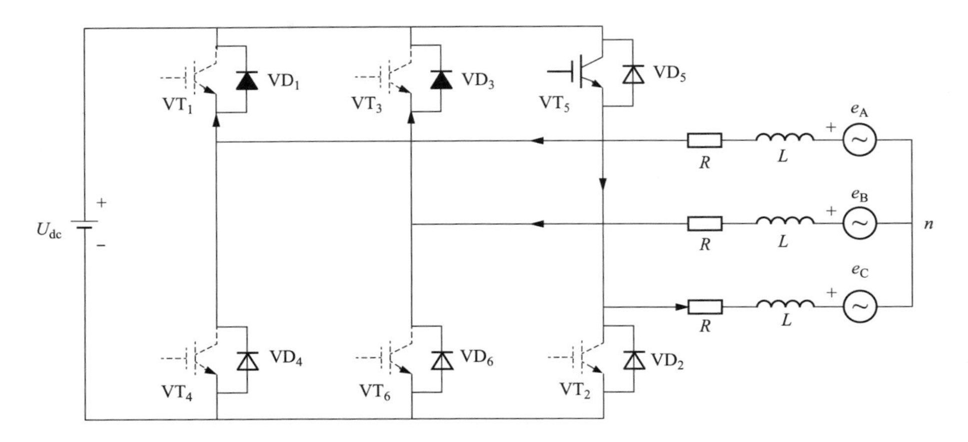

图 4-57　下桥臂换相 HON_LPWM 和 PWM_ON 调制关断时电流回路

三相端电压方程为

$$\begin{cases} U_{dc}=Ri_A+L\dfrac{di_A}{dt}+e_A+U_n \\ (1-D)U_{dc}=Ri_B+L\dfrac{di_B}{dt}+e_B+U_n \\ U_{dc}=Ri_C+L\dfrac{di_C}{dt}+e_C+U_n \end{cases} \tag{4-61}$$

解得中性点电压为

$$U_n=\frac{(3U_{dc}-U_{dc}D+E)}{3} \tag{4-62}$$

同样可解得三相电流方程为

$$\begin{cases} i_A(t)=-I+\dfrac{(2E+DU_{dc})}{3L}t \\ i_B(t)=\dfrac{(2E-2DU_{dc})}{3L}t \\ i_C(t)=I+\dfrac{(-4E+DU_{dc})}{3L}t \end{cases} \tag{4-63}$$

所以，下桥臂换相时，在 HON_LPWM 和 PWM_ON 调制模式下的电磁转矩为

$$T_{\mathrm{eL2}}=\frac{2EI}{\Omega}-\frac{(8E^{2}-2EDU_{\mathrm{dc}})}{3L\Omega}t \tag{4-64}$$

所以，此时电磁转矩脉动 ΔT_{L2} 为

$$\Delta T_{\mathrm{L2}}=T_{\mathrm{e}}(0)-T_{\mathrm{eL2}}=-\frac{4EI}{\Omega}+\frac{(8E^{2}-2EDU_{\mathrm{dc}})}{3L\Omega}t \tag{4-65}$$

（3）HPWM_LPWM 方式。双斩波调制方式对上桥臂和下桥臂均采用 PWM 调制，上桥臂和下桥臂换相时效果相同。因此，只分析上桥臂的换相过程。同样采用 A 相切换到 B 相来分析，在 HPWM_LPWM 调制方式下 VT_2 和 VT_3 都进行 PWM 调制。VT_2 和 VT_3 调制关断时电流回路如图 4-58 所示。

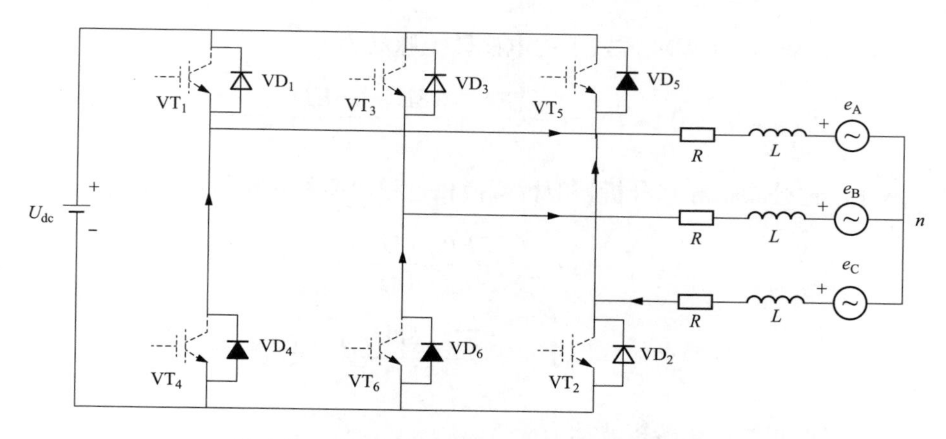

图 4-58　HPWM_LPWM 调制关断时电流回路

三相端电压方程为

$$\begin{cases}0=Ri_{\mathrm{A}}+L\dfrac{\mathrm{d}i_{\mathrm{A}}}{\mathrm{d}t}+e_{\mathrm{A}}+U_{\mathrm{n}}\\DU_{\mathrm{dc}}=Ri_{\mathrm{B}}+L\dfrac{\mathrm{d}i_{\mathrm{B}}}{\mathrm{d}t}+e_{\mathrm{B}}+U_{\mathrm{n}}\\(1-D)U_{\mathrm{dc}}=Ri_{\mathrm{C}}+L\dfrac{\mathrm{d}i_{\mathrm{C}}}{\mathrm{d}t}+e_{\mathrm{C}}+U_{\mathrm{n}}\end{cases} \tag{4-66}$$

求得中性点的电压为

$$U_{\mathrm{n}}=\frac{(U_{\mathrm{dc}}-E)}{3} \tag{4-67}$$

同样可以解得三相绕组电流方程

$$\begin{cases} i_{\mathrm{A}}(t)=-I-\dfrac{(2E-2U_{\mathrm{dc}})}{3L}t \\ i_{\mathrm{B}}(t)=-\dfrac{(2E+U_{\mathrm{dc}}-3DU_{\mathrm{dc}})}{3L}t \\ i_{\mathrm{C}}(t)=-I+\dfrac{(4E+2U_{\mathrm{dc}}-3DU_{\mathrm{dc}})}{3L}t \end{cases} \tag{4-68}$$

所以可得到 HPWM_LPWM 调制方式下的电磁转矩为

$$T_{\mathrm{e3}}=\frac{2EI}{\Omega}-\frac{(8E^2-6EDU_{\mathrm{dc}}+4EU_{\mathrm{dc}})}{3L\Omega}t \tag{4-69}$$

所以 HPWM_LPWM 方式下的电磁转矩脉动为

$$\Delta T_3=T_{\mathrm{e}}(0)-T_{\mathrm{e3}}=-\frac{4EI}{\Omega}+\frac{(8E^2-6EDU_{\mathrm{dc}}+4EU_{\mathrm{dc}})}{3L\Omega}t \tag{4-70}$$

基于上述公式推导和分析，上桥臂换相过程中换相转矩脉动的比较为

$$\Delta T_{\mathrm{H1}}-\Delta T_{\mathrm{H2}}=\frac{2EU_{\mathrm{dc}}(D-1)}{3L\Omega}t\leqslant 0 \tag{4-71}$$

$$\Delta T_{\mathrm{H2}}-\Delta T_3=\frac{2EU_{\mathrm{dc}}(D-1)}{3L\Omega}t\leqslant 0 \tag{4-72}$$

下桥臂换相的换相转矩波动为

$$\Delta T_{\mathrm{L1}}-\Delta T_{\mathrm{L2}}=\frac{2EU_{\mathrm{dc}}(1-D)}{3L\omega}t\geqslant 0 \tag{4-73}$$

$$\Delta T_3-\Delta T_{\mathrm{L1}}=\frac{2EU_{\mathrm{dc}}(1-D)}{3L\omega}t\geqslant 0 \tag{4-74}$$

所以可以得出：由于 $\Delta T_{\mathrm{H1}}\leqslant\Delta T_{\mathrm{H2}}\leqslant\Delta T_{\mathrm{H3}}$，所以 $\Delta T_{\mathrm{H1}}<\Delta T_{\mathrm{H2}}<\Delta T_{\mathrm{H3}}$，在上桥臂换相期间，HPWM_LON 和 PWM_ON 调制方式下的换相转矩脉动最小。由于 $\Delta T_{\mathrm{L1}}\leqslant\Delta T_{\mathrm{L2}}\leqslant\Delta T_{\mathrm{L3}}$，所以 $\Delta T_{\mathrm{H1}}<\Delta T_{\mathrm{H2}}<\Delta T_{\mathrm{H3}}$，在下桥臂换相期间，HON_LPWM 和 PWM_ON 调制方式下的换相转矩脉动最小。综上所述，PWM_ON 调制方式在换相期间具有最小的换相转矩脉动。根据前面的分析可知，在换相期间采用单管调制的 PWM_ON 具有最小的换相转矩脉动，综上所述，本节采

用 PWM_ON 单管调制方式。

2. 新型转矩脉动抑制方法

根据 BLDCM 的电磁转矩方程 $T_e=\dfrac{e_Ai_A+e_Bi_B+e_Ci_C}{\Omega}$，要产生稳定的电磁转矩，当速度恒定不变时，$e_Ai_A$、$e_Bi_B$ 和 e_Ci_C 的和必须是一个固定值。因此，这意味着矩形相电流需要实时对应反电动势，如图 4-59 所示。

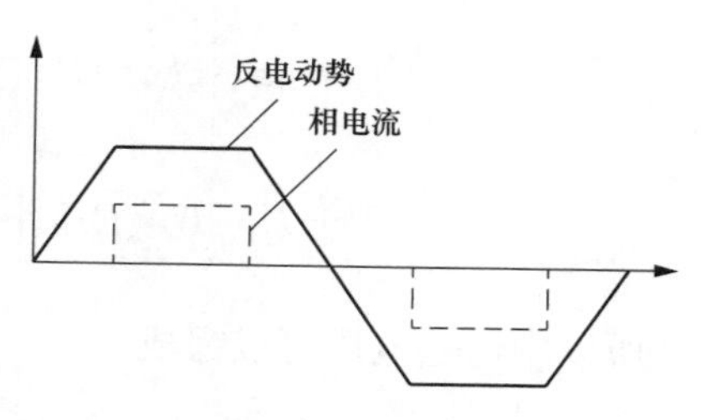

图 4-59　理想的反电动势和电流的对应波形

由于电动机的定子绕组线圈呈现电感性，所以实际的相电流不是矩形波，而是存在有限上升时间的梯形波。实际上，电流流入相电流和电流流出相电流的速度不同，对 BLDCM 的换相转矩脉动有直接的影响，可通过以下分析推导得出。在分析中，假设换相电流从 A 相到 B 相，是通过关闭 VT_1 开通 VT_3，并且保持 VT_2 恒通实现的。在 PWM 周期很小时，通过电动机绕组的电流在换向之间是恒定的并且等于 I_m 的。所以可认为在换相的初始时期，电流的起始值为 $i_A=-i_C=I_m$ 和 $i_B=0$，换相期间电路示意图如图 4-60 所示。

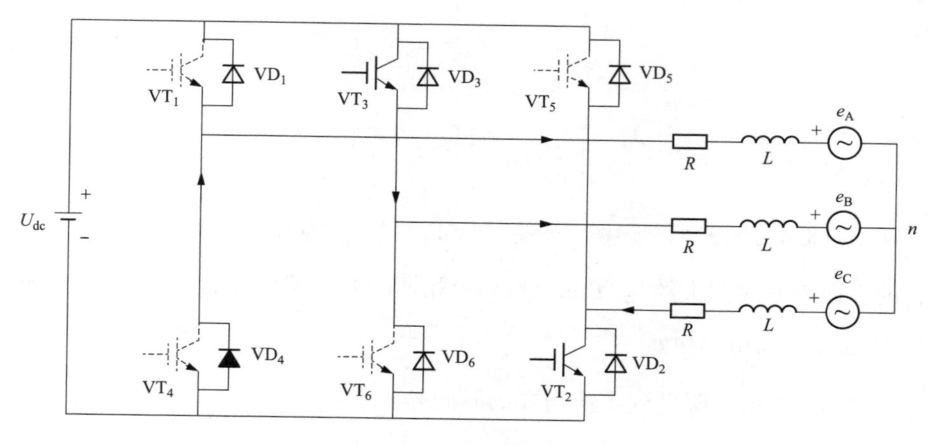

图 4-60　换相期间电路示意图

考虑到换相期间的时间间隔是非常短的，所以反电动势可认为在这个期间是保持恒定值的。所以在起始换相期间电压的初始值可认为是 $U_A=0$、$U_B=U_{dc}$、$U_C=0$、$e_A=E_m$、$e_B=E_m$、$e_C=-E_m$。所以电压方程可以被写为

$$\begin{cases} 0=Ri_A+L\dfrac{di_A}{dt}+e_A+U_n \\ U_{dc}=Ri_B+L\dfrac{di_B}{dt}+e_B+U_n \\ 0=Ri_C+L\dfrac{di_C}{dt}+e_C+U_n \end{cases} \tag{4-75}$$

所以中性点电压可以写成

$$U_n=\frac{(U_{dc}-E_m)}{3} \tag{4-76}$$

所以在换相前电磁转矩是

$$T_{e\text{-}pre}=\frac{e_Ai_A+e_Bi_B+e_Ci_C}{\Omega}=\frac{2I_mE_m}{\Omega} \tag{4-77}$$

当 PWM 的频率很高时，PWM 的周期比时间常数 R/L 小很多时，R 的作用可被忽略。所以，相电流的斜率可以近似的认为是

$$\begin{cases} \dfrac{di_A}{dt}=-\dfrac{U_{dc}+2E_m}{3L} \\ \dfrac{di_B}{dt}=\dfrac{2(U_{dc}-E_m)}{3L} \\ \dfrac{di_C}{dt}=-\dfrac{U_{dc}-4E_m}{3L} \end{cases} \tag{4-78}$$

在 BLDCM 的控制系统中，开关管 $VT_1\sim VT_6$ 的开关时间大约是 80ns，二极管的反向恢复时间大约是 20ns。当和换相期间时间相比较时，二极管和 MOSFET 的动作时间可被忽略。

i_A 从初始值 I_m 降低到零所需要的时间是

$$t_1=\frac{3LI_m}{U_{dc}+2E_m} \tag{4-79}$$

i_B 从零上升到 I_m 所需要的时间为

$$t_2 = \frac{3LI_m}{2(U_{dc} - E_m)} \tag{4-80}$$

根据 BLDCM 电磁转矩的方程和式（4-40）和 $i_A + i_B + i_C = 0$，在换相期间电磁转矩计算为

$$T_{e\text{-}com} = \frac{2E_m}{\Omega}\left(I_m + \frac{U_{dc} - 4E_m}{3L}t\right) \tag{4-81}$$

根据式（4-77）和式（4-81）可计算出转矩脉动为

$$\Delta T_e = T_{e\text{-}com} - T_{e\text{-}pre} = \frac{U_{dc} - 4E_m}{3L}t \tag{4-82}$$

根据以上的公式推导，可总结出如下的结论：①当 $U_{dc} > 4E_m$ 时，关断相电流下降的时间 $t_1 >$ 开通相电流上升的时间 t_2，在换相期间转矩保持增长，如图 4-61（a）所示；②$U_{dc} < 4E_m$ 时，$t_1 < t_2$，在换相期间转矩保持减小，如图 4-61（b）所示；③当 $U_{dc} = 4E_m$ 时，$t_1 = t_2$，电磁转矩在换相期间保持恒定，如图 4-61（c）所示。

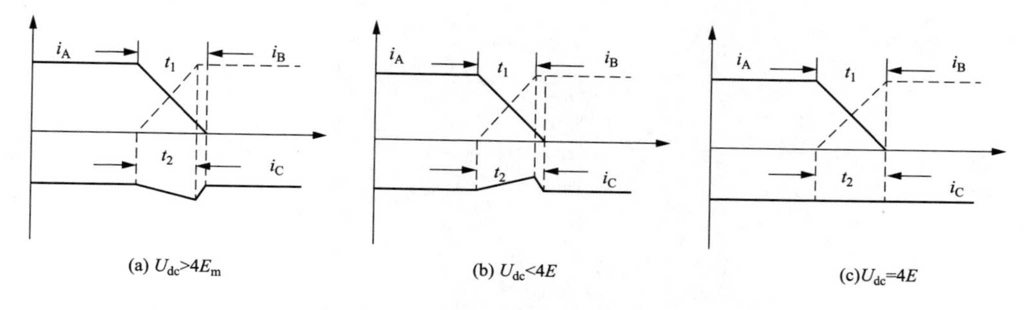

图 4-61　换相期间电流的行为

从式（4-70）可看出，换相期间电流的斜率取决于直流母线电压 U_{dc} 和反电动势的最大值 E_m。E_m 和转速成比例，在换相期间 E_m 可看作是常数。由于不可控整流 U_{dc} 一般来说是不相同的。所以，随着速度的调节，不能时刻满足 $U_{dc} = 4E_m$，导致了转矩脉动的出现。根据式（4-82），换相期间的转矩脉动与 $|U_{dc} - 4E_m|$ 成比例，在换相期间 U_{dc} 越接近 $4E_m$，则转矩脉动的值越小。提出了一种新型的拓扑结构，可通过使换相期间时的 U_{dc} 接近 $4E_m$ 来减小换相期间的

转矩脉动。

SEPIC变换器是一种常见的DC-DC变换电路，由于具有简单的电路拓扑原理和控制方式，使其在多种环境中得到应用。SEPIC变换器的电路结构如图4-62所示。

在电流连续模式运行情况下，根据开关管V的开关状态，有两个类型的工作模态。当开关管V导通时，二极管VD_1截止，此时的等效电路如图4-63所示。此时，电源U_S对电感L_1充电，储能电容C_1通过开关管V向电感L_2放电，电容C_2提供负载R两端的电压。

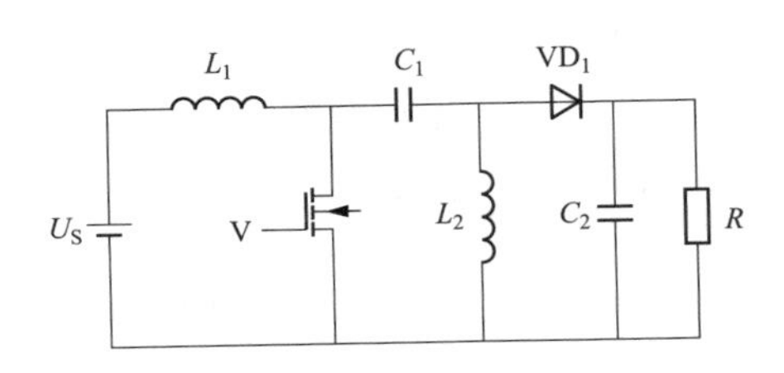

图4-62 SEPIC变换器的电路结构

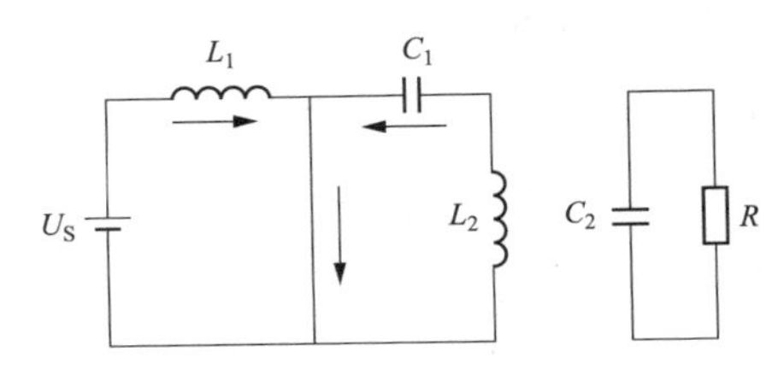

图4-63 开关管导通的工作状态

此时有

$$\begin{cases} u_{L1}=U_S \\ u_{L2}=U_{C1} \\ i_{C1}=-i_{L2} \\ i_{C2}=-\dfrac{U_O}{R} \end{cases} \tag{4-83}$$

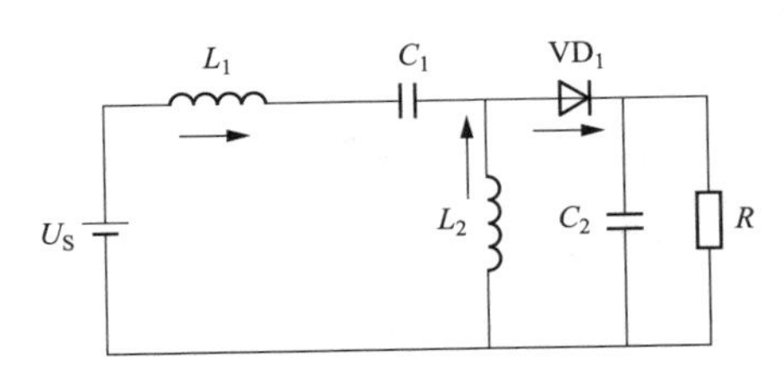

图4-64 开关管不导通的工作状态

在开关管V不导通的情况下，二极管VD_1导通，电路的等效模型如图4-64所示。

电源U_S和电感L_1通过二极管VD_1同时向负载和电容C_2提供能量，电感L_1中的电流下降。电感L_2同时通过二极管VD_1放电到负载和电容C_2，电感L_2中的电流下降。在这个工作模式中，电感L_1、L_2同时向负载提供能量，并且电容

C_1 存储能量。此时有

$$\begin{cases} u_{L1} = U_S - u_{C1} - U_O \\ u_{L2} = -U_O \\ i_{C1} = i_{L1} \\ i_{C2} = i_{L1} + i_{L2} - \dfrac{U_O}{R} \end{cases} \tag{4-84}$$

根据伏秒平衡方程，电感两端的电压在一个周期内对时间的积分为零，可得

$$\begin{cases} t_{on}U_s + t_{off}(U_S - U_O - u_{c1}) = 0 \\ t_{on}u_{c1} + t_{off}(-U_O) = 0 \end{cases} \tag{4-85}$$

即

$$U_O = \frac{t_{on}}{t_{off}}U_S = \frac{D}{1-D}U_S \tag{4-86}$$

根据以上的电路工作模态分析，可看出可通过调节 SEPIC 变换器中开关管的频率得到期望的输出电压。根据前面的分析，可得出结论，通过在换相期间调节直流母线电压 U_{dc} 保持在 $U_{dc}=4E_m$ 可避免换相转矩脉动。一种基于 SEPIC 变换器的新型电压切换电路被用来调整直流母线电压，如图 4-65 所示。

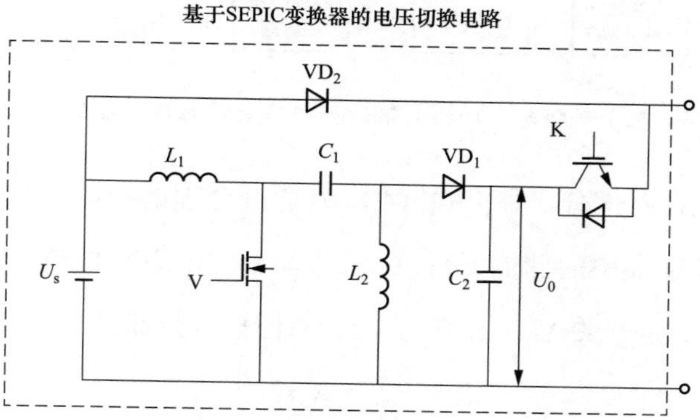

图 4-65　基于 SEPIC 变换器的新型电压切换电路拓扑

为了在电动机换相期间可准确调整直流母线电压，由开关管 K 和二极管 VD_2 构成模式选择模块，开关管 K 和二极管 VD_2 工作在互补的导通状态。

从新型电压切换电路拓扑结构来说，在开关管 K 开通期间，SEPIC 变换器的输出电压会高于电源电压，电流有可能会流向电源，所以加入二极管可防止换相期间电流流向电源，从而减少了开关管的使用数量。另一方面，开关管内部反向并联的二极管给电动机回馈的能量提供了一个通道给 C_2 电容，从而提高了系统能量的利用率。

将基于 SEPIC 变换器的新型电压切换电路应用到无位置传感器 BLDCM 的换相转矩脉动抑制的控制系统中，控制结构框图如图 4-66 所示。在无位置传感器控制部分的基础上增加了基于 SEPIC 变换器的电压切换电路的切换控制部分。

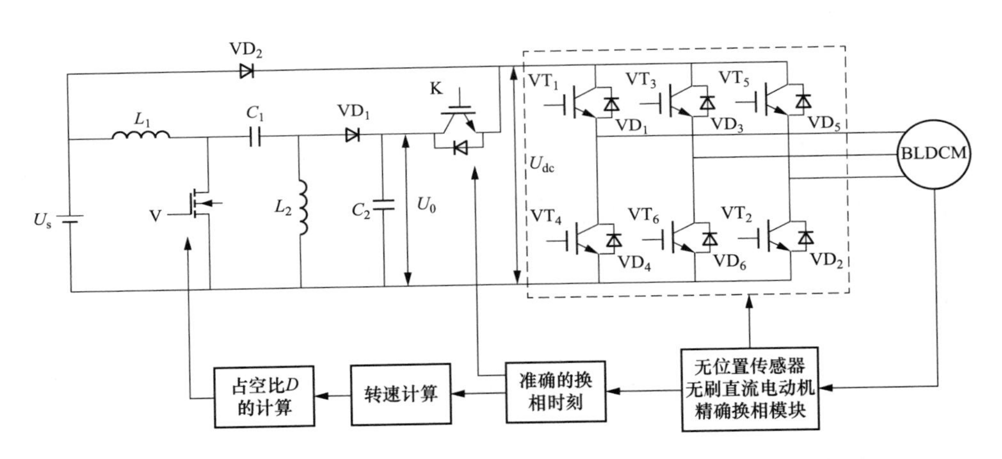

图 4-66 基于新型电压切换电路的换相转矩脉动抑制控制系统结构图

其中的电压控制部分，根据式（4-86）通过合理的控制 MOSFET 管 V 的占空比，SEPIC 变换器中的储能元件（L_1、L_2、C_1、C_2）可被调节来得到期望的输出电压 U_O。D 是开关 V 的占空比。当不计算铁磁损耗时，E_m 与转速成正比

$$E_m = K_e \Omega \tag{4-87}$$

式中：K_e 为反电动势系数。所以在满足 $U_O = 4E_m$ 情况下，V 的占空比可计算为

$$D = \frac{4K_e\Omega}{U_S + 4K_e\Omega} \tag{4-88}$$

根据式（4-88），为了得到理想的 SEPIC 变换器的输出电压，可通过测量电

动机的转速来计算出 V 的占空比。

SEPIC 变换器调节过程需要大约 40ms，远大于一般为几十到几百微秒的 BLDCM 换相时间间隔。为了能迅速切换变换器的输出电压，应该合理地调节开关管 K。在 BLDCM 的非换相阶段，开关管 K 关断，二极管 VD_2 导通，直流母线电压为直流电源电压 U_S。在每次换相开始的时刻，开通开关管 K，直流母线电压升高为基于 SEPIC 变换器输出的电压 $U_O=4E_m$。当换相完成时，使开关管 K 断开，直流母线电压为 U_S。

可根据式（4-79）估算 BLDCM 的换相时间 T，可根据电动机的额定参数计算出 I_m 和 E_m。

根据以上的分析，图 4-67 为运用基于 SEPIC 变换器新型电压切换电路的控制系统流程图。

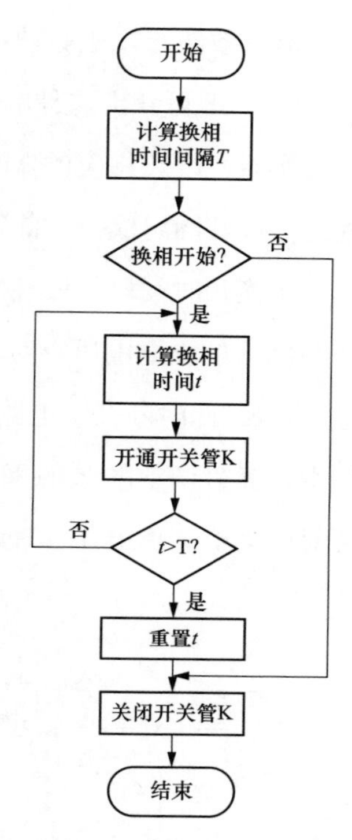

图 4-67　基于 SEPIC 变换器新型电压切换电路的控制流程图

4.4.2.3　直接转矩控制下基于准 Z 源网络的转矩脉动抑制方法

先前有学者研究表明，电动机工作的反电动势为 120°下，换相时刻反电动势恒定条件下，换相转矩脉动与转速有很大联系，和电流大小并无联系，为了降低转矩的脉动情况，要设定需要符合 $U_{dc}=4E_m$ 这个先决关系式。

可知反电动势大小和电动机转速 n 成正比，当 n 提高时，反电动势幅值也随之增加。因此，U_{dc} 在电动机高速运转时必须也跟着升高才能满足电动机换相转矩不变的要求；相反，则需要降低母线电压的大小。上文提出，仿真模型中三相驱动器模块是电压源式驱动器，可进行降压。电动机运行在较低转速时，IPM 模块可进行实现 buck 斩波电路降压的特点，将转矩脉动削除在一定范围内；但这种逆变器在电动机运行在高转速的模式下，对于转矩脉动的抑制便无能为力了。所以，使用在智能功率开关电路的基础之上加准 Z 源网络为主体电路的前级功率变换器，辅以恰当的控制算法来解决这个重大难题。因而通过这种前级变换器及算法，能有效防止转矩脉动过大的情况出现。

从图 4-68 可看出这种电路的结构是在三相逆变桥臂之前加上一个准 Z 源网络式变换器，以及相应的 MOSFET 作为电路的选通开关管进行选择控制电路，这些元器件共同组成一个前级功率变换模块。准 Z 源网络的电路工作原理：当电动机处于换相时间段，K_2 在此时闭合，K_1 在此时断开，当前电动机电源选择为准 Z 源网络的供电电压，对电动机进行有效补偿；当处于非换相时间段，K_1 此时导通、K_2 此时断开，电路中直接电源为电动机提供输入电压。在实验或仿真过程中，通过调整准 Z 源网络中 V 开关的占空比以及合理控制开关 K_1 和 K_2，以便对电动机工作电压合理调整，实现转矩脉动削除的目标。

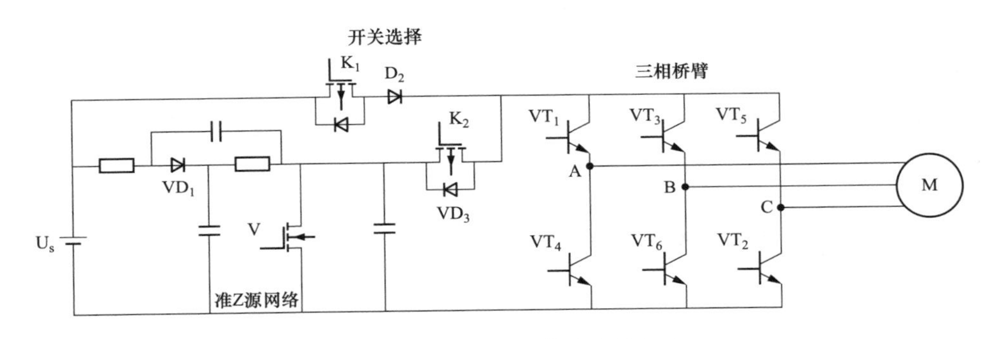

图 4-68　准 Z 源网络算法设计电路

通过上段分析，可得图 4-68 中开关 V 开通和关断时间决定了该电路输出电压大小，添加二极管 VD_3 和电容，保证输出电压 V_0 稳定。为了使换相过程中，电源电路能快速得到预期的补偿电压，保持按特定的占空比开通或关断，预先对进行调节后，可获得预期的 V_0。若 V_0 与 E_m 之间的关系为 $V_0=4E_m$，则无转矩脉动的产生。在换相过程中，若输出电压满足上述关系，则转矩脉动值将大大减小。

当该机电装置并没有进行换相时，V 处于导通阶段，加载电动机的电压 V_0 与供电电压相比较小，因而 K_2 开关自身二极管也会导通，加入反接二极管 VD_3 之后，供电电压输出的电压能处于一个波动很小的电能环境中。而机电装置开始换相时，由 IPM 输出到电动机的三相电 V_0 与供电电压相比较大一些，K_1 体二极管也相应开通，使得电压纹波较大，加 VD_2 之后，纹波减小，V_0 趋于稳定。

通过上面叙述可知，该网络作用是一个功能齐全的电路变换器。该网络具有两类工作方式，具体介绍如下：

当上述电路在非直通状态时工作时，电感工作于放电状态，电源 V_i 与电感 L_1、L_2 同时为电容 C_1 与电动机所加负载提供电能，这个时候二极管 VD 进入导通状态。如果 V 导通，电源和电容 C_2 的电能同时流向电感 L_1，电路将进入直通状态，二极管 VD_1 两端加反压截止，从而可知此时没有电流通过。同时，直通状态下，电容 C_1 放电，L_2 储能，所以 I_{L2} 增加，V_{L2} 为正。所以，电感在直通状态下蓄积的能量会和直流母线一起对电路中的负载进行放电，从而使得 $V_0>V_i$，因而实现升压。

记最短开关周期为 T_W，两种不同状态下的时间分别记作 T_z、T_f，占空比表示成 D，则

$$\begin{cases} T = T_z + T_f \\ D = \dfrac{T_z}{T} \end{cases} \tag{4-89}$$

通过图 4-69（a）可分析出

$$\begin{cases} V_{L1} = V_i - V_{C1} \\ V_{L2} = -V_{C2} \end{cases} \tag{4-90}$$

$$V_o = V_{C1} - V_{L2} = V_{C1} + V_{C2} \tag{4-91}$$

在直通状态下，有

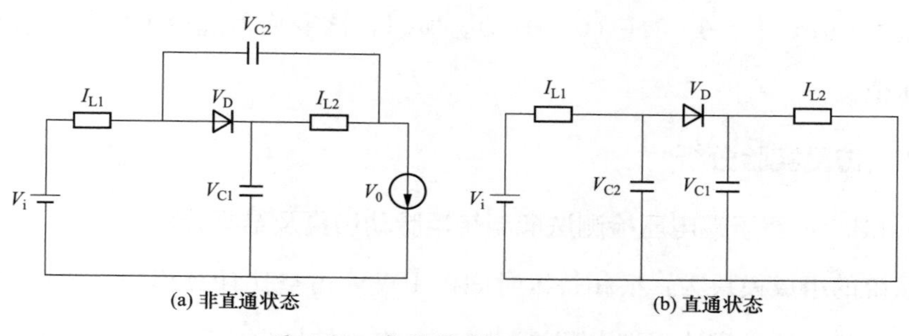

图 4-69　准 Z 源网络的工作状态

$$\begin{cases}V_{L1}=V_{C2}+V_i\\V_{L2}=V_{C1}\end{cases}\tag{4-92}$$

$$\begin{cases}V_o=0\\V_d=V_{C1}+V_{C2}\end{cases}\tag{4-93}$$

根据电路定则得到，在单个开关周期中，电感进行充放电的平均电压为 0。所以由（4-90）和式（4-91）两式联立，可得

$$\begin{cases}V_{L1}=\dfrac{T_z(V_{C2}+V_i)+T_f(V_i-V_{C1})}{T}=0\\V_{L2}=\dfrac{T_z(V_{C1})+T_f(-V_{C2})}{T}\end{cases}\tag{4-94}$$

由式（4-94）解得

$$\begin{cases}V_{C1}=\dfrac{T_f}{T_f-T_z}V_i\\V_{C2}=\dfrac{T_z}{T_f-T_z}V_i\end{cases}\tag{4-95}$$

由式（4-91）、式（4-94）和式（4-95）三式联立可得输出电压的最大值为

$$V_{o\text{-}max}=V_{C1}+V_{C2}=\frac{T}{T_f-T_z}V_i=\frac{1}{1-2\dfrac{T_z}{T}}\beta V_i\tag{4-96}$$

所以 $\beta=\dfrac{1}{1-2D}$。β 是由电路的两种工作模态所推导出的升压因子，调整升压因子就能改变输出电压的大小。设置降压调制比为 M，则

$$V_o=\beta\cdot M\cdot V_i\tag{4-97}$$

式（4-97）中，$\beta\cdot M\in(0,+\infty)$。所以，该变换器理论上能得到任何期望的电压值。

4.4.3 仿真实验分析

4.4.3.1 基于端电压检测法抑制转矩脉动仿真及结果分析

系统的组成模块为：换相持续时间内 PWM 占空比计算模块、PWM 生成器模块、三相全控桥模块、端电压检测模块、换相信号生成模块。仿真系统结构图

如图 4-70 所示。

（1）三相全控桥模块。功率器件为 MOSFET 和二极管结构，主要实现无刷直流电动机的换相功能。

（2）端电压检测模块。该模块结构图如图 4-70 所示，其功能为：A，B，C 三相的端电压值与直流母线电压值的一半进行比较，确定换相时间段。

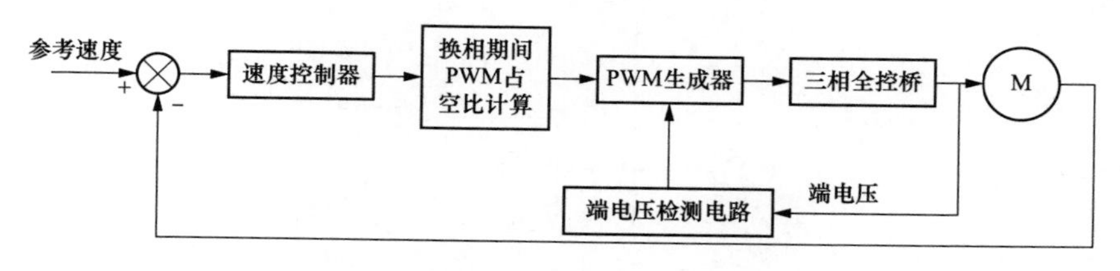

图 4-70　仿真系统结构图

（3）换相持续时间内 PWM 占空比计算模块。根据电动机反馈的实时转速，计算换相期间 PWM 的占空比应调整的数值。

（4）PWM 生成器模块。产生六路信号，控制三相全桥电路中功率器件的通断。将换相期间 PWM 占空比计算模块计算出的占空比数值整合到信号中。

（5）换相信号生成模块。根据相反电动势生成控制功率器件通断的开关信号。

下面具体介绍以上几个模块的功能及系统仿真：

（1）端电压检测模块。端电压检测模块结构图如图 4-71 所示。功能为：将端电压与直流母线电压值的一半做差，差值通过比较器后在换相期间内，其输出值为高电平。以 A 相为例说明其过程，当 A 相上桥臂换相，此时 A 相下桥臂的二极管导通续流，A 相端电压 V_A 为零，而直流母线电压值的一半恒大于零，故其差值小于零，经过比较器 $V_A<0$ 后，在换相期间内其输出值为高电平，换相结束后，A 相下桥臂二极管关断，A 相端电压上升为二分之一 V_{dc} 与 A 相相电压之和，与直流母线电压值的一半做差后，其值大于零，经过 $V_A<0$ 比较器，输出结果为低电平；同理，当 A 相下桥臂换相时，A 相上桥臂的二极管续流，A 相的端电压等于直流母线电压，与直流母线电压值的一半做差，其值大于零，经过 $V_A>0$ 比较器，在换相期间内其输出为高电平，换相结束后，其值降为二分

之一 V_{dc} 与 A 相相电压之差，与母线电压值的一半做差，其值小于零，经过 $V_A>0$ 比较器，输出为低电平。所以通过此端电压比较电路可得到换相持续时间。上桥臂由 AB 换相到 BC 相时的系统仿真图如图 4-72 所示。

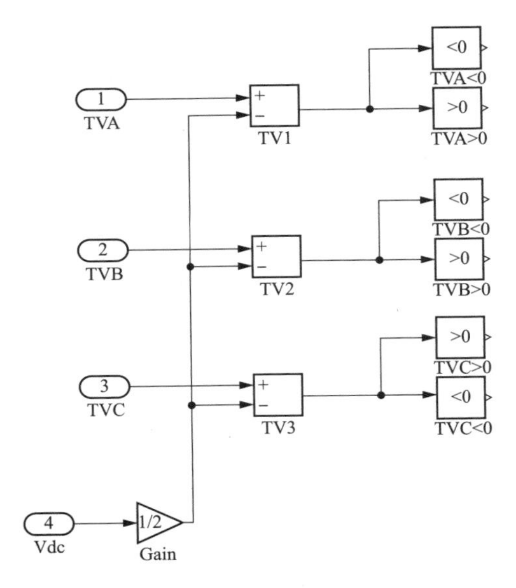

图 4-71　端电压检测模块结构图

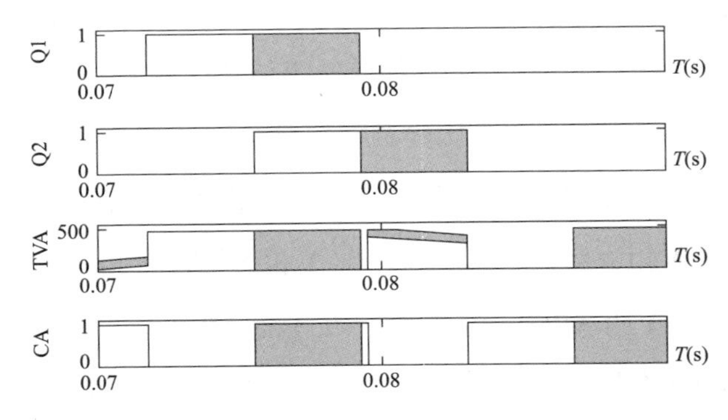

图 4-72　上桥臂由 AB 换相到 BC 相时的系统仿真图

（2）换相期间 PWM 占空比计算模块。换相期间 PWM 占空比计算模块结构图如图 4-73，其功能为根据电动机的实时转速，计算换相时间段的 PWM 占空比。

（3）换相信号生成模块。根据相反电动势生成控制功率器件通断的开关信号。在两两导通模式下，每相绕组导通 120°电角度，以 AB 相相反电势为例说

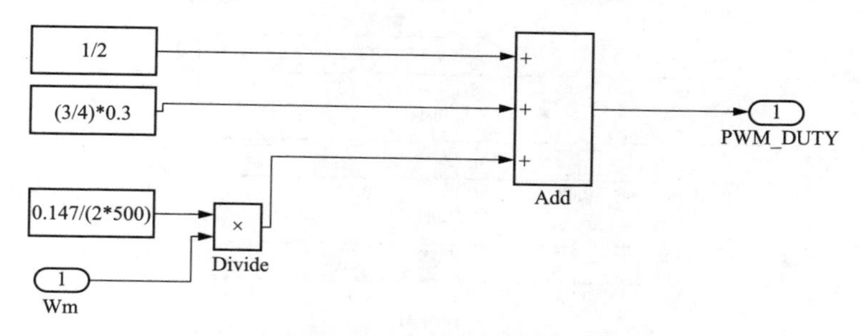

图 4-73　换相期间 PWM 占空比计算模块结构图

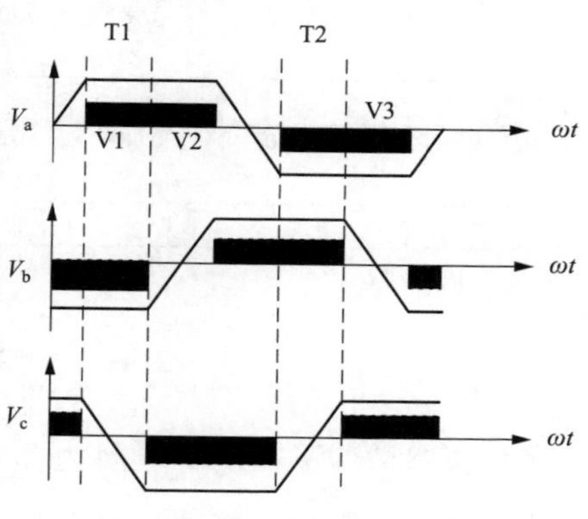

图 4-74　相反电动势图

明，由图 4-74 可知当 AB 相导通时，在 T1 时段内 $e_a+e_b=0$，同时 $e_a>0$，此时 A 相正向导通，B 相反向导通，V2 时刻 $e_a+e_c=0$ 同时 $e_a>0$，此时 A 相正向导通，C 相反向导通。所以 V2 为由 AB 换相到 AC 的时刻；同理可知 V3 为 BA 换相到 CA 的时刻。仿真电路如图 4-75 所示，仿真波形如图 4-76 所示。

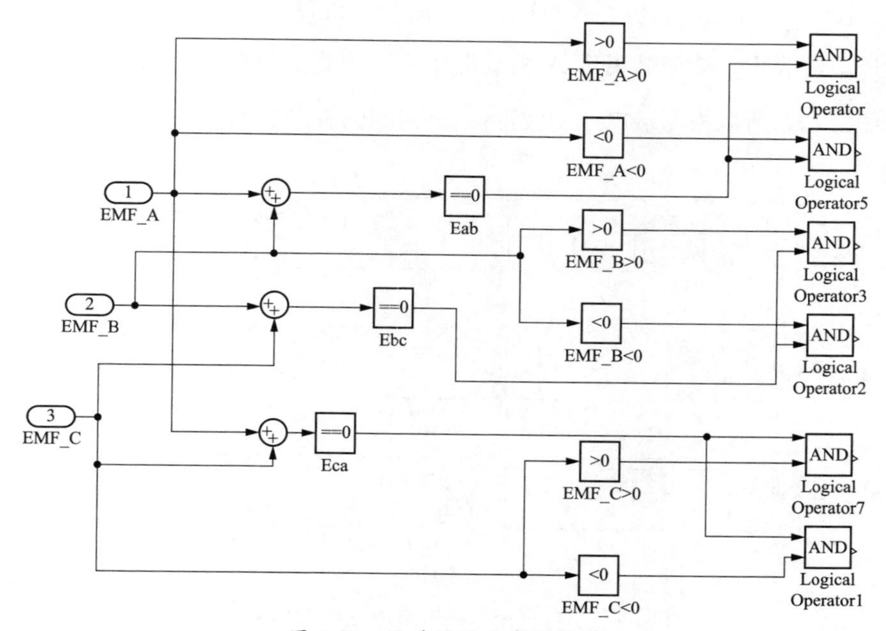

图 4-75　开关信号仿真电路图

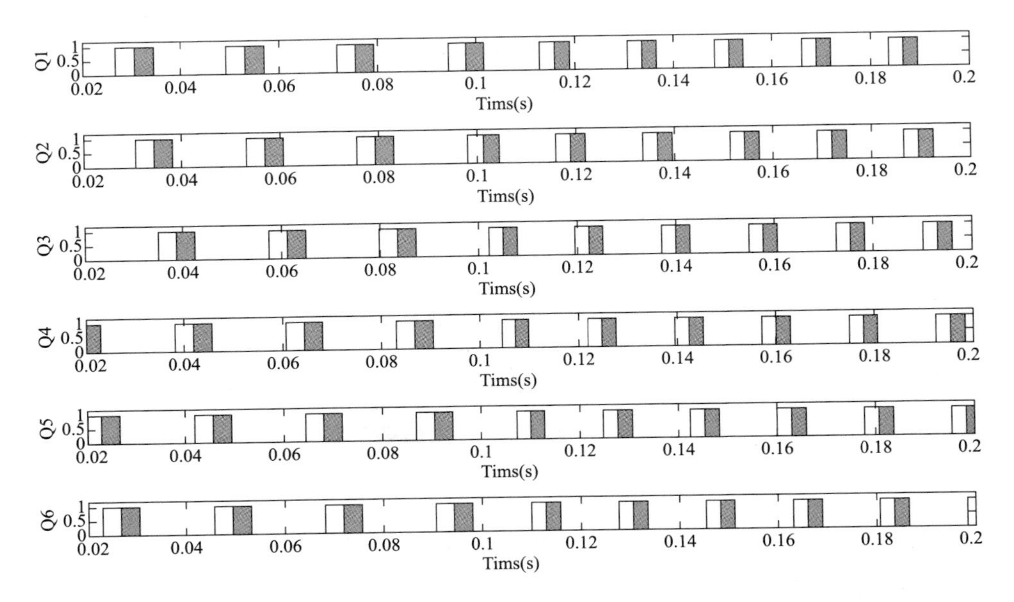

图 4-76 开关电路仿真波形图

各仿真参数如下：定子电阻为 2.875Ω、定子电感为 8.5e-3H、反电动势平顶区间为 120°电角度、斩波频率为 1e-5、电源为 500V 直流电压源。

由图 4-77 可见，上桥臂 V1 关断，电流经下桥臂 V4 的二极管续流时，A 相端电压下降为零，续流结束后 A 相端电压上升为直流母线电压值的一半与 A 相相电压之和，所以根据端电压的波形可得到换相持续时间。

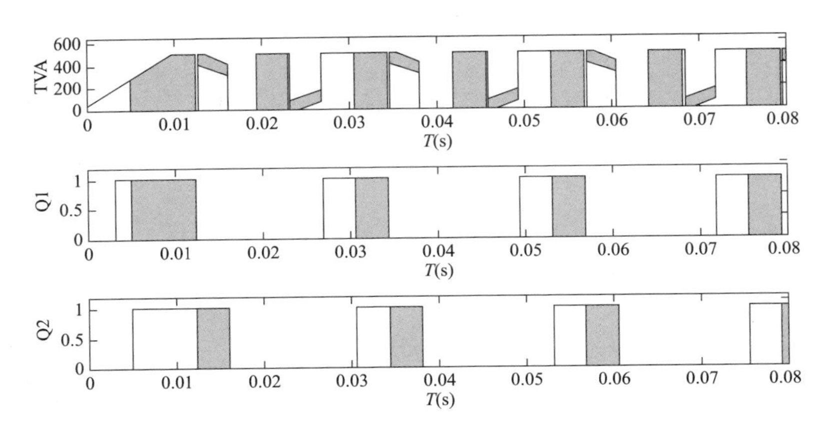

图 4-77 未使用端电压检测法时 A 相电流波形

由前述公式可知，转矩脉动与非换相相的电流脉动有关，因此通过观察相电流波形可检测转矩脉动。图 4-78 是未使用端电压检测法时 A 相电流波形，可见相电流波形有两个尖峰，最大值为 2. 81A，最小值为 1. 38A，差值为 1. 43A。图 4-79 为使用端电压检测法时 A 相电流波形，可见相电流接近方波，换相时电流最大值为 2. 37A，最小值为 2. 18A，差值为 0. 19A。

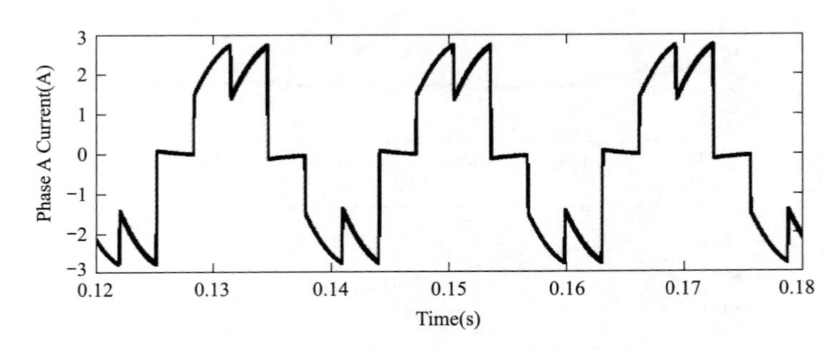

图 4-78 未使用端电压检测法时 A 相电流波形

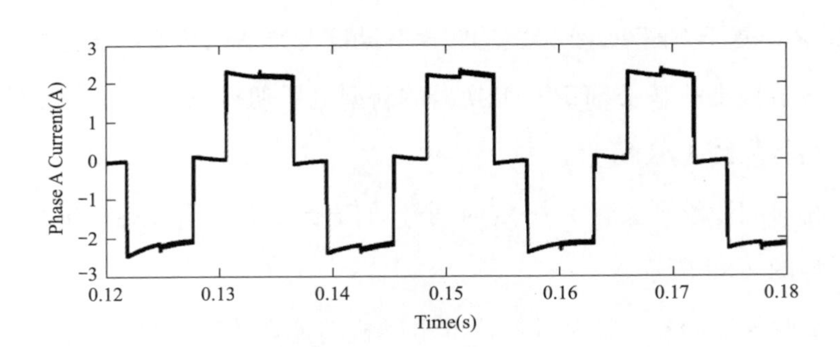

图 4-79 使用端电压检测法时 A 相电流波形

由图 4-80 可知，未使用端电压检测法抑制转矩脉动时，转矩最大值为 4N·m，最小值为 2N·m，脉动范围 2N·m，为最大值的 50%；转速的脉动也很明显，差值在 13 转左右。当使用端电压检测抑制转矩脉动之后，转矩脉动明显减小，最大值为 3. 4N·m，最小值为 3. 1N·m，差值为 0. 3N·m，仅为最大值的 8. 8%。

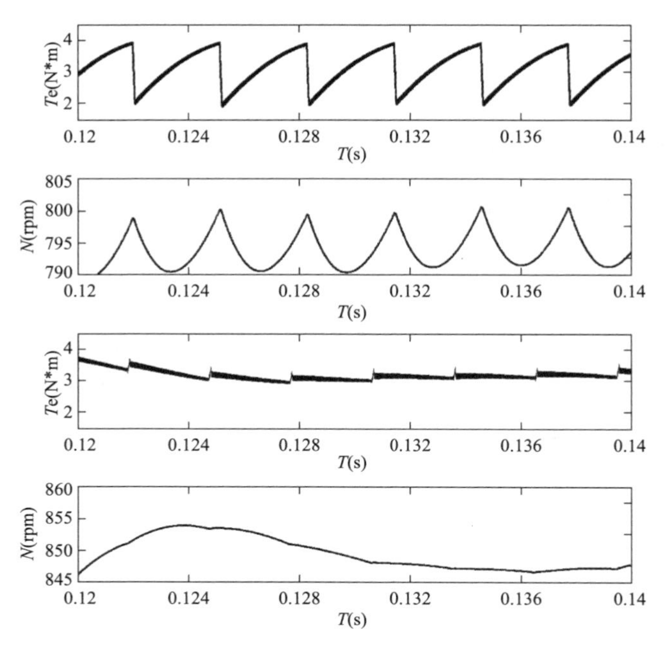

图 4-80　抑制前及抑制后转矩及转速仿真波形图

4.4.3.2　基于 SEPIC 变换器的转矩脉动抑制方法仿真及结果分析

对上一节提出的基于 SEPIC 变换器的新型电压切换电路拓扑进行建模仿真，整体控制结构如图 4-81 所示。

在换相时间段给开关管 K 一定时间开通信号的控制算法主要在 Subsystem5 中实现，如图 4-82 所示。

为了反映转矩脉动的抑制效果，取电动机转速取为额定转速 1500r/min，基于 SEPIC 变换器的新型电压切换电路的参数表见表 4-13。

图 4-83（a）是当电动机转速为 1500r/min，没有采用所提出方法时的直流母线电压。图 4-83（b）为采用提出的基于 SEPIC 变换器的新型电压切换电路的直流母线电压。

根据图 4-83 可看出在没有采用所提方法之前，直流母线电压保持在 300V。在采用本方法后，在换相期间直流母线电压升高至 370V 左右。

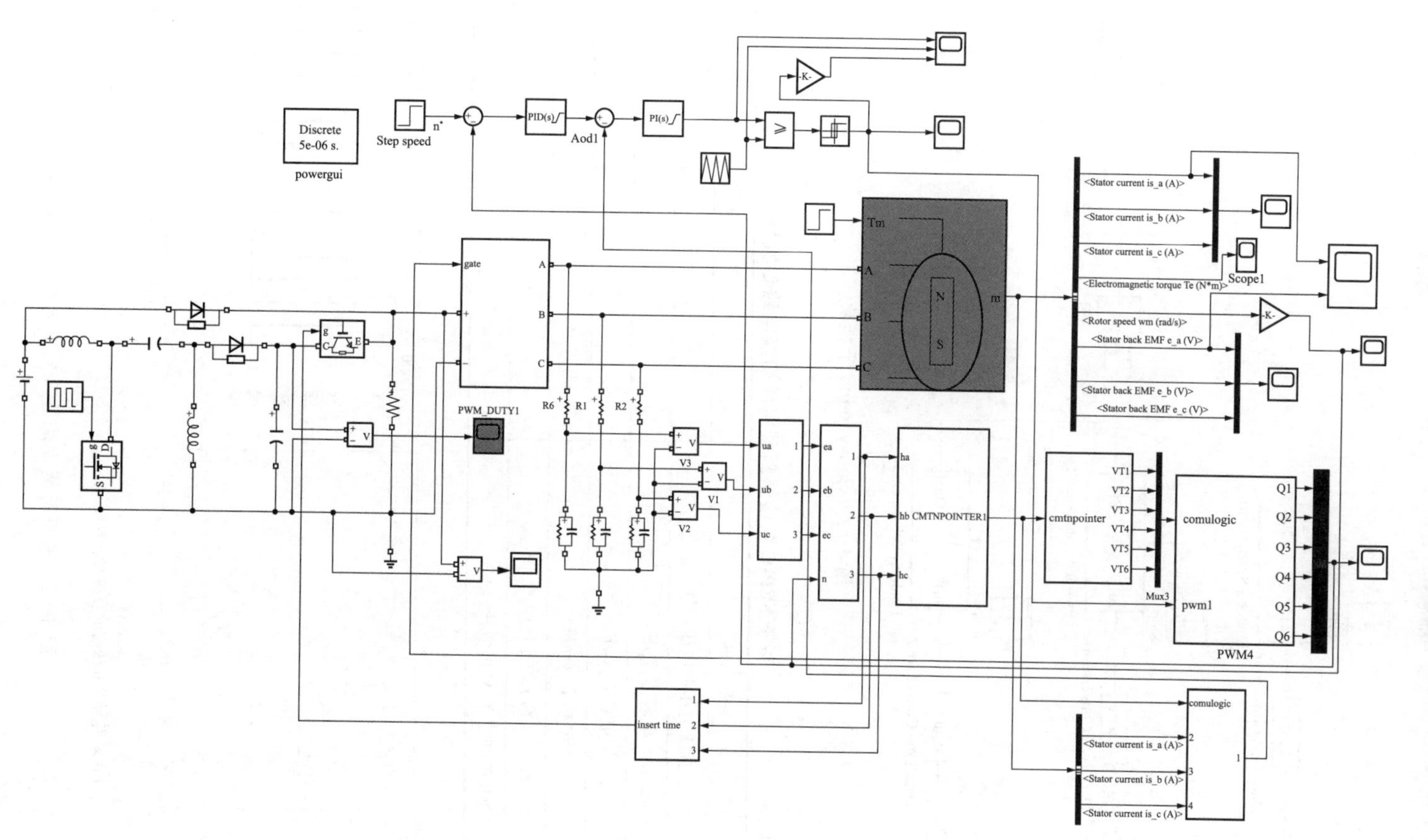

图 4-81　基于 SEPIC 变换器新型电压切换电路的控制系统仿真

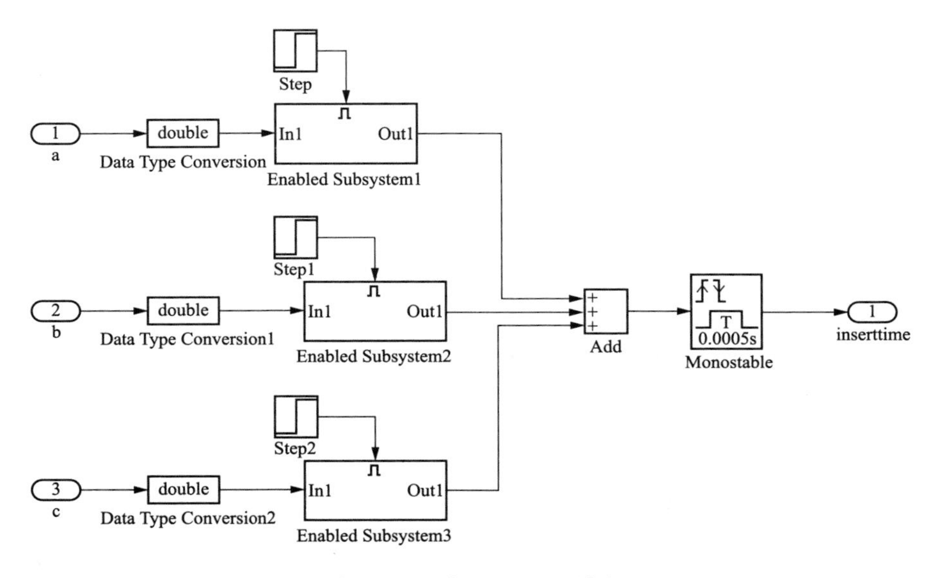

图 4-82 Subsystem5 子模块

表 4-13 基于 SEPIC 变换器新型电压切换电路参数表

参数名称	取值
直流电压源电压(V)	300
电容 C_1(μF)	2
电容 C_2(μF)	9000
电感 L_1(mH)	2
电感 L_2(mH)	100
MOSFET 管 V 占空比(kHz)	50

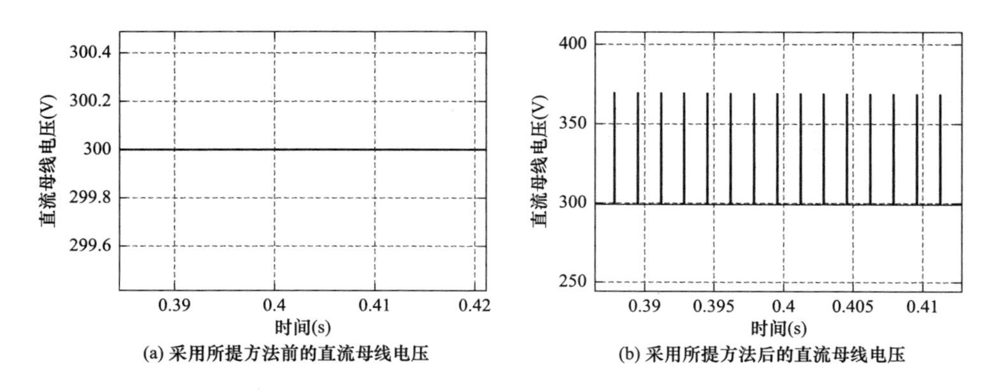

图 4-83 采用所提方法前后的直流母线电压

根据图 4-84 可看出在采用本电压切换电路补偿母线电压之后，相电流在换相点处的波动减小明显。

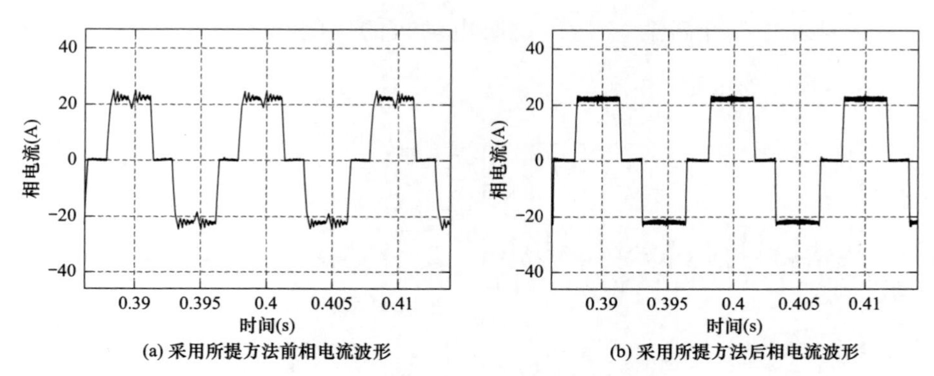

(a) 采用所提方法前相电流波形　　(b) 采用所提方法后相电流波形

图 4-84　采用所提方法前后相电流波形

图 4-85 取同一换相时刻的采用所提方法前后的三相电流波形，其中 i_A 为非换相相电流，i_C 为开通相电流，i_B 为关断相电流。

根据图 4-85（a）可看出开通相电流上升的速度比关断相电流下降的速度快，由于三相电流值和为零，因此非换相相电流下降，换相结束后非换相相电流缓慢升回到换相之前的值，非换相相电流波形的不稳定引起了换相转矩脉动。根据图 4-85（b）可看出关断相电流下降的速度与开通相电流上升的速度大致相同，非换相相电流基本保持不变，接近理想的换相波形。

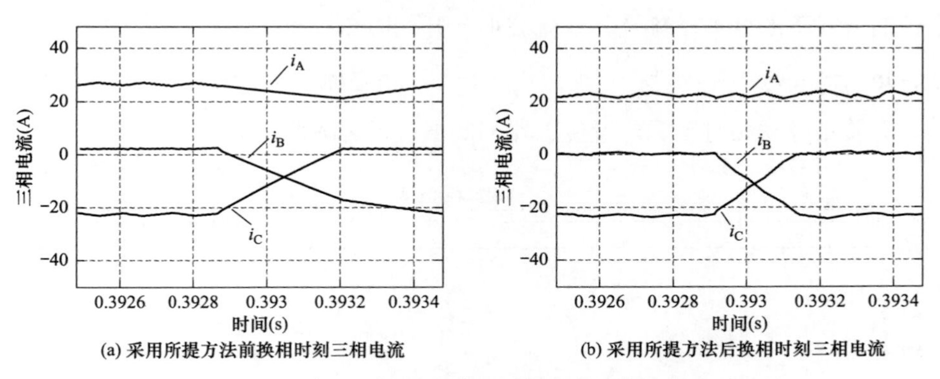

(a) 采用所提方法前换相时刻三相电流　　(b) 采用所提方法后换相时刻三相电流

图 4-85　采用所提方法前后换相时刻三相电流波形

根据图 4-86（a）可计算出采用基于 SEPIC 变换器的新型电压切换电路之前，转矩脉动约为 40%，根据图 4-86（b）可计算补偿后转矩脉动约为 10%，转矩脉动受到了明显的抑制；同时可看出采用本方法之后电动机的平均输出转矩提高，这是由于平均直流母线电压升高引起的。根据图 4-83（b）可看出在换相期间，直流母线电压升高至 370V，此时电动机的反电动势 $E_m=92V$，U_{dc} 接近 $4E_m$，符合前文的推论。

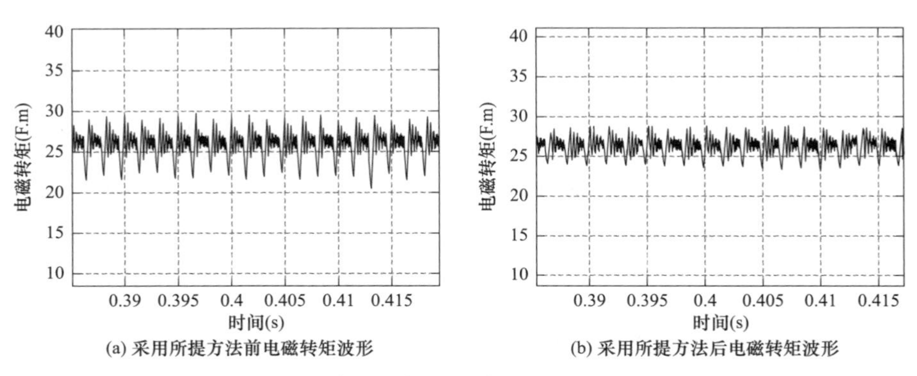

(a) 采用所提方法前电磁转矩波形　(b) 采用所提方法后电磁转矩波形

图 4-86　采用所提方法前后电动机转矩波形

4.4.3.3　基于准 Z 源网络的转矩脉动抑制方法仿真及结果分析

1. 直接转矩的仿真结果

将直接转矩和无位置的结合。仿真波形如图 4-87～图 4-90 所示。图 4-87 为无刷电动机在无位置控制和直接转矩模式，空载下的转速波形，设定转速为 1500r/min，通过图中的波形可看出电动机运行非常稳定。图 4-88 表示的是该结合控制方式下的反电动势及其电流波形，开始时刻为空载，0.1s 带的 3N·m 负载转矩，图 4-88 中显示反电动势波动不大，相电流在波形中心处有正常换相波动，有转矩脉动相对于无位置传感器控制下有显著降低。

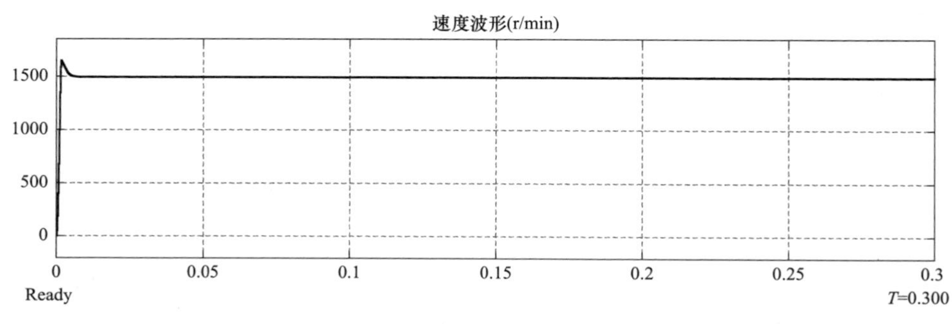

图 4-87　直接转矩速度波形

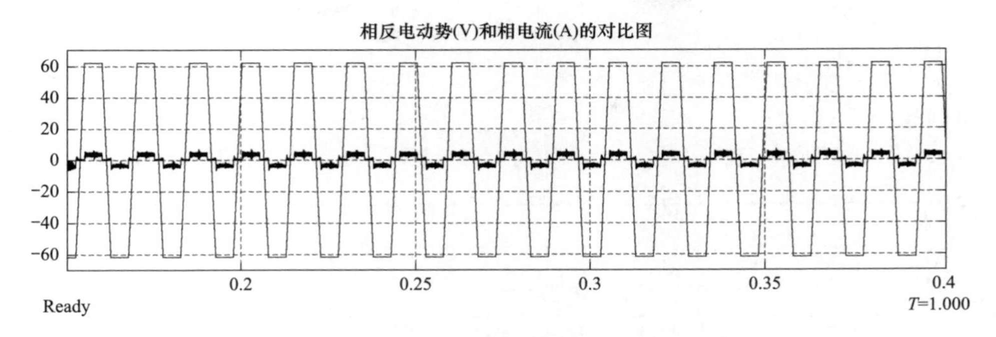

图 4-88　直接转矩模式 EMF 和相电流波形

图 4-89 表明，当运转到达 0.1s 时，突然增加到 3N・m 的负载，电动机的转矩响应极快，而且相对于双闭环控制和无位置控制，电动机的转矩脉动率降低到了 14%，输出的平均转矩也有所升高。由图 4-90 也可看出，在 0.1s 加负载转矩后，电动机的转速有较小的跌落，在 0.4s 将设定转速值设置为 400r/min 时，图 4-89 中的转矩也快速响应，迅速回落到设定的负载转矩，速度也可迅速达到 400r/min，没有产生在有外加干扰的情况下产生极大的转矩脉动和转速波动，与图 4-91 中双闭环控制作比较，也能比较出无位置控制下的直接转矩控制电流脉动更小，在受到非换相相的电流干扰时的反应也更加迅速。这也表明了直接转矩控制和无位置控制下，电动机也能保持一个稳定的工作状态，对这两种算法进入实际应用奠定了基础。

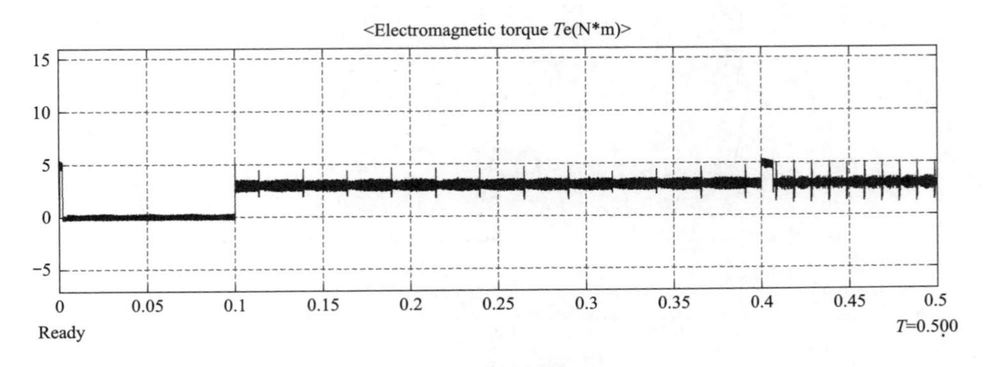

图 4-89　直接转矩模式转矩波形

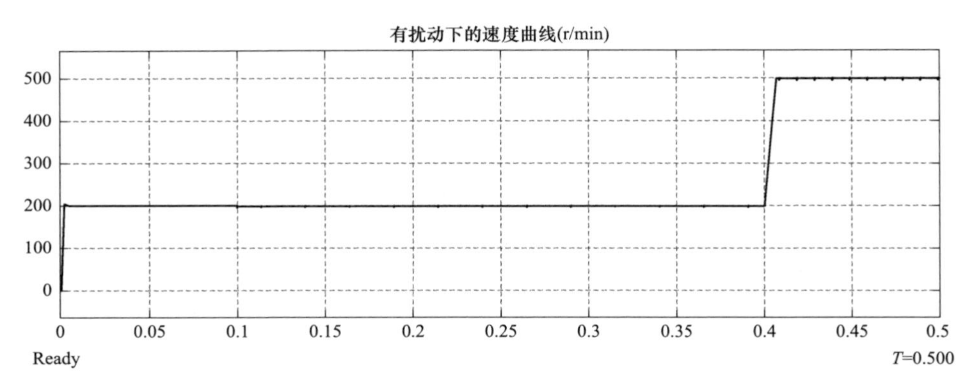

图 4-90　直接转矩有干扰下的转速波形

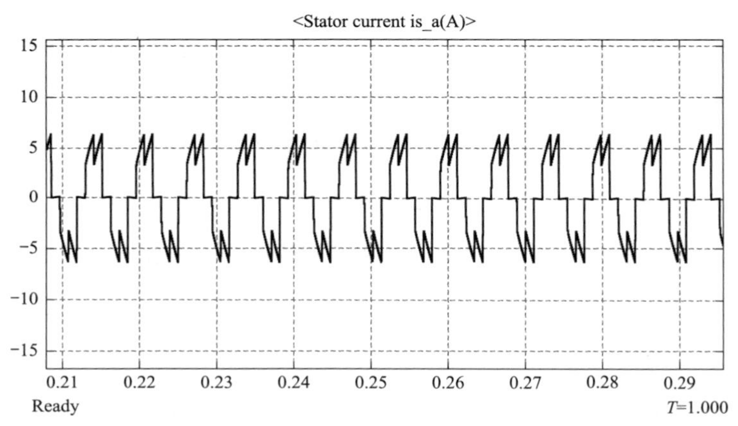

(a) 双闭环A相电流波形

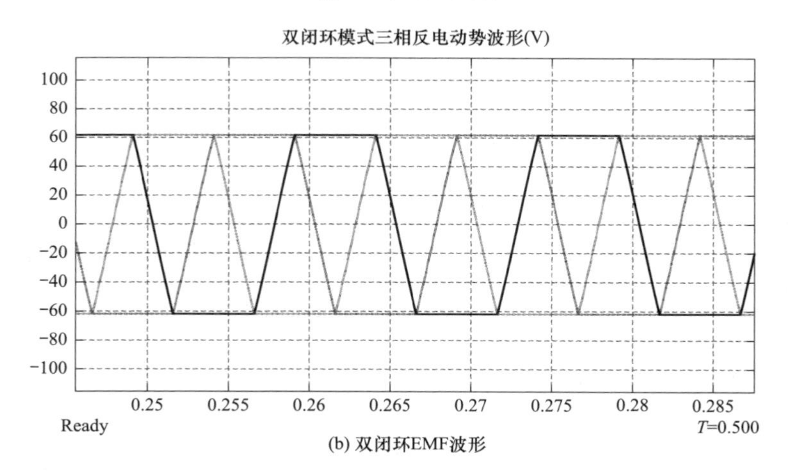

(b) 双闭环EMF波形

图 4-91　双闭环模态下相电流和 EMF 波形

从这个建模中，不仅采集各种电动机信号，还采集了无位置的三路位置信号，三路信号均有 180°的高电平，一路高电平信号过后，就瞬间进入低电平模态。通过对比也能看出，每相无位置传感器下的信号工作到 120°时刻，三路中的一路待换相信号开始动作，由低变为高，这个时间一直保持两路信号的平稳运行，这样证明了该位置观测的准确无误，进一步证明了无位置传感器能代替位置检测模块是有理有据的，是通过仿真建模来证明其正确性、有效性，如图 4-92 所示。

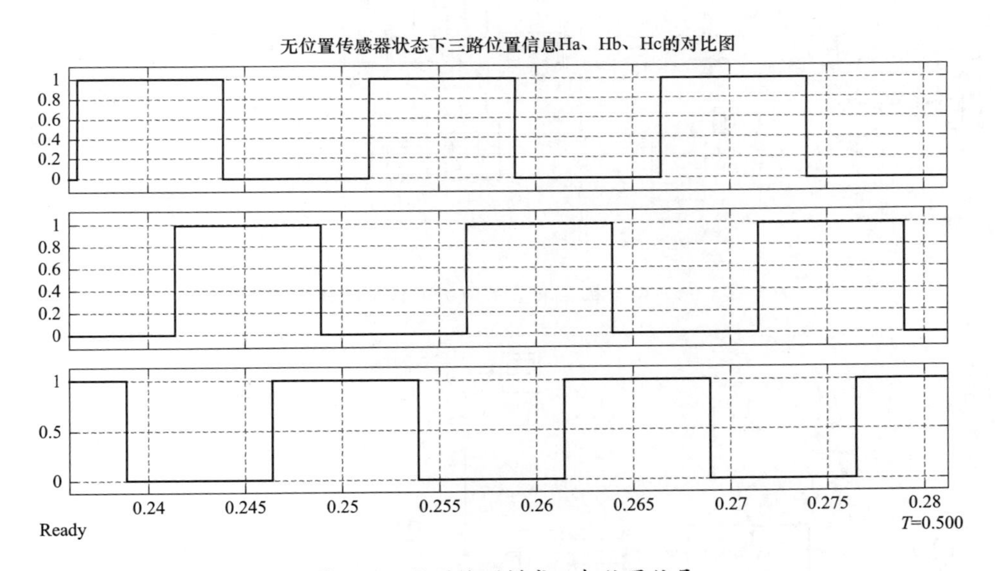

图 4-92　位置检测模式三相位置信号

2. 基于准 Z 源网络仿真结果分析

无刷直流电动机参数整定如下：额定电压 12V，反电动势为 120°梯形波，每相的相电阻为 2.4Ω，每相的电感为 80μH，运用转速控制方式。该网络变换器参数整定如下：供电 12V，电感大小为 2mH，电容大小为 1000μF。如图 4-93 所示，仿真模型中最主要的算法子模块 Subsystem 和 Subsystem1 中完成。其中 Subsystem1 模块的调整电压补偿的时间。它的主要功能是：电动机换相时刻生成一个高电平延迟信号，依照电平状态控制开关信号选择逆变器中所要导通的开关管 K_1 或 K_2，以此进行准 Z 源电路的输出电压与供电电源电压之间的切换工作。根据图 4-94 模块可得出，每相的霍尔信号每次具有 180°高电平信号，合成之后触发相隔 120°。三路霍尔位置信号通过 Enabled Subsystem，分别在霍尔信号每次上升沿到来时和下降沿到来时产生高电平信号。模型中的 Monostable 模块将产生的高电平保持的时间为 t，时间 t 即为电路中加载补偿电压的时间。

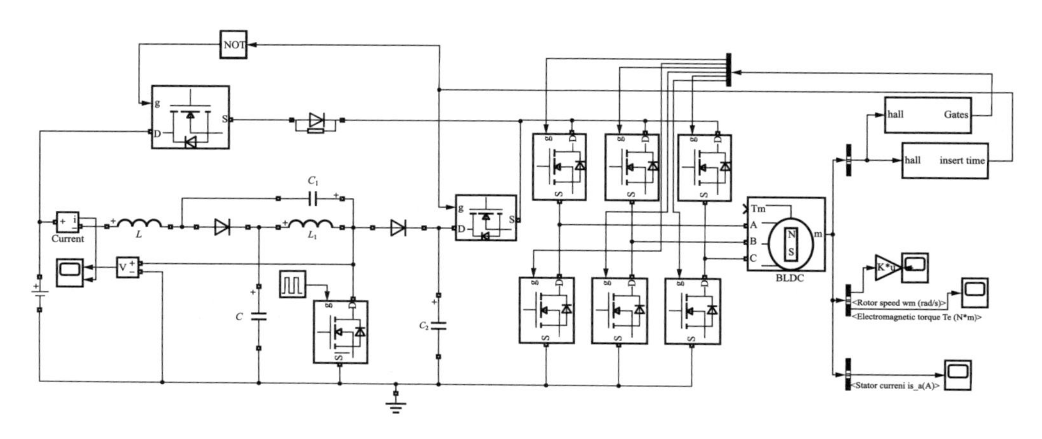

图 4-93　电动机在准 Z 源网络工作下的模型建立

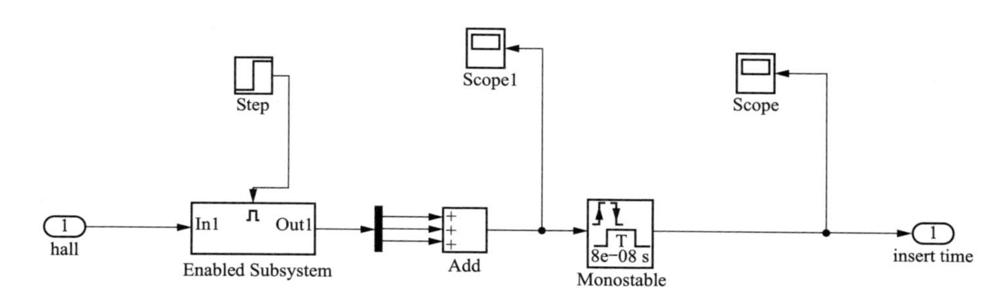

图 4-94　换相时间设定结构图

当换相时间模型的输出为高电平情况下，代表电动机正处于换相阶段。K_1 断开，K_2 导通，直流母线切换到准 Z 源变换器，为电动机提升供电电压。当输出的电平信号为低时，代表电动机处于非换相阶段，K_1 导通，K_2 断开，直流母线将直接向电动机供电。通过开关管 V 给出触发信号 D 的变化，该网络输出也随之改变。

由所搭建的准 Z 源网络仿真模型，将该算法下的电流和转矩波形和普通方法下的电流以及转矩波形作对比后进行分析，图 4-95 中的两个图就是两种不同方法下相电流的波形图，可看出右边此波形存在尖峰，而且相电流接近脉动较大，最大值为 0.009A，最小值为−0.009A，平均值为 0.009A。图 4-95（b）所示是采用了准 Z 源网络控制策略时的单相电流，可见该波形不存在尖峰，而且相电流接近脉动并不大，可得出最大值为 0.012A，最小值为−0.012A，平均值为 0.012A。

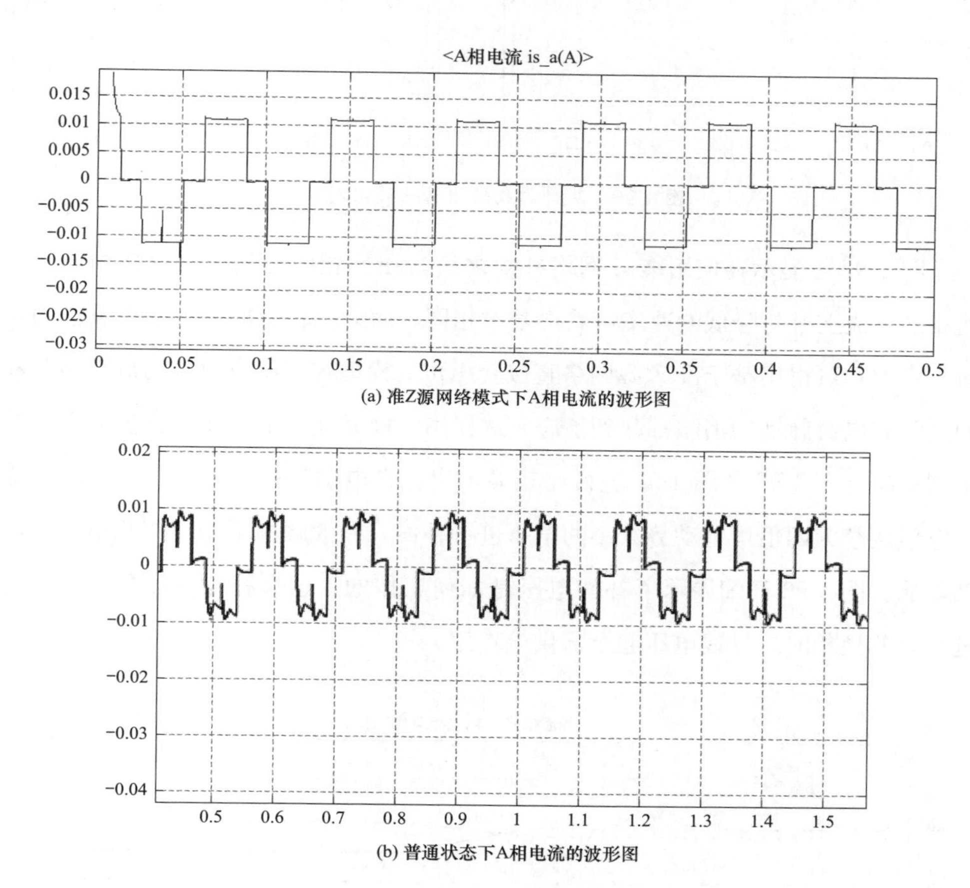

(a) 准Z源网络模式下A相电流的波形图

(b) 普通状态下A相电流的波形图

图 4-95　两种方式相电流波形对比

图 4-96 给出了使用普通控制策略的电动机转矩波形，转矩波动较大，通过分析可得出平均转矩 0.00425N·m，而图 4-96 是使用准 Z 源网络法之后获得的转矩波形，通过分析得出平均转矩为 0.00625N·m，电动机的平均输出转矩提高了 30%，经过对图 4-96 中波形的分析，显然转矩脉动明显起伏不大。由上述

详析可得出此种方法对于转矩脉动的降低效果是十分明显的。

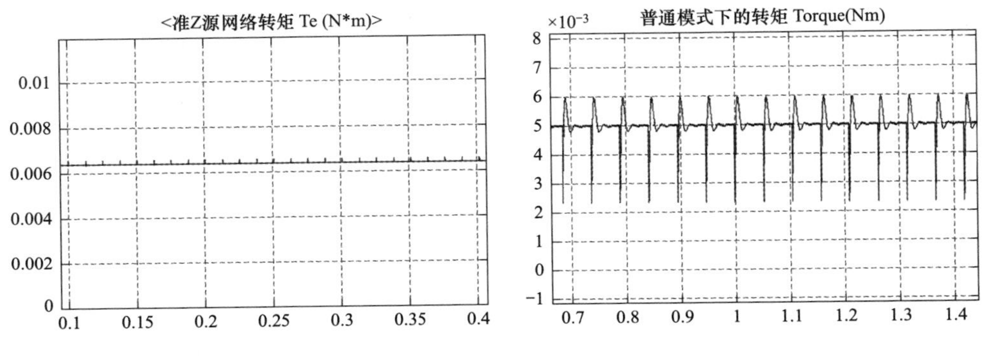

图 4-96　两种方式输出转矩波形对比

图 4-97 可显示在使用准 Z 网络补偿之后，在换相的时间内，关断相及其开通相的电流上升与降低的速率可看作基本相同，而第三相相电流可基本看作为定值。由此，可得出基于准 Z 源网络直接转矩仿真模型在无刷直流电动机转矩脉动的消除和电流脉动的消除都起到了应有的作用，极大地丰富了无刷直流电动机的控制策略。图 4-98 和图 4-97 进行比较显示出：在电动机换相时刻，将此时的输入电压调整为四倍反电动势大小的电压进行补偿，有效解决了非换相相电流的波动影响。图 4-99 详细展示了补偿电压是如何工作的，这个补偿电压只在换相时进行，非换相时，母线电压起全部供电作用。

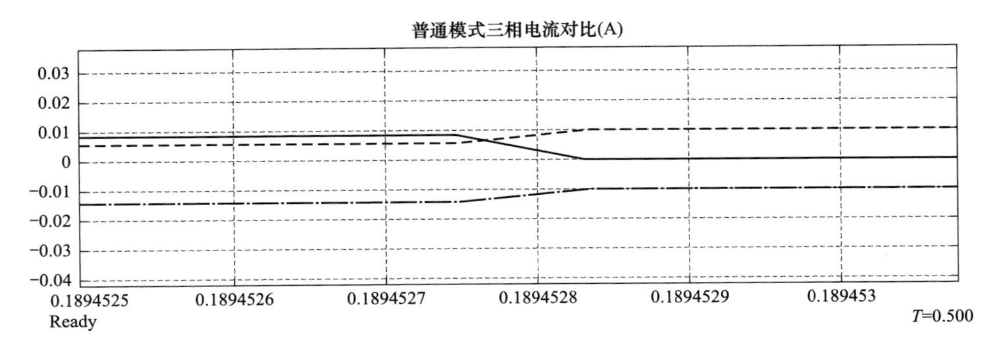

图 4-97　准 Z 源网络换相时刻电流图

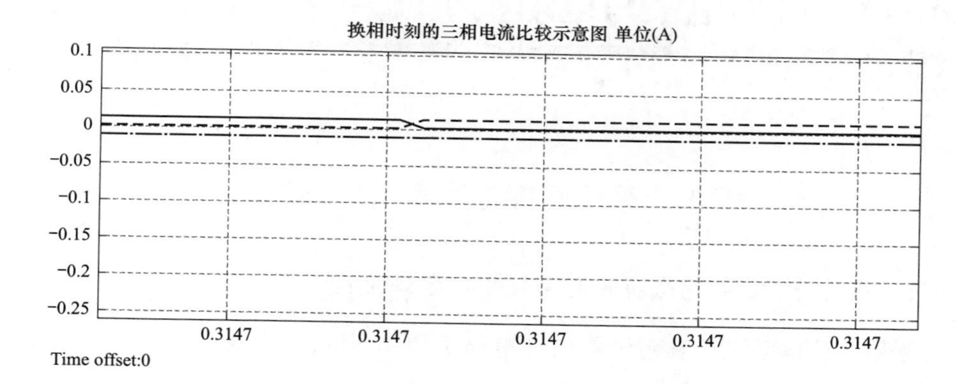

图 4-98　普通控制三相电流对比图

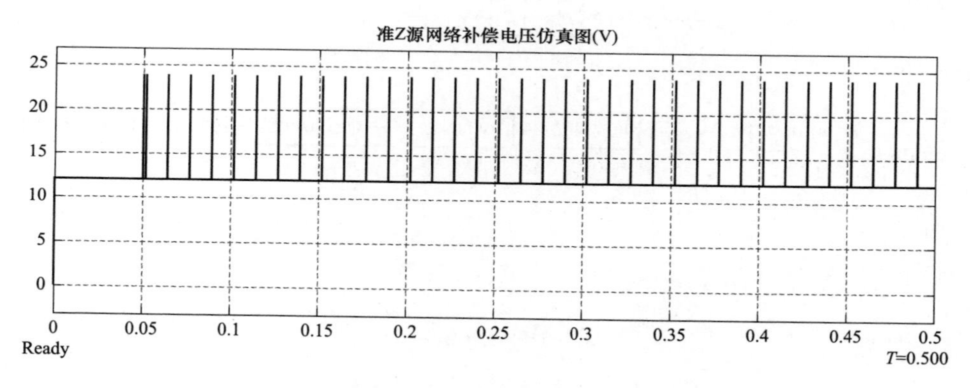

图 4-99　换相时刻补偿电压图

第5章 电力电子与电动机集成系统硬件设计与实现

5.1 系统硬件电路平台总体结构

5.1.1 基于FPGA的系统硬件电路平台总体结构

无刷直流电动机控制系统的硬件电路主要由FPGA控制器电路、功率驱动电路、稳压电路、过零检测电路等组成，系统的总体结构框图如图5-1所示。

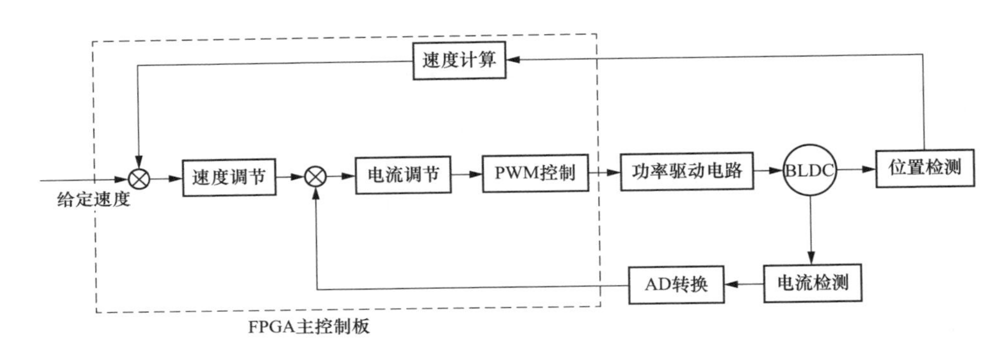

图5-1 硬件电路拓扑

该无刷直流电动机的控制系统采用PWM方式实现对无刷直流电动机的控制。其基本原理是FPGA输出的PWM信号经过推挽放大电路，然后驱动六个功率MOSFET，由功率MOSFET组成的三相全桥式逆变电路控制电动机定子的换相，位置检测信号和电流检测信号作为反馈信号送回电动机控制系统的前端与输入信号共同作用于电动机的控制系统，电动机的转速信号是由位置检测信号间接计算得到的。由于电动机采用的是无位置传感器的，所以位置参数由无传感器专用检测电路测出，并由FPGA的端口进行捕捉定位，电流的反馈信号是通过检测主回路中采样电阻上的电压降间接得到的，由FPGA的端口进行采样。位置信号用于控制换相，由位置参数计算出电动机转速，和给定转速信号进行比较，修正偏差产生电流参考量，再与电流反馈量进行比较，其偏差经电流调节后的信号控制PWM占空比，实现无刷直流电动机的速度与电流控制。

FPGA 主控制电路采用的控制芯片型号为 EP3C16Q240，其主要任务是对获取的各种信号进行处理和控制系统的闭环调节，通过串口与 PC 机完成数据的交换。功率驱动电路完成对无刷直流电动机的驱动控制，包括推挽放大电路和三相全控桥式逆变电路，六个功率 MOSFET 的驱动信号是相互独立的。供电电路的任务是为硬件电路中的其他电路模块提供能保证其正常工作的所需电压，其提供电压阈值为驱动电压、±15、±5V。信号处理电路是把采样得到的电压反馈信号、转子位置反馈信号等模拟量信号处理到能达到 FPGA 控制器的可控制范围内。下节将详细介绍硬件电路系统设计的各个电路模块的设计原理图和一些电路的仿真结果。

5.1.2　基于 DSP 的系统硬件电路平台总体结构

全数字化的 SPMSM 实验平台控制系统硬件平台。基于全数字化的 SPMSM 实验平台控制系统的硬件结构框图如图 5-2 所示。

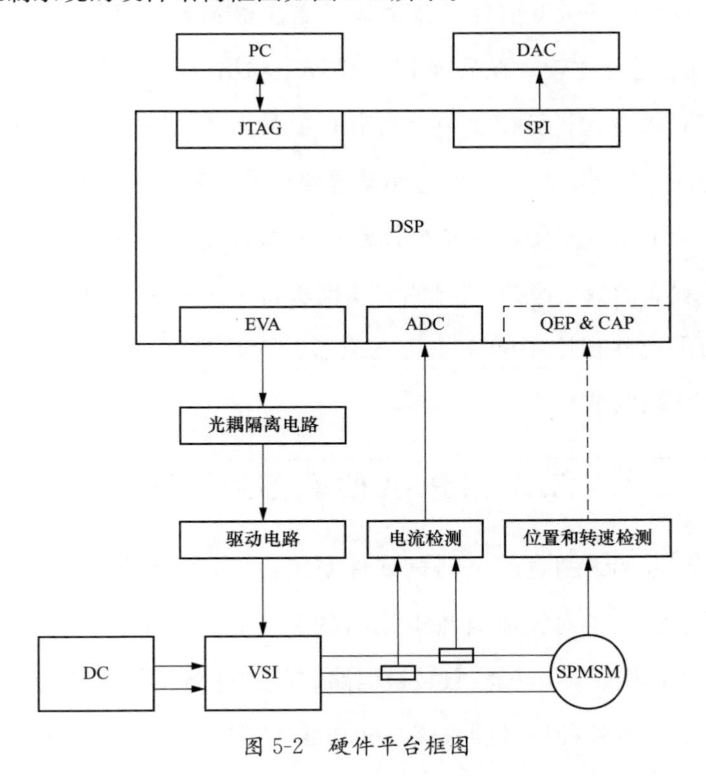

图 5-2　硬件平台框图

由图5-2可看出，整个控制系统平台是以DSP控制芯片为核心，以主电路VSI、采样和检测电路为外部工作电路。DSP芯片主要的作用是：完成电流内环、速度外环的调节以及PWM信号的产生、转子位置和转速的估计等控制算法。通过DSP的JTAG端口可方便地使PC机与DSP通信，为在线调试和仿真提供了便利。为了检验无位置传感器控制算法的可靠性，控制系统中加装了增量式光电编码器用来检测实际的电动机转子位置，从而验证算法的正确性。增量式的光电编码器可检测出转子的实际位置以及计算出电动机的转速，编码器的输出信号经过信号调理电路送到DSP的QEP电路中，进行位置检测和转速计算，EVB中的捕获模块CAP4和CAP5用来产生转速计算中的编码器两个相邻脉冲，从而计算两个相邻脉冲间的高频脉冲数。本系统采用霍尔式电流传感器，其输出的电压范围是0～3.3V，为了减少测量的随机噪声以及提升抗外部干扰的能力，将其接入电压跟随器后再送入DSP中的ADC模块。定子电流采样完成后，根据转子位置信息，经过坐标变换得到dq轴系下的电流，与给定的dq轴电流值进行比较，在数字PI控制器下输出 u_d^* 和 u_q^*，在经过坐标变换送到SVPWM占空比计算模块中，利用DSP的EVA模块中的全比较单元输出逆变电路的开关信号，该信号经过驱动电路以及光耦隔离电路最终被送到IPM的控制端。为了调试方便，在系统控制板中加入DAC模块，方便实验波形的显示。想要观察的数据经过DSP的SPI模块将数据送到DAC模块当中，接入示波器从而可观察程序中的变量变化波形。DSP的JTAG端口与PC机相连，进行在线的系统调试。

5.2 FPGA的系统硬件设计

基于FPGA的无刷直流电动机硬件系统由驱动系统和控制系统两部分组成，驱动系统实现了对无刷直流电动机的驱动，主要包括三相全控逆变桥电路、运算放大电路、端电压模数转换电路、保护电路及外转子三相无刷直流电动机。控制系统将各种信号读入核心处理器，在处理器内部通过软件实现对各种信号的处理，然后将生成控制信号作用到控制电路，主要包括系统时钟电路、核心处理器电路、扩展外存储器电路及 VGA 可视化显示电路。系统总体结构如图 5-3 所示。

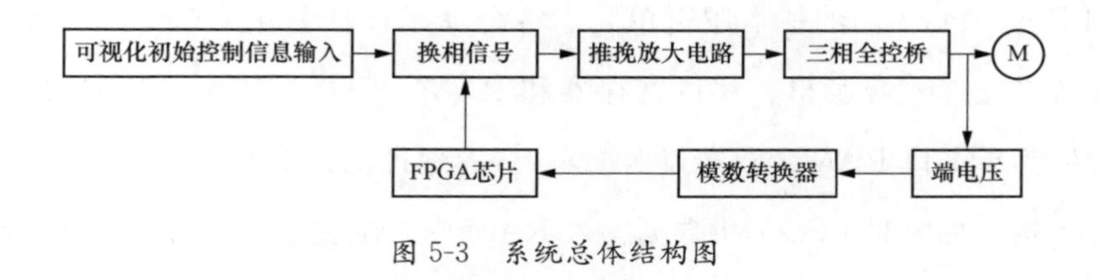

图 5-3　系统总体结构图

硬件系统的工作方式如下：三相全控桥电路实现无刷电动机的换相，工作方式为 ON_PWM 模式，为了减少换相时的转矩脉动，在换相持续时间内会根据电动机的转速调整 PWM 的占空比，换相结束后，为了防止过补偿，将 PWM 的占空比恢复到之前的数值；端电压模数转换电路将端电压的模拟量转换成数字量传递给核心处理器，通过软件及端电压与相反电动势的关系，计算出相反电动势，再由相反电动势计算出系统的换相时刻控制电动机换相；端电压模数转换模块转换的数字量还将参与换相持续时间的计算，即将端电压的值与直流母线电压值的一半进行比较，判断比较值得到换相持续时间；保护电路中的器件，使之不至于过电压；系统时钟电路，为了使各种器件正常工作需要系统时钟源，通过对时钟源的配置，可得到各种器件读写操作所需的各种频率脉冲；核心处理器电路，此为控制系统的核心，所有的数据处理都要经过其计算完成；扩展外存储器电路，随着系统功能的复杂化和处理数据量的增大，处理器自带的存储空间已经不能满足要求，所以要通过外存储器扩展其存储空间以满足系统要求；VGA 可视化显示电路，设置分辨率及刷新频率，通过 VGA 接口，将核心处理器处理的数据显示到屏幕上。

5.2.1　基于 FPGA 的系统硬件电路平台总体结构

（1）微处理器。FPGA 是 Field Progarmmable Gate Arrayd 的缩写，意为现场可编程门阵列，FPGA 采用了逻辑单元阵列 LCA（Logic Cell Array）的概念，

内部包括可配置逻辑模块 CLB、输入输出模块 IOB（Input Output Block）内部联系（Intercoiltlect）、嵌入块式 RAM、内嵌底层功能单元和内嵌专用硬核等部分组成。

CLB 是 FPGA 内的基本逻辑单元，每个单元具有个开关矩阵，可通过对其进行配置来处理组合逻辑、移位寄存器和 RAM。FPGA 芯片内存放的块 RAM 可被配置为单端口 RAM、双端口 RAM、内容地址储存器 CAM 以及 FIFO 等常用储存结构；加电时 FPGA 将数据读入 RAM 内，配置工作状态。内嵌功能模块主要指 DLL（Delay Locked Loop）、PLL（Phase Locked Loop）等软处理核；DLL 和 PLL 可完成时钟的倍频和分频以及移相等功能。内嵌专用硬核是指 FPGA 中的硬核，等效于 ASIC 电路，例如专用乘法器、串并收发器。

逻辑单元（LE）是 FPGA 中用于完成用户逻辑的最小单元，一个逻辑阵列包含 16 个逻辑单元，每个逻辑单元由一个四输入查询表（LUT）、一个可编程寄存器、一条进位链、一条级连链组成。一个逻辑单元包含 3 个输出，一个用于驱动本地互联，其余两个用于驱动行与列连接。

控制系统所用的核心处理器是 Altera 公司生产的 CycloneIII 系列中的 EP3C16Q240C8 芯片。该芯片是第三代产品，性能优异且功耗低，在要求高性能低成本的条件下非常适用。

EP3C16Q240 的组成结构为：15408 个逻辑单元（LE），148 个用户 I/O 引脚。EP3C16Q24 具有 4Mbits 嵌入式存储器、18 位×18 位嵌入式乘法器 56 个、专用外部存储器接口电路、4 倍锁相环 PII 和高速差分 I/O。

EP3C16Q240 可进行不同的封装选择，适合低成本、大批量应用。CycloneIII FPGA 系列芯片可工作在－40～125℃。

EP3C16Q240 共有 240 个引脚，可分为五大类：供电与参考引脚、专用 JTAG 引脚、锁相环引脚、可选/复用配置引脚、两用差分和外部存器接口引脚。各类引脚中常用引脚见表 5-1～表 5-4。

表 5-1　　供电与参考引脚

引脚名称	类型	功能
VCCINT	供电电源	内核电压：1.2V/0.5%，负责给内部逻辑阵列电源引脚供电。 引脚：共 12 个引脚，包括：10、40、53、61、74、115、129、140、163、190、204、228
VCCIO [1..8]	供电电源	I/O 供电电压，共 8 个块，每个块供电电压可不一样，支持所有 I/O 输入输出标准。 引脚：共 16 个引脚，包括：7、15；35、47；66、77；96、104；124、136；154、170；192、206；213、225
GND	地电位引脚	器件所有的 GND 引脚应连接到板子脚地上。 引脚：共 27 个引脚，包括：11、16、36、42、48、54、62、67、75、79、97、105、116、125、130、138、141、156、165、172、191、193、205、208、215、227、229
GNDA	锁相环地电位引脚	PLL 的地。需要和 GND 相连接。引脚：共包括 4 个引脚，59（GNDA1）、179（GNDA2）、2（GNDA3）、122（GNDA4）
VCCD_PLL [1..4]	锁相环供电	PLL 数字供电电压，1.2V。 引脚：共有 4 个引脚，60、180、121（VDD_PLL1～VDD_PLL4）

表 5-2　　专用配置 JTAG 引脚

引脚名称	类型	功能
DATA0	双向输入、输出	专用配置输入引脚。AS 配置后，输出 DATA0 是一个专用的用户可控制输入引脚。DATA0 用作 PP 或 PS 配置后，可作为 I/O，该引脚的状态取决于两引脚的设置。AP 配置后，DATA0 是一个专用的用户可控制的定双向引脚。 引脚：共 1 脚，24
TCK	输入	JTAG 专用输入脚，将 TCK 连到地，JTAG 电路禁止。 引脚：共 1 个，27
TMS	输入	JTAG 专用输入脚，将 TMS 连到 VCC（+3.3V），JTAG 电路禁止。 引脚：共 1 个，28
TDI	输入	JTAG 专用输入脚，将 TDI 连到 VCC（+3.3V），JTAG 电路禁止。 引脚：共 1 个，26
TDO	输出	JTAG 专用输出脚。 引脚：共 1 个，29

表 5-3　　时钟源与锁相环引脚

引脚名称	类型	功能
CLK [0，2，4，6，9，11，13，15]，DIFFCLK_ [0..7] p	时钟源输入引脚	专用全局时钟输入引脚，也可用于差分全局时钟输入的正端或用户输入引脚：差分 P。 引脚：31（CLK0）、33（CLK2）、152（CLK4）、150（CLK6）、210（CLK9）、212（CLK11）、91（CLK13）、89（CLK15）

续表

引脚名称	类型	功能
CLK [1, 3, 5, 7, 8, 10, 12, 14], DIFFCLK_ [0..7] n	时钟源输入引脚	专用全局时钟输入引脚，也可用于差分全局时钟输入的负端或用户输入引脚：差分 N。 引脚：32（CLK2）、34（CLK3）、151（CLK5）、149（CLK7）、209（CLK8）、211（CLK10）、92（CLK12）、90（CLK14）
PLL [1..4] _CLKOUT [p, n]	IO 输出引脚	I/O 引脚可用作两个单端时钟输出脚或一个差分时钟输出对。如果它是有 PLL 推送输出的话，这些引脚只能使用差分 I/O 标准。 引脚分别是： 69，70（PLL1 _ CLKOUTp，PLL1 _ CLKOUTn）、185，186（PLL2 _ CLKOUTp，PLL2 _ CLKOUTn）、239，240（PLL3 _ CLKOUTp，PLL3 _ CLKOUTn）、117，118（PLL4_CLKOUTp，PLL4_CLKOUTn）

表 5-4　　两用差分和外部存储器接口引脚

DIFFIO_ [L, R, T, B] [0..6] [n, p]	IO 引脚	两用差分发射器/接收通道。这些信道可兼容 LVDS 的发送和接收。p 代表 positive，n 代表 negative。如果不适用差分信号，这些引脚可作为用户 I/O 引脚
DQS [0..5] [L, R, T, B]/CQ [1, 3, 5] [L, R, T, B] [#], DPCLK [0..11]	IO 引脚	两用 DPCLK/DQS 引脚可以连接到全局时钟网络的高扇出控制信号，如时钟，异步清零，预置，时钟使能。它也可作为可选的数据选通脉冲信号，用于在外部存储器接口。这些管脚驱动专用 DQS 相移电路，允许微调的输入时钟的相移或闪光灯正确对齐需要捕捉数据的时钟边沿

（2）扩展外存储器电路。FPGA 具有片内 RAM，RAM 的作用是运行程序和存储临时数据。刚开始 EF3C16Q240 内部存储器是能保证存储容量的，但是随着对电动机控制系统的要求不断提高，加入了需要处理的大量复杂的控制算法，EF3C16Q240 内部存储器的存储空间将不足。在调试阶段不是将程序烧写到时 FPGA 的 Flash 中，而是下载到外部扩展 RAM 中。因此，需扩充一部分 SRAM 为后期工作预留空间。

如图 5-4 所示，系统扩展了 ISSI 公司的 512K、16 位、5Mb 容量的高速异步静态随机存取存储器芯片 IS61LV51216。该芯片使用了 ISSI 公司的高效 CMOS 技术制造，10ns 的存取速度，CMOS 低压驱动，兼容 TTL 电平，单+3.3V 电源供电，无须时钟和刷新，全静态操作，三态输出，高位或低位数据控制。

U2
SRAM1_IO0 7 IO0 A18 28 SRAM1_A18
SRAM1_IO1 8 IO1 A17 44 SRAM1_A17
SRAM1_IO2 9 IO2 A16 43 SRAM1_A16
SRAM1_IO3 10 IO3 A15 42 SRAM1_A15
SRAM1_IO4 13 IO4 A14 27 SRAM1_A14
SRAM1_IO5 14 IO5 A13 26 SRAM1_A13
SRAM1_IO6 15 IO6 A12 25 SRAM1_A12
SRAM1_IO7 16 IO7 A11 24 SRAM1_A11
SRAM1_IO8 29 IO8 A10 23 SRAM1_A10
SRAM1_IO9 30 IO9 A9 22 SRAM1_A9
SRAM1_IO10 31 IO10 A8 21 SRAM1_A8
SRAM1_IO11 32 IO11 A7 20 SRAM1_A7
SRAM1_IO12 35 IO12 A6 19 SRAM1_A6
SRAM1_IO13 36 IO13 A5 18 SRAM1_A5
SRAM1_IO14 37 IO14 A4 5 SRAM1_A4
SRAM1_IO15 38 IO15 A3 4 SRAM1_A3
A2 3 SRAM1_A2
SRAM1_nLB 39 nLB A1 2 SRAM1_A1
SRAM1_nUB 40 nUB A0 1 SRAM1_A0
SRAM1_nOE 41 nOE
SRAM1_nCE 6 nCE nWE 17 SRAM1_nWE
VDD3.3 11 VDD DGND 34 DGND
VDD3.3 33 VDD DGND 12 DGND
IS61LV51216

U3
SRAM2_IO0 7 IO0 A18 28 SRAM2_A18
SRAM2_IO1 8 IO1 A17 44 SRAM2_A17
SRAM2_IO2 9 IO2 A16 43 SRAM2_A16
SRAM2_IO3 10 IO3 A15 42 SRAM2_A15
SRAM2_IO4 13 IO4 A14 27 SRAM2_A14
SRAM2_IO5 14 IO5 A13 26 SRAM2_A13
SRAM2_IO6 15 IO6 A12 25 SRAM2_A12
SRAM2_IO7 16 IO7 A11 24 SRAM2_A11
SRAM2_IO8 29 IO8 A10 23 SRAM2_A10
SRAM2_IO9 30 IO9 A9 22 SRAM2_A9
SRAM2_IO10 31 IO10 A8 21 SRAM2_A8
SRAM2_IO11 32 IO11 A7 20 SRAM2_A7
SRAM2_IO12 35 IO12 A6 19 SRAM2_A6
SRAM2_IO13 36 IO13 A5 18 SRAM2_A5
SRAM2_IO14 37 IO14 A4 5 SRAM2_A4
SRAM2_IO15 38 IO15 A3 4 SRAM2_A3
A2 3 SRAM2_A2
SRAM2_nLB 39 nLB A1 2 SRAM2_A1
SRAM2_nUB 40 nUB A0 1 SRAM2_A0
SRAM2_nOE 41 nOE
SRAM2_nCE 6 nCE nWE 17 SRAM2_nWE
VDD3.3 11 VDD DGND 34 DGND
VDD3.3 33 VDD DGND 12 DGND
IS61LV51216

SRAM1_nOE R14 Res2 103 DGND
SRAM1_nCE R15 Res2 103 DGND
SRAM2_nOE R16 Res2 103 DGND

图 5-4　外扩存储器电路

（3）供电电路。稳定准确的供电电压是 FPGA 芯片稳定工作的基本条件，EF3C16Q240 需要三种工作电压：＋3.3V 的 I/O Bank 供电电压、＋2.5V 的锁相环供电电压和＋1.2V 的内核电压。使用的线性稳压芯片是 AMS1117-3.3、AMS1117-2.5、AMS1117-1.2，稳压芯片的电路结构图分别如图 5-5 所示。

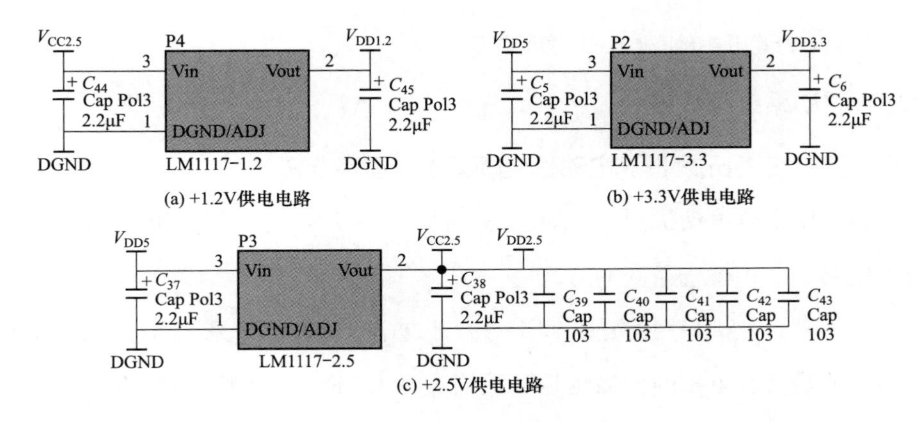

图 5-5　FPGA 供电电路

（4）时钟电路。时钟电路模块为各种元件或其他电路模块提供所需的时钟信号。系统中给 FPGA 外接 50MHz 的有源晶振，根据不同频率的需要，可用锁相环来倍频处理，可用 D 触发器等结构做分频处理。图 5-6 所示为时钟电路结构图。

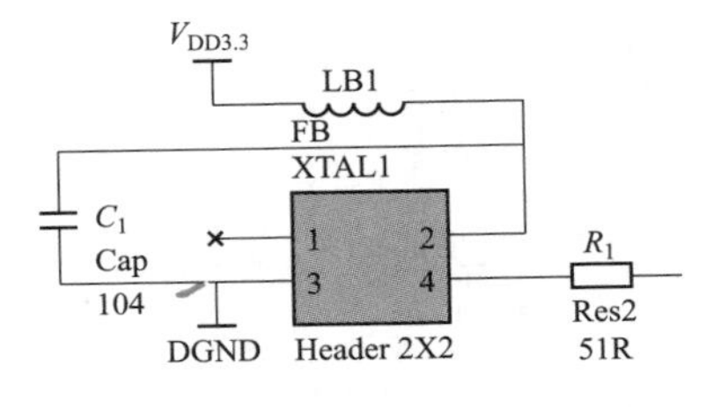

图 5-6　时钟电路结构图

（5）下载接口。AS 下载接口：在 AS 配置模式下，要使用串行配置器件来配置 Cyclone Ⅲ系列 FPGA，这些配置器件是低成本、非易失性设备，只有 4 个信号接口，这些优良特性使其成为理想的低成本配置解决方案。这种器件使用串行接口来传送串行数据。在配置时，CycloneIII 系列 FPGA 通过串行接口读取配置数据或经过压缩的数据来配置内部的逻辑单元。这种由 FPGA 来控制外部器件的配置方式就是主动串行模式，而由外部设备（如 PC 机或其他设备）控制 FPGA 进行配置的方式称为被动串行模式。

JTAG 下载接口：JTAG 链路也能将配置数据传送到器件内部，在 Quartus 软件中。可通过 JTAG 链路将 Quartus 软件自动生成的 SOF 数据传送到器件中进行配置。Cyclone Ⅲ器件的配置被设计成优先使用 JTAG 模式下载，也就是说 JTAG 模式可打断任何其他的配置模式（例如其他模式正在进行中，而 JTAG 就可将其强行终止，从而进行 JTAG 模式配置），但在 JTAG 模式下，不能使用 Cyclone Ⅲ器件的能解压配置数据的特性。

5.2.2　驱动系统模块设计

5.2.2.1　三相无刷直流电动机全桥驱动的连接方式

三相无刷直流电动机全桥驱动电路如图 5-7 所示，由三部分组成：光耦、推挽放大电路、三相桥式逆变电路。

（1）光耦。光耦采用的是 HCPL4504，这个光耦与 HP 系列其他的高速度光耦相似，但是具有更短的传播延迟和更高速的 CTR。这些特点使 HCPL4504 成为 IPM 转换器的死区时间和其他的转换问题的一个很有用的解决办法。光耦的

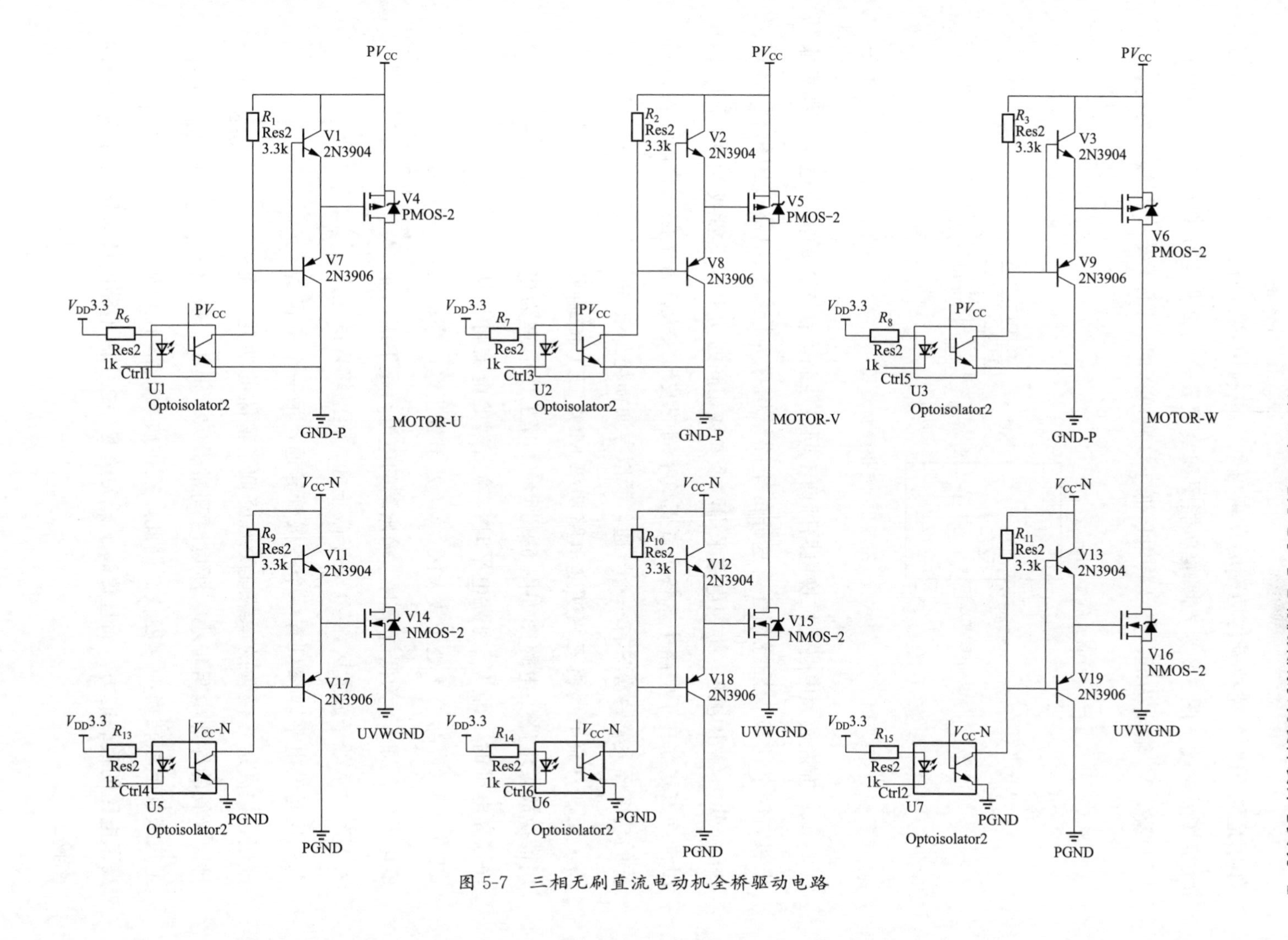

图 5-7　三相无刷直流电动机全桥驱动电路

作用是使 FPGA 控制板与功率驱动板电气上进行隔离，防止一端短路，电流过大烧坏另一端。图 5-8 为光耦的功能图和真值表，当 2 脚电压高于 3 脚电压时，LED 亮，V_o 输出为低；当 2 脚电压低于 3 脚电压时，LED 灭，V_o 输出为高。

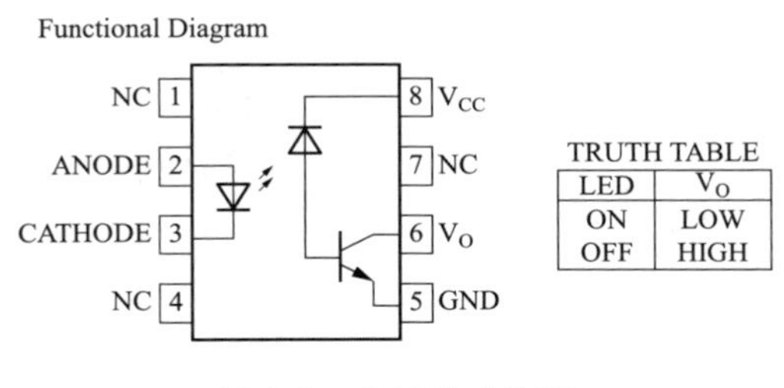

图 5-8　光耦的功能图

（2）推挽放大电路。推挽电路即两不同极性晶体管连接的输出电路。如果输出级有两个三极管推挽相连，这样的电路结构称为推拉式电路或图腾柱（Totem-pole）输出电路。推挽电路采用两个参数相同的功率 BJT 管或 MOSFET 管，以推挽方式存在于电路中，各负责正负半周的波形放大任务电路工作时，两只对称的功率开关管每次只有一个导通，所以导通损耗小效率高。

无刷直流电动机三相逆变电路功率 MOSEET 前端采用推挽放大电路。电路图如图 5-9 所示，其工作原理为当输入高电平时，即 V_o 为高电平时，输出端的电流将是从 V1 拉入下级门，V1 处于放大区，V7 处于截止区；当输入低电平时，即 V_o 为低电平时，输出端的电流将是下级门灌入 V7，V7 处于放大区，V1 处于截止区。无论输入的是高电平还是低电平，都只有一个三极管导通，另一个三极管截止，提高了三极管的承载能力，降低了整体的功耗。而且三极管的导通电阻很小，所以时间常数 *RC* 很小，决定了三极管互相转换的速度快。因此，推拉放大电路不仅提高了电路的负载能力，而且提高了开关速度，在实际电路的原理图设计中应用的比较多。

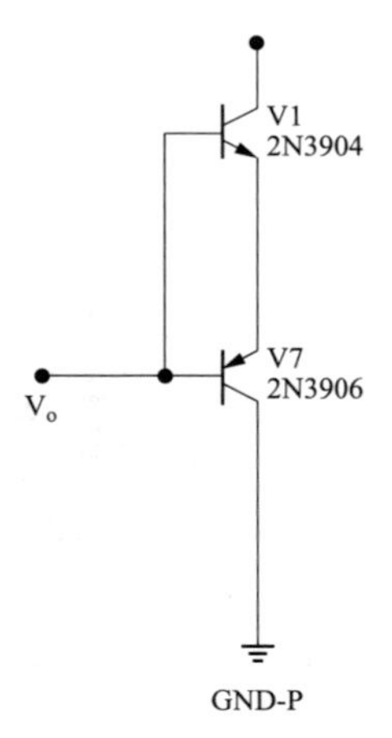

图 5-9　推挽放大电路

（3）三相全桥式逆变电路。三相全桥式逆变电路采用两两导通方式，即从转子位置传感器获取的位置信号控制驱动电路功率开关器件的通断，保证任意时刻都有两个功率开关器件导通，无刷直流电动机的两相通电，第三相悬空。定子绕组产生的磁场在空间是步进式的旋转磁场，每个是 60°电角度。由此可见无刷直流电动机的转子每转过 60°电角度，位置传感器就输出一个逻辑信号给驱动电路的功率开关器件，进而进行定子绕组的换流，定子绕组的磁状态就要发生改变。电动机的电子绕组可分为六个磁状态，每个磁状态都是两相定子绕组通电，另一相定子绕组截止，所以每相绕组中连续流过同向电流的时间与 120°电角度的时间相同。

在每 60°电角度内，都相应地有一个上桥臂的功率开关器件和一个下桥臂的功率开关器件导通，其他功率开关器件截止，对应无刷直流电动机的一个定子绕组通正向电流，一个定子绕组通反向电流。所以，电动机在正常运行状态下时，电动机的转矩是两相定子绕组中正负电流产生的转矩之和。电动机转子每转过 60°电角度，驱动电路的功率开关器件导通与截止就更迭一次，流过电动机定子绕组的电流换向一次，即在一个完整的周期内，电动机的转矩要改变 6 次方向，这样减少了转矩波动的强度。

5.2.2.2　IPM 模块

IPM 模块的主要由功率开关器件 IGBT 组成。另外，它同时也是一种综合的智能功率模块，针对模块的报警保护电路功能也十分齐全，主要有四大保护功能。普通全桥驱动器件相比，IPM 具有更小功耗的优良特性，模块的散热设备做得更精简、更牢固。这样一来，系统性能得到质的飞升。

选用一块 PM25RL1A120 模块。科研所用的 IPM 都会提供驱动电路，因此只要给该模块提供正确电压电源、隔离设备和开关管的调制驱动信号，该模块开始进入工作状态。隔离设备的加入非常有必要，防止直流电路和交流电路的交叉导致烧毁整个电路。从图 5-10 中可知，在 IPM 的内部是六个 IGBT 管共同构造一个的三相全桥式逆变电路，每个 IGBT 会根据每相导通顺序工作，这样即可控制电动机 A、B、C 三相交替工作。本系统中为 IPM 使用提供的驱动电压必须在

13.5～16.5V。

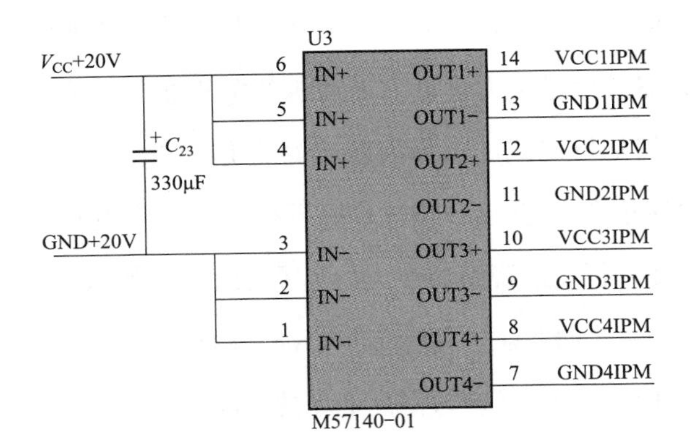

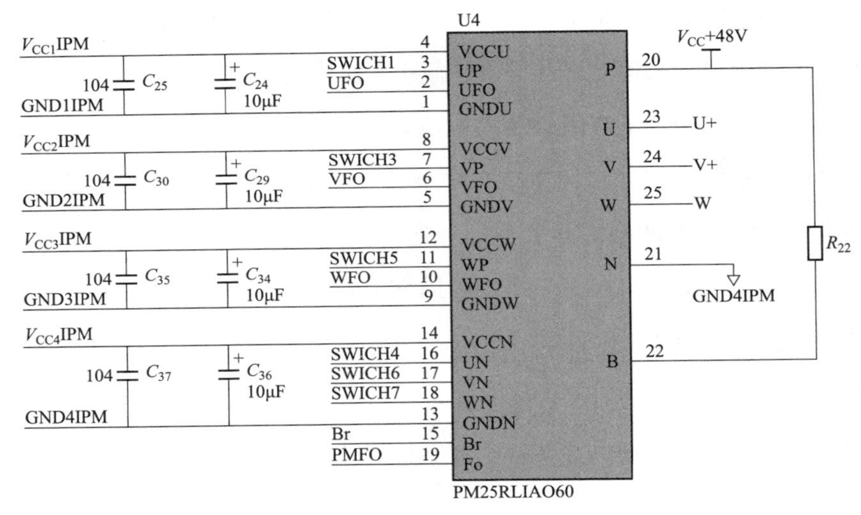

图 5-10 智能功率模块

如果驱动电压小于 13.5V 时，IPM 处在欠电压保护模式；驱动电压一旦高于 16.5V 时，IPM 将有可能烧毁，一旦烧毁带来不可估量的损失。M57140-01 的专用电源芯片给 IPM 提供驱动电压。另外，三菱公司在设计此 IPM 时，预留了四路故障信号，这是非常实用的设计。下面简单介绍该模块的工作原理：IPM 给出电能信号之后，隔离设备工作，将当前的电能信号送到一个具有四路二输入与门电路芯片 74LS08 芯片，然后由 FPGA 来检测由 74LS08 发出的信号。当 IPM 发生一些不必要故障时，其中一路故障信号会发出低状态。这时，74LS08 中的一路“与”信号也会发出低状态信号，FPGA 检测到已发出的故障信号之后，迅速做出调整并启动软件保护功能关闭脉宽调制输出信号，IPM 也停止工作。

5.2.2.3　稳压电路

此稳压电路是借鉴集成芯片中电路设计思想，在实际的硬件电路中应用。稳压电路的电路结构图如图 5-11 所示。稳压电路的主要作用是保护功率开关器件 MOSFET，使 MOSFET 驱动电压保持在一个固定的范围内，防止驱动电压过大烧坏 MOSFET。在 Modelsim 模拟电路仿真软件中对稳压电路的仿真结果如图 5-12 和图 5-13 所示。仿真结果显示，当改变输入电压的幅值时，输出电压幅值是不改变的，验证了设计稳压电路的有效性。

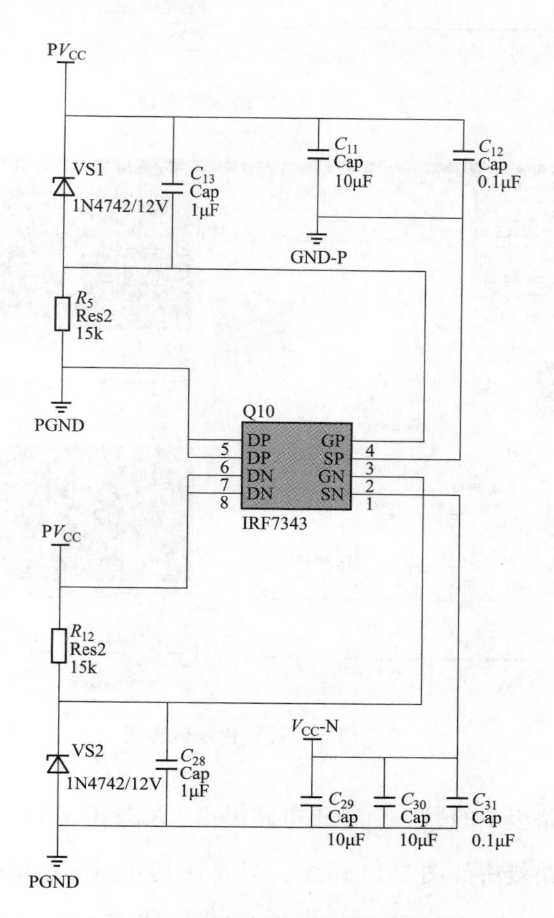

图 5-11　稳压电路的电路结构图

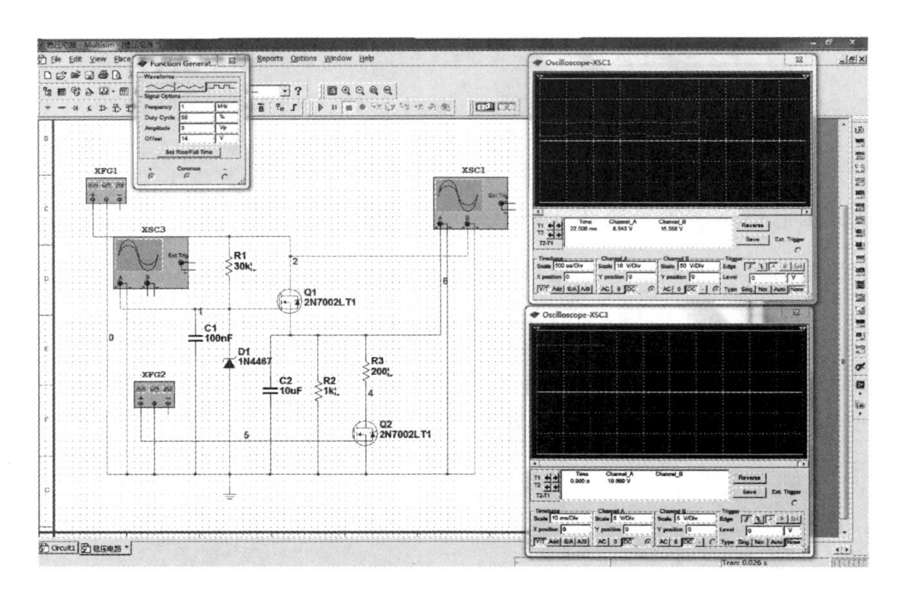

图 5-12　+5V 输入仿真图

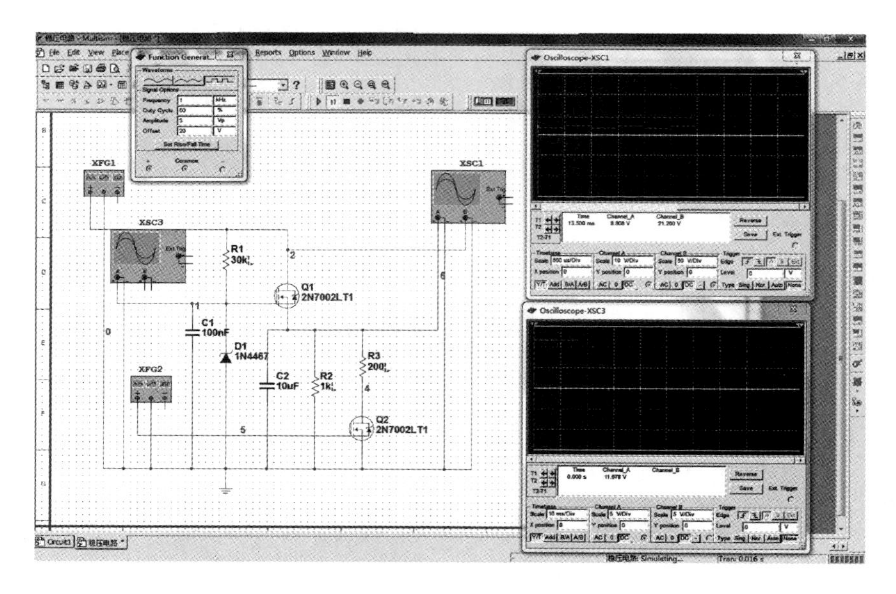

图 5-13　+15V 输入仿真图

功率驱动电路板中的另一个稳压电路是由 LM2940 芯片产生的一个+5V 的电压电路，其电路接法如图 5-14 所示。只要在其外围电路中接上适宜的滤波电容即可得到波形良好的+5V 电压，作为电源电压供给其他器件。

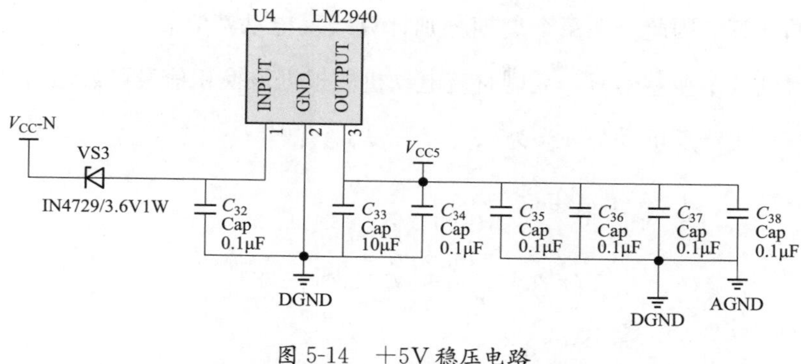

图 5-14　+5V 稳压电路

5.2.2.4　位置检测电路

本设计控制的电动机是无位置传感器无刷直流电动机，需要通过反电动势法来检测位置。通过反电动势波形的两次相邻过零点的时间间隔计算出 30°电角度所需的时间，然后将获得的反电动势过零点延迟这段的时间，就是定子绕组中电流的换相时刻。当电动机低速运行时，转子转过 30°电角度的时间比高速运行情况下时的时间长，当电动机变速运行时，30°电角度所对应的时间是不断变化的，没有办法获取当时电动机的换相时刻，导致换相不准确，电动机运行的稳定性差。针对这个问题，可采用省去移相角的计算来解决。采用线反电动势法，电动机定子绕组换相时刻由线反电动势过零点直接得到，有效提高了变速过程中的换相精度。以下为相反电动势，线反电动势和电流关系图及线反电动势过零点检测的数学公式推导。

由图 5-15 可知，线反电动势过零点对应无刷直流电动机换相时刻，不存在

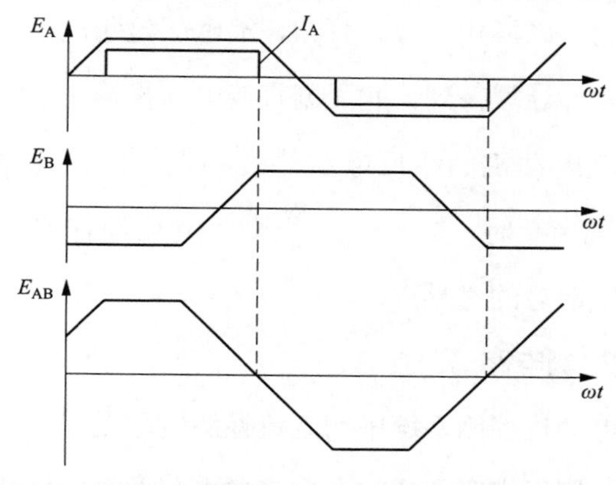

图 5-15　为相反电动势、线反电动势与换相时刻关系图

延迟角的计算。因此，在每个周期分别计算线反电动势 e_{AB}、e_{BC}、e_{AC} 过零点就可正确得到 6 个换相信号，无刷直流电动机能根据该换相信号可靠运行。

计算得出线反电动势 e_{AB} 为

$$
\begin{aligned}
e_{AB} &= e_A - e_B \\
&= u_A - \frac{u_B + u_C}{2} - u_B + \frac{u_A + u_C}{2} \\
&= \frac{3}{2}(u_A - u_B)
\end{aligned}
\tag{5-1}
$$

同理，线反电动势 e_{BC}、e_{CA} 为

$$
e_{BC} = \frac{3}{2}(u_B - u_C) \tag{5-2}
$$

$$
e_{CA} = \frac{3}{2}(u_C - u_A) \tag{5-3}
$$

相对于相反电动势法而言，线反电动势法更易于电动机在低速运行情况下进行过零电动机的检测，并且可行的转速范围更广。同时线反电动势法不用根据前次换相时刻计算移相角进行现阶段的换相时刻确定，只要确定线反电动势波形的过零点即可控制电动机正常运行。

端电压检测法通过检测电动机定子绕组非导通相的两端电压，由端电压信号经软件计算得到反电动势过零点或用硬件电路获取反电动势过零点，从而控制无刷直流电动机转子的正确换相。由此可知，端电压检测法中的反电动势过零点信号不是只限于通过软件计算得到，此无刷直流电动机控制系统就采用硬件电路设计直接获取无刷直流电动机的线反电动势过零点，硬件电路图如图 5-16 所示。根据式（5-1），当 $e_{AB}=0$ 时，$u_A=u_B$，因此，利用硬件比较电路将端电压进行比较，可得到线反电动势的过零点。

5.2.2.5　电流检测电路

在此无刷直流电动机控制系统中的电流检测电路是采样电阻法实现，把高精度的采样电阻与定子绕组串联，通过获取采样电阻两端的电压值，除以采样电阻

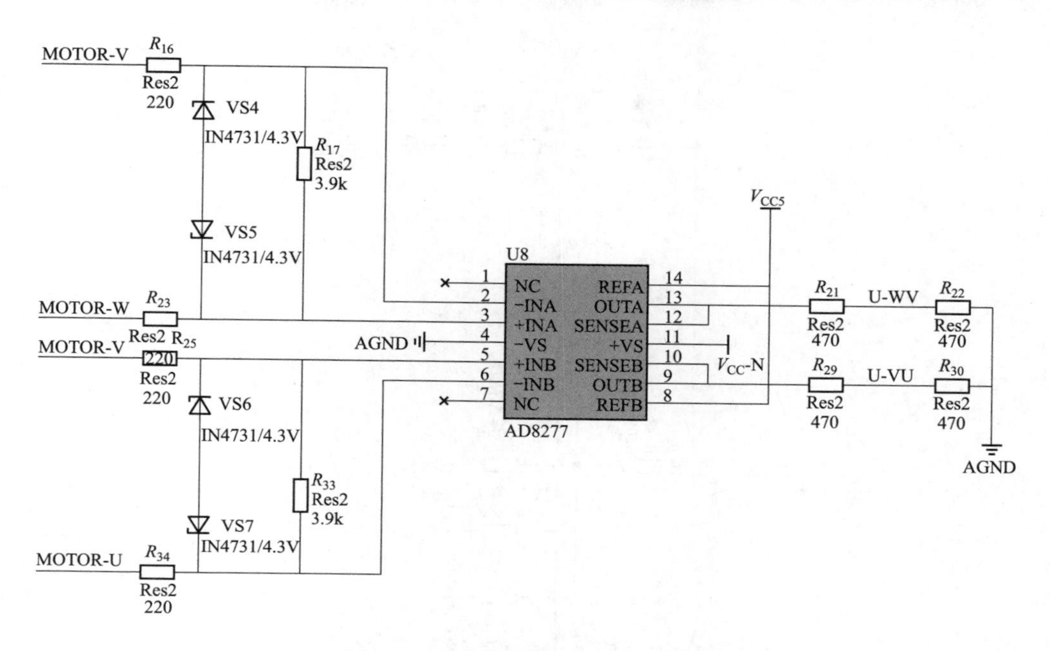

图 5-16　线反电动势过零点检测电路

的阻值得到采样电阻的电流值，进而获取电动机定子各相绕组的绕组电流值。此电路检测电路中选用 100mΩ 的压脚型采样电阻，功率是 1～5W，温漂±40PPM，精度 1%～5%，属于高精度的采样电阻。传统的电流检测电路是把采样电阻与电动机定子绕组各相串联，得到电动机每相的绕组电流，这就需要在每一个 PWM 周期对电流进行一次采样，而且采样时刻的选取还有一定的要求。把整个 PWM 周期分成两个部分，即关部分和开部分。在 PWM 关部分，电流通过保持导通状态的 MOSFET 和另一个关断的 MOSFET 续流二极管形成回路，不流过采样电阻，这时就不能在采样电阻上检测到电流值；在 PWM 开的瞬间，电流值改变很不稳定，不利于电流值的采样。电流值最好的采样时刻是电流值基本稳定不变时的 PWM 开部分的中间。较传统的电流检测电路设计，本设计采用一个采样电阻串联于主电路干路中，不仅节约了两个采样电阻，而且在采样时刻上不像传统的电流检测电路那样苛刻，检测到的是三相平均电流，进而通过换算可得到三相电流，电路图如图 5-17 所示。

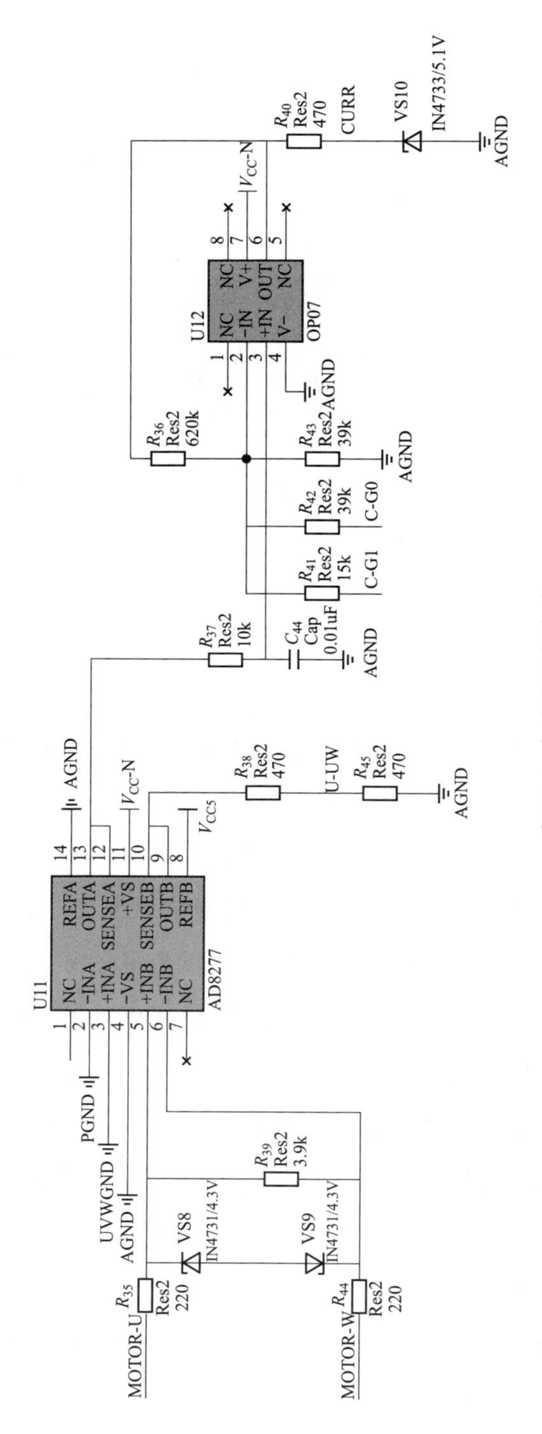

图 5-17　电流检测电路图

5.2.2.6　转速检测电路

测速方法一般有三种：M 法、T 法和 M/T 法。

1. M 法测速

设检测时间为 T，先检测电动机脉冲信号数量，通过计算得到 f_1（脉冲频率)。使用这种方法会产生误差，电动机速度较低时，测量出的脉冲数量会下降，高速测量误差小。

2. T 法测速

设周期为 t，在电动机转过一个 t 时间内，对本系统所需要的信号进行计量，接下来将量好的数量转置为频率和周期。这种方法需要设定一个合适的测量周期，以免误差过大。使用的方法是 T 法。

3. M/T 法测速

将上述两种方法相结合，适用于高速和低速两种模式的测量。

因使用线—线反电动势来观测出位置信号，位置信号的频率和转速频率有数学关系式，再计算出机械角速度和实时转速，这种方法和 T 法有类似之处。

5.2.2.7　抗干扰措施

在硬件电路设计方面必须要考虑电磁兼容问题。如果电磁兼容问题做不好容易影响信号的获取，将影响整个无刷直流电动机控制系统的稳定性。

由于电源线有不同程度的电感存在，所以在电源入口处装有铝电解电容，这样在电流发生突变时就不会造成电压的短暂跌落了。在硬件电路中存在很多芯片，而线路上的噪声会影响芯片的作用或效能，采用串一些储能电容来解决接地线噪声电压。布线时储能电容尽量靠近芯片放置，电流的走向是从储能电容进入到芯片中，避免使用芯片安装座，使芯片与储能电容之前的走线长度尽量短。

在接地方面，驱动电路板采用大面积覆铜接地方法，减少走线的距离与线间的干扰问题，而且覆了两个大面积的铜，其一为数字地，其二为模拟地。把数字地与模拟地分开并且尽量加粗接地线（本电路采用的是 3.5mm 接地线)，减小地线的阻抗，能有效降低接地带来的电磁兼容问题。

5.2.3 系统软件设计

无刷直流电动机控制系统的软件部分包括电流信号采集、电流调节后输出、转速信号采集、转速调节后输出、位置信号采集和位置调节后输出，结构图如图 5-18 所示。

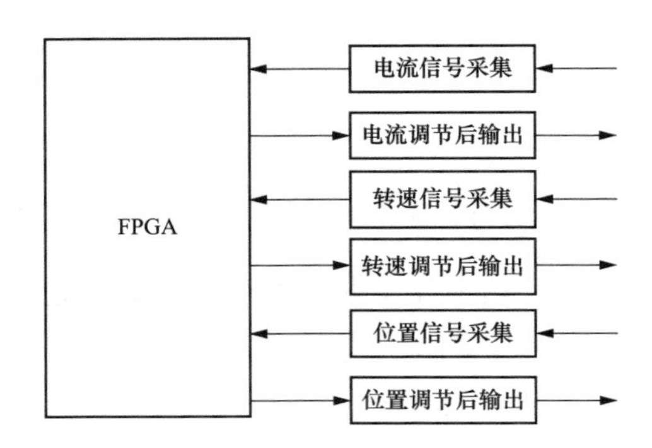

图 5-18　直流电动机控制系统软件结构图

5.2.3.1 软件系统拓扑

（1）电流信号采集。采用 Analog Device 公司生产的 AD7933 集成 A/D 芯片来获取采样电阻上的电压信号，经放大器放大得到电流信号。AD7933 具有以下一些特性：10 位高速低功耗的模数转换芯片，2.7～5.25V 的供电电压，4 个模拟信号输入通道，并且信号能连续不断的模数转换。AD7933 与 FPGA 的连线方式如图 5-19 所示。

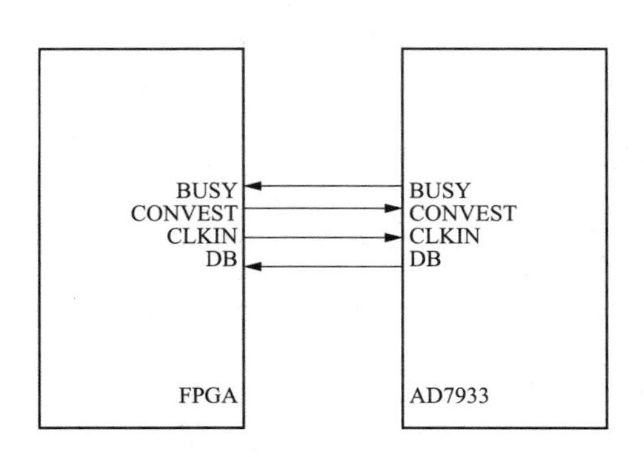

图 5-19　AD7933 与 FPGA 的连线

其中信号定义如下：

BUSY：BUSY 输出信号预示着转换开始的逻辑输出。CONVST 下降沿来临时 BUSY 变高，在模数转换期间一直保持高电平，一旦转换完成并且在输出寄存器中结果有效，BUSY 变成低电平。跟踪保持信号的跟踪方式是先于 BUSY 的下降沿，并且在 BUSY 信号变成低电平时获取。

CONVST：代表转换开始的输入信号。CONVST 的下降沿开始模数转换，当 CONVST 的下降沿来临时，跟踪保持信号从跟踪模式转换到保持模式并且转换过程开始。随着能量的下降，当运行处于自动关断或自动待命的状态时，CONVST 的上升沿将用来供给设备能量。

CLKIN：作为主控时钟输入信号，为这个芯片提供转换过程的时钟源。AD7933 的转换时间需要 13.5 个时钟周期。因此主控时钟的频率决定着转换时间和可完成的通过速率。

DB：数据位从 0～7，类似于数字 I/O 管脚的三态，提供转换的结果，并且允许控制寄存器可编程。这些管脚是否输出由 CS、RD 和 WR 控制，这些管脚输出的逻辑高/低电平由输入脚 V_{DRIVE} 决定。当从 AD7933 读数据时，DB0 和 DB1 通常是 0，转换结果一般可在 DB2 上获得。

（2）转速信号采集。通常，一般有位置传感器的直流电动机，速度信号的采集用光电编码器将速度信号转换为脉冲信号，软件这边只需要对脉冲进行计数，但是对于采用无位置传感器的直流电动机来说，可通过对反电动势过零点进行计数来间接进行速度信号的采集。由反电动势原理可知，电动机转一周，AB 的线反电动势 e_{AB} 有两个过零点，这样可用 FPGA，在固定时间内对 e_{AB} 的过零点进行计数即可得到速度。

（3）位置信号采集。采用 Analog Device 公司生产的 AD7492A/D 芯片来采集位置传感器送出的电压信号，AD7492 具有以下一些特性：①12 位并行接口的数模转换器；②采用速率：1MSPS；③供电范围：2.7～5.25V；④功耗：3V 供电且采样率为 1MSPS 时为 4mW，5V 供电且采样率为 1MSPS 时为 11mW；

⑤2.5V 内置参考电压；⑥片上时钟振荡器；⑦高速率并行接口。

AD7492 与 FPGA 的连线如图 5-20 所示。

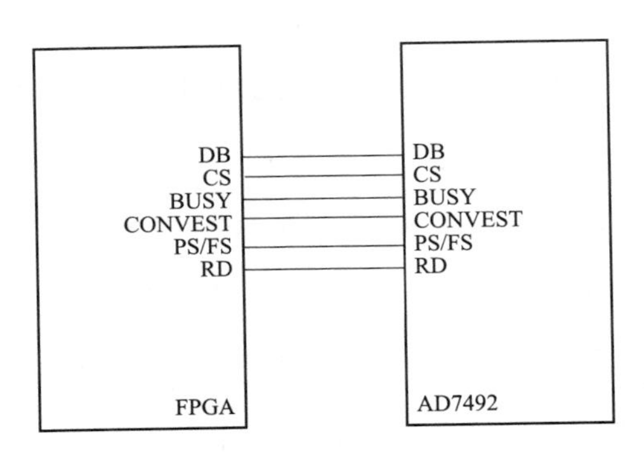

图 5-20 AD7492 与 FPGA 的连线

5.2.3.2 Verilog DHL 程序设计及仿真波形

设计的无刷直流电动机控制系统主要分为驱动板控制模块和反馈信号控制模块两大模块，每个模块又由不同的子模块组成，其顶层 BLOCK 图如图 5-21 和图 5-22 所示，两大模块的组成结构如下所述：

驱动板控制模块主要包括主控制时钟模块、FPGA 主控制板与上位机的串口通信模块、产生控制驱动电路功率开关器件的 PWM 信号模块；反馈信号控制模块主要包括电流采样模块 Current_adc_ctrl、电流调节模块 Current_adjust、速度检测模块 Rate_measure、速度调节模块 Rate_adjust、位置采样模块 Position_adc_adjust、位置调节模块 Position_adjust、主控制模块 Main_ctrl。各子模块的具体程序拓扑与仿真波形如下所述：

（1）时钟模块。FPGA 外接了一个 50MHz 的晶振，各器件所需的时钟信号都是这个 50MHz 晶振经过软件自带的锁相环分频得到的，如图 5-23 所示，输入为 50MHz，输出为 50、20、40MHz。

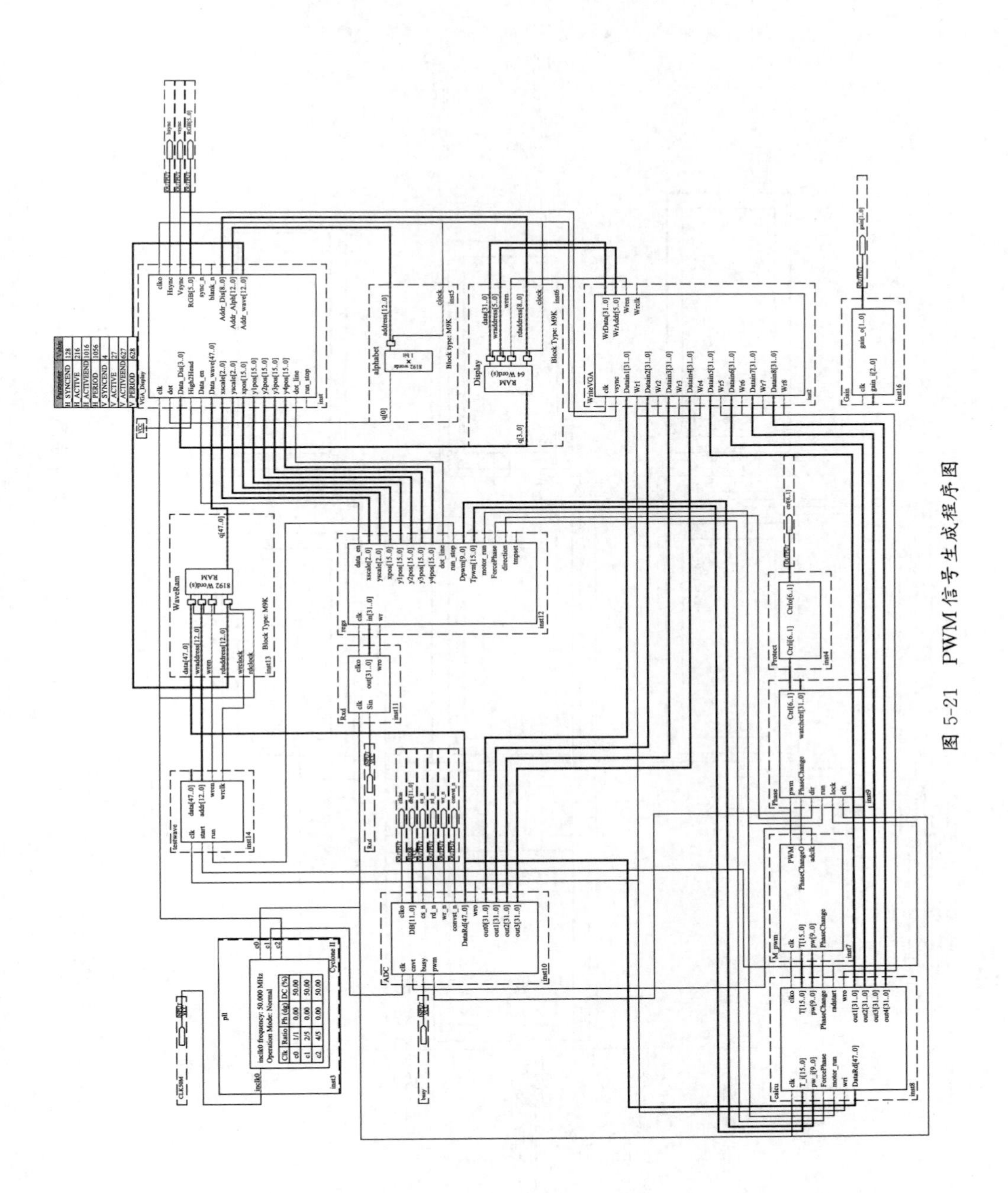

图 5-21　PWM 信号生成程序图

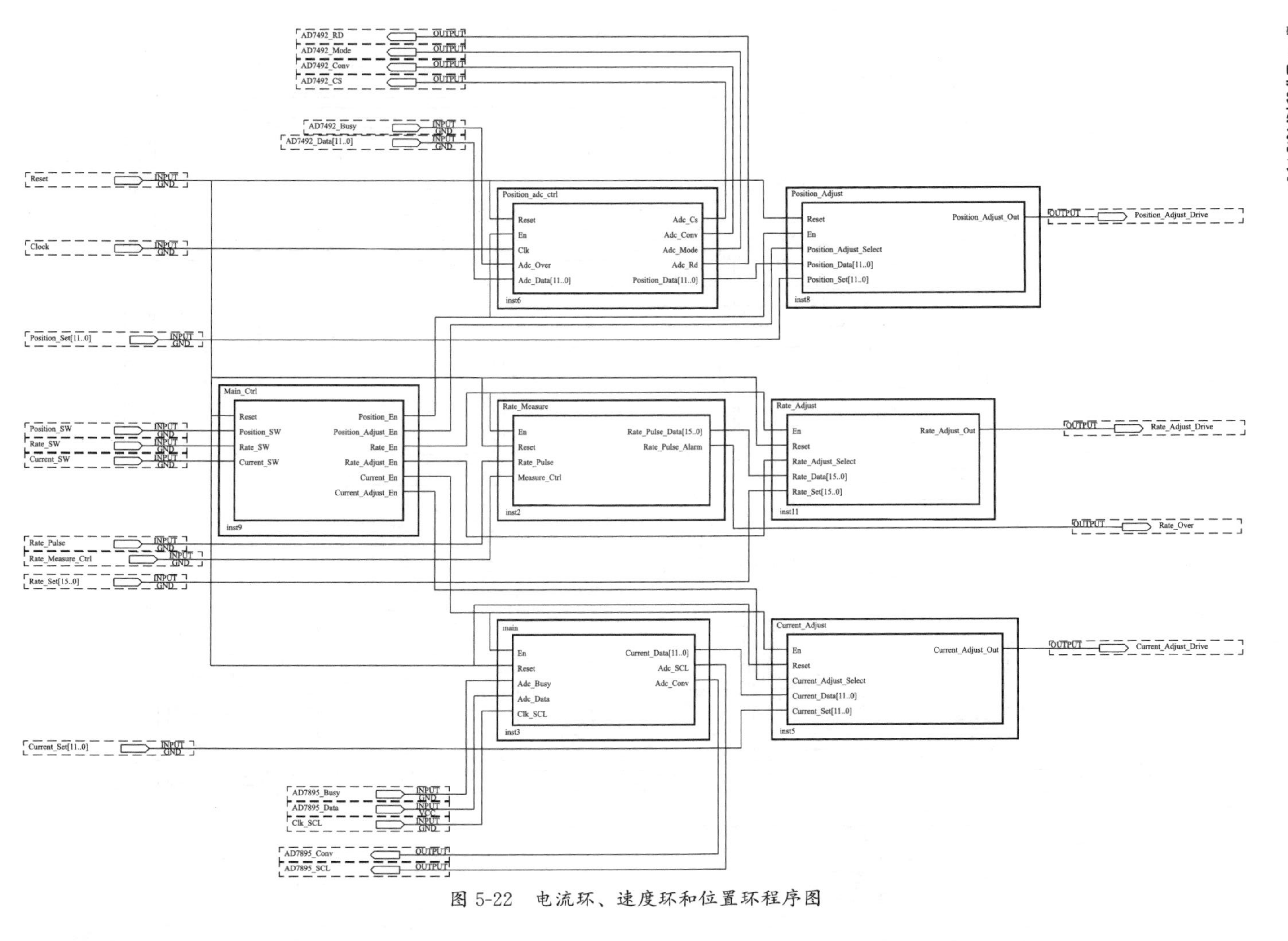

图 5-22 电流环、速度环和位置环程序图

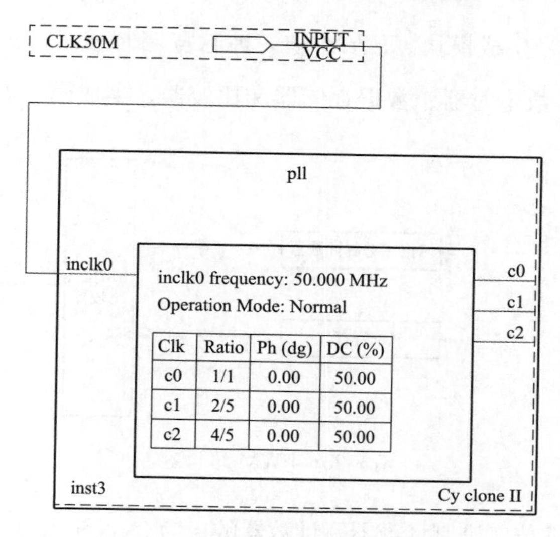

Clk	Ratio	Ph (dg)	DC (%)
c0	1/1	0.00	50.00
c1	2/5	0.00	50.00
c2	4/5	0.00	50.00

图 5-23　时钟模块

（2）串口通信模块。串口通信模块的作用是实现 FPGA 主控制板与上位机实现数据的传递。在 C＃编程环境编写一个界面，包括电动机的起停 run_stop、占空比的调节 DPWM［9..0］、周期的选择 TPWM［15..0］、换相信号 ForcePhase 等，实现无刷直流电动机控制系统的界面控制，如图 5-24 所示。

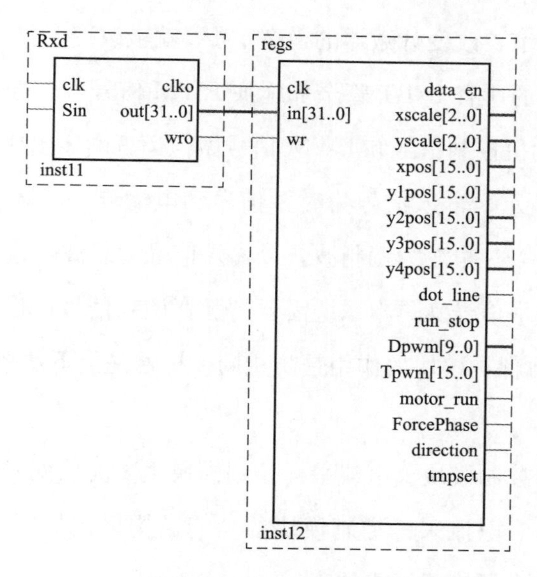

图 5-24　串口通信模块

(3) PWM 信号生成模块。PWM 是一种脉宽调制技术，这种技术主要靠三个部分来实现：计数定时器、数据存储器和比较器，生成模块如图 5-25 所示。

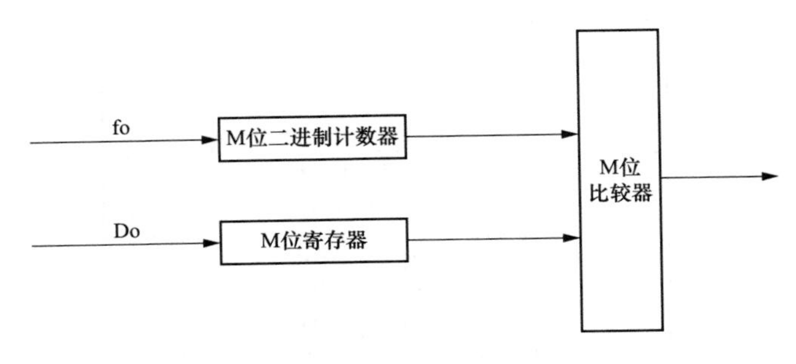

图 5-25 PWM 结构图

设计并使用 M 位二进制计数器，计数器的模为 2^m，输入时钟频率为 f_0，该模块的工作周期记为 T_0，寄存器输入值为 D_0。由此 PWM 波的高电平宽度可以记为

$$T_g = D_0 T_0$$

而输出的 PWM 周期为

$$T_z = 2^m T_0$$

其占空比为 $\lambda = T_g / T_z = D_0 / 2^m$，通过此式，很明显可得出结论：改变 D_0 的值就可对 λ 进行调节；改变计数器的模 2^m，T_z 就被改变了。

针对文中提到的所有 IGBT 管全部施加 PWM 信号，全部 IGBT 管的通断信号均由 FPGA 电动机控制信号和 PWM 信号做与运算的输出决定。生成 PWM 信号模块如图 5-26 所示，输入信号为时钟信号和电流环的输入信号，在编写模块程序中，设置一个以三角波为调制波，以输入信号为载波，这两种进行比较，比较后输出的高低电平信号就是本系统需要的脉宽调制信号，也就是 PWM 模块的输出信号。Protect 保护模块的作用是防止同一桥臂是上下功率 MOSFET 同时导通导致瞬间短路。

(4) 电流采样控制模块。电流采样控制模块主要完成对 AD7933 的采样控制与采样数据的读取，电流采样控制模块的功能结构框图如图 5-27 所示。电流采样控制模块是由三个子模块组成的。

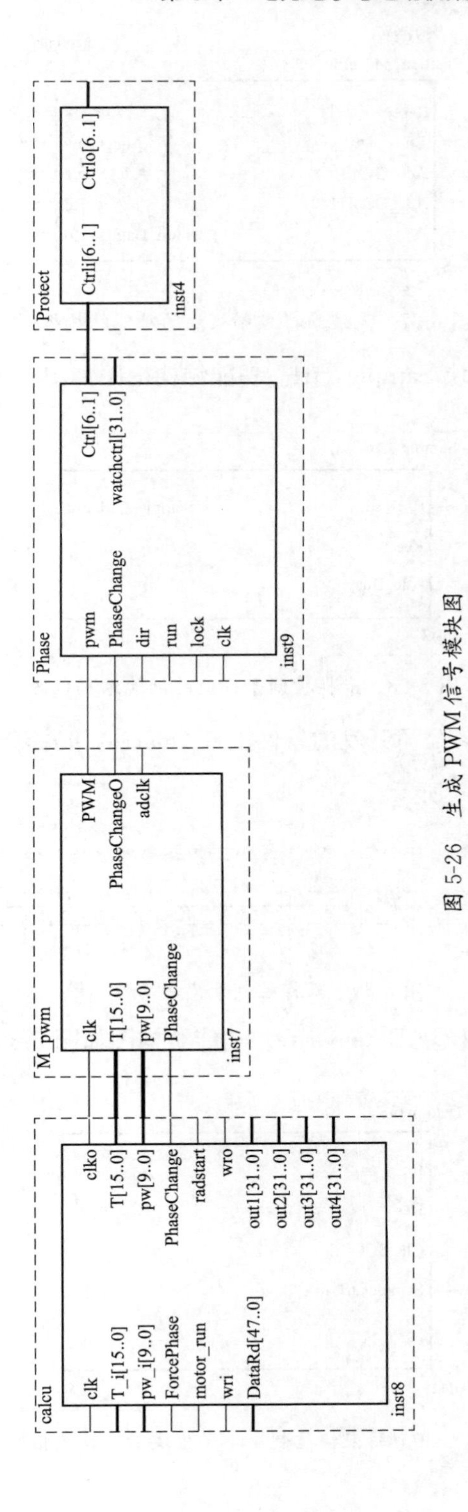

图 5-26　生成 PWM 信号模块图

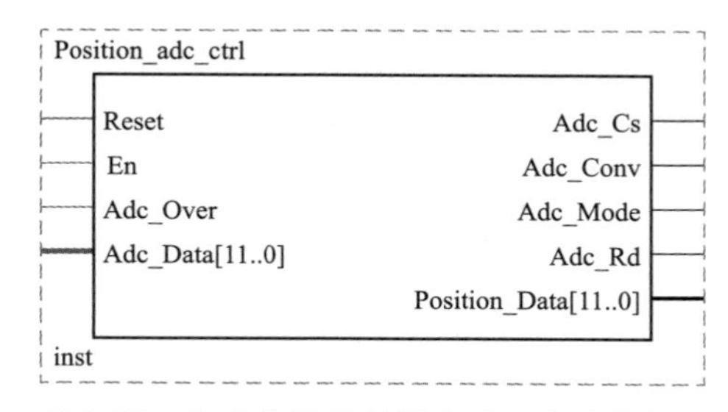

图 5-27　电流采样控制模块的功能结构框图

1）采样控制子模块 Sample_ctrl。功能结构框图如图 5-28 所示。

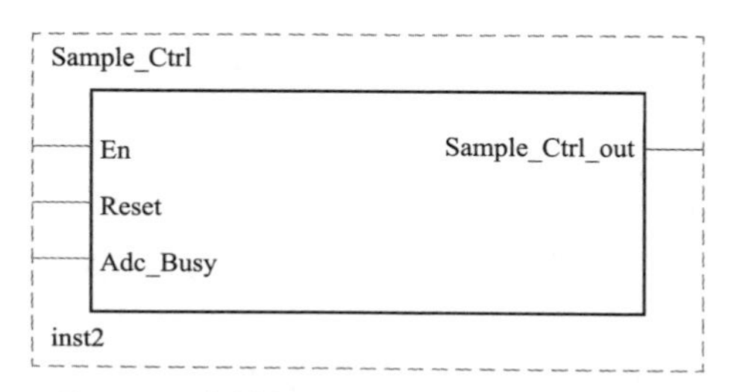

图 5-28　采样控制子模块的功能结构框图

该模块是在 Altera 公司开发的软件工具 Quartus Ⅱ 中编译的，经过仿真得到的波形仿真图如图 5-29 所示。

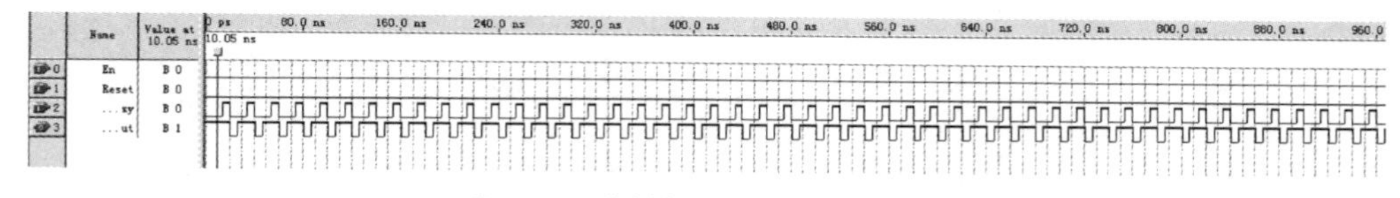

图 5-29　采样控制子模块的仿真图

2）写采样控制子模块 Data_write。功能结构图如图 5-30 所示。

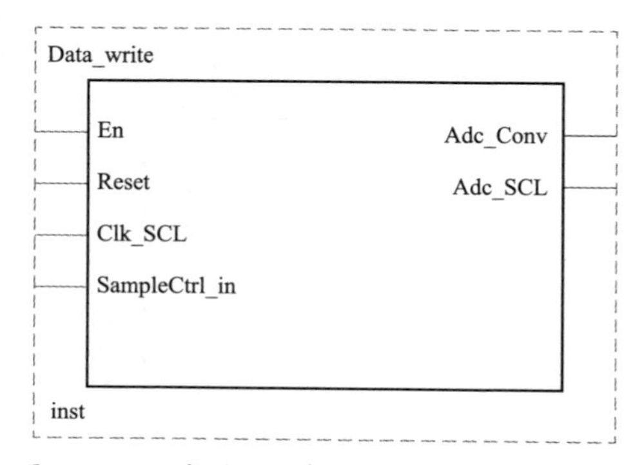

图 5-30　写采样控制命令子模块功能结构框图

该模块是在 Altera 公司开发的软件工具 Quartus Ⅱ 中编译的，经过仿真得到的波形仿真图如图 5-31 所示。

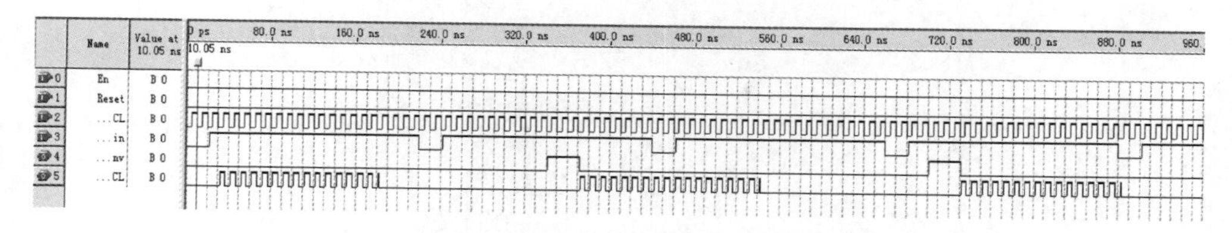

图 5-31　写采样控制命令子模块的仿真波形

3）读采样控制子模块 Data_read。功能结构框图如图 5-32 所示。

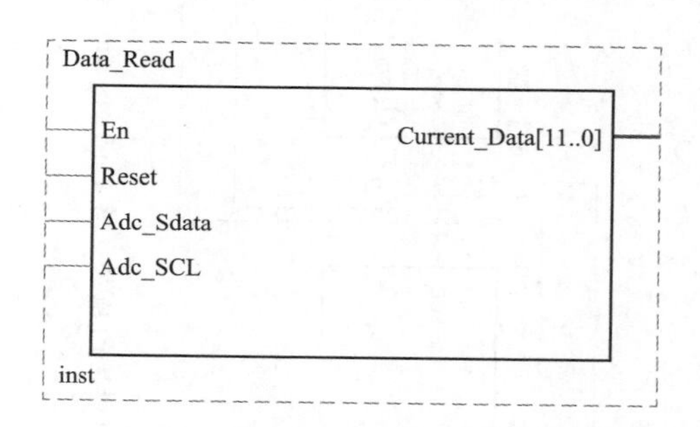

图 5-32　读采样子模块的功能结构框图

该模块是在 Altera 公司开发的软件工具 Quartus Ⅱ 中编译的，经过仿真得到的波形仿真图如图 5-33 所示。

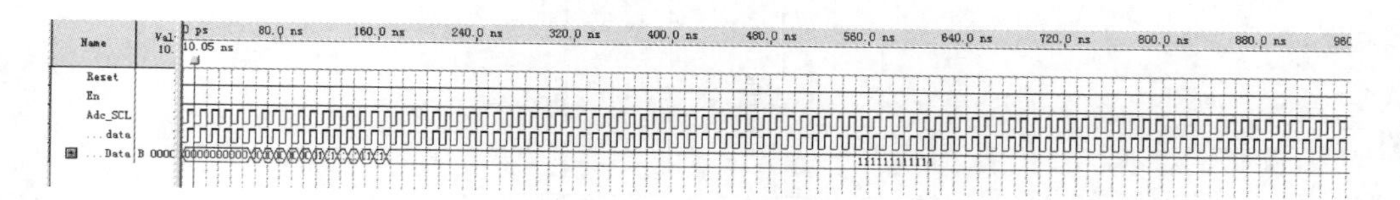

图 5-33　读采样数据子模块的仿真波形

4）顶层电路。电流采样控制模块的顶层电路如图 5-34 所示。

该模块是在 Altera 公司开发的软件工具 Quartus Ⅱ 中编译的，经过仿真得到的波形仿真图如图 5-35 所示。

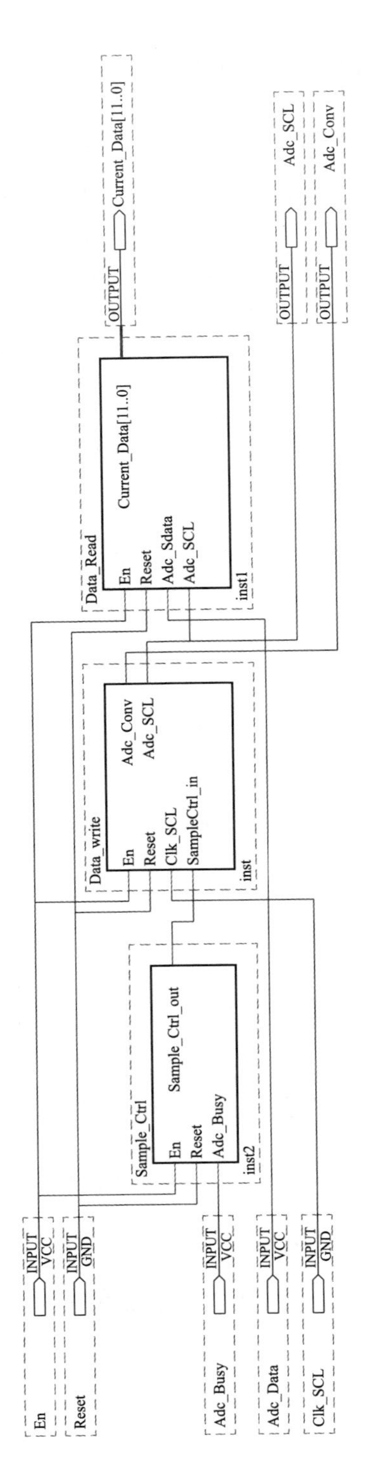

图 5-34 电流采样控制模块的顶层电路 Current_adc_ctrl

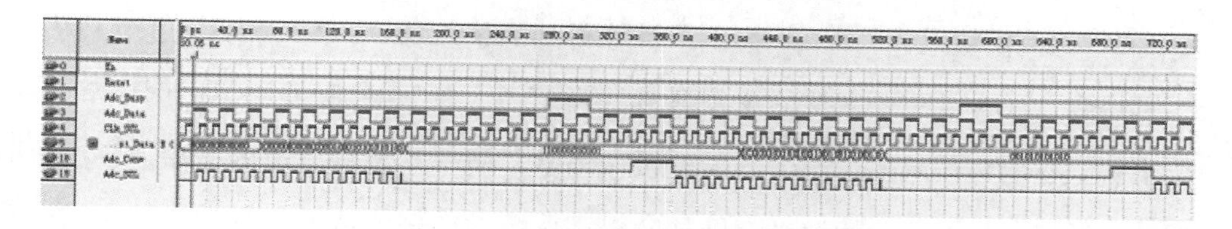

图 5-35　电流采样控制模块的仿真波形图

（5）PI 调节模块。数字式 PI 调节器有两种：位置式和增量式。增量式比例积分调节在控制系统中十分常见，如式（5-4）所示

$$\Delta u(k)=K_{\mathrm{p}}[e(k)-e(k-1)]+K_{\mathrm{i}}e(k) \tag{5-4}$$

$$u(k)=u(k-1)+\Delta u(k) \tag{5-5}$$

$$e(k)=r(k)-y(k) \tag{5-6}$$

式中：k 为调节器采样时的序列号码，$k=0$，1，2，3，…；K_{p} 为调节器的比例常数；K_{i} 为调节器的积分常数；$u(k)$ 为调节器在 k 次采样时的输出信号；$u(k-1)$ 为调节器在 k 次采样时的输出信号；$e(k)$ 为系统获得的每个时刻的偏差数值；$y(k)$ 为系统获得的每次反馈值；$r(k)$ 为系统设定参数值。

图 5-36 就是这种控制方法的原理图示。

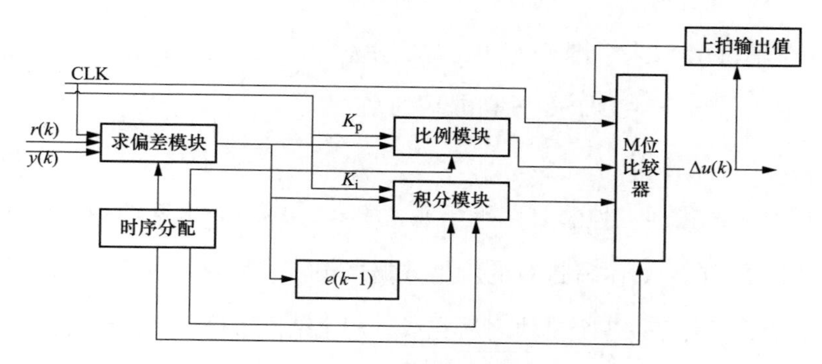

图 5-36　增量式 PI 原理图

1）偏差模块设计。如图 5-37 所示，偏差模块就是将反馈值与目标值作差，得到的差值就是偏差，那么就是 $r(k)$ 与 $y(k)$ 相减得到的差值就是偏差。

当模块中的使能引脚电平高时，图 5-37 中的 $r(k)$ 和 $y(k)$ 进行偏差运算，再将偏差值 $e(k)$ 送入下一个模块中。

2）比例模块设计。$e(k)$ 为上节计算得到的偏差值，$e(k)$ 和 K_p 进行乘法运算得到 $\Delta e(k)$，一个完整的比例环节就确定了。在 PI 控制器中，比例环节十分重要，它能将偏差模块产生的偏差慢慢消除，使得系统响应速度升高。K_p 数值的选择也非常重要，选择不准确都会引起系统的震荡或造成系统的运行失败。图 5-38 中，s1 表示该模块的输出，ek_1 表示 $\Delta e(k)$，en 高电平有效。

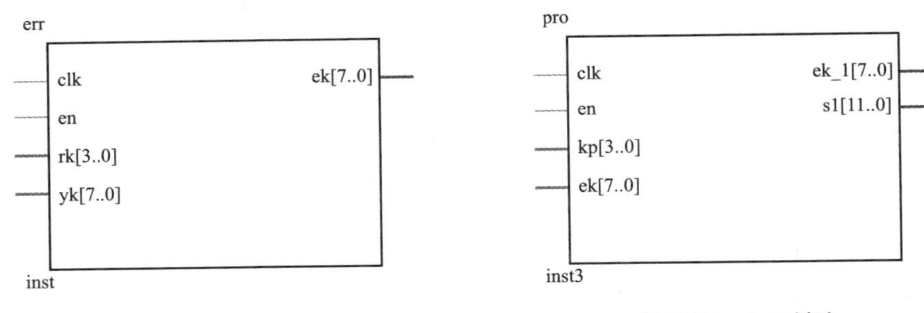

图 5-37　偏差模块　　图 5-38　比例模块

3）积分模块设计。积分模块十分简易，直接将 K_i 与偏差值相乘，如图 5-39 所示。在积分环节中，K_i 参数的选择同样重要，K_i 参数的不合理容易造成超调过大，静态误差无法完全消除等后果。图 5-39 中 s2 表示该环节的输出，当 en=1，clk 置高电平到来时，积分模块开始作用。

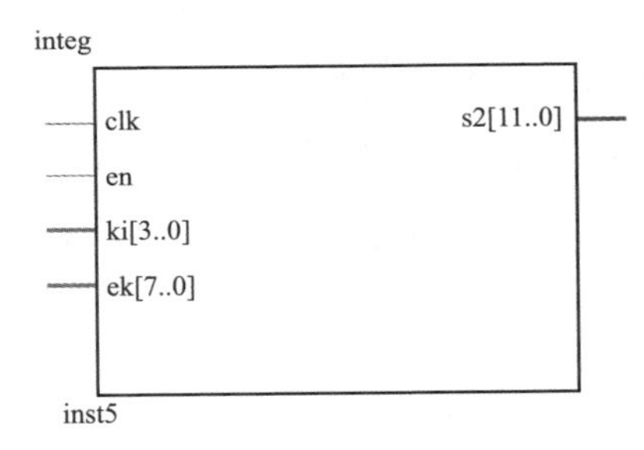

图 5-39　积分模块

4）时序控制模块。控制时序也是非常重要一环，而本系统中各模块的工作历程十分重要。在初始阶段进行的就是数据采集，然后执行各个模块，模块的执行有先后顺序，执行完各个模块之后完成，PI 控制器的调节组合完备。在 FPGA 的应用中，Moore 类型状态机和 Mealy 类型状态机有异同点。下面说明一下两种类型的不同之处，Moore 类型输出仅与当前数值有关，又可理解为跟随机；Mealy 类型输出值和 Moore 类型不相同，它不只与当前状态值有关联，与当下输入值也有关联，可定义为异步状态机。因此采用 Moore 类型状态机。

（6）电流调节 PI 模块。电流调节模块完成电流环的调节与控制，电流调节模块的功能结构框图如图 5-40 所示。

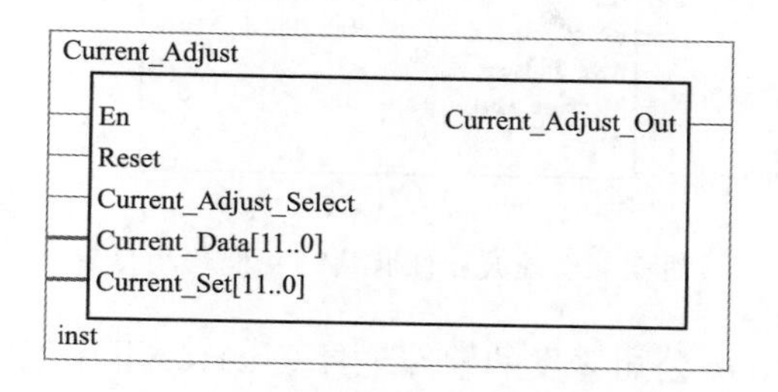

图 5-40　电流调节模块功能结构框图

该模块是在 Altera 公司开发的软件工具 Quartus Ⅱ中编译的，经过仿真得到的波形仿真图如图 5-41 所示。

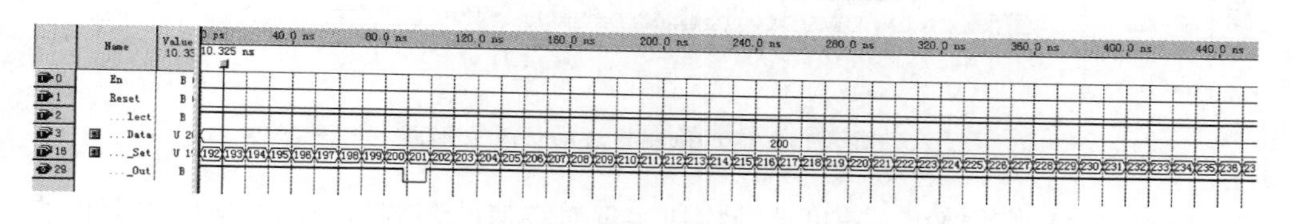

图 5-41　电流调节模块的仿真波形图

（7）速度检测模块。过端电压检测电路得到的反电动势信号，通过记录两次反电动势过零点的时间间隔 Δt，即可计算出电动机的转速。在 Δt 时间内，电动机转过半个电角度周期，即转了 $1/2P$ 圈，所以电动机的转速为

$$n = 60 \times \frac{1/2p}{\Delta t} \tag{5-7}$$

式中：p 为电动机极对数。

本模块的时钟频率为 50MHz，则计数器每 0.02μs 计数一次，若在 Δt 时间内累加的个数为 ΔN，则时间间隔为

$$\Delta t = 0.2 \times 10^{-7} \cdot \Delta N \tag{5-8}$$

将式（5-8）代入式（5-7），得到电动机的实际运行转速为

$$n = \frac{1.5 \times 10^{9}}{\Delta N \cdot P} \tag{5-9}$$

速度检测模块的功能结构框图如图 5-42 所示。

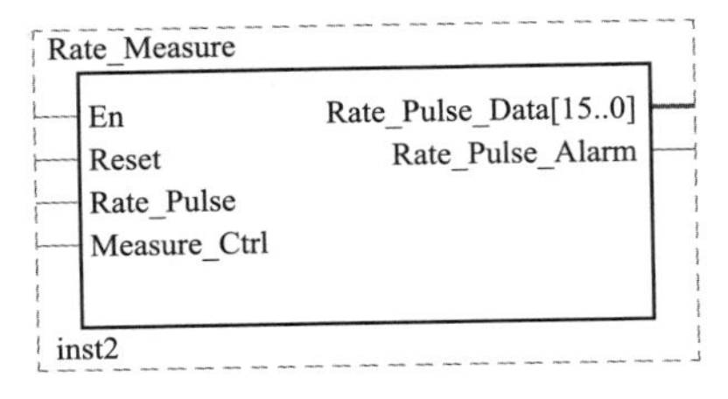

图 5-42　速度检测模块的功能结构框图

该模块是在 Altera 公司开发的软件工具 Quartus Ⅱ中编译的，经过仿真得到的波形仿真图如图 5-43 所示。

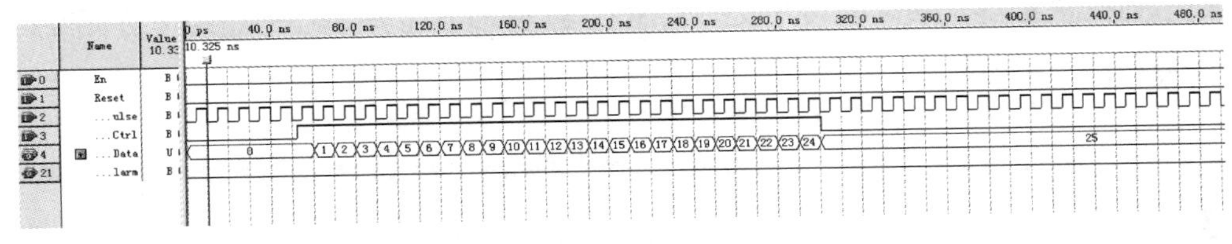

图 5-43　速度检测模块的仿真波形图

（8）速度调节模块。速度调节模块实现对转速的调节与控制，速度调节模块的功能结构框图如图 5-44 所示。

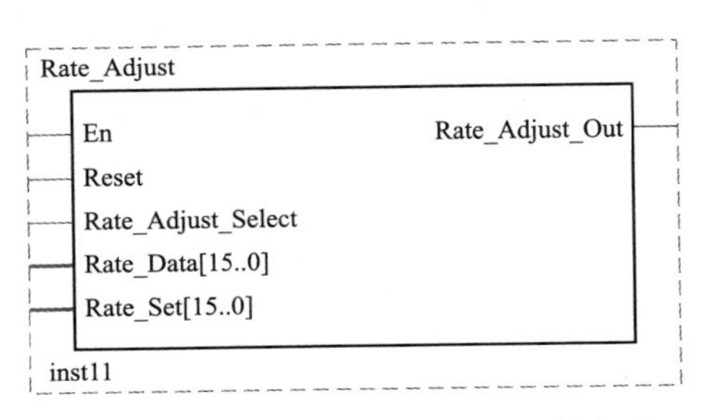

图 5-44　速度调节模块的功能结构框图

该模块是在 Altera 公司开发的软件工具 Quartus Ⅱ中编译的，经过仿真得到的波形仿真图如图 5-45 所示。

（9）位置采样控制模块。位置采样控制模块实现对位置信号采集有效控制，位置采样控制模块的功能结构框图如图 5-46 所示。

该模块是在 Altera 公司开发的软件工具 Quartus Ⅱ中编译的，经过仿真得到的波形如图 5-47 所示。

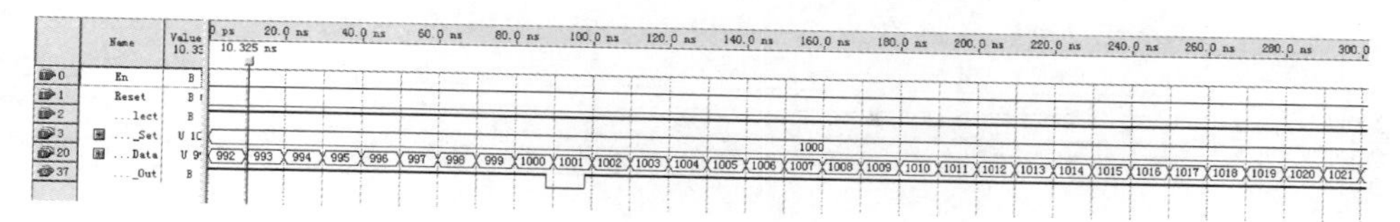

图 5-45　速度调节模块仿真波形图

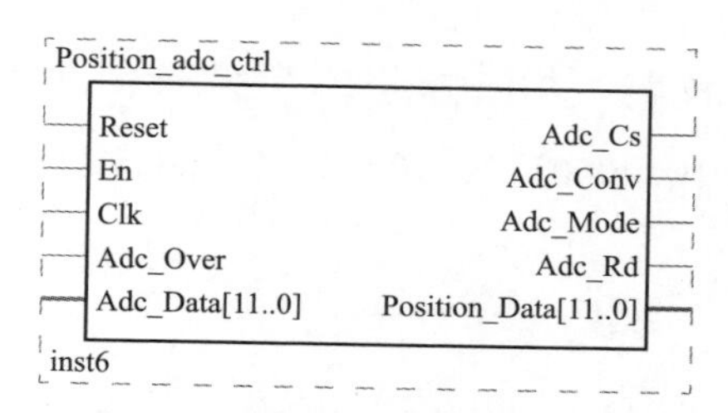

图 5-46　位置采样控制模块的功能结构框图

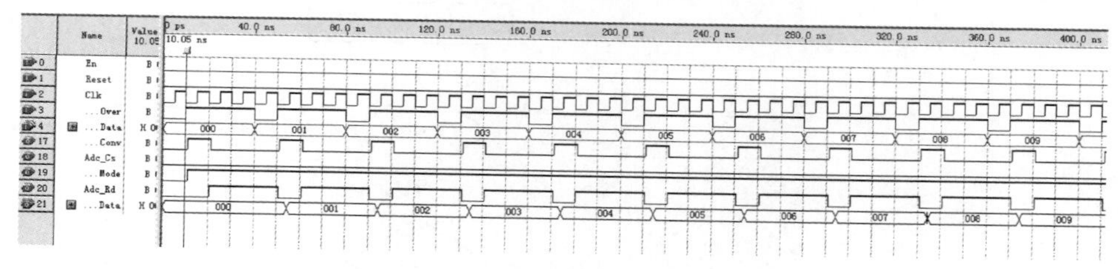

图 5-47　位置采样控制模块的仿真波形

（10）位置调节模块。位置调节模块实现控制位置调节器的工作与否，位置调节模块的功能结构框图如图 5-48 所示。

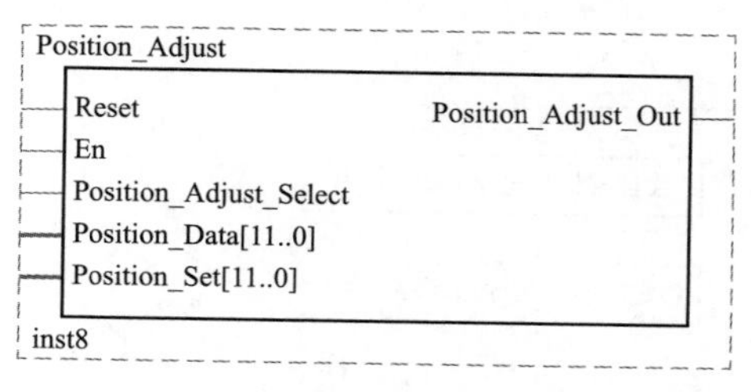

图 5-48　位置调节模块的功能结构框图

该模块是在 Altera 公司开发的软件工具 Quartus Ⅱ 中编译的，经过仿真得到的波形仿真图如图 5-49 所示。

（11）换相控制模块。目标功能是：设计出每个时间节点处电动机每相的导通顺序，这是本系统运行最为核心的模块，该模块的流程图如图 5-50 所示。定义本电动机正转的方向为逆时针。

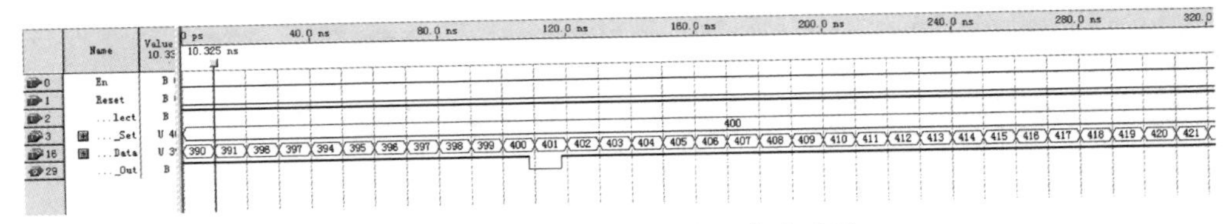

图 5-49　位置调节模块的仿真波形图

若电动机开始正转时，此时输出六个开关管的控制信号为：100001、001001、011000、010010、000110、100100。如图 5-51 所示，表示电动机正转时的程序执行图。

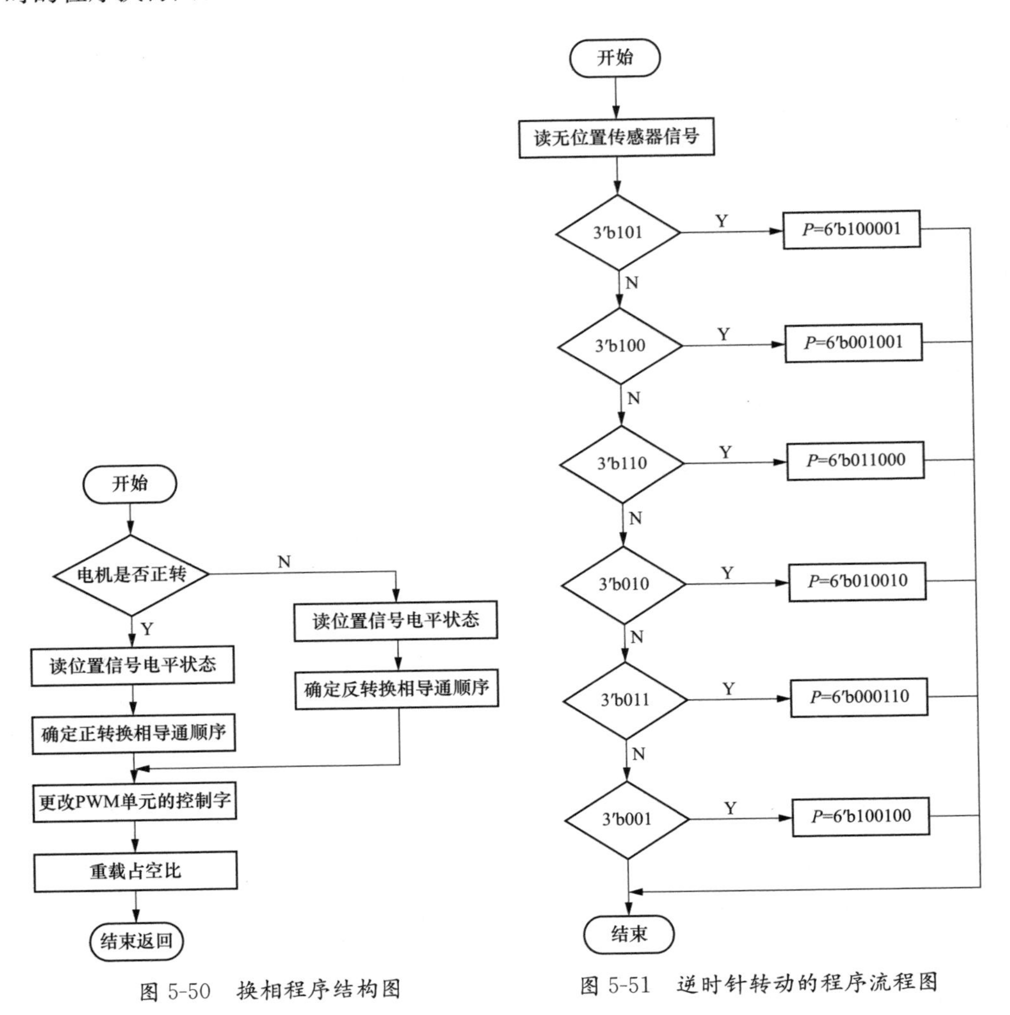

图 5-50　换相程序结构图

图 5-51　逆时针转动的程序流程图

(12) 主控模块。主控模块实现对三环工作情况的有效控制，主控模块的功能结构框图如图 5-52 所示。

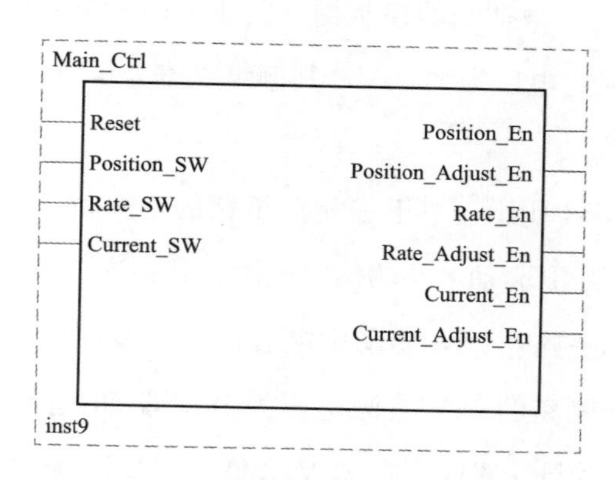

图 5-52　主控模块的功能结构框图

该模块是在 Altera 公司开发的软件工具 Quartus Ⅱ 中编译的，经过仿真得到的波形如图 5-53 所示。

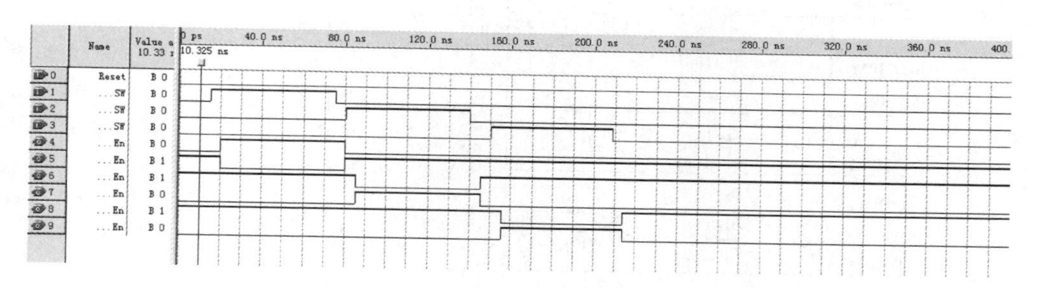

图 5-53　主控模块的仿真波形

5.3　基于 DSP 的系统硬件设计

5.3.1　无刷直流电动机控制系统硬件设计

5.3.1.1　逆变主电路模块

逆变电路作为功率电路，该部分选用智能型 IPM 作为功率器件。IPM 是集成化的功率器件，其内部集成了 7 个 IGBT，其中 6 个为三相逆变桥，第 7 个作为制动电阻回路开关，并且其驱动电路也集成到了 IPM 中。IPM 内部有自动保护功能，当 IPM 温度升高，器件过电压、过电流以及驱动信号欠电压时 IPM 都将发出故障信号 FO，采取适当的控制措施防止故障所波及的范围继续变大。本系统所选用的 IPM 额定电压为 1200V，其额定电流为 50A，内部的 IGBT 最大开关频率为 20kHz。

IPM 模块如图 5-54 所示，对于三相三桥臂的逆变桥，一共需要提供四路相互隔离的电源作为 IGBT 驱动电路的供电电源。其中逆变桥的上桥臂每相单独一路，下桥臂三相共用一路。IPM 驱动供电芯片采用专用供电芯片，输入 20V 直流电压，输出 4 路相隔离的 15V 直流电压为 IPM 驱动电路提供隔离电源。IPM 的驱动信号为 UH、VH、WH、UL、VL、WL，IPM 驱动信号采用负逻辑设计，当电压大于 9V 时 IGBT 才能可靠关断，当驱动电压小于 0.8V 时 IGBT 能可靠导通。

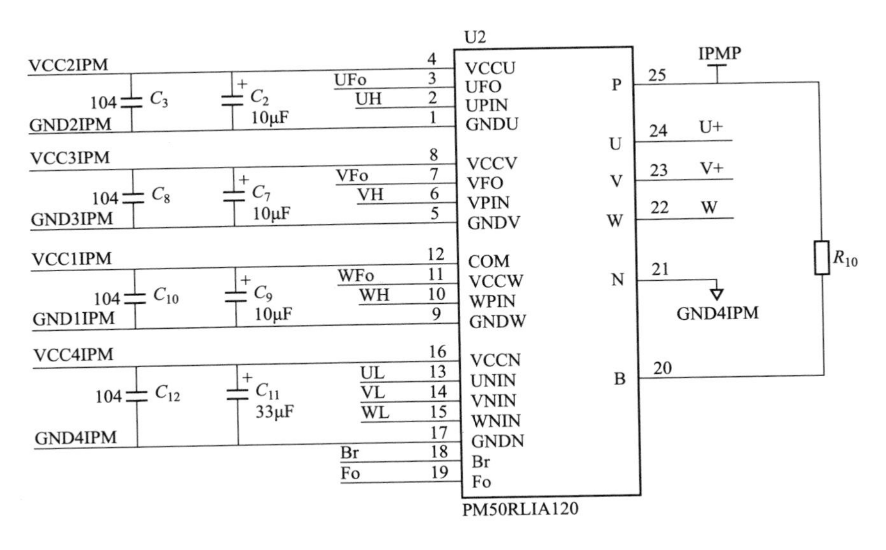

图 5-54　IPM 模块

5.3.1.2　光耦隔离模块

在控制系统的设计实践中，强电的地信号线与弱电的地信号线不能相连。由于 DSP 输出的控制信号为低压信号，而主电路中逆变模块为高压，因此将二者可靠隔离防止高压电量干扰控制信号显得尤为重要。DSP 输出的 PWM 开关信号首先经过 M74HC245 芯片来提高 DSP 的驱动信号的能力，将 3. 3V 电压信号变为 5V 电压信号，电流输出典型值为 25mA；然后再接入 HCPL4504 高速光耦，隔离控制信号和强电部分的干扰。光耦为负逻辑信号，输出为 OC 门需要接一上拉电阻，光耦隔离模块的原理图如图 5-55 所示。

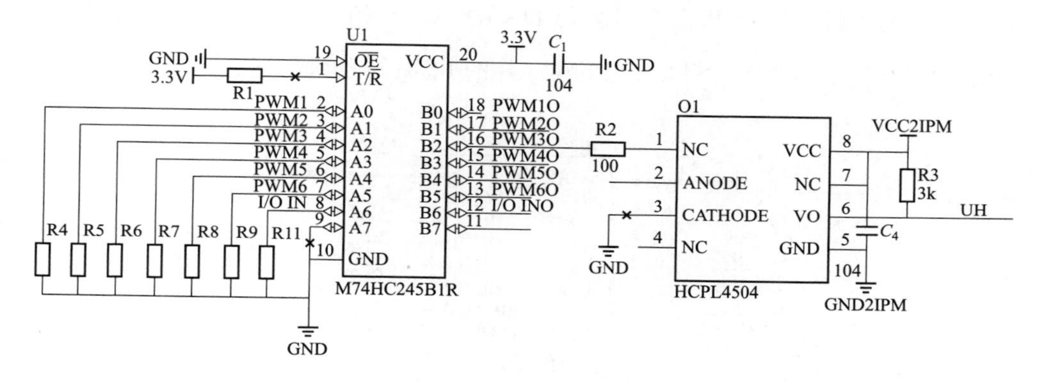

图 5-55　光耦隔离模块

5.3.1.3　定子电流检测模块

在整个控制系统中，由于电流内环是用来调节系统动态性能，因此电流检测占有很重要的地位。本设计采用 3. 3V 供电的霍尔式电流传感器，将测量的电流信号转变为 0～3. 3V 电压信号输出。电流传感器的输出信号接入一电压跟随器后送入 DSP 响应的引脚，接线图如图 5-56 所示。

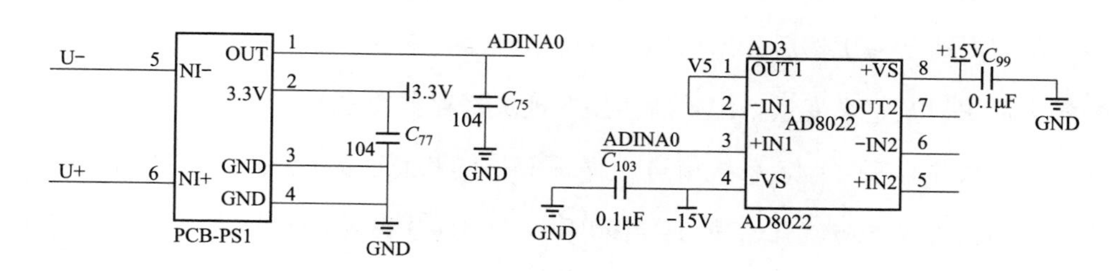

图 5-56　电流检测模块

5.3.1.4 DA 转换模块

在系统调试的过程中，需要观察各种变量的变化趋势，例如电流、转速、转子位置等信息，因此本课题中设计的 DA 模块，所用芯片为 TLV5614，如图 5-57 所示。该芯片转换精度为 12 位，可同时转换四路信号。将 DA 模块与 DSP 的 SPI 串口相结合，SPI 模块工作在主机模式。将 DSP 的 SPISIMO 引脚与 DA 芯片的 DIN 引脚相连，SPICLK 引脚与 DA 的 SCLK 相连来保证通信时钟同步，DSP 的 SPI 使能引脚 SPISTEA 与 DA 芯片的 FS 片选引脚相连。

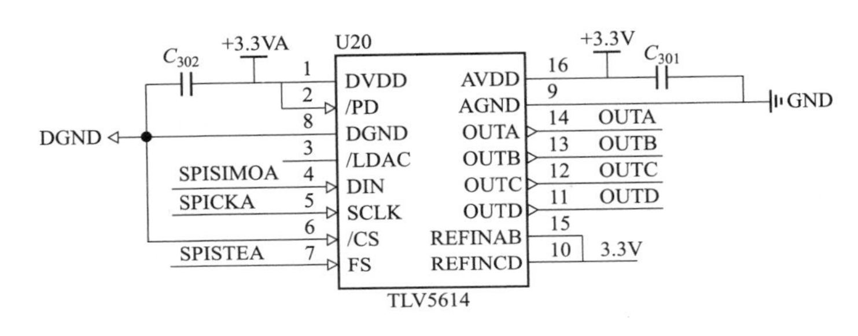

图 5-57　DA 转换模块

5.3.2 无刷直流电动机控制系统软件设计

在 Windows7 环境下利用 TI 公司的 CCS3.3 开发环境完成整个控制系统的软件设计。永磁同步电动机无位置传感器控制系统程序采用模块化编写，具体为：电流采样模块、坐标变换模块、数字 PI 控制器模块、SVPWM 调制计算模块、位置估计模块和转速估计计算模块以及 SPI 串口通信模块。在系统上电之后，主程序执行一次然后开始循环等待中断程序。在主程序之中初始化 DSP2812 的各个模块以及定义变量，配置所使用的模块寄存器使之与硬件电路相配合。在执行过一次主程序之后，系统就进入循环等待的状态。系统一直等待中断信号，当主中断请求被响应就开始执行主中断程序。在主中断程序中放入一个控制周期内所需各个步骤的模块化程序，所以主中断里的程序极为重要，主中断响应的频率就是 IPM 中 IGBT 开关的频率。当主中断程序结束时，需要在中断程序的结尾复位中断标志位，以保证再次进入主中断程序。由于 C 语言具有简单灵活、易于理解和移植性高的特点，整个控制系统采用C语言进行编写。

5.3.2.1 程序的数值处理

由于所用的控制芯片为32位定点型DSP，相比于浮点类型的DSP芯片，DSP2812有着不小的价格优势。任何的控制算法都需要有浮点运算，定点DSP可在程序中定义float型变量，但是其编译后代码量大，影响控制器的运算效率。因此为了弥补定点DSP的不足，TI公司提供了IQMath函数库来软件支持TMS320C2000系列DSP的浮点运算，这给了编程人员很大的方便。IQmath库函数采用对整数进行定标的方式来确定小数，这种方式称为Q格式定标。因此不管在程序中定义了何种类型的数据变量，对于定点DSP而言都是采用整数数据类型参与运算，这将大大提高控制器的运算速度。一个32位的有符号数，通过确定小数点在第几位上，从而来确定数的精度。IQmath中其中iq_30，表示的范围是最小值为－2，最大值为1.999999999。iq_1表示的最小值为－107374184，最大值为107374183.5，以此类推。本系统中所使用的全局变量格式为Q24格式，表示的范围是－128到127.999999940。IQmath库函数除了为变量定标之外，它还提供了强大的数学函数库集合。在这些数学函数库中的输入、输出的数据都是采用Q格式，从而提高了定点型DSP的扩展性，提高其运算速度。控制系统定标为Q24格式，当系统中某些变量不在这Q24所表达的范围内，可用IQ() toIQN() 函数实现任意Q点数之间的互化。软件中的浮点数值与定点数值两者之间的数学关系如下：

浮点型数据（X）转换为定点型数据（X_q）：$X_q=(int)X\cdot 2^Q$。

定点型数据（X_q）转换为浮点型数据（X）：$X=(float)X_q\cdot 2^{-Q}$。

5.3.2.2 主程序设计

控制系统主程序的作用是完成系统软件变量的初始化、函数初始化以及DSP各个寄存器初始化等一系列配置工作，主要包括初始化时钟寄存器、AD模块初始化、事件管理器初始化、中断向量PIE初始化、看门狗模块初始化以及SPI串口初始化，然后调用初始转子位置检测程序。主函数中设置了一个标志位，用于调试时的软件启动，当标志位人工置 1 来软件启动主程序。随后开启和使能系统中的中断请求，然后进入主程序循环等待，当系统发出中断请求并且没有被系统屏蔽后，CPU 根据发出中断的优先级的顺序，由高到低执行相对应的不同的中断程序。主程序流程图如图 5-58 所示。

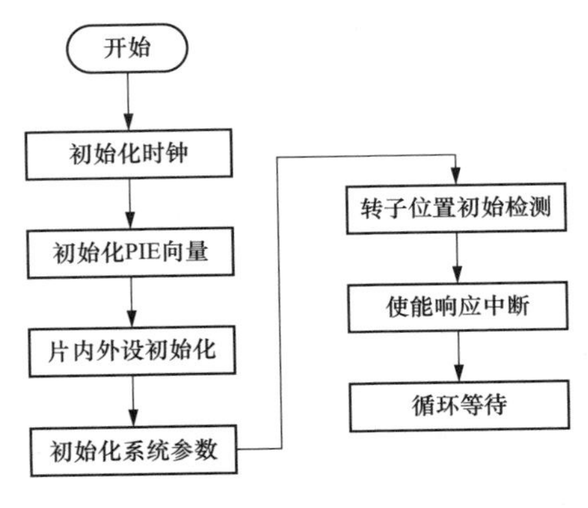

图 5-58　主程序流程图

主程序中选用 EVA 中通用定时器 T1 下溢中断作为产生主中断信号的时基，为系统产生 10kHz 对称的 PWM，即主控制周期为 $100\mu s$，该中断对应的 CPU 内核中断为 INT2。由于电动机的机械时间常数远大于电气时间常数，因此他本系统的电流采样频率为 10kHz，外环速度环的频率为 250Hz。除了 INT2 中断之外，还有 EVB 中的 CAP4 和 CAP5 中断以及 QEP 电路中断。在本系统中为了验证估计的转子位置准确性以及方便调试系统，安装了增量式的光电编码器来测量电动机的转子实际位置。因此 CAP4 和 CAP5 中断以及 QEP 电路中断为光电编码器所用中断，对应的 CPU 内核中断为 INT3 和 INT5 中断。对应的中断优先级为 INT2 最高，INT3 次之，INT5 最低。

在系统上电之后，执行一次转子位置初始检测程序。该程序在主程序中调用一次，依据脉振高频注入法观测到电动机转子位置的初次观测值，待系统稳定之后加入正向脉冲电压，检测 d 轴电流响应的最大值 i_+，经过 20ms 电感中的能量释放完全之后，在加入等幅值的反向脉冲电压，检测 d 轴的电流响应最大值 i_-。

通过比较二者的关系，做出是否对转子位置的初次观测值进行补偿的判断，如图 5-59 所示。

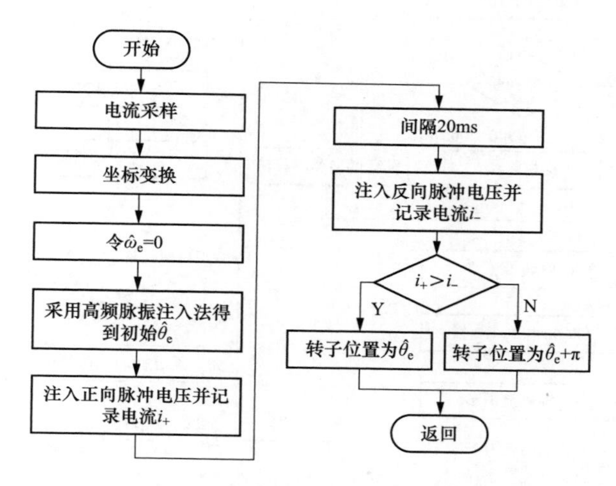

图 5-59 电动机转子位置初始检测程序流程图

5.3.2.3 主中断服务程序

主中断程序中完成的是系统的控制周期内所要完成的任务，主要包括电流检测、转速判断、转子位置信号的观测、坐标变换、dq 轴电流 PI 控制、SVPWM 调制模块以及转速计算等模块。T1 定时器的计数模数为增减模式，当 T1 定时器发出下溢中断请求时，同时开启 DSP 自带的 ADC 转换模块，其中 ADC 采用级联采样模式，然后通过转速判断程序判断当前的转子位置估计值该由哪种方式来提供。获得转子位置之后，将电流进行坐标变换，经过 PI 控制器输出 dq 轴给定电压，再经过 SVPWM 调制输出各项的占空比，储存到 EVA 中全比较单元的 CMPRx 寄存器中。由于电动机控制系统的电气时间常数远小于控制系统的机械常数，因此不需要每个控制周期都对电动机和转速进行调节。本系统是每 40 次控制周期对速度调节一次。主中断周期程序的最后部分是判断是否该进行转速调节，最后保存现场，复位中断标志位并且开启主中断。主中断程序框图如图 5-60 所示。

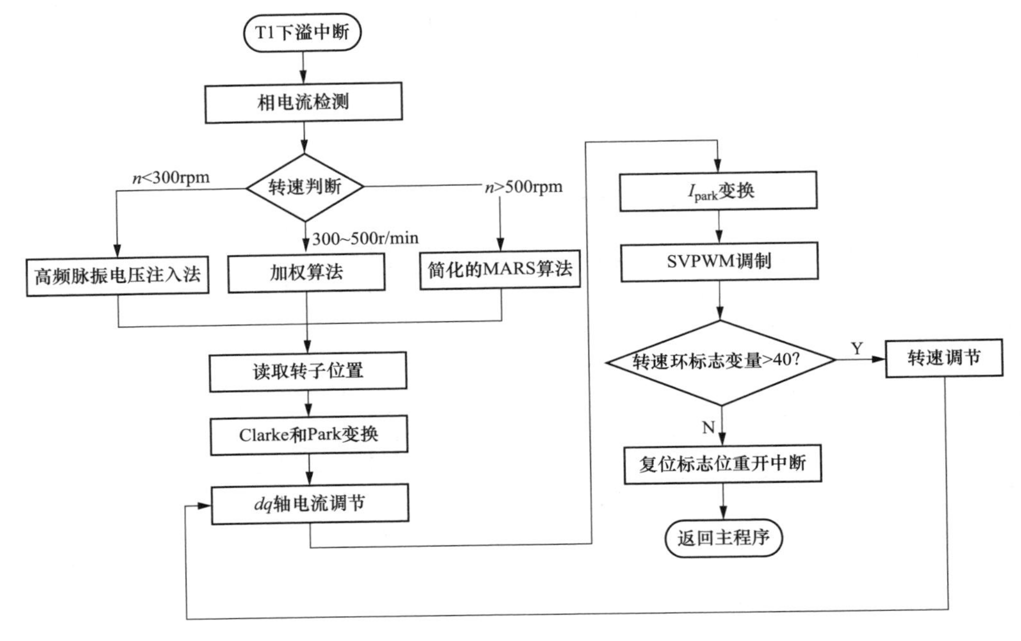

图 5-60　PWM 中断服务程序流程图

由于本实验中脉振高频电压注入法注入的 1kHz 高频正弦电压，是依据 PWM 中断周期采用定义数组的方式完成编写。即定义一个一维 10 个元素的数组，采用查表的方式来注入正弦波。这就要求在一个 T1 下溢中断周期内完成所有的控制算法并且返回到主程序中，否则注入的高频正弦电压就会出现混乱。并且一个实际的主控制周期如果超过 T1 下溢中断周期，则下一次的 T1 中断请求就会被 CPU 屏蔽掉，直到完成本次控制算法才能响应下一次中断。这就会造成系统的 IPM 开关频率下降，从而影响系统的动态性能。因此需要保证系统主中断程序应当在一个 T1 下溢中断的周期内完成，实验中实测主中断程序的时间如图 5-61 所示。

图 5-61 中高电平代表执行主中断程序所用的时间为 73.4μs，小于 T1 下溢中断周期。因此系统软件设计满足系统要求。

5.3.2.4　滤波器的设计

低速无位置传感器控制策略中的脉振高频电压注入法需要使用带通和低通滤

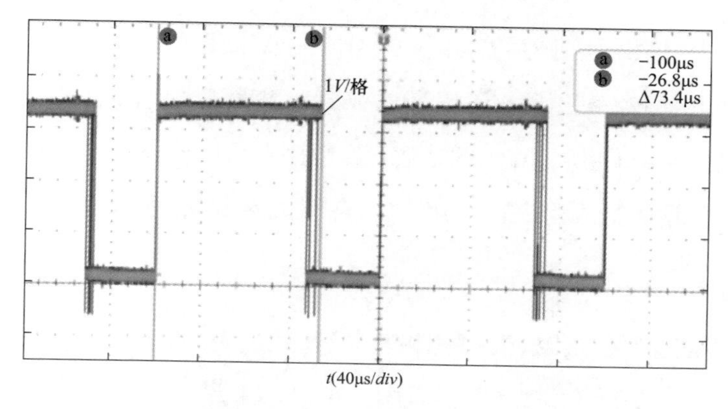

图 5-61　主中断程序所用时间

波器，由于本课题系统采用数字化设计，因此采用数字滤波器。数字滤波器的分类主要有两大类：①无限冲激响应滤波器（IIR）；②有限冲激响应滤波器（FIR）。前者不具有线性的相位，后者具有线性的相位，但是在设计相同性能指标的滤波器时，FIR 的阶数要高于 IIR 的阶数，从而 FIR 滤波器增加了 DSP 处理器的运算时间，影响软件程序的实时性。

fdatool 工具箱为用户提供了一种简便综合的设计方式。通过该工具箱可将滤波器的设计可视化，设计者可方便快捷的设计常用滤波器。图 5-62 为设计界面。

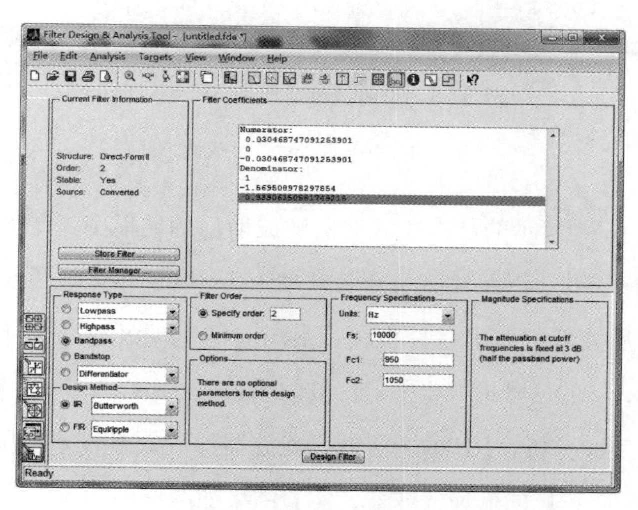

图 5-62　fdatool 设计界面

为了减少对系统实时性的影响，带通滤波器采用 IIR 型滤波器。其参数为，采样频率为 10kHz，截至频率下限为 0.95kHz，截至频率上限为 1.05kHz，阶数为 2 阶。根据 fdatool 所计算出的参数，在程序中采用差分方程的形式进行编写。在 CCS3.3 中编写测试程序，利用 CCS 软件自带的示波器观测结果如图 5-63 所示。

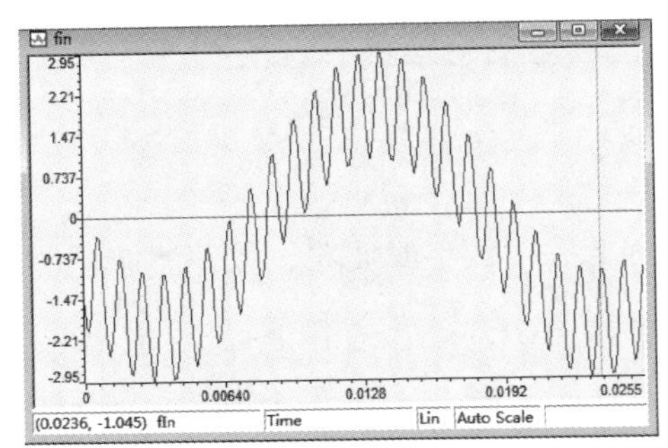

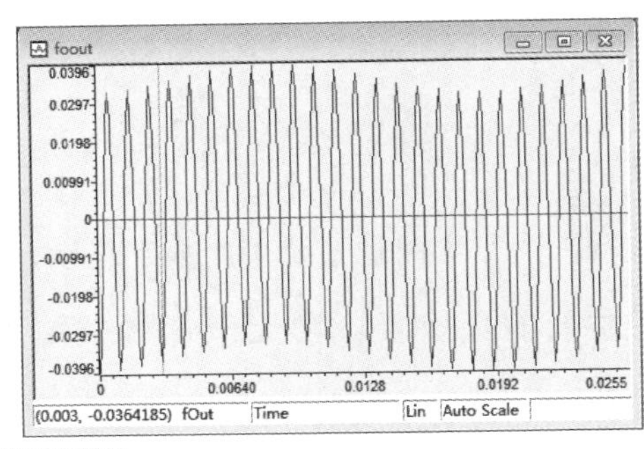

(a) 带通滤波器测试结果

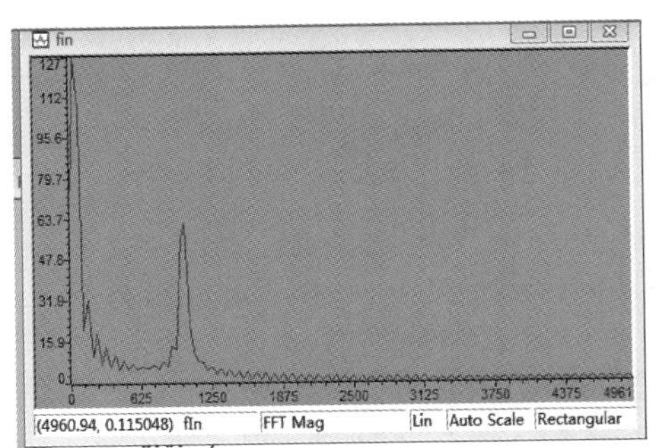

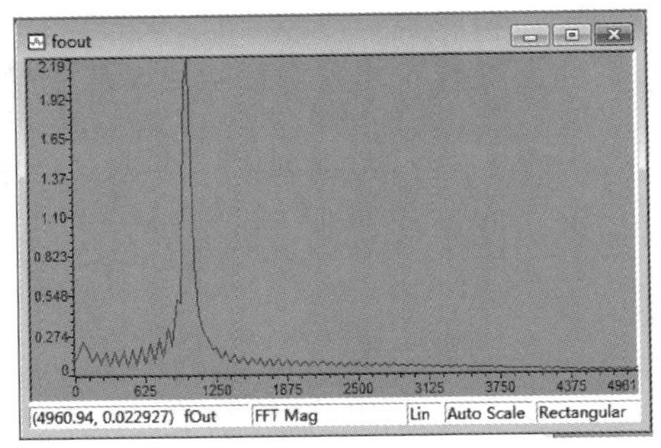

(b) 滤波前后波形的傅里叶分析

图 5-63　带通滤波器测试结果

图 5-63（a）中所示的是带通滤波器滤波前后的波形图，滤波器的波形为幅值为 1 的 50Hz 正弦波以及幅值为 0.5 频率为 1kHz 的正弦波叠加而成。图 5-63（b）为滤波前后波形的傅里叶分析图，由图 5-63 可看出，二阶 IIR 带通滤波器可将频率为 1kHz 的信号提取出来，滤波效果较好。

经过多次实验分析，IIR 的 2 阶低通滤波器滤波效果较差，所以选用低通滤波器类型为 16 阶 FIR 的低通滤波器，实验结果如图 5-64 所示。

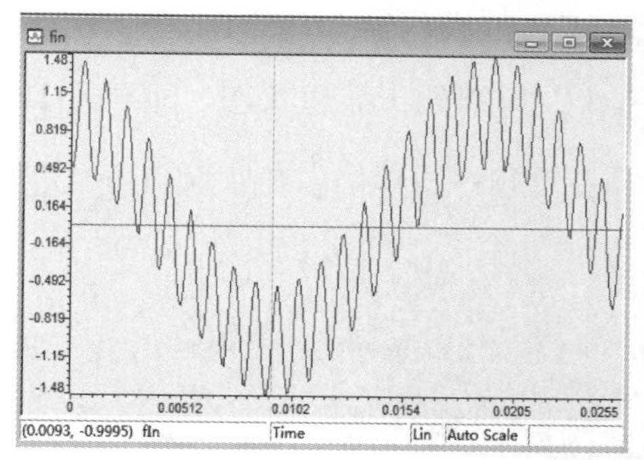

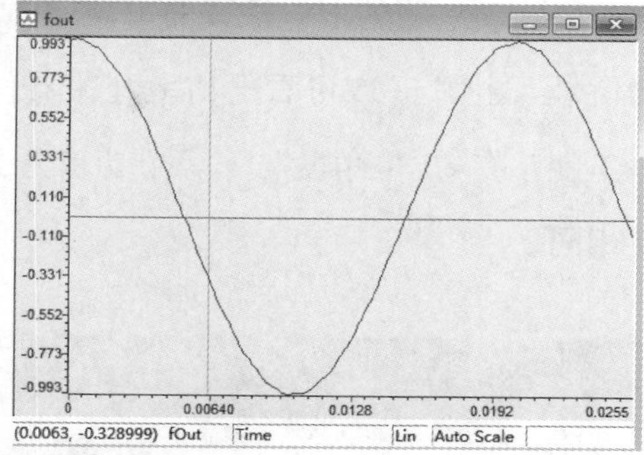

(a) 低通滤波器测试结果

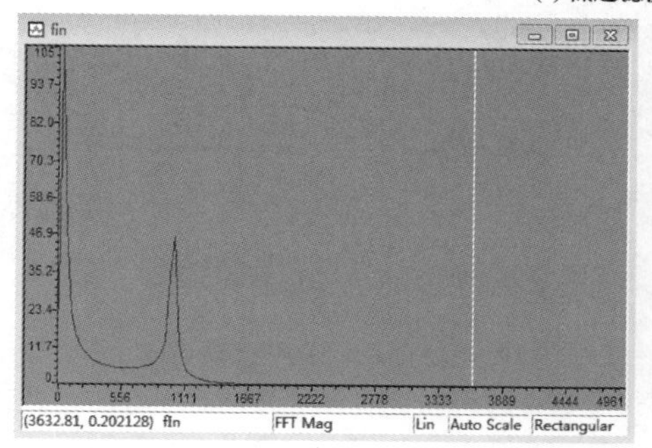

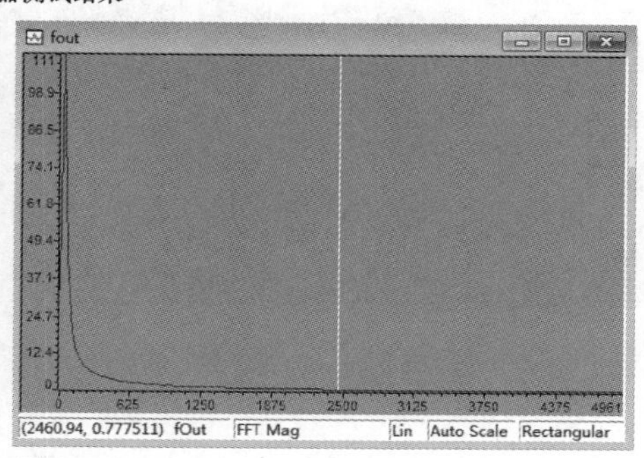

(b) 滤波前后波形的傅里叶分析

图 5-64　低通滤波器测试结果

图 5-64（a）中所示的是低通滤波器滤波前后的波形图，滤波器的波形为幅值为 1 的 50Hz 正弦波以及幅值为 0.5 频率为 1kHz 的正弦波叠加而成。图 5-64（b）为滤波前后波形的傅里叶分析图，由图 5-64 可看出，16 阶 FIR 滤波器可将低频信号提取出来，滤波效果较好。

5.4　系　统　实　验

5.4.1　基于 FPGA 的系统硬件电路平台实验结果

根据已经搭建好的硬件实验平台，如图 5-65 所示。使用设计好的控制系统程序对控制系统进行实验验证。首先对控制板上电，当 Quartus Ⅱ 环境准备好后，对程序进行下载，通过 JTAG 调试口下载到 FPGA 中进行在线调试。

通过示波器观察由 FPGA 输出的 PWM 波形如图 5-66 所示。图 5-66 所示的为功率驱动电路的上下桥臂的 P 沟道 MOSFET 和 N 沟道 MOSFET 的 PWM 控制信号，由图 5-66 可看出功率开关器件有 1/3 周期处于导通状态，即导通 120°电角度，有 60°电角度与下一个功率开关器件重合，与理论 PWM 控制信号的波形相同。

图 5-65　硬件平台

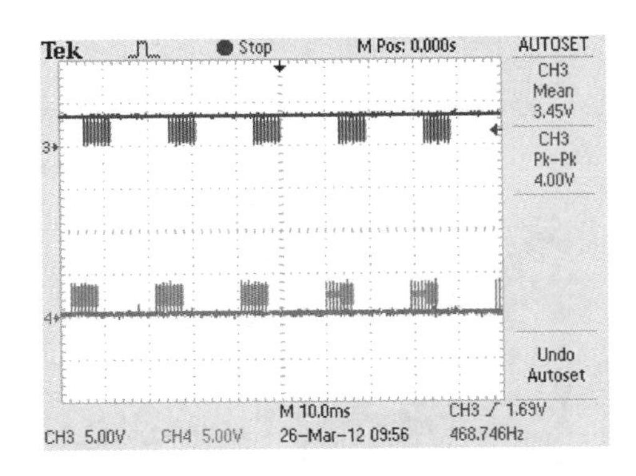

图 5-66　PWM 波形图

图 5-67 为 PWM 的占空比分别为 20%和 30%时，通过测电动机两端的电枢电压差值，间接得到无刷直流电动机的转子反电动势波形图。

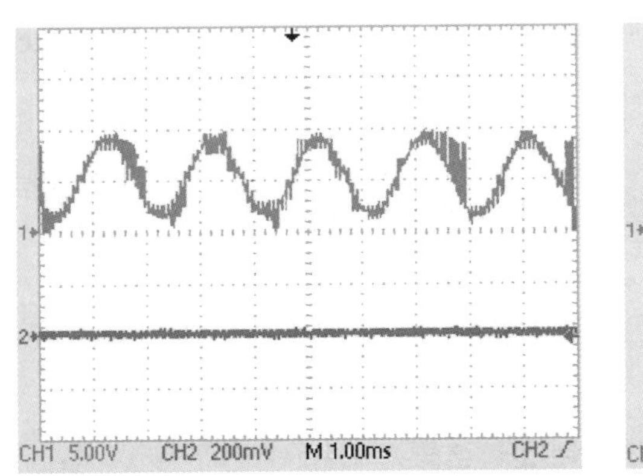

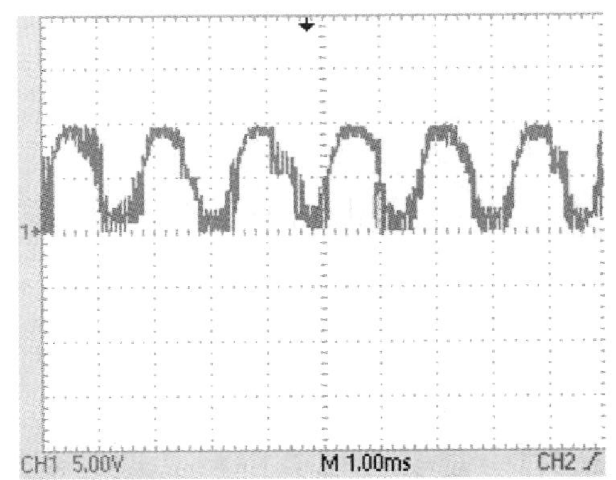

图 5-67　PWM 的占空比分别为 20%和 30%的反电动势波形

对由检测设备检测产生的波形进行如下分析，图 5-68 中代表光耦的输出信号，光耦输出的也是 IPM 的输入信号电平为低时有效。通过波形图分析，当输出高电平 PWM 信号时，IPM 表现为低电平，不工作；当输出低电平 PWM 信号的情况下，IPM 电平为高，此时正常工作。

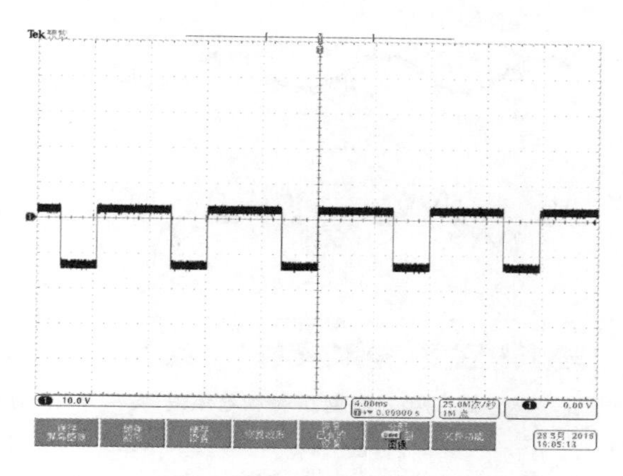

图 5-68　光耦输出信号

图 5-69 是 FPGA 端口输出的 PWM 波形。由图 5-69 可得出 PWM 信号在不同桥臂下且非同相 IPM 开关管的输出导通状态的保持时间，也就是电角度，与理论波形信号对比得出，此波形与理论波形基本相同。

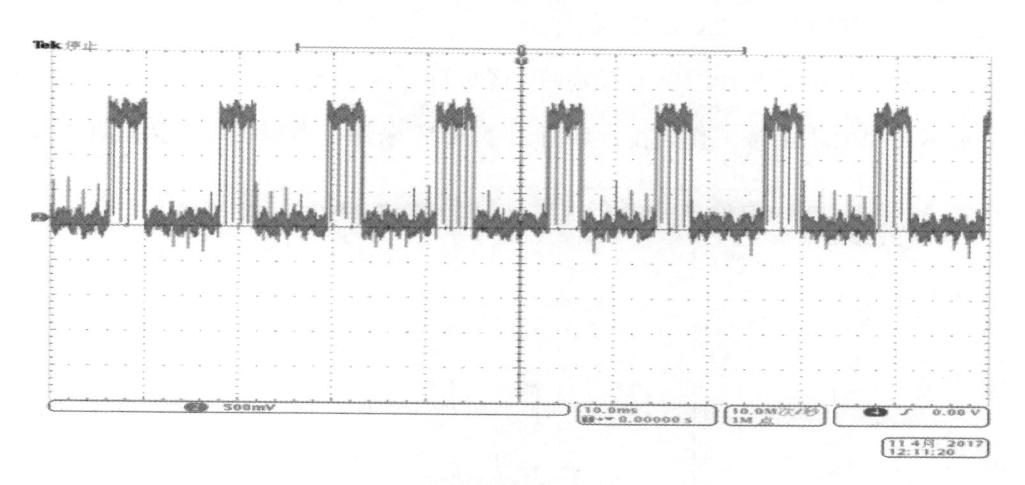

图 5-69　PWM 波形

图 5-70 所示，线电压波形为图中标号 3，因为在端电压检测一阶使用了一阶 RC 滤波器，所以线电压波形中的 PWM 高低电平信号印记不再深刻，可看出梯

形波的形状比较明显。

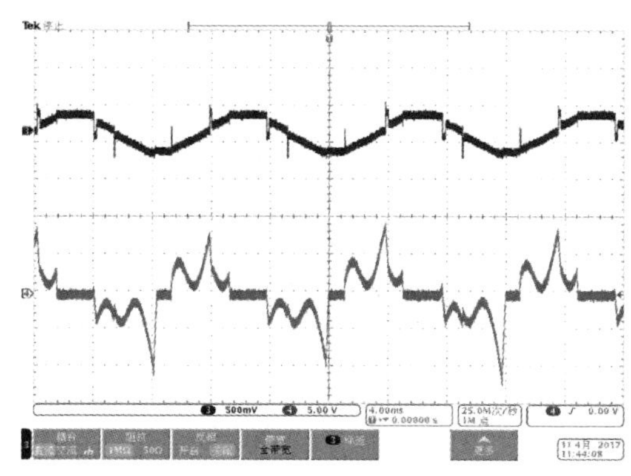

图 5-70　线电压和相电流波形

5.4.2　基于 DSP 的系统硬件电路平台实验结果

在实验过程中，需要先给控制板通电，待软件环境配置好后，再接通主电源。在 CCS3.3 中编写相应控制程序，编译完成后通过 JTAG 调试口下载到 DSP 中进行在线调试。DSP 输出的一路互补的 PWM 波形以及 PWM 波通过光耦前后的波形分别如图 5-71 和图 5-72 所示。

从图 5-71 中可看出，PWM 模块的死区时间为 0，高电平为有效电平。图 5-72 中所示光耦模块正常工作，在设计时由于 IPM 采用负逻辑驱动，因此将光耦

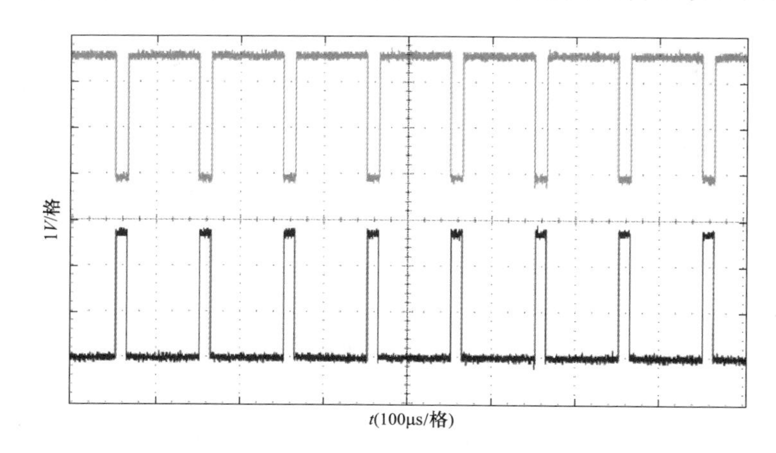

图 5-71　一路互补的 PWM 波

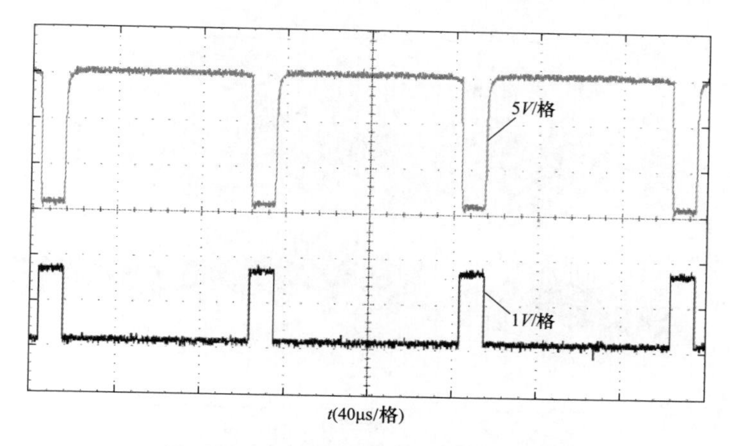

图 5-72　光耦隔离模块输入输出波形图

的逻辑设计为负逻辑，当光耦输入为高电平时，光耦输出为低电平（0V）；当光耦输入为低电平时，光耦输出高电平（15V），光耦输出波形较陡，能满足 IPM 驱动的要求，可正常工作。

在脉振高频电压注入法中，需要向 d 轴注入 1kHz 的正弦波，系统中采用数组与中断周期相结合的方式来实现，整个系统采用标幺化设计，因此程序中注入的高频正弦波幅值范围为 0 到 1。注入的 1kHz 正弦波如图 5-73 所示。

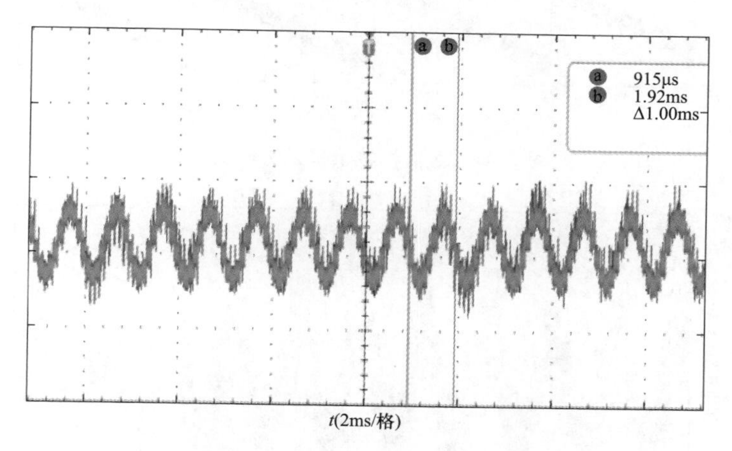

图 5-73　d 轴注入 1kHz 的正弦波

电动机转速初值为 0，电动机空载起动。转速初始给定 0.1p.u.(250r/min)，后变为 0.2p.u.。整个控制系统的实验结果如图 5-74～图 5-76 所示，图 5-74 为

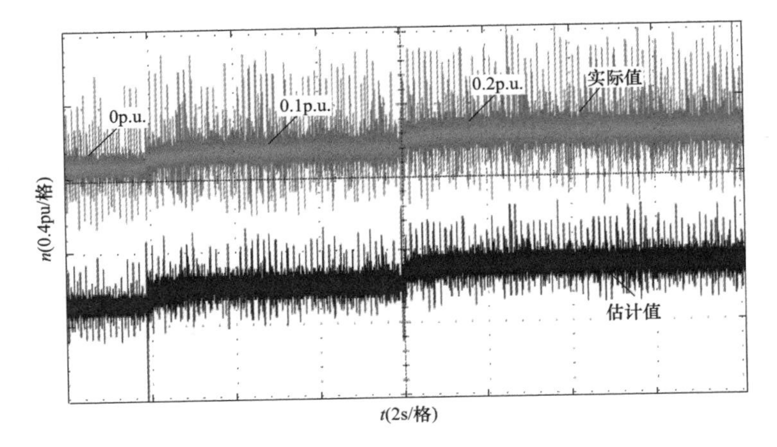

图 5-74　电动机转速实验波形

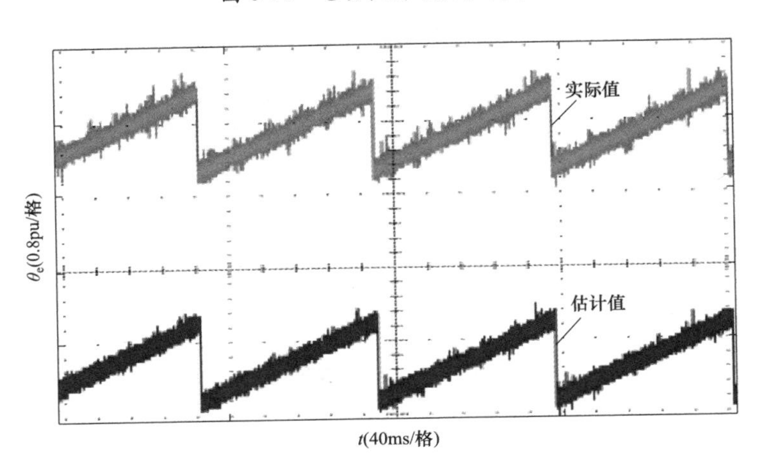

图 5-75　电动机转子位置实验波形

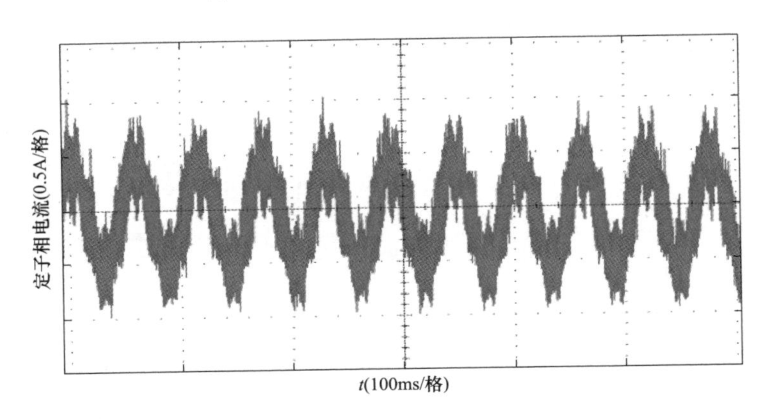

图 5-76　定子相电流波形

电动机转速的实际值与估计值的实验波形，图5-75所示的是电动机转子位置的实际值与估计值的实验波形，图5-76所示的是当电动机转速为0.1p.u.时定子相电流波形。

从实验结果可看出，估计的电动机转速以及电动机转子位置能实时跟踪实际的转速和转子位置。在速度突变时，估计转速与实际转速重合度好、动态性能较好，在稳态时转速平滑跟踪性能好。电动机转速实验波形测量过程中，有外界因素的干扰，造成波形毛刺较多。电动机的定子相电流波形正弦程度较好，系统可稳定运行。

第6章　电力电子与开关磁阻电动机集成系统基本原理

开关磁阻电动机（Switched Reluctance Machine，简称SR电动机）是20世纪80年代发展起来的一种新型电动机。1983年，英国TASC Drives有限公司将世界上第一台SR电动机（7.5kW，1500r/min）。

商品投放市场：1984年，又推出4～22kW 4个规格的系列产品：原联邦德国在1984～1986年期间也先后完成了1、1.2、5kW样机的试制。

SR电动机调速系统（SRD）作为一种结构简单、鲁棒性好、价格便宜的新型调速系统，问世不久便引起各国电气传动界的广泛重视，美国、加拿大、南斯拉夫、埃及、新加坡等国也都竞相发展，我国于1984年左右也以较高的起点开始SR电动机的研究、开发工作。SR电动机成为20世纪80年代热门的调速电动机，20世纪90年代以后，形成了理论研究与实际应用并重的发展态势。

开关磁阻电动机既可作电动机运行，也可作发电机运行。SR电动机主要用于调速系统。由于SR电动机SRD在运行可靠性、方便性及成本等方面可与其他调速系统竞争，所以，SRD系统已应用于许多场合。国外生产的SRD产品有通用型和特殊型，容量可达5MW。通用型产品供一般工业用，如风机、泵、卷绕机、压缩机、食品加工及纺织工业等。特殊型产品主要用于牵引机车、电动汽车及飞机的起动电动机、伺服系统以及日用家电等方面。我国在SRD系统的理论研究方面也已取得了长足发展，已研制出350W～50kW多个规格的样机。

SR发电动机结构简单、容错能力强、调节性能好、运行可靠，可用于飞机的起动发电机以及风力发电等。目前，SR发电机的研究也已起步。

开关磁阻电动机不论作电动机还是作发电机运行，都要和功率变换器、控制器及位置检测器等共同配合组成个系统，称为SR电动机系统。系统中：①SR电动机是SR电动机系统中实现机电能量转换的部件，也是SR电动机系统有别于其他电动机系统的主要标志；②功率变换器向SR电动机提供运转所需的能量，由蓄电池或交流电整流后得到的直流电供电（由于SR电动机绕组电流是单向的，使得其功率变换器主电路不仅简单，而且相绕组与主开关器件串联，因而可预防短路故障）；③位置检测器用于检测SR电动机转子的位置；④控制器是系统的中枢，它综合处理速度指令、速度反馈信号及电流传感器、位置传感器的反馈信息，控制功率变换器中主开关器件的工作状态，实现对SR电动机运行状态的控制。

6.1　开关磁阻电动机结构类型及其工作原理

SR电动机按相数分，有单相及多相结构；按气隙方向分，有轴向、径向及混合式结构；按齿分，有每极单小齿及多小齿结构。

6.1.1　传统的SR电动机

SR电动机为双凸极铁心结构，其定、转子的凸极均由普通硅钢片叠压而成。转子上无绕组，装有位置检测器；定子上绕有集中绕组，径向相对的两个绕组串联形成一对磁极，称为“一相”。SR电动机可设计成多种不同相数结构且定转子的极数有多种不同的搭配，其相数多、步距角小，利于减小转矩脉动，但结构复杂且主开关器件多、成本高。由于三相以下的SR电动机无自起动能力，目前应用较多的是四相（8/6）结构及三相（6/4）结构。

SR电动机的运行原理遵循“磁阻最小原理”，磁通总要沿着磁阻最小的路径闭合，而具有一定形状的铁心在移动到磁阻最小位置时，必使自己的主轴线与磁场轴线重合。若改变通电电流的顺序，则转子的旋转方向发生改变。也就是说，转子的转向与相绕组电流的方向无关，而仅取决于相绕组通电的顺序。

SR电动机的电磁转矩可由磁储能计算，即

$$T(\theta,i)=\frac{\partial W'(\theta,i)}{\partial\theta}$$

磁路越饱和，电动机的质量/电磁转矩比值越小，因此，SR电动机一般都设计在高饱和状态下运行。电动机的磁路是非线性的，$W(\theta,i)$ 的改变既取决于转子位置，也取决于绕组电流的瞬时值。定性分析时为了简便，一般忽略磁路饱和及边缘效应。假设电感与电流无关，则电磁转矩也可表示为如下形式

$$T(\theta,i)=\frac{1}{2}i^2\frac{\partial L}{\partial\theta}$$

由上式可知，SR电动机电磁转矩的方向与电流方向无关，仅取决于电感随转角的变化。在电感上升区域，$dL/dO>0$，产生驱动转矩；而在电感下降区域，$dL/de<0$，产生制动转矩。可见，通过控制开通角及关断角，即可实现SR电动机的四象限运行。

6.1.2 短磁路SR电动机

短磁路SR电动机定子磁极分布不均匀，每相励磁绕组绕在相邻的极性相反的一对磁极上。各绕组极对之间的角度必须与转子磁极之间的角度相等，才能使定子上的极对与转子上的极对相互对准，形成低磁阻磁路。定子上相邻极对之间的角度必须大于或小于极对角度以保证转子上能产生力矩，并且极对的两个磁极要同时励磁。转子结构及其工作原理与传统SR电动机相似。

6.1.3 双馈型SR电动机

双馈型开关磁阻电动机的定子铁心中放有主副两套三相绕组，极数分别为$2p$和$2q$且$p+q$；转子采用p组轴向叠片，并且$p=p+g$。对理想电动机，主副绕组无直接耦合关系，其气隙磁场在定子绕组中感应的速度电动势有6种不同频率。由于各电动势的频率与各自绕组中流过的电流频率相同，故可产生稳定的电磁转矩，实现机电能量转换。

6.1.4 永磁式SR电动机

永磁式开关磁阻电动机与传统开关磁阻电动机的主要区别在于其定子扼部对称地嵌入两块磁钢。由于永久磁钢的引入，磁场分布有很大的区别。气隙磁通为

$$\Phi=\Phi_m+\Phi_a$$

式中：Φ_m为永久磁钢产生的磁通，基本保持不变；Φ_a为定子绕组产生的磁通。

磁储能为

$$W_{c0}=\int_0^i\Phi(i,\ \theta)\mathrm{d}i$$

$$T_{\mathrm{em}}=\frac{\partial W_{\mathrm{c0}}}{\partial\theta}=\frac{1}{2}i^{2}\frac{\partial L}{\partial\theta}+i\frac{\partial\Phi_{\mathrm{m}}}{\partial\theta}$$

由于永久磁钢的导磁率较小，所以可视磁钢区域为气隙，因此齿对齿及齿对槽的电感较小，利于相间换流。电磁转矩 m 中包含磁阻转矩和永久磁场产生的反应转矩。由于电感较小，磁阻转矩不是主要成分。由于双凸极反应，绕组交链磁通的变化产生感应电动势。当绕组通以一定方向的电流时，完成机电转换过程。电磁转矩的方向与电流方向和磁链变化方向有关，要产生电动转矩，只需在各相绕组磁链上升区域通以正向电流（增磁），在磁链下降区域通以反向电流（去磁）即可。

6.1.5　带辅助绕组的 SR 电动机

增设辅助绕组的 12/4 极 SR 电动机的定子有径向对称分布、槽间距为 90°的 4 个燕尾槽，它共有 12 个齿极，对称分布于燕尾槽的两侧。齿极上的线圈组成三相绕组，每相绕组由 4 个线圈串联，通电时在空间产生一致的磁场方向。燕尾槽中除主绕组之外，还装有辅助绕组，辅助绕组跨过相邻的三个定子极嵌于燕尾槽中。转子共有 4 个极，当给三相绕组轮流通电时，转子在任何时刻总有 4 个极与定子导通相的 4 个极相互作用，产生电磁转矩。此种 SR 电动机中，辅助绕组与相绕组交链的互感磁链参与了运动电动势的生成，改善了电流的波形，增大了电动机出力。辅助绕组中耦合能量减轻了功率变换器续流回路的负担，起到保护开关元件的作用。同时，耦合到辅助绕组中的磁场能量继续为下一相导通所用。辅助绕组完成原来电动机内的磁场能量与电源一部分能量的交换，提高了 SRD 系统的功率因数，从而可提高整个系统效率。

6.1.6　两相同时励磁的 SR 电动机

两相励磁的 SR 电动机结构与传统的 SR 电动机相似，但绕组联结有所不同。在径向相对的齿极上，相绕组反向串联，使得当绕组都通正向电流时，定子内圆上的极性分布沿圆周为 N-S 极相间均匀分布。对于 6/4 结构的 SR 电动机，三相绕组采用星形联结。这种方案同时激励相邻两相绕组以保证磁通主要部分通过同时激励的两相磁极和定子 a 部。利用电动机自感和互感的原理产生转矩，这种结构可减小相绕组励磁时的突变，从而减少机械应力，达到减小转矩脉动及噪声的目的。

6.2 单相开关磁阻电动机

单相开关磁阻电动机电路简单、成本更低，因此作为小功率开关磁阻电动机在日常电器和轻工业设备中有吸引力。

这种电动机结构上可类同于一些单相反应式同步电动机，但采用位置闭环控制供电，从而构成单相开关磁阻调速电动机，如图 6-1 所示。当通电后转子受力旋转，在定、转子齿极重合位置之前断电，转子靠惯性继续运动，待转子齿极接近下一个定子齿极时，再接通定子绕组。如此根据转子位置循环通断供电，即可实现可调速运行。为了解决自起动问题，可采取适当措施，如附加永磁块，使电动机在不供电时转子停在合适的位置，这样下次起动通电时刻总存在一定转矩。

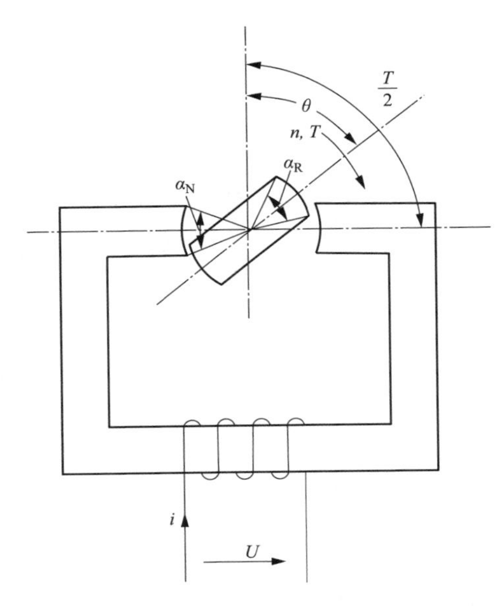

图 6-1　单相开关磁阻电动机基本电磁结构

开发比较成功的一种单相开关磁阻电动机结构如图 6-2 所示。这是外转子结构，而内定子的绕组为一环形线圈，它设在 6 个磁极槽内，通电后将形成轴向和径向组合的磁路，如图 6-2（c）所示。当转子齿极接近定子极时接通电源，转子转过一角度后断开，避免产生制动转矩。转子可以靠惯性旋转，当转子齿极接近下一个定子齿极时再通电。如此循环工作，实现电能到机械能的转换。

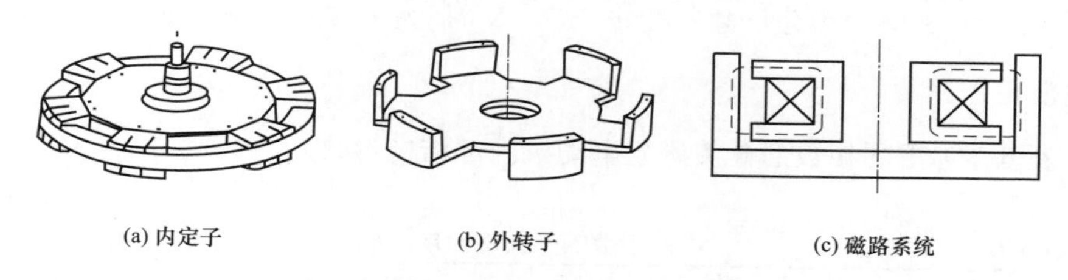

图 6-2　外转子单相开关磁阻电动机

6.3　多相开关磁阻电动机

该电动机与传统电动机在结构上有着很大的区别，该电动机的定子和转子是由高磁导率的硅钢片叠成的双凸极特殊结构，定子上绕有集中绕组，相距 π/q 空间角度的 $2q$ 个磁极绕组串联构成一相绕组，转子上没有绕组连接，所以运行特性与传统电动机有很大的区别。图 6-3 为三相开关磁阻电动机结构图。

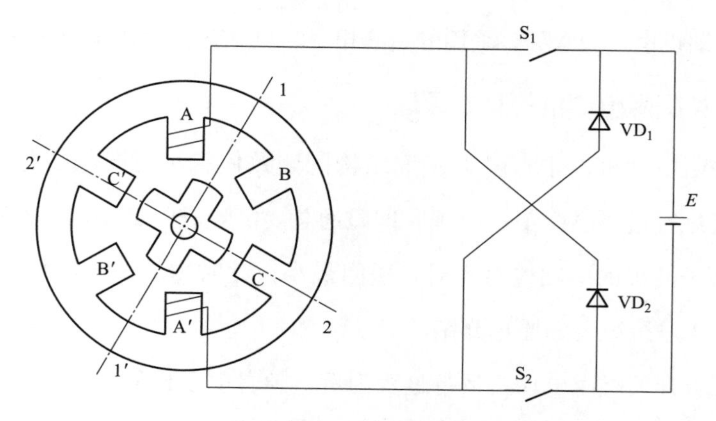

图 6-3　三相开关磁阻电动机结构图

开关磁阻电动机可根据定转子极数的不同可以分为三相、四相、五相等不同种类的电动机，一般三相及以上的电动机具有自启动能力，电动机的相数增加会使步进角度减小，从而对转矩脉动抑制有着明显的控制效果。研究表明，开关磁阻电动机的相数 m 应不小于三相且定、转子的极数 N_s 和 N_r 应满足以下条件

$$\begin{cases} LCM(N_s, N_r) = mN_r \\ LCM(N_s, N_r) > N_s > N_r \end{cases} \tag{6-1}$$

式中：LCM 为取最小公倍数；要求 $N_s > N_r$ 是为了减小相电流脉冲的频率，以减小损耗。

表 6-1 为不同相数的开关磁阻电动机内部结构参数。

表 6-1　　　　不同相数的开关磁阻电动机

电动机相数	定子极数	转子极数	步进角
3	6	4	30°
3	12	8	15°
4	8	6	15°
5	10	8	9°
6	12	10	6°
8	16	14	3.21°

前三相（6/4）极的开关磁阻电动机应用较为广泛，控制电路相比于四相（8/6）极电动机更为简单，但是在一些特殊场合为了减小转矩脉动而选择四相（8/6）极电动机也较为常见，采用的是三相（6/4）结构电动机做了一系列的研究。

6.3.1　开关磁阻电动机的基本原理

开关磁阻电动机由于自身的特殊结构问题致使在运行时的工作方法较为特殊，电动机运行遵循磁阻最小原理，即磁通总要沿着磁阻最小的路径闭合，当定子凸极和转子凸极的中轴线对齐时，磁阻最小，此时主轴线与磁场的轴线重合，下面以图 6-4 进行简要的原理介绍。

以图 6-4 开关磁阻电动机运行过程为例，随着电动机的运行，A 相定子凸极轴线与 1 号转子凸极轴线重合，此时 A 相磁路磁阻最小，而 A 相电感最大，此时若继续给 A 相通电励磁，则因磁力线被拉直不会产生磁拉力使转子旋转，但是若给 B 相通电励磁，则因磁力线被扭曲而产生切向磁拉力使转子逆时针旋转，

若是给 C 相通电励磁，磁拉力会使转子顺时针旋转。所以给 B-C-A 相通电励磁，电动机转子以逆时针方向连续转动，若给 C-B-A 相通电励磁，转子以顺时针方向连续转动。电动机的转向与相电流方向无关，仅由相绕阻的励磁顺序决定。

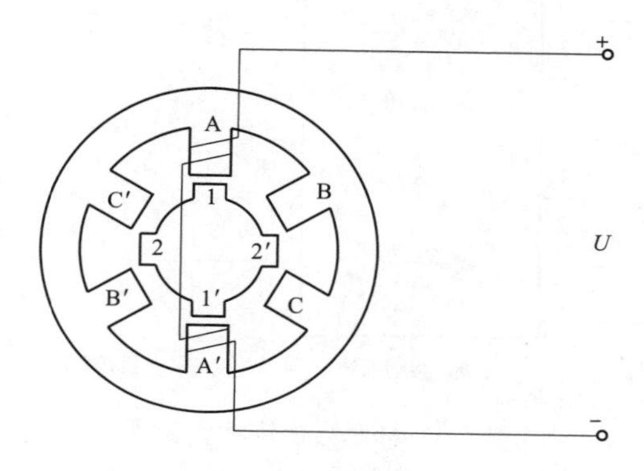

图 6-4　开关磁阻电动机运行原理图

一般的，对定子极数 N_s、转子极数 N_r 的 m 相电动机而言，相绕组循环励磁一次，转子转过一个转子极距 τ_r，且有

$$\tau_r = \frac{360°}{N_r} \tag{6-2}$$

则步距角为

$$\theta_{step} = \frac{\tau_r}{m} = \frac{360°}{(m \cdot N_r)} \tag{6-3}$$

若电动机的转速为 n，则相电流脉冲的频率 f 为

$$f = \frac{n \times 360°/60}{\tau_r} = \frac{nN_r}{60} \tag{6-4}$$

开关磁阻电动机内部的磁场结构与步进电动机类似，通过每一相绕组的循环导通，会产生交替的步进磁场，电动机的转速与磁场的变换速度保持着同步关系，所以该电动机也是另一种形式下的同步电动机。

6.3.2　开关磁阻电动机的基本方程

开关磁阻电动机的基本方程是通过机电能量转换获得的，参照基本的机电转换原理，与其他电动机的机电装置一样，同样是存在耦合磁场的电端口和机械端口，两个端口通过磁场系统进行连接，对 m 相开关磁阻电动机，当不计铁耗及相绕组间的互感时，其机电能量转换示意图如图 6-5 所示。

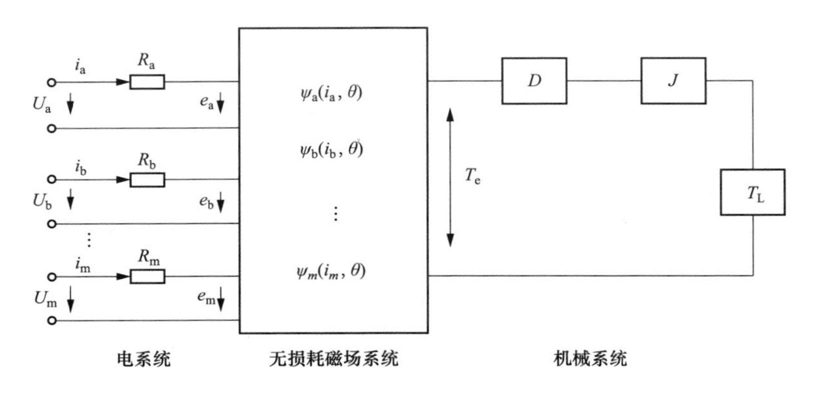

图 6-5　机电能量转换示意图

图 6-5 中 D 代表的是黏性摩擦系数，J 代表转子及负载的转矩惯量，T_e 代表电磁转矩，T_L 代表负载转矩。

6.3.3　电路方程

由电路基本定律列写电路方程第 k 相的电压平衡方程如下

$$U_k = R_k \cdot i_k + \frac{d\varphi_k}{dt} \tag{6-5}$$

式中：U_k、R_k、i_k、φ_k 分别为 k 相绕组的电压、电阻、电流、磁链。在忽略电动机各相绕组间的互感后，可计算第 k 相磁链如下

$$\varphi_k = L_k(i_k, \theta) \cdot i_k \tag{6-6}$$

将式（6-6）代入式（6-5）可得

$$u_k = i_k \cdot R + L_k(i_k, \theta) \cdot \frac{di_k}{dt} + \frac{\partial L_k(i_k, \theta)}{\partial \theta} \cdot \omega \tag{6-7}$$

通过电压方程式可看出电压分为三个部分，第一部分是绕组上的电阻压降，第二部分是变压器电动势，第三部分是运动电动势。

6.3.4　机械方程

开关磁阻电动机的机械方程可通过如下公式表示

$$T_e = J\frac{\partial^2\theta}{\partial t} + D\frac{\partial\theta}{\partial t} + T_L \tag{6-8}$$

式中：J 为系统转动惯量；D 为摩擦系数；T_L 为电动机负载转矩；T_e 为电磁转矩；θ 为电动机转子采样时间内转过的角度。

6.3.5　机电联系方程

机电联系方程是开关磁阻电动机进行分析电能与机械能转换的基础，即电动势与电磁转矩的关系，在耦合磁场的作用下，二者之间的相互影响，对于电动机的调速和运行是分析的必要基础。

机电能量转换是一个整体的系统过程，对转换过程的准确分析是判断电动机运行性能好坏的关键，一般情况下可通过在磁链—电流坐标平面的运行轨迹来分析转换过程，根据轨迹的数值计算就可分析出二者间的联系，适当的磁路饱和可使电动机的性能更好，图 6-6 为电动机磁链—电流在平面上的运行轨迹。

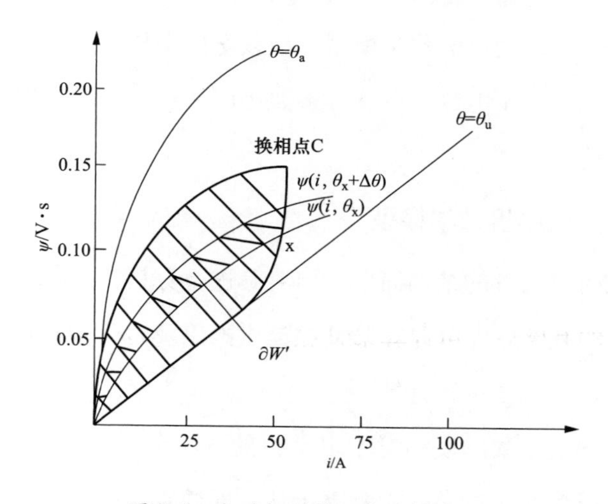

图 6-6　电动机磁链—电流轨迹图

通过对图 6-6 运行轨迹的分析，该轨迹在两个磁阻极值的位置区间内运动，当电动机的某一相绕组通电导通后，磁链会随着电流的变化而变化，达到 C 点即为换相点，当绕组的开关器件关断时，磁链值逐渐下降，绕组电流下降。

在一个完整的工作周期内，电动机输出的机械能表达式为

$$W_{\mathrm{m}}=\oint i\,\mathrm{d}\psi \tag{6-9}$$

即为图 6-6 中磁链运行轨迹所包围的部分，在任一运行点 x 处的瞬时转矩根据虚位移原理得

$$T_{\mathrm{x}}=\frac{\partial W^{\prime}}{\partial \theta}\bigg|_{i=\mathrm{const}}=-\frac{\partial W}{\partial \theta}\bigg|_{\psi=\mathrm{const}} \tag{6-10}$$

式中：$W^{\prime}$ 为绕组的磁储能；$\partial W^{\prime}$ 为耦合磁场在转子位移增量 $\Delta\theta$ 的磁储能增量；W 为绕组的储能，任一点的储能即为图中的所围面积。

假设每相绕组对称，在一个工作周期内积分并取平均即可得到开关磁阻电动机的平均电磁转矩为

$$T=\frac{mN_{\mathrm{r}}}{2\pi}\int_{0}^{2\pi/N_{\mathrm{r}}}T_{\mathrm{x}}[\theta,i(\theta)]\mathrm{d}\theta \tag{6-11}$$

式中：m 为电动机的相数；N_{r} 为转子凸极数。

这些公式构成了电动机的数学模型，该数学模型从理论上完整地描述出电动机的电磁关系，但是由于电流、电感等参数难以解析，所以一般分为三种模型去分析电动机的运行。

6.3.6　开关磁阻电动机数学模型

虽然开关磁阻电动机的结构简单，但对其进行分析计算却较为复杂，因为电动机内部磁场分布复杂，尤其是在脉冲电流供电以及转子步进运动中，难以用传统的电动机理论以及方法进行计算。

开关磁阻电动机的数学模型对于电动机的分析和控制起着至关重要的作用，合理的选择数学模型在分析中会起到事半功倍的效果。一般常用的可分成理想线性模型、准线性模型、非线性模型三种。理想线性模型突出了开关磁阻电动机的基本物理特性，可避免烦琐的数学推导，适用于初步设计和定性分析；准线性模型计及饱和的影响，对线性模型进行适当修正，提高了建模精度，又不失物理概念清晰的优点，可用于功率变换器及控制策略的分析与设计；非线性模型精度最高，多用于开关磁阻电动机设计与性能分析、开关磁阻电动机调速系统整体非线

性动态仿真建模及优化设计。

1. 理想线性模型

影响开关磁阻电动机调速系统运行特性的最主要因素是开关磁阻电动机相电流波形、电流的峰值和峰值出现的位置。但开关磁阻电动机运行时相电流是不规则的直流脉冲波且波形随运行状态不同而变化，这些给相电流的准确解析计算带来困难。为弄清开关磁阻电动机内部的基本电磁关系和基本特性，实用上，可从线性模型入手简化分析。

在电动机的理想线性模型中，一般先做一些假设来使模型建立的更为简单，先做出以下假设：

（1）忽略磁路饱和带来的作用效果。

（2）忽略电动机的功率损耗、铁芯的磁滞效应及涡流效应。

（3）电动机的转速和电压保持恒定。

（4）电动机开关器件的开通和关断在理想情况下无影响。

在理想线性模型中，忽略磁路饱和影响，设相电感不随电流变化所建立的线性模型中，对一定的转子位置角 θ，$\Psi=L(\theta)i(\theta)$ 为一条直线，即将一定转子位置角对应的 $\Psi=f(i)$ 曲线近似呈直线，如图 6-7 所示。

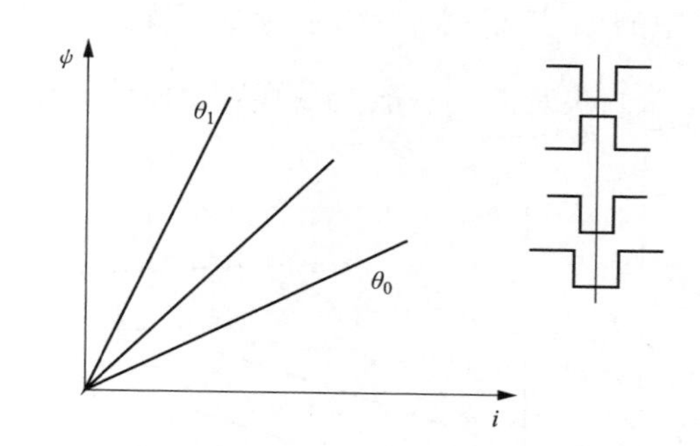

图 6-7　基于理想线性模型的开关磁阻电动机磁化曲线

图 6-7 为理想线性模型下的电动机磁化曲线，θ_0 为转子凸极不重合的位置即磁阻最大的位置，θ_1 为转子凸极与定子凸极正好重合的位置，即磁阻最小位置。

2. 准线性模型

基于开关磁阻电动机线性模型获得的相电流解析式，计算转子转过一个转子极距角 τ_r 时，系统磁储能的改变量$\left[\text{即}\left(\oint \psi \mathrm{d}i\right)/\tau_r\right]$，导出平均转矩解析式，为开关磁阻电动机设计时结构参数初选及控制参数的选择与匹配提供了重要的理论指南。但是，开关磁阻电动机实际工作的磁路是饱和的，电感实际上是转子位置 θ 和相电流 i 的非线性函数。磁路饱和对电磁转矩、功率的分析与计算有显著影响，应予以充分考虑。但若不加简化地考虑磁路的非线性，使用的实际非线性磁化曲线，则使得电磁关系计算十分困难且难以解析计算。

实用中，为避免烦琐的计算，又不失一定的工程精度要求，常采用“准线性模型”近似计及磁路的饱和效应，即将实际的非线性磁化曲线分段线性化，同时不考虑相间耦合效应，作这样的近似处理后，每段磁化曲线均可解析。

分段线性化的方法有多种。图 6-8 给出开关磁阻电动机性能分析中常用的一种准线性模型的磁化曲线，即用两段线性特性来近似一系列实际的非线性磁化曲线。其中一段为磁化特性的非饱和段，其斜率为电感 $L(\theta,i)$ 的不饱和值；另一段为磁化特性的饱和段，可视为与 $\theta=0$（磁阻最大位置）处的非饱和特性平行，斜率为 $L_{\min}$。图 6-8 中的 i_1 是根据 $\theta=\theta_a$ 位置即定转子凸极对准时的磁化曲线 $\psi=f$ ⊢(i)⊣ |_$(\theta=\theta_a)$ 决定的，一般定在其磁化曲线开始弯曲处。

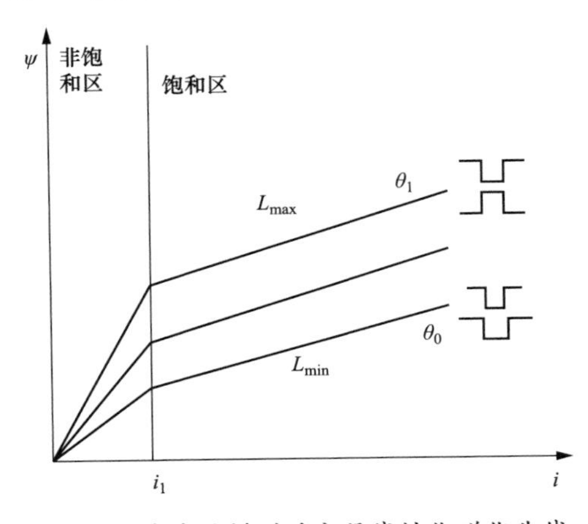

图 6-8　准线性模型的分段线性化磁化曲线

3. 非线性模型

在建立的开关磁阻电动机准线性模型中考虑到部分磁路饱和的影响，为了保证电动机动态运行时的效果与控制性能，在准线性模型的基础上建立开关磁阻电动机非线性模型十分重要。精确的非线性模型可保证输出稳定的控制量，提升电动机驱动系统的精度，适用于复杂算法及电动机优化设计。在开关磁阻电动机的驱动系统中建立非线性模型的常见方法有查表法、解析式法、人工神经网络映射等方法。查表法就是根据电动机的已知物理信息构建离散形式的一维或二维度表格且输入输出量存在一定的函数关系，通过实验堵转实验或电动机各项参数建立的有限元模型获取到表格数据。表格数据点利用线性比例的方式间隔一定物理量进行采样，数据点越密集控制性能越好，但是数据点占用内存较大，对处理器的要求较高。解析式法通过构建某个特殊位置点出的解析函数，然后利用滞后角度的方法获取到导通周期内其他位置处的非线性模型数据，该方法操作简单、工程应用效果好。神经网络建立非线性模型可充分利用其强大的泛化性能与逼近性能，在开关磁阻电动机非线性建模中具有良好的应用前景，如图 6-9 所示。

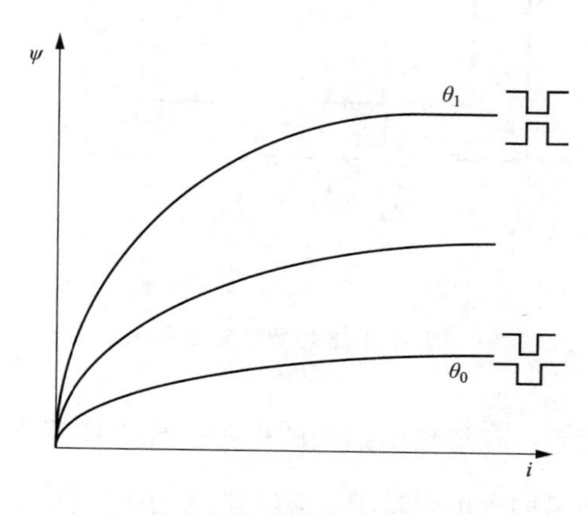

图 6-9 非线性模型磁化曲线图

第7章　开关磁阻电动机控制方法

7.1　理想线性模型下开关磁阻电动机转矩特性分析

7.1.1　一般转矩计算

当研究一相绕组通电所产生的转矩时，开关磁阻电动机的电磁结构可简化为如图 7-1 所示由一个励磁线圈、固定铁芯和一个可改变气隙磁导的转子组成。

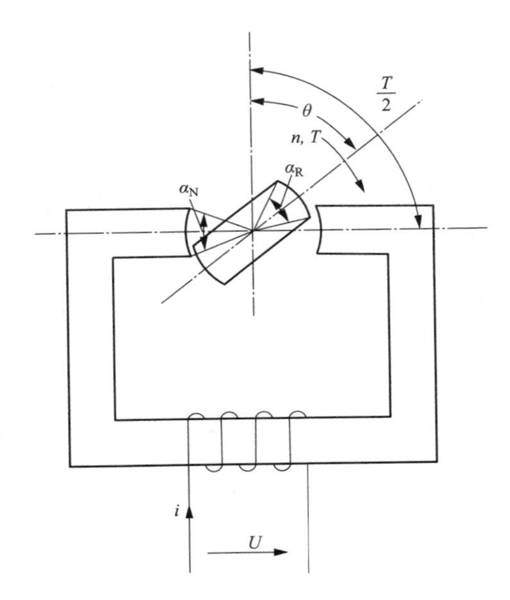

图 7-1　开关磁阻电动机的基本电磁结构

根据能量守恒定律，在忽略电路中的电阻损耗、铁芯损耗和转子旋转产生机械损耗的情况下，绕组输入的电能 W_e 应等于结构中磁储能 W_f 与输出机械能 W_m 之和，即为

$$dW_e = dW_f + dW_m \tag{7-1}$$

如果把电压 u 和感应电动势 e 的参考方向选的一致，根据电磁感应定律，绕组电路的电压方程为

$$u=-e=\frac{\mathrm{d}\psi}{\mathrm{d}t} \tag{7-2}$$

式中：ψ 为绕组磁链。

绕组输入的电能 W_e 可由其他端电压、端电流计算，即为

$$\mathrm{d}W_e=ui\,\mathrm{d}t \tag{7-3}$$

将式（7-2）代入式（7-3），得

$$\mathrm{d}W_e=i\,\mathrm{d}\psi \tag{7-4}$$

机械能 W_m 可由电磁转矩 T 和角位移 θ 计算，即为

$$\mathrm{d}W_m=T\mathrm{d}\theta \tag{7-5}$$

将式（7-4）和式（7-5）代入式（7-1），则得

$$\mathrm{d}W_f(\psi,\theta)=i\,\mathrm{d}\psi-T\mathrm{d}\theta \tag{7-6}$$

式（7-6）表明，对无损系统，磁储能是由独立变量 ψ 和 θ 表示的状态变量，磁储能由 ψ 和 θ 所决定。当 ψ 为恒定值时，由式（7-6）得到一般转矩计算式，为

$$T=-\left.\frac{\partial W_f(\psi,\theta)}{\partial\theta}\right|_{\psi=c} \tag{7-7}$$

式中：等号右侧负号表示转矩的方向。

7.1.2　磁储能计算

在考虑转子处于任意位置时的电磁转矩时，可假设转子无机械转动，则由式（7-1）得

$$\mathrm{d}W_e=\mathrm{d}W_f \tag{7-8}$$

将式（7-4）代入式（7-8），得

$$\mathrm{d}W_f=i\,\mathrm{d}\psi$$

$$W_f=\int_0^{\psi}i\,\mathrm{d}\psi \tag{7-9}$$

设磁路系统中无磁滞损耗，即函数 $i(\psi)$ 在大小变化中为同一条曲线，i 由 ψ 唯一确定。再假设磁路为线性磁路（这在气隙不太小，磁路不太饱和时近似成立），则磁链 ψ 可由电感 L 表示为

$$\psi = Li \tag{7-10}$$

将式（7-10）代入式（7-9），得到磁储能的计算式

$$W_{\mathrm{f}} = \frac{1}{2}Li^2 \tag{7-11}$$

7.1.3 理想电感计算

电动机线性模型下的构建忽略磁路饱和的作用影响，电感的变化仅考虑与转子位置的关系，忽略与电流和磁场边缘扩散效应等的影响，在一个角周期内电感与转子位置关系如图 7-2 所示。

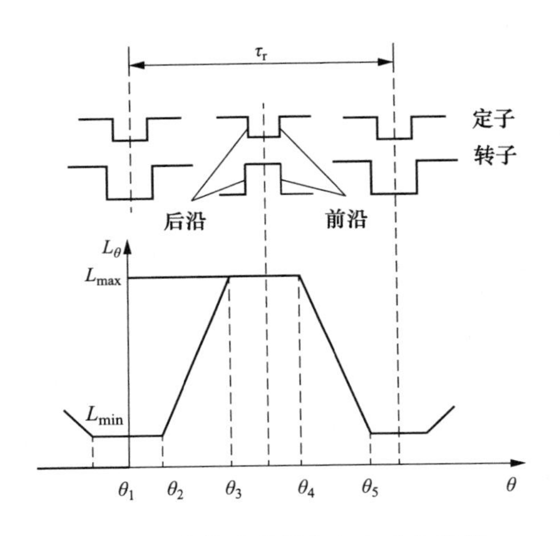

图 7-2　定转子位置与相电感曲线图

在图 7-2 中，横坐标为转子位置角，其基准点为转子的凹极中轴线与定子的凸极中轴线重合的位置，此时电感为最小值 $L_{\min}$，随着转子的转动，位置角逐渐增加，当转到 θ_2 处时，为定子凸极前沿与转子前沿对齐重合位置，在 $\theta_1 \sim \theta_2$ 区间，定转子的凸极未重合，在该区间电感保持最小值，当定转子凸极开始重合时，电感值逐渐增大，即区间 $\theta_2 \sim \theta_3$，在 θ_3 处电感达到最大值；基于综合性能的考虑，设计时通常要求转子凸极宽度大于定子凸极宽度，因此在区间 $\theta_3 \sim \theta_4$ 定转子凸极完全重合，相应地定转子极间的磁阻恒为最小值，相电感保持最大值，这一区间习惯称为“死区”；θ_4 为转子极的后沿与定子极的后沿相遇的

位置，在 $\theta_4 \sim \theta_5$ 区间，定转子凸极重合部分越来越小，电感值逐渐下降，最后达到最小值，θ_5、θ_1 均为转子极后沿与定子极前沿重合处，如此周而复始，往复循环。

电动机的电感值与转子的位置关系密不可分，该关系可通过如下的公式来进一步描述二者间的关系

$$L(\theta)=\begin{cases} L_{\min} & \theta_1 \leqslant \theta \leqslant \theta_2 \\ K(\theta-\theta_2)+L_{\min} & \theta_2 \leqslant \theta \leqslant \theta_3 \\ L_{\max} & \theta_3 \leqslant \theta \leqslant \theta_4 \\ L_{\max}-K(\theta-\theta_4) & \theta_4 \leqslant \theta \leqslant \theta_5 \end{cases} \tag{7-12}$$

$$K=\frac{L_{\max}-L_{\min}}{\theta_3-\theta_2}=\frac{L_{\max}-L_{\min}}{\beta_s} \tag{7-13}$$

式中：β_s 为定子磁极极弧。

利用傅里叶级数分解式（7-13）且忽略谐波，得 k 相绕组电感为

$$L_k=L_{k0}+L_{k1}\cos(N_r\theta) \tag{7-14}$$

式中：L_{k0}、L_{k1} 分别为 k 相电感的恒定分量、基波分量的幅值，可根据下式计算

$$\begin{cases} L_{k0}=(L_{\max}+L_{\min})/2 \\ L_{k1}=(L_{\max}+L_{\min})/2 \end{cases} \tag{7-15}$$

对一台已制造好的开关磁阻电动机，$L_{\max}$、$L_{\min}$ 可据电动机的结构参数解析概算，也可通过实验测定。

由于设各相对称，故各相电感的恒定分量、基波分量相同，式（7-14）中的 L_{k0}、L_{k1} 可统一记为 L_0、L_1。若选 A 相为参考相，并设运行方向为转子极依 A-B-C-D…的顺序与定子极重合，则各相电感曲线的形状是相同的，只是依次错开一个步进角，可用下式表示

$$\begin{cases} L_a=L_0+L_1\cos(N_r\theta) \\ L_b=L_0+L_1\cos(N_r\theta-2\pi/\mathrm{m}) \\ \quad\vdots \\ L_m=L_0+L_1\cos[N_r\theta-2\pi(\mathrm{m}-1)/\mathrm{m}] \end{cases} \tag{7-16}$$

7.1.4 基本转矩计算

利用上面导出的一般转矩计算公式、磁储能计算式和理想电感计算式，便可进一步导出基本转矩计算式。

将式（7-11）代入式（7-7），得

$$T=\frac{1}{2}i^2\frac{\partial L}{\partial \theta} \tag{7-17}$$

记

$$K_T=\frac{1}{2}\frac{L_{max}}{\alpha_s} \tag{7-18}$$

并将式（7-12）代入到式（7-18），便得出电动机的基本转矩方程为

$$T=\begin{cases}0 & \theta_1\leqslant\theta\leqslant\theta_2\\ K_T i^2 & \theta_2\leqslant\theta\leqslant\theta_3\\ -K_T i^2 & \theta_4\leqslant\theta\leqslant\theta_5\\ 0 & \theta_3\leqslant\theta\leqslant\theta_4\end{cases} \tag{7-19}$$

电磁转矩波形如图 7-3 所示。

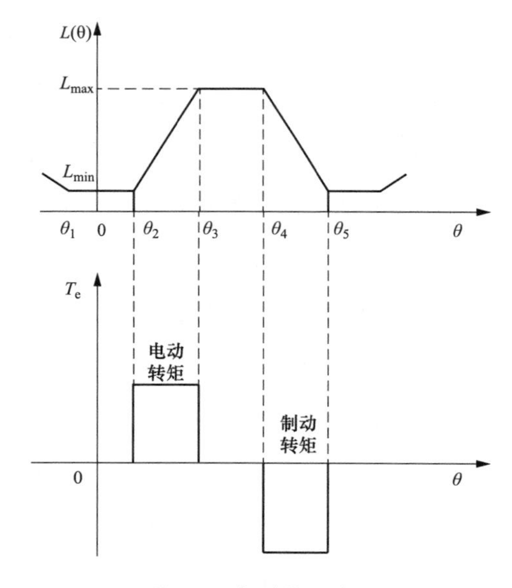

图 7-3 电磁转矩波形

由以上分析可得如下结论：

（1）电动机的电磁转矩是由转子转动时气隙磁导变化产生的，当磁导（对转角 θ）的变化率 $L_{\max}$ 大时，转矩也大。若磁导的变化率为零，则转矩也为零。因此，在一定的电动机结构和尺寸条件下，如何提高磁导的变化率是电动机设计人员要考虑的重要问题。

（2）电磁转矩的大小同绕组电流 i 的平方成正比，因此可通过增大电流有效地增大转矩。当然随着电流的增大，铁心饱和在所难免。考虑这一因素后，虽转矩不能再随电流平方成正比，但仍随电流增大而增大。

（3）在电感曲线的上升段，通入绕组电流产生正向电磁转矩，在电感曲线的下降段，通入绕组电流产生反向电磁转矩。因此可以仅通过改变绕组通电时刻改变转矩方向。在电动机向不同方向转动时，仅通过改变绕组通电时刻便能实现正向电动、反向电动、正向制动和反向制动状态的全部四个象限运行。上述转矩的大小与方向均与绕组电流的方向无关。

（4）在电感曲线的上升段和下降段均有绕组电流时，将产生相应的正、反转转矩。电动机的平均转矩 T 为正、反向转矩的平均值

$$T_{\mathrm{av}}=\frac{1}{t}\int_{0}^{t}T\mathrm{d}\theta \tag{7-20}$$

当正向转矩为主时，平均转矩为正，反之为负。对于 m 相电动机，各项绕组通电均产生转矩。在不考虑磁路饱和和相互互感时，电动机的平均转矩为各相绕组单独通电所产生的平均转矩之和。

（5）虽然上述分析是在一系列假设条件下得出，但它对了解电动机的基本工作原理，对定性分析电动机的工作状态及转矩产生是十分有益的。

7.2 理想线性模型下开关磁阻电动机电流特性分析

当开关磁阻电动机通过直流电源供电时，三相绕组中的一相电路方程为

$$\pm U_{\mathrm{s}}=\frac{\mathrm{d}\psi}{\mathrm{d}t}+iR \tag{7-21}$$

式中：$+U_s$ 为三相绕组某一相的端电压；$-U_s$ 为三相绕组某一相的续流时的端电压。

电动机三相绕组的电阻值很小，电阻所产生的压降很小，该过程所产生的误差大小不会对分析结果产生影响。故将式（7-21）简化成

$$\pm U_s = \frac{\mathrm{d}\psi}{\mathrm{d}t} \tag{7-22}$$

将 $\psi(\theta) = L(\theta) \cdot i(\theta)$ 代入式（7-22），得

$$\pm U_s = \frac{\mathrm{d}\psi}{\mathrm{d}t} = L\frac{\mathrm{d}i}{\mathrm{d}t} + i\frac{\mathrm{d}L}{\mathrm{d}t} = L\frac{\mathrm{d}i}{\mathrm{d}t} + i\frac{\mathrm{d}L}{\mathrm{d}\theta}\omega_r \tag{7-23}$$

整理可得该式的简化形式为

$$\pm \frac{U_s}{\omega_r} = L\frac{\mathrm{d}i}{\mathrm{d}\theta} + i\frac{\mathrm{d}L}{\mathrm{d}\theta} \tag{7-24}$$

在相绕组通入正向电压的期间，根据功率表达式，式（7-24）两端同乘电流即可得到功率平衡方程式为

$$U_s i = \frac{\mathrm{d}}{\mathrm{d}t}\left(\frac{1}{2}Li^2\right) + i^2\frac{\mathrm{d}L}{\mathrm{d}\theta}\omega_r \tag{7-25}$$

式（7-25）表明，若忽略绕组的各项损耗，输入的电功率最终转换为两部分：①绕组的磁场储能；②机械功率输出，而机械功率输出为相电流与定子电路的旋转电动势（$i\omega_r \mathrm{d}L/\mathrm{d}\theta$）之积。根据旋转电动势表达式可知，其大小和正负与电感相对于转子位置角的变化率有关，通过这一特点可分析在电感变化不同区域内绕组电流流动所引起的几种不同的能量流动情况。

当绕组在电感的上升区域 $\theta_2 \sim \theta_3$ 内通电时，此时变化率为正，所以旋转电动势为正，产生电动转矩，电源的能量一部分转化为机械能输出，另一部分转化为绕组的磁场储能；若绕组在 $\theta_2 \sim \theta_3$ 内断电，磁场储能一部分转化为机械能，一部分反馈回电源，此时的电磁转矩仍然是电动转矩。若在最大电感且保持不变的 $\theta_3 \sim \theta_4$ 区域，此时变化率为零，所以旋转电动势为零，如果此时仍有电流流动则磁场储能全部回馈到电源，没有电磁转矩产生。如果在电感下降区域 $\theta_4 \sim \theta_5$ 存在相电流，此时旋转电动势为负，产生制动转矩，绕组释放的磁能与制动转矩

产生的机械能均回馈给电源。此时开关磁阻电动机处于发电状态。

所以，想要获得较大的动力转矩，一方面需要避免制动转矩的产生，即在电感下降区域时相电流应尽量减小至零，为此，关断角通常设置在最大电感到达之前，开关器件关断后，反极性的电压加至绕组两端，迫使续流电流流向电源，相电流迅速下降，以保证在电感下降区域内流动的电流很小；另一方面则需要提高电动转矩，即在电感上升区域尽量流过较大的电流。

有人误以为将 θ_{on} 设计在 θ_2 处，θ_{off} 设计在 θ_3 处，即绕组在整个电感上升区域内通电励磁，将会获得最大的电磁转矩，这是不正确的。事实上，开关磁阻电动机电动运行的重要条件是绕组在某一超前于电感上升区域接通主电源，这样定子电路起始的电感为 L_{min}，从而允许相电流迅速建立起来，当转子转至 θ_2 处时，电流增长到最大值，随后因电感的上升及旋转电动势的出现，电流一般不再上升。

基于上述定性分析，开关磁阻电动机电磁转矩的调节可通过控制开通角 θ_{on} 和关断角 θ_{off} 实现（称为角度位置控制方式）。鉴于 θ_{on}、θ_{off} 是影响开关磁阻电动机调速系统运行特性的重要控制参数，下面给出严格的定义。取转子凹槽与定子凸极中心线重合处为参考零角度，对应定子绕组触发时刻，与其相邻最近的转子凹槽逆着旋转方向转到参考位置处所转过的机械角度定义为该绕组的开通角，并记以 θ_{on}。按此定义，θ_{on} 系代数量，若 $\theta_{on}<0$，则表示转子凹槽顺着旋转方向转到参考零位所转过的角度；同理，对应定子绕组关断时刻，转子所处的位置与参考零位所夹的机械角度定义为绕组关断角，并记以 θ_{off}。

在开关磁阻电动机运行的过程中，随着开通角与关断角的选取，导通区间会出现在相电感的不同区间，会对电流的幅值和波形产生很大的影响，从而进一步对转矩的正负和波形造成影响。所以导通区间的选择对电动机性能有着很大的影响。

下面主要分析在角度位置控制方式下电动运行时，相电流的分段解析式。

电动机的开通角度设为 θ_{on}，关断角度设为 θ_{off}，在电动机的正常电动运行过程中，应在$\theta_1 \sim \theta_2$内导通开关器件，即$\theta_1 < \theta_{on} < \theta_2$，在$\theta_2 \sim \theta_3$内关断开关器件，即$\theta_2 < \theta_{off} < \theta_3$，在一个电感周期变化范围内的相电流波形如图 7-4 所示。

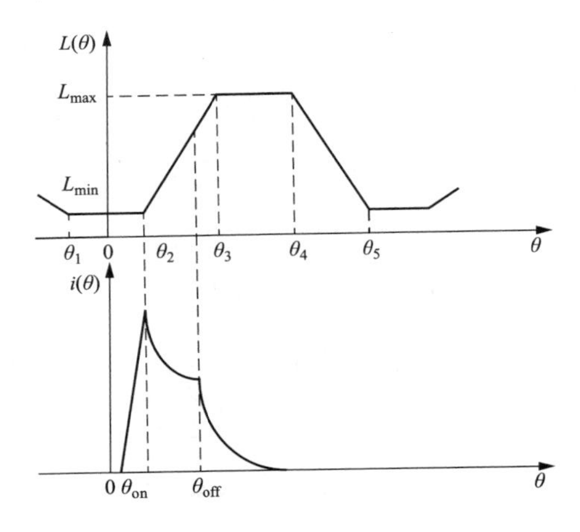

图 7-4　相电流波形图

1. $\theta_1 \leqslant \theta < \theta_2$

此时$L = L_{min}$，电动机运行电源电压取正，将初值条件$i(\theta_{on}) = 0$代入式（7-24）解得

$$i(\theta) = \frac{U_s(\theta - \theta_{on})}{L_{min}\omega_r} \tag{7-26}$$

则电流变化率为

$$\frac{di(\theta)}{dt} = \frac{U_s}{L_{min}\omega_r} > 0 \tag{7-27}$$

式（7-27）表明相电流在电感最小值的区间范围内电流变化率大于零，相电流直线上升，在电感即将增加的节点电流值达到最大，所以可通过调节开通角来控制电流的幅值，从而调节电动转矩。

2. $\theta_2 \leqslant \theta < \theta_{off}$

在此区间，电感曲线逐渐上升，电源电压取正，将电感$L = L_{min} + K(\theta - \theta_2)$代入式（7-24）得

$$\frac{U_s}{\omega_r} = [L_{min} + K(\theta - \theta_2)]\frac{di}{d\theta} + iK$$

$$
\begin{aligned}
&=[L_{\min}-K(\theta_2-\theta_{on})]\frac{di}{d\theta}+K(\theta-\theta_{on})\frac{di}{d\theta}+iK \\
&=[L_{\min}-K(\theta_2-\theta_{on})]\frac{di}{d\theta}+\frac{d[K(\theta-\theta_{on})i]}{d\theta}
\end{aligned} \tag{7-28}
$$

等式两边对 θ 积分得

$$
\frac{U_s}{\omega_r}\theta+C=[L_{\min}+K(\theta-\theta_2)]i \tag{7-29}
$$

将初值条件 $i(\theta_2)=U_s(\theta_2-\theta_{on})/(\omega_r L_{\min})$ 代入式（7-29），定出积分常数$C=U_s\theta_{on}/\omega_r$，则

$$
i(\theta)=\frac{U_s(\theta-\theta_{on})}{\omega_r[L_{\min}+K(\theta-\theta_2)]} \tag{7-30}
$$

电流变化率为

$$
\frac{di}{d\theta}=\frac{U_s[L_{\min}+K(\theta_{on}-\theta_2)]}{\omega_r[L_{\min}+K(\theta-\theta_2)^2]} \tag{7-31}
$$

由式（7-31）可见当$L_{\min}+K(\theta_{on}-\theta_2)<0$，即 $\theta_{on}<\theta_2-L_{\min}/K$ 时，$di/d\theta<0$，此时在电感上升区间内的旋转电动势超过电源电压，电流值会随着电感的上升而不断减小；若 $\theta_{on}=\theta_2-L_{\min}/K$，$di/d\theta=0$，此时旋转电动势等于电源电压，将会处于短暂的平衡状态；若 $\theta_{on}>\theta_2-L_{\min}/K$，$di/d\theta>0$，电感上升区域所引发的旋转电动势小于电源电压，电流在电感上升区域内将继续上升。由此可见，电流的波形形状取决于在 θ_2 处累积的电流值大小，不同的开通角 θ_{on} 可形成不同形状的相电流波形。

显然，$\theta_{on}=\theta_2-L_{\min}/K$ 所对应的“平顶波”电流（图 7-5 中的电流波形 2）峰值/有效值比值小，这对于电动机和电力电子开关器件均有益处，与其他两种形状的电流波形相比，较为理想。不过，开关磁阻电动机调速系统中，通常要通过调节 θ_{on} 实现转速调节，因此“平顶波”电流的形成条件在调速过程中并不能保证。

$1-\theta_{on}<\theta_2-L_{\min}/K$　$2-\theta_{on}=\theta_2-L_{\min}/K$　$3-\theta_{on}>\theta_2-L_{\min}/K$

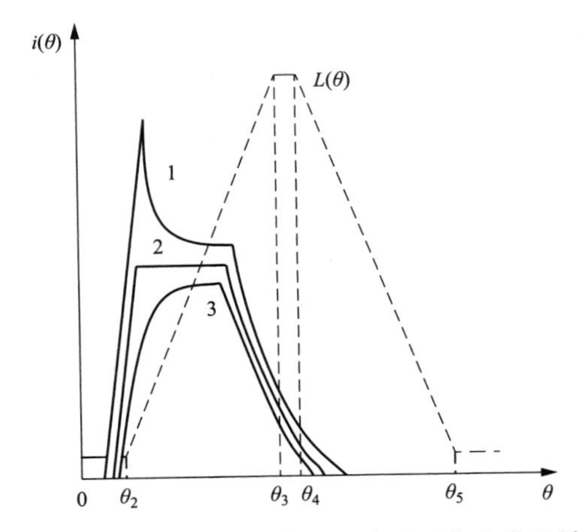

图 7-5 不同开通角下的相电流波形（基于线性模型）

3. $\theta_{off} \leqslant \theta < \theta_3$

在此区间 $L = L_{min} + K(\theta - \theta_2)$，电源电压取负，相电流在反向电压的作用下以较快的速率下降，该区域内的续流电流表达式为

$$i(\theta) = \frac{U_s(2\theta_{off} - \theta_{on} - \theta)}{\omega_r[L_{min} + K(\theta - \theta_2)]} \tag{7-32}$$

由于相电流的方向不会改变，令 $i(\theta_3) = 0$，得 $\theta_3 = 2\theta_{off} - \theta_{on}$，主开关器件的关断角位置应满足

$$\theta_{off} < \frac{1}{2}(\theta_{on} + \theta_3) \tag{7-33}$$

此时续流电流会在相电感有效工作时间段内衰减至零；续流电流会因为关断角的不同产生不同的衰减速率，若 $\theta_{off} > \frac{1}{2}(\theta_{on} + \theta_3)$ 则续流电流将会进入到最大相电感恒值区，甚至可能会进入到相电感下降区，这样会产生较大的制动转矩，为了避免这种情况发生，应将关断角 θ_{off} 提前，使与续流起始电流相对应的相电感较小，加快续流电流的衰减速度。关断角的位置选择改变了续流电流的波形，所以相绕组的电流波形受开通角与关断角的制约，合理地选择导通角度对于电动机的运行特性起着至关重要的作用。图 7-6 所示为与不同关断角对应的相电流波形。图中，θ_{off1} 的取值满足式（7-33）的要求，续流电流仅在相电感上升区流动；θ_{off3} 的取值较大，有一定的残余续流电流在相电感下降区流动，从而形成一定的制动转矩。

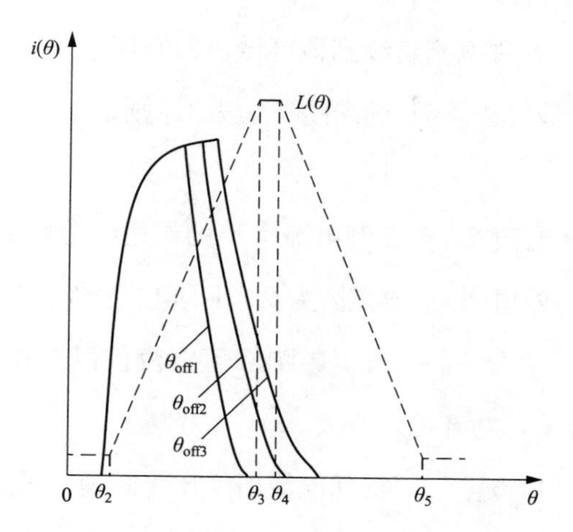

图 7-6　不同关断角下的相电流波形（基于线性模型，$\theta_{off1}<\theta_{off2}<\theta_{off3}$）

4. $\theta_3 \leqslant \theta < \theta_4$

此阶段，电感恒为最大值 L_{max}，电源电压取负，该阶段初值条件为

$$i(\theta_3)=\frac{U_s(2\theta_{off}-\theta_{on}-\theta_3)}{\omega_r[L_{min}+K(\theta_3-\theta_2)]}=\frac{U_s(2\theta_{off}-\theta_{on}-\theta_3)}{\omega_r L_{max}}$$

解式（7-24）得

$$i(\theta)=\frac{U_s(2\theta_{off}-\theta_{on}-\theta)}{\omega_r L_{max}} \tag{7-34}$$

5. $\theta_4 \leqslant \theta \leqslant 2\theta_{off}-\theta_{on} < \theta_5$

在此阶段，$L=L_{max}-K(\theta-\theta_4)$，电源电压取负，该阶段初值条件为

$$i(\theta_4)=\frac{U_s(2\theta_{off}-\theta_{on}-\theta_4)}{\omega_r L_{max}}$$

求解式（7-24）得

$$i(\theta)=\frac{U_s(2\theta_{off}-\theta_{on}-\theta)}{\omega_r[L_{max}-K(\theta-\theta_4)]} \tag{7-35}$$

显然，若有续流电流加载在电感下降区的范围内，那么当 $\theta=2\theta_{off}-\theta_{on}$ 时，其电流将衰减为零。

由于在此区域内，相电流会产生制动转矩，那么是不是将 θ_{off} 选得充分小，确保进入该区域前续流电流已衰减至零，就一定有利于电动机的出力等性能指标吗？回答是否定的。因为开关磁阻电动机电动转矩的提高要求 θ_{off} 不可太小，事实上，在电动运行时，电感下降区域中的续流电流一般并不大，由此产生的制动转矩亦有限；但适当选取 θ_{off}，允许电流延续到该区域，却有利于产生电动转矩的有效电流提高，因此存在一个最优选择 θ_{off} 的问题。一般的原则是 $\theta_{off}<\theta_4$，$(\theta_{off}-\theta_{on})\leqslant\tau_r/2$。

结论：

（1）功率开关开通角 θ_{on} 对控制电流大小的作用十分明显。提前导通（θ_{on} 减小），则电流峰值和有效值增大。这是因为 θ_{on} 小、电流线性上升段时间长，电流就大。

（2）功率开关关断角 θ_{off} 一般不影响峰值电流，但对相电流有效值有影响。θ_{off} 大，则供电时间长，电流有效值大。

（3）在一定控制角条件下，实际电流值反比于转速。即低速时，对应同样导通角度的导通时间长，因此电流大。尤其是转速很低或 θ_{on} 很小时，都可能形成很大的峰值电流，故必须注意限流。

以上基于开关磁阻电动机线性模型，推导了角度位置控制方式下，电动运行状态的相电流在不同相电感区域的解析式。这些分段电流函数亦可用下面的通式统一描述，即

$$i(\theta)=\frac{U_s}{\omega_r}f(\theta)\quad \theta_1\leqslant\theta\leqslant\theta_5 \tag{7-36}$$

若外加电源电压 U_s、角速度 ω_r 不变，相电流波形与开通角 θ_{on}、关断角 θ_{off}、最大电感 L_{max}、最小电感 L_{min}、定子极弧 β_s 等有关，对结构参数一定的开关磁阻电动机，则电流波形与 θ_{on}、θ_{off} 的组合密切相关。由式（7-26）可知，减小 θ_{on}，电流峰值随之增加，这是因为随着 θ_{on} 的减小，电流线性增长的时间 $[(\theta_2-\theta_{on})/\omega_r]$ 增长。因此，调节 θ_{on} 是调整电流波形和峰值的主要手段。

需要指出的是：电流波形起始段的上升率及电流峰值对系统运行性能影响很大，因此应选择得合适。一般电流上升快、电流峰值高，可提高电动机的出力，效率也可高一些，但这会增大振动、噪声。

当然，调节关断角 θ_{off}，也可改变电流波形，但与 θ_{on} 相比，其调节作用较弱。

上述采用调节开通角、关断角改变相电流峰值、有效值，以达到转矩调节目的方法称为角度位置控制方式，一般开关磁阻电动机高速运行时的转速调节采用这种方法。

开关磁阻电动机低速运行时，旋转电动势小，di/dt 的值大且电感上升期的时间长，为避免过大的相电流脉冲幅值，由式（7-26）可知，可增大 θ_{on} 以抑制低速运行时的过电流。但更值得采取的措施是：使相电流在导通角 θ_c 内多次换相（$\theta_c=\theta_{off}-\theta_{on}$），即采用电流斩波控制方式，如图 7-7 所示。

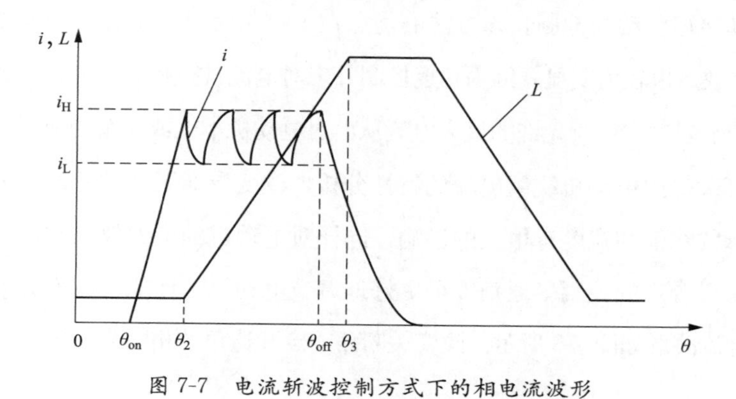

图 7-7 电流斩波控制方式下的相电流波形

由图 7-7 可见，电流斩波控制方式通常采用固定 θ_{on}、θ_{off} 不变，通过给定的容许电流上限幅值 i_H 和下限幅值 i_L 来控制相电流保持在期望值。若电流超出 i_H，主开关器件即关断，迫使电流下降；若电流衰减到 i_L，主开关器件则导通，电流又开始回升，以此实现对 ψ_{max}、i_H 的限定和达到所要求的电磁转矩。从图 7-7 可见，电流斩波控制方式下的相电流波形近似为“平顶波”。

7.3 开关磁阻电动机控制方法分析

开关磁阻电动机的基本控制方法对于文章研究的无位置传感器控制及转矩脉动抑制起着重要作用，基本控制方法可有效实现转矩脉动抑制的间接转矩控制策略。本章将简单介绍开关磁阻电动机的三种控制方法，根据控制方法的优劣势来对电动机进行控制，并对电动机运行中所产生的转矩脉动问题采用相应的控制方法来抑制。

7.3.1 开关磁阻电动机基本控制方法

开关磁阻电动机的基本控制方法可按照选取的不同控制变量进行分类，应用较为广泛的主要有调节角度的控制方法、对电流幅值限幅的控制方法以及对电压幅值进行限制的控制方法等。

7.3.1.1 角度位置控制方法

角度位置控制方法是对开关磁阻电动机进行间接控制的方法，通过对导通区间的开通角度和关断角度进行一定的调节来改变电流的幅值和波形，从而进行不同范围的调速和转矩脉动的抑制。该方法的优点在于控制简单可靠且对于电流的调节十分高效，其缺点也较为明显，因为角度控制并未对电流进行控制，所以在电动机低速运行时会产生超过系统所允许的最大电流从而对电动机本体或功率变换器造成危害。

根据开关磁阻电动机绕组电流的特性分析，改变导通区间的开通角和关断角对于电流波形的峰值和宽度有很大的影响，同样对电动机的出力效果和脉动产生很大的影响，所以合理的控制导通角度可更好地调节电动机的性能。改变开通角固定关断角的相电流波形如图 7-8 所示。改变关断角固定开通角的相电流波形如图 7-9 所示。

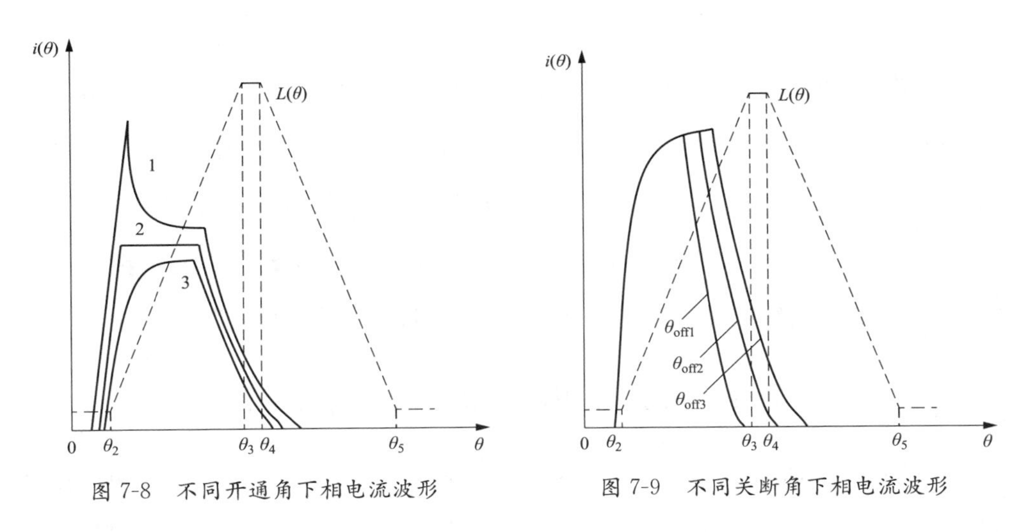

图 7-8 不同开通角下相电流波形

图 7-9 不同关断角下相电流波形

通过对图 7-8 和图 7-9 的观察，改变开通角度可影响相电流的峰值，在一定的范围内，开通角度越小，相电流上升的速度越快，达到的峰值越大，所以可通过改变开通角来限制电流的幅值，关断角越大，电流的有效值越大，但是关断角度过大会使电流出现在电感下降区间内，影响出力效果。

7.3.1.2 电流斩波控制方法

电流斩波控制是把电流控制在所设定的范围区间内。通过设定一个给定值，根据滞环控制的区间进行电流比较，当该相电流小于给定电流时，电动机该相正常导通，电流值也会逐渐上升；当该相电流大于给定电流时，电动机该相关断，电流值逐渐下降，通过这种对相电流的不断控制，让该相电流始终保持在一定的区间内，不会对电动机因为电流过大而产生影响。电流斩波控制方法如图 7-10 所示。

通过图 7-10 的电流波形图可知，电流斩波控制方法对于电流限幅有着显著的效果，电动机在低速运行时电流值上升非常迅速，很容易产生大的电流脉冲对电路的一些元件造成危害，甚至对电动机造成损坏，因此在低速时对于电流的限幅是十分关键的。

7.3.1.3　电压斩波控制方法

电压斩波控制是指对绕组两端电压进行调节控制的方法，通过改变 PWM 波的占空比来改变电压加在绕组上的有效值，属于对电压的直接控制。该方法通过对电压进行控制从而限制绕组电流，所以电压斩波控制方法在高速和低速范围内均可实现良好的控制效果，电压斩波控制方法如图 7-11 所示。

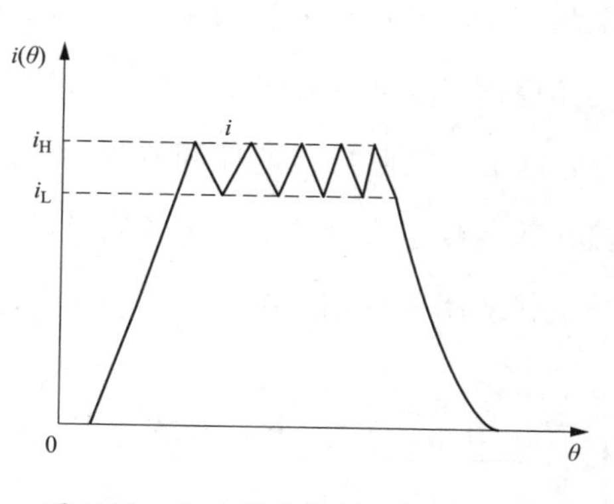

图 7-10　电流斩波控制下相电流波形

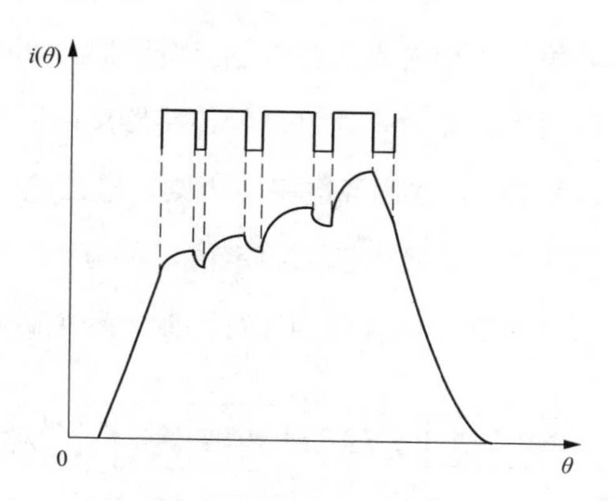

图 7-11　电压斩波控制下相电流波形

以上提到的三种控制方式各自有其优缺点，一般情况下，在电动机控制中通常采用两两结合或三种方式相结合的方法。根据实际情况来选取不同的控制方法，实现电动机的稳定控制。

（1）电流斩波和角度位置组合控制方式。在低速运行时采用电流斩波控制对相电流进行限幅，保证不会出现峰值电流对电动机造成危害，在高速运行时采用角度位置控制方法，合理选取导通角度尽可能地减小转矩脉动。

（2）电压斩波和变角度位置组合控制方式。这两种组合方式是通过电压PWM进行调速和转矩的调节，根据电压PWM调节来限制电流的幅值，并在不同转速范围内实时调节角度，最大限度地抑制转矩脉动问题，实现变角度控制，由于在不同条件下需要实时改变角度，控制的变换条件复杂，实现较为麻烦。

开关磁阻电动机在控制的过程中采用电流斩波和角度控制的组合方式较多，既考虑到了低速波峰电流的问题，又可对高速转矩进行一定的抑制，两种组合控制方法在各自的转速区间内进行调节，彼此互不影响，可全面发挥各自控制方法的优势，对电动机整个运行过程起到良好的作用效果。

7.3.2 开关磁阻电动机双闭环控制系统仿真分析

7.3.2.1 双闭环控制系统仿真模型

在双闭环控制系统中采用电流斩波控制方式对低速电流进行抑制，外环为速度闭环，内环为电流闭环，外环对速度偏差进行PID调节，通过设置开通角与关断角，让相电流加在电感上升阶段，产生电动转矩，避免产生制动转矩影响电动机的出力能力，通过位置传感器反馈回来的角度信息如果处在导通区间，则输出信号为1，输出高电平，否则，输出电平为低电平。然后与转速环调节后的输出值相乘，得到电流的给定值，再与实际电流比较得到电流偏差送入电流滞环控制器，对三相电流分别进行限制。开关磁阻电动机双闭环控制框图如图7-12所示。

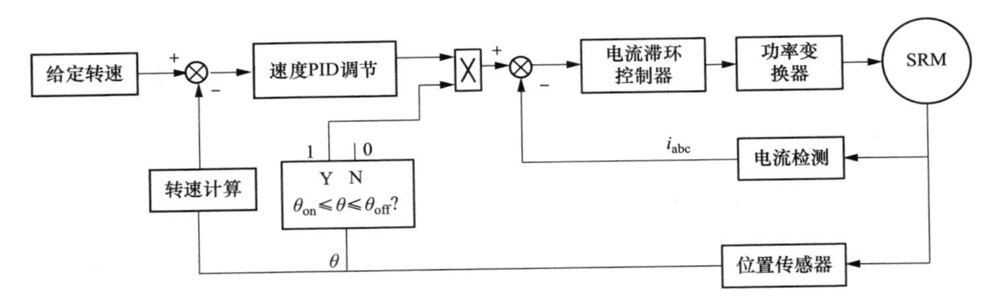

图7-12　开关磁阻电动机双闭环控制框图

开关磁阻电动机的双闭环控制系统采用电流斩波控制方法，采用ode23算法控制，采用变步长形式，为了验证该组合方法的控制效果，搭建了如图7-13所

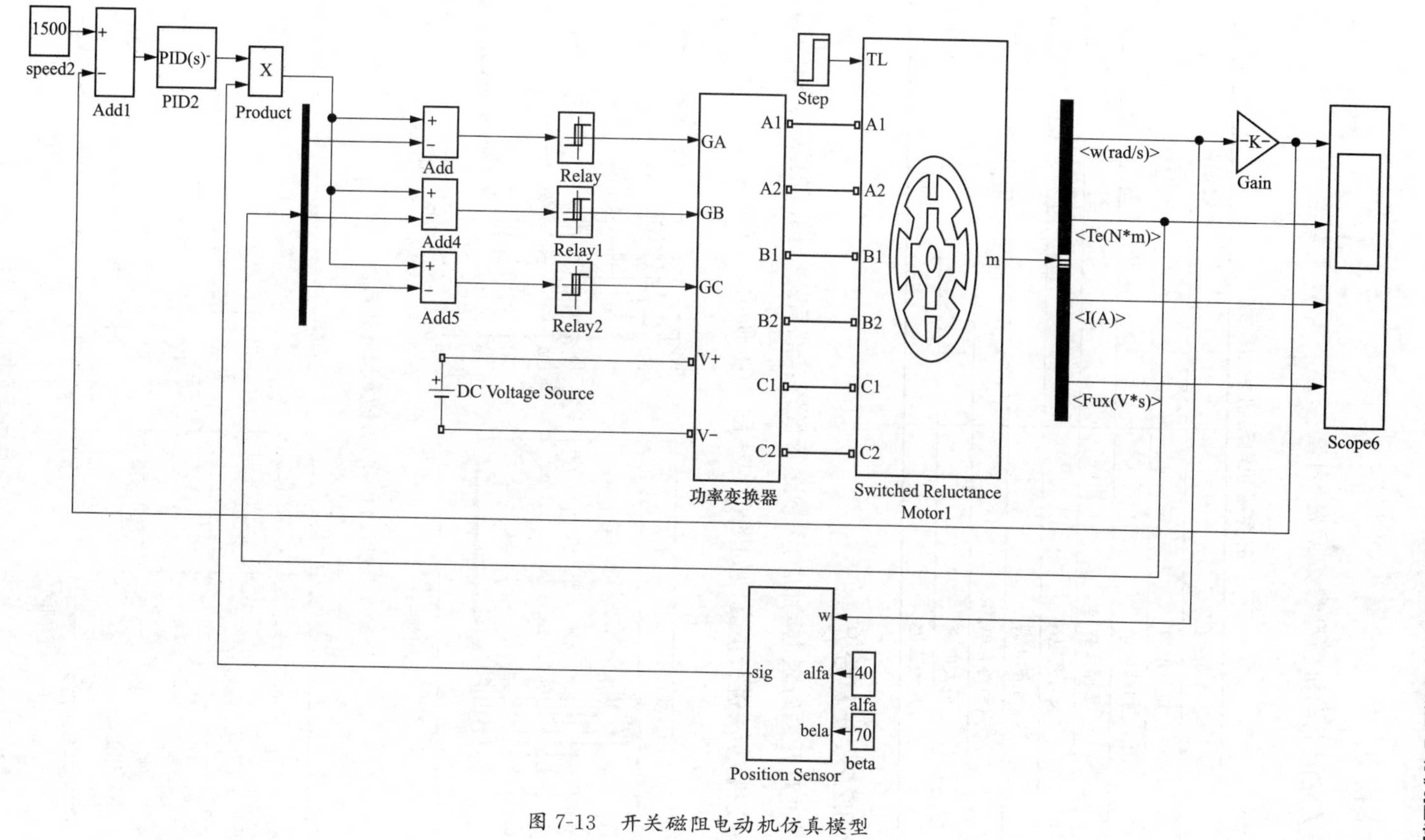

图 7-13　开关磁阻电动机仿真模型

示的仿真模型。

开关磁阻电动机模型参数见表 7-1。

表 7-1　　开关磁阻电动机模型参数

电动机参数	参数数值
定子电阻	0.01Ω
转动惯量	0.0082kg·m·m
摩擦系数	0.01N·m·s
未对齐电感	0.67e-3
对齐电感	23.6e-3
饱和对齐电感	0.15e-3
最大电流	450A
最大磁链	0.486V·s

7.3.2.2　仿真分析

通过对开关磁阻电动机的参数进行设置，然后进行模型的搭建和仿真，首先对三种控制方法进行仿真，如图 7-14～图 7-16 所示。

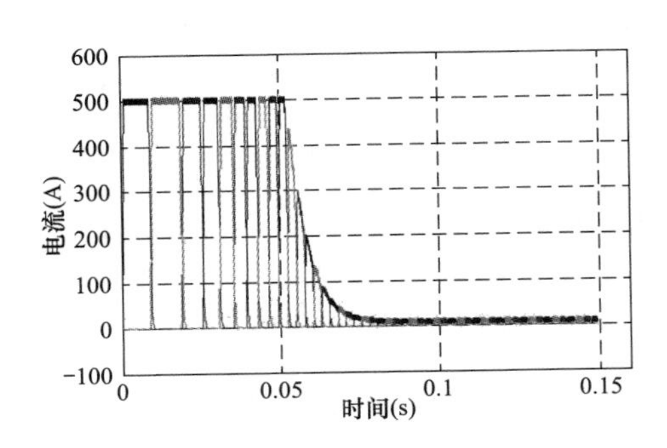

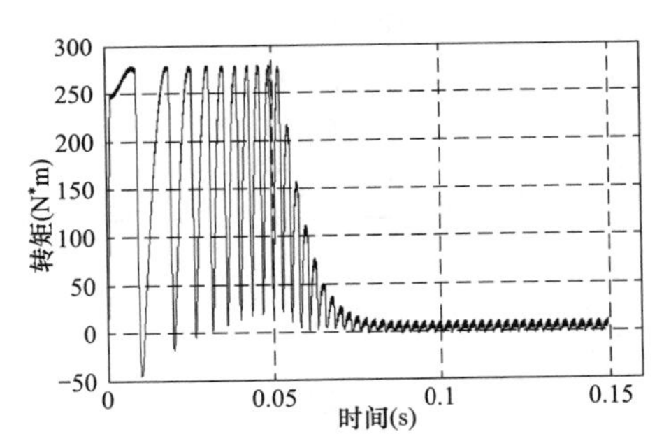

图 7-14　电流斩波控制波形图

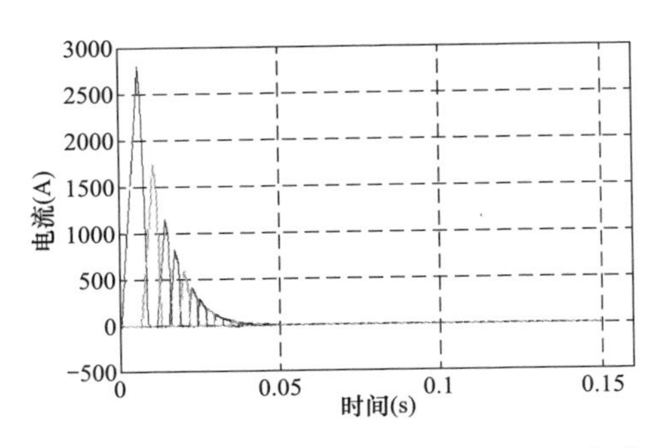

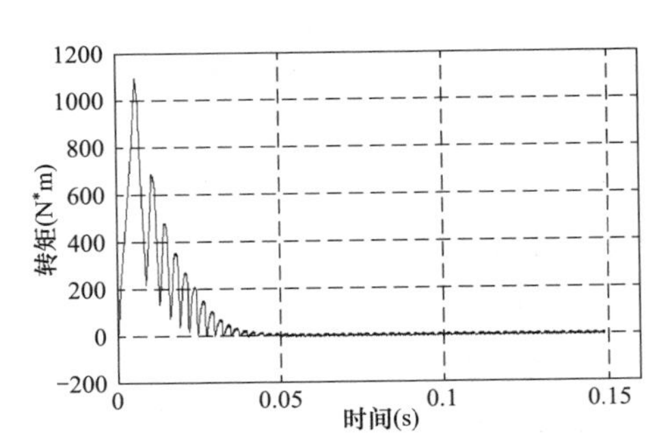

图 7-15　角度位置控制波形图

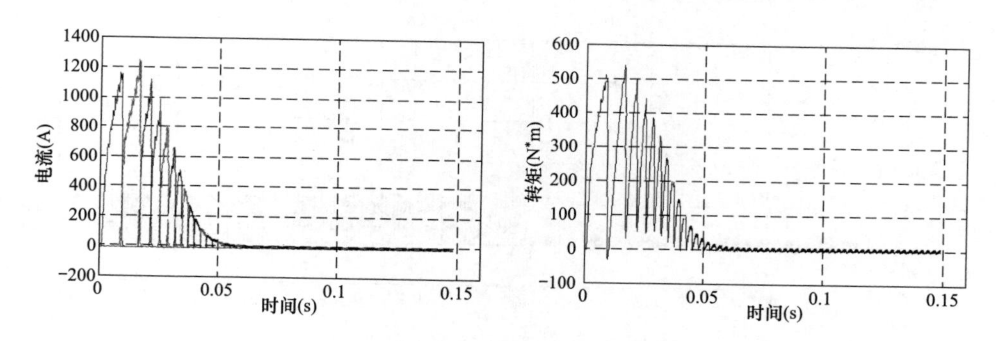

图 7-16　电压斩波控制波形图

通过对三种控制方法的波形分析，可明显看出最好的方法就是低速采用 CCC 控制来限制电流过大，高速采用 APC 控制来降低转矩脉动。

在电动机双闭环控制研究过程中，额定转速 1500r/min，电流最大限幅 200A，系统采样时间为 0.00001s，仿真时间 0.67s，在 0.3s 加上 10N 的负载，仿真波形如图 7-17～图 7-20 所示。

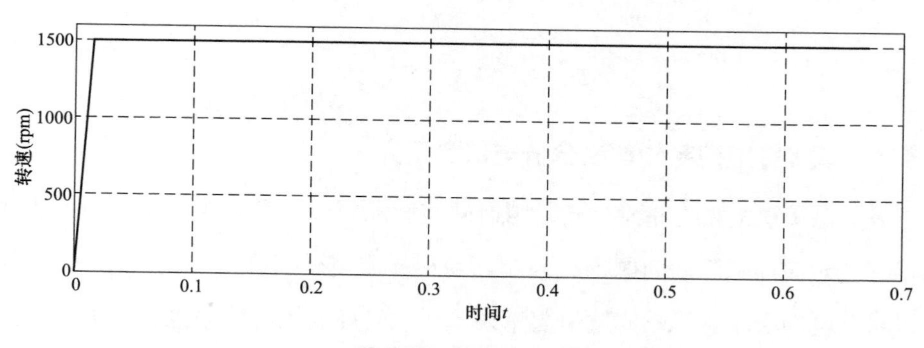

图 7-17　转速波形图

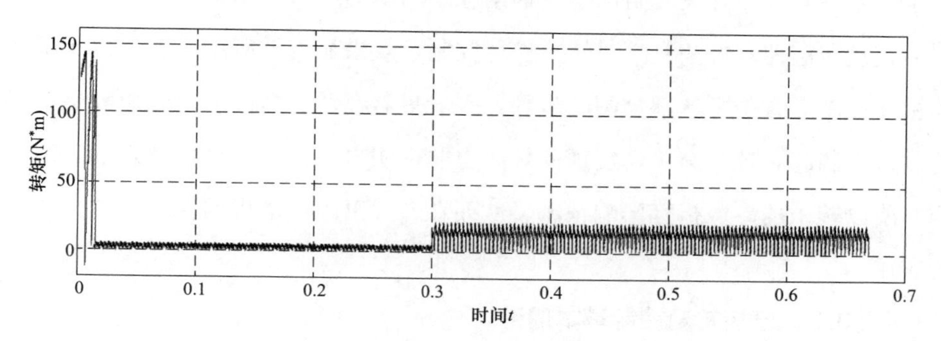

图 7-18　转矩波形图

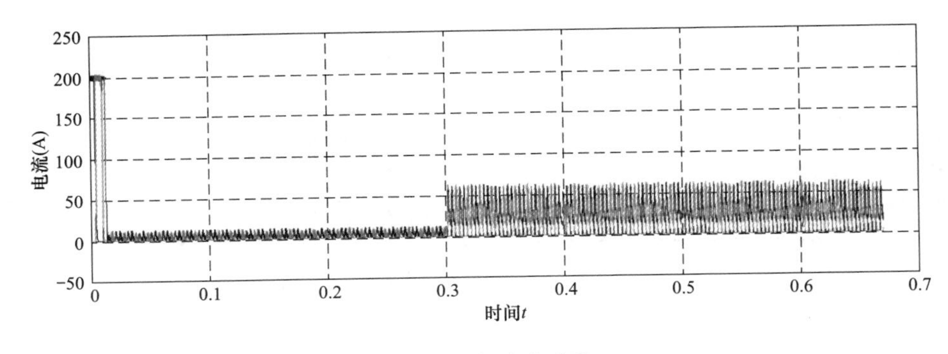

图 7-19 电流波形图

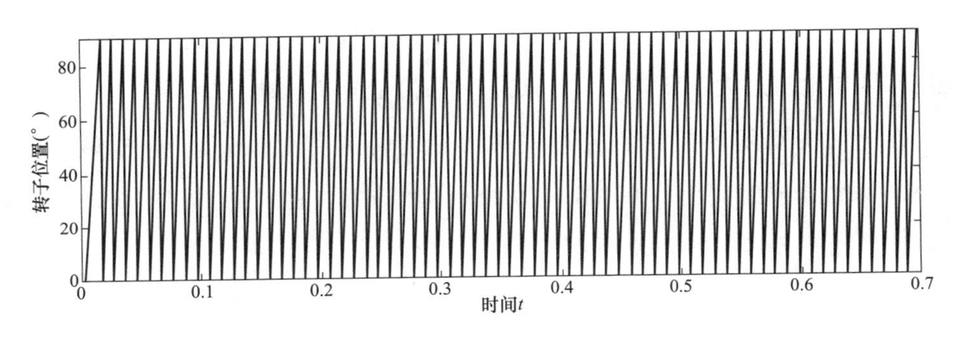

图 7-20 角度位置波形图

7.3.3 直接转矩控制的理论分析与仿真研究

开关磁阻电动机在正常运行时瞬时转矩脉动较大，常规的一些控制方法并不能很好地对震动和脉动问题加以限制，使得磁阻电动机在应用过程中受到影响，所以对于电动机转矩脉动问题引起重视，对此研究的控制策略也越发深入，直接转矩控制逐渐成为开关磁阻电动机抑制脉动问题的主要控制策略。

直接转矩控制方法直接对转矩进行控制，效果显著，应用广泛。由于磁阻电动机在控制上省去了解耦控制的步骤，一般只需在两相坐标下对转矩和磁链进行控制，控制起来较为简单，实现的效果也非常明显。由于电动机特殊的定转子结构，所以转子的参数指标影响很小，从而在开关磁阻电动机的控制上得到了广泛的应用。

7.3.3.1 直接转矩控制基本理论

直接转矩控制理论直接对转矩和磁链进行控制，故需要建立转矩观测器和磁链观测器的模型，所以对其计算是关键的一步，一般通过对电动机输出的电压和电流进行检测，利用相关矢量理论进行计算，计算值与给定值进行比较来对转矩和磁链闭环控制，通过比较偏差调节的大小和方向来确定定子的电压空间矢量，从而控制功率变换器的导通与关断，实现直接转矩的控制策略。

由式（6-5）第 k 相的电压平衡方程式可知，当忽略定子的电阻压降的电压方程为

$$U_{\mathrm{k}}=\frac{\mathrm{d}\varphi_{\mathrm{k}}(\theta,i_{\mathrm{k}})}{\mathrm{d}t} \tag{7-37}$$

根据式（7-37）可求出磁链方程表达式为

$$\varphi_{\mathrm{k}}(\theta,i_{\mathrm{k}})=\int U_{\mathrm{k}}\mathrm{d}t \tag{7-38}$$

即

$$\Delta\varphi_{\mathrm{k}}=U_{\mathrm{k}}\Delta t \tag{7-39}$$

则在某一时刻 n，磁链可通过式（7-39）表示为

$$\varphi_{\mathrm{k}}(n)=\varphi_{\mathrm{k}}(n-1)+U_{\mathrm{k}}T_{\mathrm{s}} \tag{7-40}$$

式中：T_{s} 为采样周期，对应关系如图 7-21 所示。

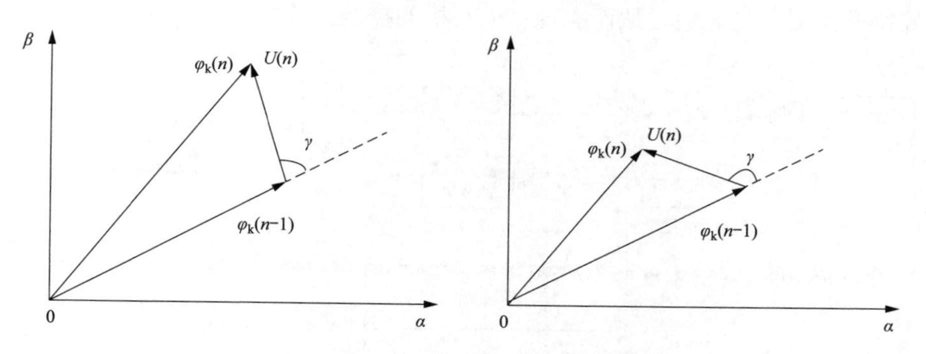

图 7-21　定子磁链与电压矢量关系图

通过图 7-21 可得出定子磁链和电压矢量的关系，可看出电压矢量的作用效果对于磁链的变化有着很好的控制效果，因此可得出如下结论：

（1）如果某一相定子绕组的电压矢量与磁链矢量间的角度 $|\gamma|<90°$，则电压矢量可使定子磁链的幅值增加。

(2) 如果某一相定子绕组的电压矢量与磁链矢量间的角度$|\gamma|>90°$，则电压矢量可使定子磁链的幅值减小，

(3) 如果某一相定子绕组的电压矢量与磁链矢量间的角度$|\gamma|=90°$，则电压矢量可使定子磁链的幅值保持不变。

通过对结论进行分析，定子磁链的方向和幅值受到开关磁阻电动机的电压空间矢量方向和幅值的影响，所以可根据磁链给定值与磁链计算值得到的偏差进行电压空间矢量选取，控制磁链的大小和方向，从而对转矩进行控制，实现电动机的直接转矩控制策略。

7.3.3.2 直接转矩控制系统模型设计

通过上述的分析来建立转速闭环的直接转矩控制系统模型，控制系统采用转速闭环的结构，通过电动机检测的真实转速与给定转速进行比较，比较后的转速偏差 $\Delta\omega$ 经 PID 调节后作为电磁转矩的给定值 T^*，转矩实际值和磁链实际值通过电压电流等参数计算可得，设置一个磁链给定值，进行磁链和转矩的闭环控制，通过两个滞环调节器后选取不同的电压矢量进行开关状态的切换，再利用定子磁链角度确定所处位置空间，进行每个区间内的分别控制，合理的选择电压矢量控制开关器件的导通，从而实现对电动机的控制。控制框图如图 7-22 所示。

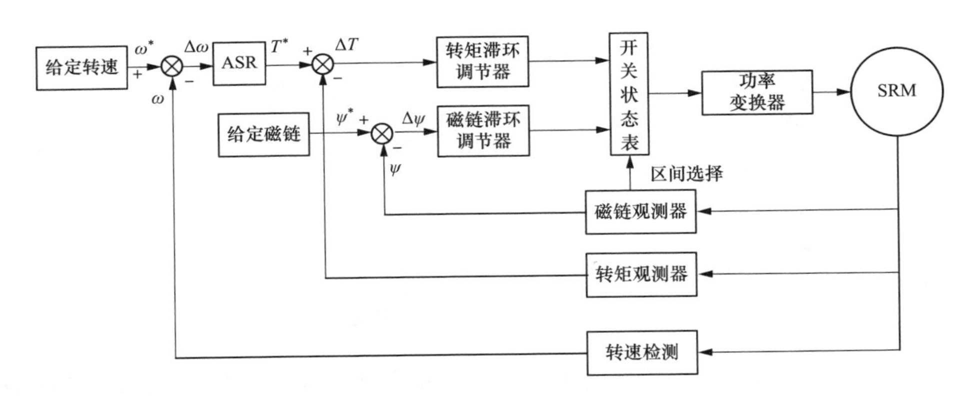

图 7-22 直接转矩控制结构图

下面对直接转矩结构图中的各个模块进行介绍。

(1) 开关磁阻电动机磁链观测器和转矩观测器的构建。电动机磁链和转矩是

两个重要参数，需要分别进行观测估计，所以需要采取相应的方法进行数据的采集和计算。

磁链的采集和计算一般可通过直接测量获得或利用公式间接计算。直接测量方法简单，只需要相应的磁链传感器在电动机运行时测量即可，该方法要求成本较高且测量范围有限，在实际应用中比较局限。间接测量法就是通过计算的方式来进行测量，利用绕组的电压与电流间的关系间接计算绕组磁链，该方法易于实现。

根据电动机运行过程中的电压方程式（6-5），将含磁链的参数移至一侧，可得的表达式为

$$\psi_k - \psi_k(0) = \int_0^t (U_k - i_k R_k)\mathrm{d}t \tag{7-41}$$

如果得到任一时刻范围 $0 \sim t$ 内各个参数的值，即可通过磁链方程的表达式（7-41）进行磁链的计算。

转矩模型的建立一般是通过插值查表的方法来获得，可通过构建一个“转矩—电流—转子位置角”的关系表利用不同时刻的数值进行查表获得。

（2）功率变换器及其开关状态。电源电压加在绕组上的大小和方向对于控制电动机是极为重要的。主电路开关器件的开关状态决定了定子绕组上的电压矢量的幅值和方向，通过对开关器件的导通与关断状态进行合理选择并加以控制，从而改变加载在绕组上的电压值。不对称半桥型功率变换器的结构图如图 7-23 所示。

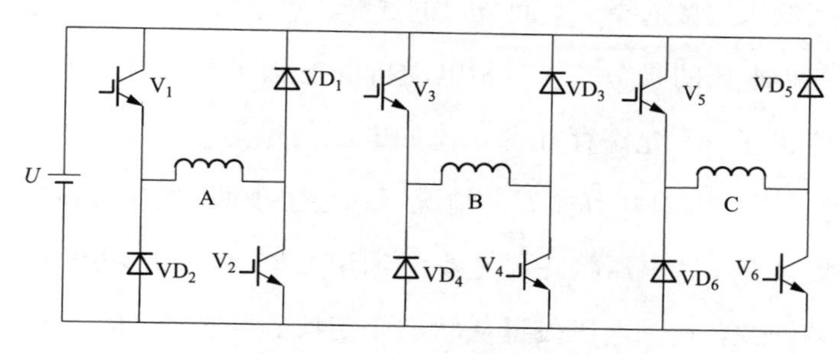

图 7-23　功率变换器结构图

三相开关磁阻电动机功率变换器每一相绕组都是通过两个开关器件控制绕组与电源的通断，两个二极管进行不同状态的续流。设两个开关器件同时导通则为

“1”状态，两个开关器件只有一个导通则为“0”状态，两个开关器件均不导通则为“−1”状态。每相绕组都有三种电压状态。以A相为例，如图7-24所示。

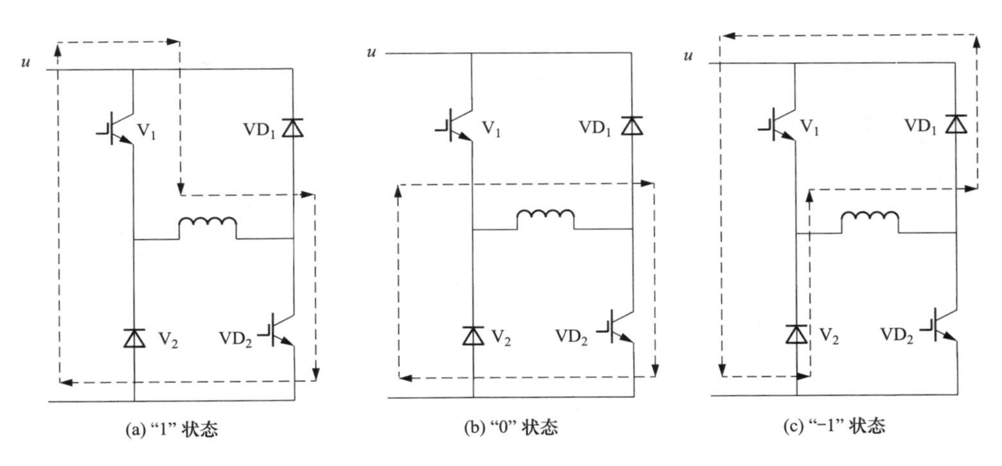

图7-24　A相绕组的三种电压状态图

1）“1”状态。与电动机相绕组连接的两个开关V_1、V_2均导通，A相绕组所加的电压为正向电压，如图7-24（a）所示。

2）“0”状态。与电动机相绕组连接的两个开关V_2导通，V_1关断，电源电压不给A相绕组供电，为零电压。如图7-24（b）所示。

3）“−1”状态。与电动机相绕组连接的两个开关V_1、V_2均不导通，A相绕组所加电压为反向电压，如图7-24（c）所示。

（3）空间电压矢量选择。空间电压的选择具有多样性，根据上述分析可知一相绕组具有三种电压的状态。则三相电动机的电压状态共有$3^3=27$种，在实际中，会有一些状态是不允许存在的，比如电压矢量为（1，1，1）、（1，1，0）、（1，1，−1）、（1，0，1）等类似的情况下，会出现两相或三相同时施加电压的情况，故需要舍弃一些电压状态，另外，空间电压矢量一般采用三步换相法来抑制转矩脉动的问题，比如电压矢量从状态1切换到状态−1时，或从状态−1切换到状态1时，中间加一个状态0，就是在状态切换过程中要遵循“1—0——1”或“−1—0—1”的次序进行切换，根据上述原则，可选择六种有效的电压矢量：（1，0，−1）、（0，1，−1）、（−1，1，0）、（−1，0，1）、（0，−1，1）、（1，−1，0）。

六种有效的电压状态在空间平均分布，每两种电压矢量状态相差 60°，则可把电压状态在空间中分为 6 个扇区，如图 7-25 所示。

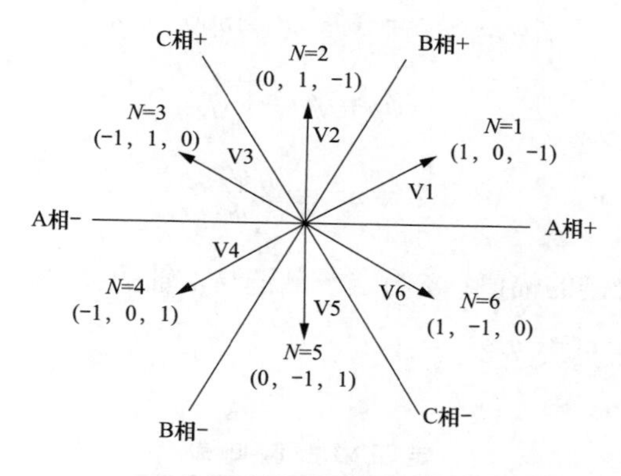

图 7-25　电压空间矢量图

（4）空间电压矢量对定子磁链和转矩的影响。在任意时刻，由于定子磁链的增量和定子电压矢量的增量有关，而且磁链矢量的方向与电压矢量方向保持一致，通过改变电压矢量可有效控制定子磁链的变化情况，可对磁链的理想化运动轨迹进行合理的电压矢量分配。假设定子磁链位于电压空间矢量中的某一区域，可通过选择与磁链矢量夹角绝对值小于 90°的 V_{K-1} 和 V_{K+1} 来增加磁链幅值，选择与磁链矢量夹角绝对值大于 90°的 V_{K-2} 和 V_{K+2} 来减小磁链幅值。

（5）磁链变换与区间判断。在开关磁阻电动机直接转矩控制框图中，磁链模型在作用于开关状态表的过程中需要进行定子磁链的区间判断，而对该区间的判断需要计算磁链角度，磁链变换的功能就是对磁链的幅值和磁链角进行变换处理来进行计算。

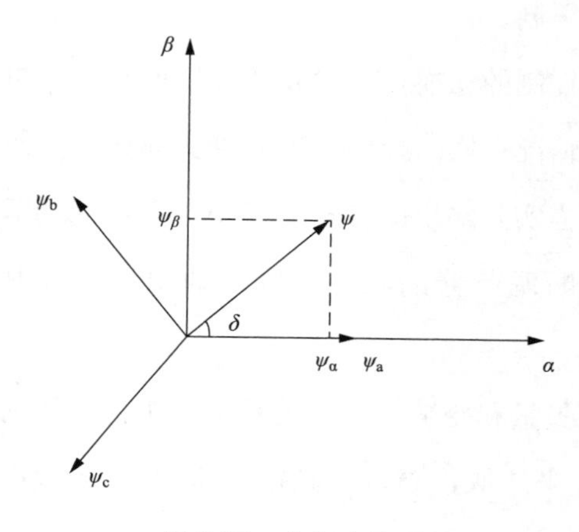

图 7-26　坐标变换图

用到的电动机为三相 6/4 极开关磁阻电动机，电动机的三相定子磁链可设为 ψ_a、ψ_b、ψ_c，静止坐标系下的关系如图 7-26 所示。

将三相磁链进行坐标变换，在 $\alpha-\beta$ 坐标系下，使用变换公式为

$$\begin{cases}\psi_{\alpha}=\psi_{a}-\psi_{b}\cos60^{\circ}-\psi_{c}\cos60^{\circ}\\ \psi_{\beta}=\psi_{b}\sin60^{\circ}-\psi_{c}\sin60^{\circ}\end{cases} \tag{7-42}$$

$$\begin{cases}|\psi|=\sqrt{\psi_{\alpha}^{2}+\psi_{\beta}^{2}}\\ \delta=\arctan2\dfrac{\psi_{\alpha}}{\psi_{\beta}}\end{cases} \tag{7-43}$$

式中：$|\psi|$ 为合成磁链的幅值；δ 为定子磁链与 α 轴的夹角。

定子磁链区间表见表 7-2。

表 7-2　　定子磁链区间表

δ	N
(0，π/3)	1
[π/3，2π/3)	2
[2π/3，π)	3
[−π，−2π/3)	4
[−2π/3，−π/3)	5
[−π/3，0]	6

（6）磁链和转矩的滞环调节器设计。直接转矩控制方法中选用滞环比较器来对转矩和磁链的偏差进行限制，其跟踪误差效果较为明显，可根据实际要求自行设定一定范围的允许误差来对偏差量进行限制。

滞环调节器的输出要根据实际值进行控制的切换，一般有四种切换状态，每种状态都是根据各自的磁链和转矩的变化情况去实时控制。比如当实际输出的磁链值过大，则减小调节器输出的磁链值；当实际输出的转矩值过小，则增大调节器输出的转矩值，根据不同的状态去判断调节器的状态，可起到很好的控制效果。

（7）开关状态表设计。据前面对电压矢量和磁链转矩间关系的分析，电压的大小和方向选择可根据转矩和磁链的变化来选取，当定子磁链位于第 K 区域内时，可根据表 7-3 进行电压矢量的选择。

表 7-3 电压矢量选择表

$Te\uparrow\psi\uparrow$	$Te\uparrow\psi\downarrow$	$Te\downarrow\psi\uparrow$	$Te\downarrow\psi\downarrow$
V_{K+1}	V_{K-1}	V_{K+2}	V_{K-2}

开关表见表 7-4。

表 7-4 开关表

Te	ψ	$N=1$	$N=2$	$N=3$	$N=4$	$N=5$	$N=6$
↓	↓	V5	V6	V1	V2	V3	V4
↓	↑	V6	V1	V2	V3	V4	V5
↑	↓	V3	V4	V5	V6	V1	V2
↑	↑	V2	V3	V4	V5	V6	V1

7.3.4 控制方法对比仿真分析

开关磁阻电动机直接转矩控制系统由磁阻电动机、功率变换器模块、磁链和转矩滞环比较器模块、磁链转换和计算模块、转矩估算模块、开关控制模块等组成。直接转矩控制仿真框图如图 7-27 所示。

根据 7.3.2 节对双闭环控制系统电流斩波控制策略的分析，为了验证直接转矩控制策略对于转矩抑制的效果，现在对电动机直接转矩控制策略的系统模型进行仿真，将仿真结果进行对比。仿真参数不变，仿真波形如图 7-28 所示。

（1）转速波形比较。从图 7-28 可看出两种控制策略下的转速波形较为平稳，超调量较小，直接转矩控制将转矩限幅在 30N·m，所以响应速度相对较慢。

（2）磁链波形比较。如图 7-29 所示，电流斩波控制的磁链值在转速平稳时幅值减小，加入负载后幅值有所上升，直接转矩控制的磁链值始终在给定值的一个容许范围内，不随负载变化而变化。

（3）转矩波形比较。在电动机初始运行时对转矩进行了限制，随着转速的平稳，转矩也逐渐在期望值附近波动，电流斩波的控制方式下，转矩波动范围为 6～22N·m，波动幅值 16N·m，直接转矩控制下的转矩波动范围为 10～14N·m，波动幅值 4N·m，通过仿真对比可看出直接转矩控制有效地抑制了转矩的波动问题，如图 7-30 所示。

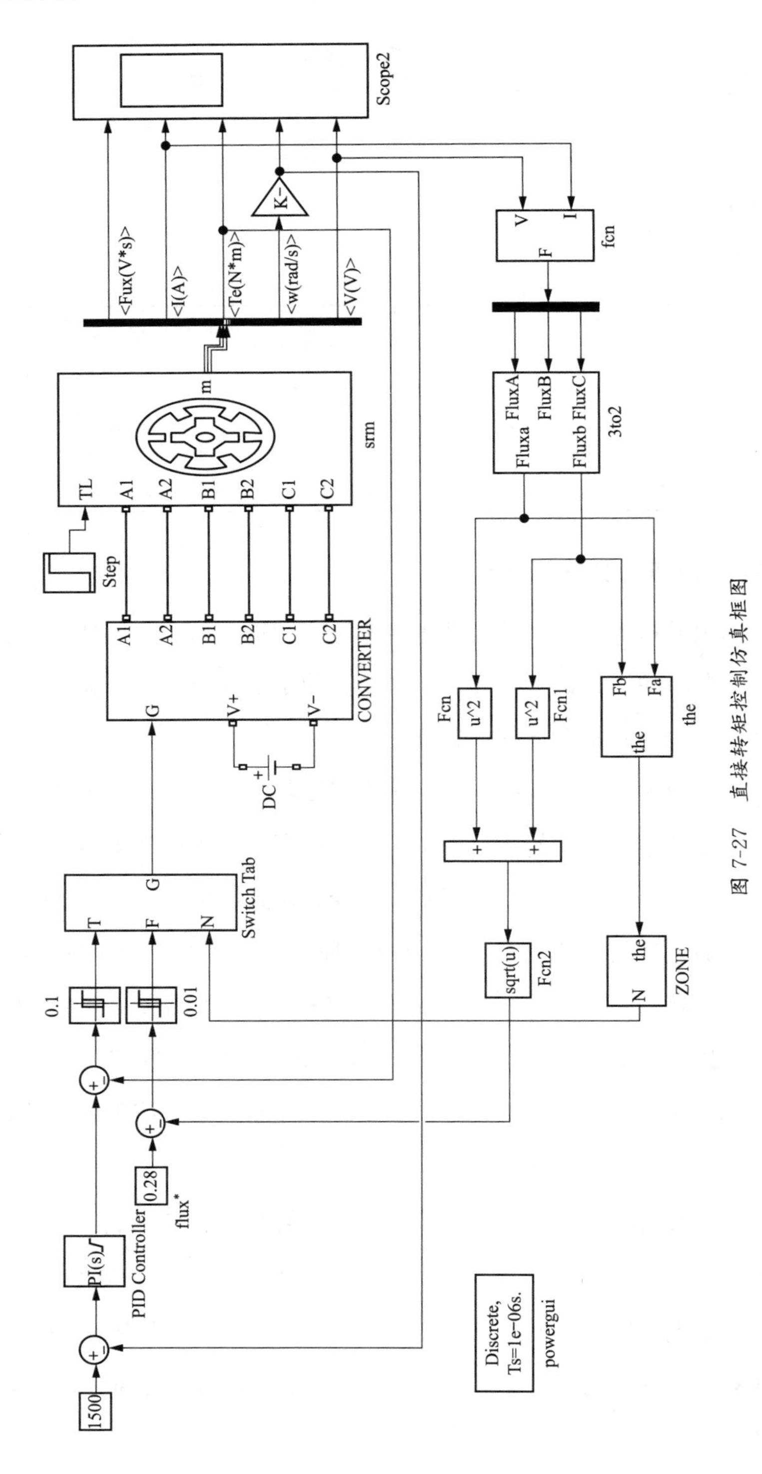

图 7-27　直接转矩控制仿真框图

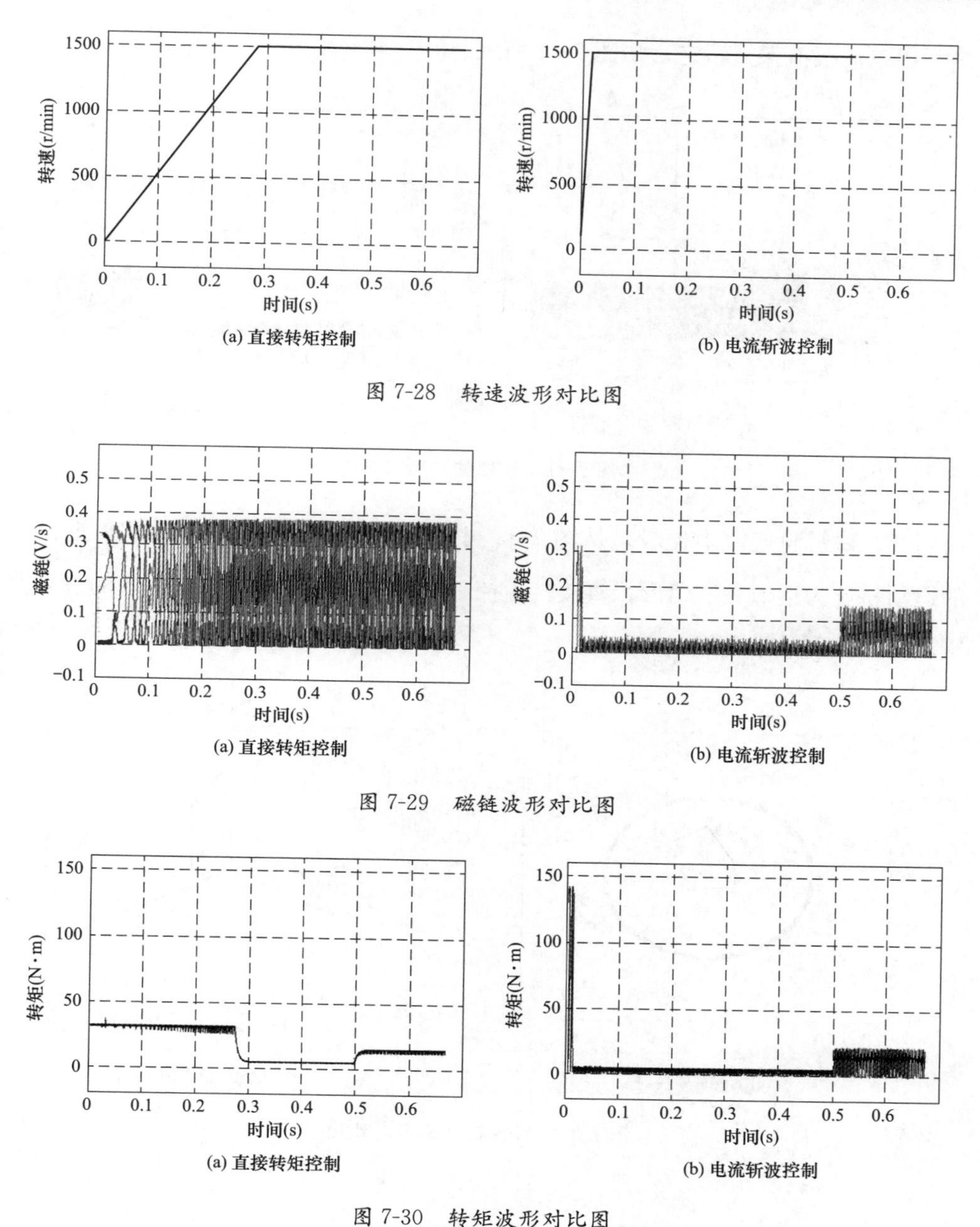

图 7-28　转速波形对比图

图 7-29　磁链波形对比图

图 7-30　转矩波形对比图

（4）电流波形比较。在电流斩波控制方式下，随着转速的上升，电流低速时峰值上升较快，很快电流达到幅值上限 200A，转速稳定后，电流幅值下降，趋于稳定在一个区间，在 0.5s 加入负载后随着负载转矩的大小波动，直接转矩控制下相电流幅值保持恒定，如图 7-31 所示。

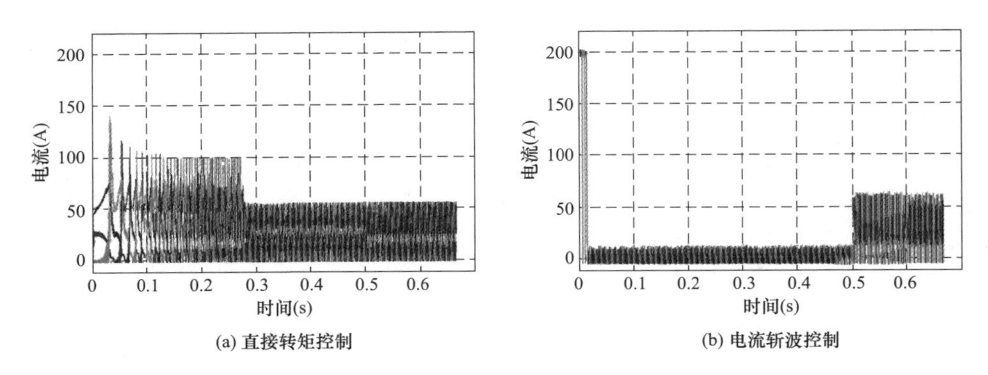

图 7-31　转矩波形对比图

（5）磁链轨迹波形比较。从图 7-32 可看出，电流斩波控制方式的磁链空间的运动轨迹为近似为三角形，直接转矩控制下的磁链轨迹为圆形，磁链的波动范围较小，控制效果良好。

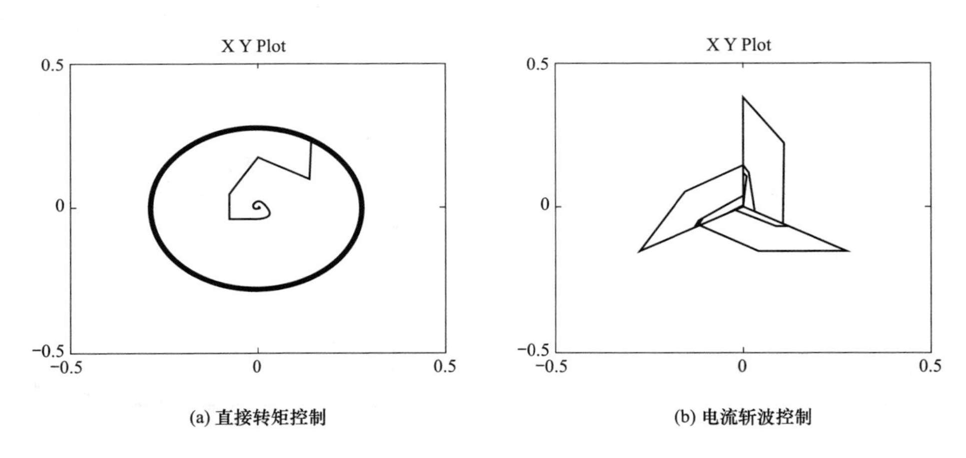

图 7-32　磁链轨迹波形对比图

第8章　电力电子与开关磁阻电动机集成系统综合应用

8.1　减小转矩脉动方法

8.1.1　直接瞬时转矩控制

与结构性的方法相比，使用控制技术可在更大的工作范围内最小化转矩脉动。大多控制技术使用离线或在线计算的电流和级联的电流控制器，其中大部分技术受限于有限的运行范围，并需要准确感测转子位置。

本小节提出直接瞬时转矩控制（DITC），为了获得高带宽，采用数字转矩滞环控制器，如图 8-1 所示。

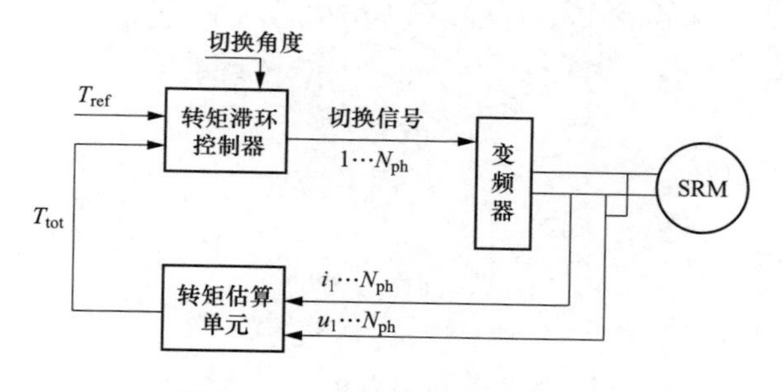

图 8-1　闭环瞬时转矩控制结构

使用参考转矩和瞬时转矩值，数字转矩滞环控制器基于预定的切换角度产生用于变频器的切换信号。根据瞬时转矩与参考转矩的偏差，在相端施加负、零或正电压电平。

1. 瞬时转矩估算

由于开关磁阻电动机的非线性和基本工作原理，转矩和电流不像连续励磁电动机那样直接联系，可通过使用线性磁阻转矩方程进行简单但有限的转矩估计。在实践中，精确的电动机模型处理非线性问题，表 8-1 列出了精确的开关磁阻电动机特性的不同可能性。

表 8-1　在线测定瞬时转矩的估计技术

存储在查找表中的精确电动机模型	自适应电动机模型
$T(i, \theta)$	分析模型
$T(i, \psi)$	带校正表的分析模型
$T(\theta, \psi)$	具有人工神经网络结构的模型

目前，有限元模拟或测量提供了精确的电动机模型，这些特性可直接用于控制算法。图 8-2 给出了四相开关磁阻电动机的 $T(i, \theta)$ 转矩特性随相电流和转子位置的函数。

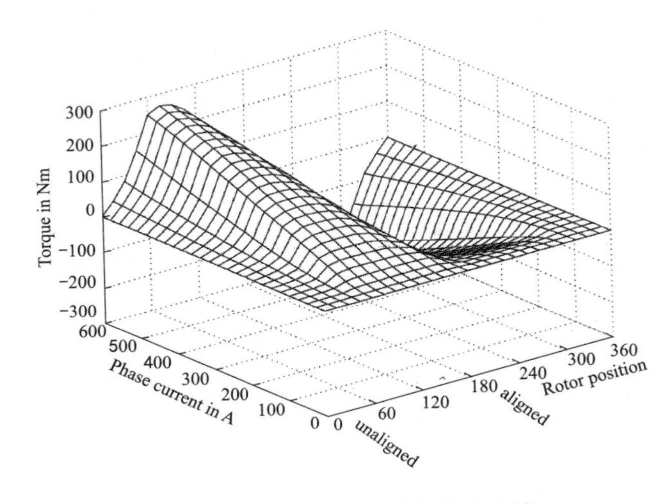

图 8-2　静态转矩与电流和转子位置

$T(i, \theta)$ 特性取决于转子的位置，如果有准确且连续的转子位置信号，可进行准确的转矩估计和精确控制。通过将图 8-2 中的转矩特性与相应的磁链特性相结合，则不需精确的转子位置信号，将转子位置代入静态转矩特性如图 8-3 所示。

对于负转矩值，该特性反映在电流磁链平面周围。因此，同样的查找表可用来预测发电模式下的转矩。在 DITC 中，这种电动机特性的准确性与所有电流特性分析技术一样关键。建模最关键的点出现在重叠开始时，此时转矩梯度最大。由于这种陡峭转矩特性，查表是描述实时应用转矩特性最受欢迎的方式。此外，

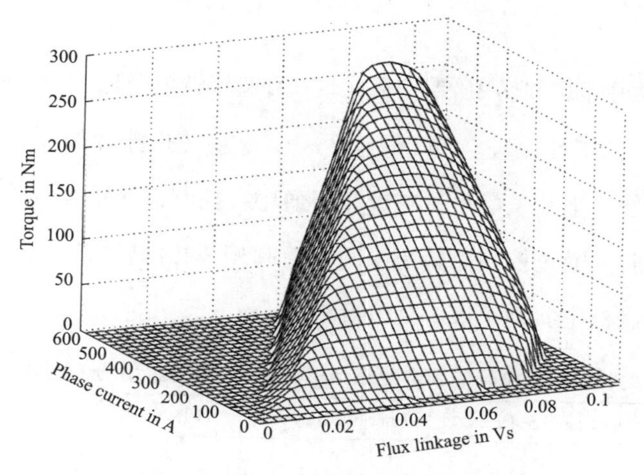

图 8-3　静态转矩与电流和磁链

经验表明，在 $T(i,\ \psi)$ 系列电动机生产中，电动机特性仅与原始值有少许偏差。因此，在串联生产的情况下，特性只需确定一次。通常，查找单相电动机特性表就足够了，因为相互耦合效应可忽略。但对于相数较高的电动机（即四相或五相电动机），在重叠激励下则有必要将单相模型扩展到多相模型。然而，在四相电动机应用中，利用图 8-3 中的单相转矩特性，通过测量相电流和磁链，在线估计瞬时转矩，图 8-4 示出了瞬时转矩在线估计技术框图。

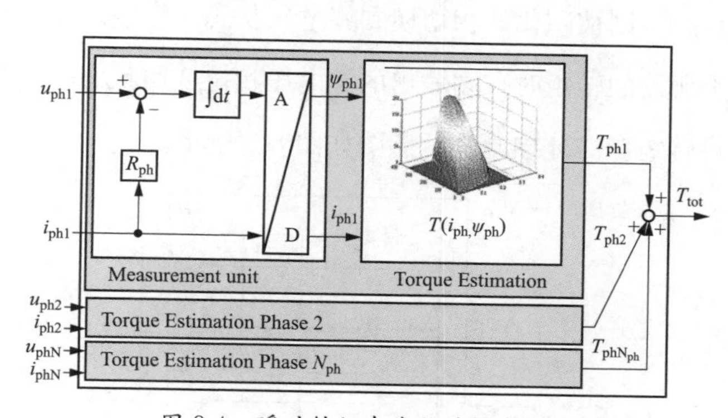

图 8-4　瞬时转矩在线估计技术框图

基本上，转矩估计需要磁链和相电流作为输入变量，磁链可以由定子相电压和定子电流来估计。相电压既可以直接测量，也可以根据每个电动机相位的逆变器功率开关状态进行估算。

2. DITC

利用控制器中的瞬时转矩估计，可实现闭环直接转矩控制，以在线调节气隙转矩。

（1）DITC 的工作原理。DITC 包括一个数字转矩滞环控制器，它为所有激活的电动机相位产生开关信号。在单相导通中，控制器对单相导通的估计转矩进行调节。换相时，通过控制总转矩来间接控制相邻相的转矩。为了获得合适的转矩换相，在控制器中实现了表 8-2 的策略。

表 8-2　开关状态作为传导的函数使三个相邻相的信号使能用于电动机工作

Enable Ph N-1	Enable Ph N	Enable Ph $N+1$	S Ph $N-1$	S Ph N	S Ph $N+1$
0	0	0	x	x	x
1	0	0	1 | 0	x	x
1	1	0	1 | 0 | −1	1 | 0	x
0	1	0	−1 | x	1 | 0	x
0	1	1	x	1 | 0 | −1	1 | 0
0	0	1	x	−1 | x	1 | 0

在导通过程中（从导通角到关断角），使能信号为 1。在单相传导中，一相的开关状态等于一（1），该相连接到直流正电压，零（0）状态表示相位是自由旋转的，表示相的退磁状态，即对相施加负的直流电压。如果电动机处于两相传导（即换相）状态，则被磁化的相切换到零电压状态。当输入相位在一个内滞回路内还不能产生所需的转矩时，则输出的零电压相位变回状态一（1）。通过这种方式，可调节总转矩。滞环控制器示意图如图 8-5 所示。

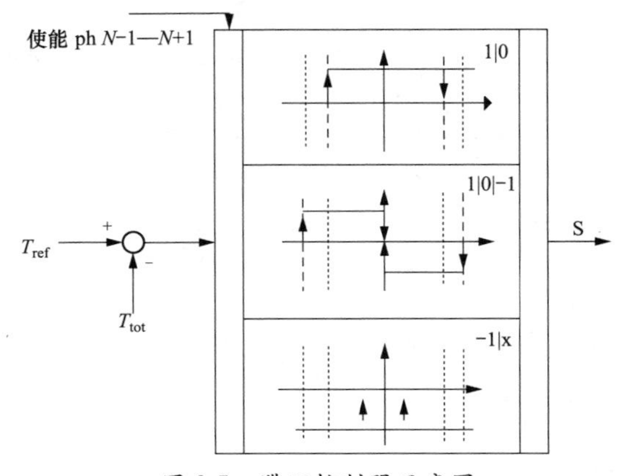

图 8-5　滞环控制器示意图

在图 8-6 中，通过仿真验证了滞环控制器的性能，除了显示总瞬时转矩脉动（上）、相电压（中）和各相位产生的转矩（下）外，还描述了不同开关状态时期对应的可变控制结构状态。

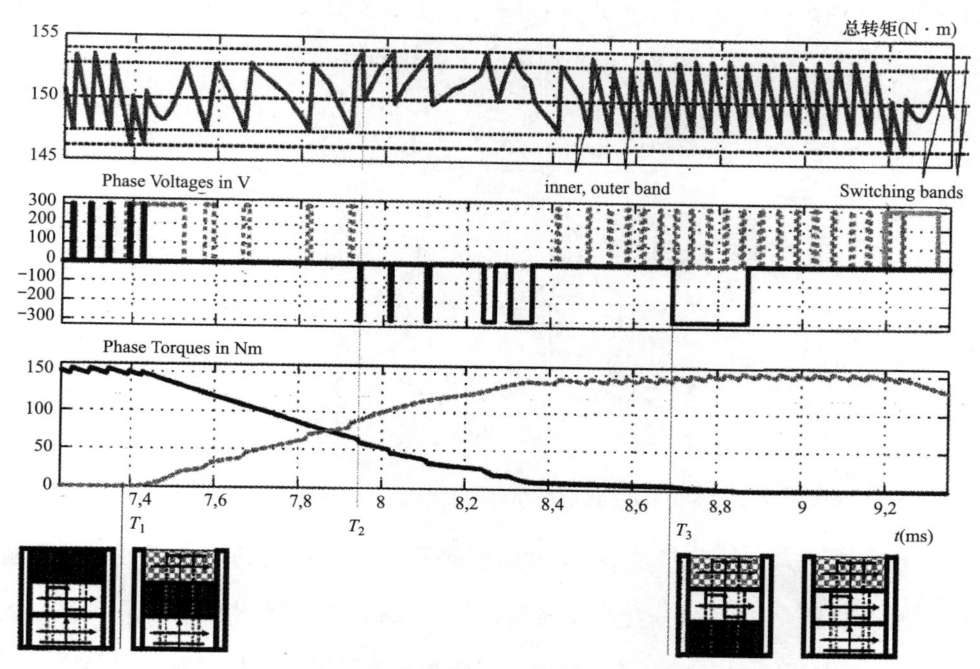

图 8-6　瞬时总转矩和相电压的波形（输出相状态为深灰色、输入相状态为点灰色）

在 T_1 换向过程开始时，通过打开随后的电动机阶段，已激活的相位变为零电压状态。几微秒后，总转矩下降到最低开关阈值以下（见图 8-6 的顶部图）。因此，输出相再次与正向直流电压连接，这样总转矩便可控制在外部滞环。可以看出，输出相需要采取两次动作才能使总转矩保持在外滞环内。一旦输入相能调节总转矩，输出相就处于零电压状态。在 T_2 总转矩高于最高开关阈值时，为了不使输入相消磁，将处于零电压状态的输出相用负电压消磁。最后，T_3 这一阶段在导通周期结束时完全消磁。

这种直接转矩控制器（DITC）调节瞬时转矩，与转子精确的位置信息无关。此外，切换策略自动换相。

（2）DITC 的理论工作范围。DITC 与传统的电流特性分析技术一样，受到热容量和整流器峰值电流的限制，从而限制了最大可实现的转矩。DITC 可达到的最大速度受到瞬时反电动势（EMF）的限制，只要最大瞬时反电动势不大于直流总线电压 u_{dc}，DITC 可有效地进行。与通常在硬斩波模式下（$u_{ph}=\pm u_{dc}$）操作的传统电流分析技术相比，DITC 的效率更高，因为使用了零电压状态，平均开关频率更低（$u_{ph}=\pm u_{dc}$，0V）。图 8-7 形象地描绘了由此产生的 DITC 的操作范围。

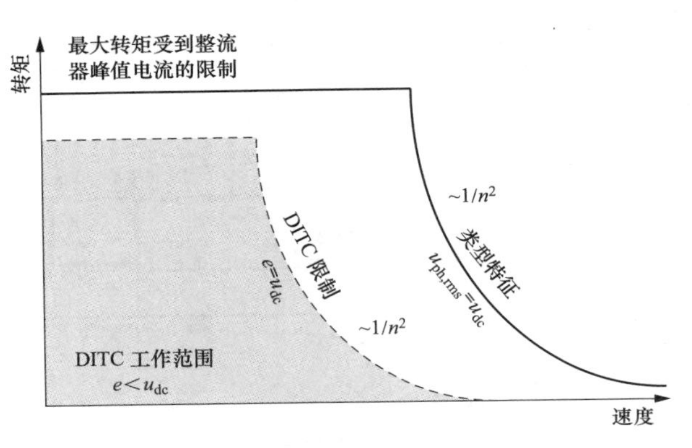

图 8-7　DITC 的工作范围和物理给定的驱动器限制

为了将直接瞬时转矩控制开关磁阻驱动器的操作扩展到整个物理可操作范围，可将 DITC 与改进的直接平均转矩控制（DATC）技术相结合。开关磁阻电动机在一个电周期内产生的平均转矩，即使在开关磁阻电动机单脉冲运行时，即瞬时反电动势不小于直流环节电压时，也能以较高的精度运行。因此，可调整所要求的转矩来补偿平均转矩误差。实现这样的控制器概念，即结合 DITC 和 DATC，可在不改变控制硬件的情况下在整个可能的操作范围内控制开关磁阻驱动器。因此，自动执行无缝操作，即没有速度振荡或不需要的转矩阶跃。

（3）DITC 的实际工作范围。由于采用了瞬时转矩估计方法，带 $T(i,\psi)$ 的 DITC 在低速时的理论工作范围受到限制。当通过有源相电压测量来估计磁链和转矩时，转矩估计的最关键元素是磁链的积分。模拟信号处理、模型电阻调整、乘法器、A/D 转换等中的所有误差或不准确性都会在磁链的积分中产生偏移。由于积分，瞬时偏移将在积分周期的持续时间内累积。积分持续时间是电动机速度的倒数。因此，小的误差可能导致低速下非常大的估计误差，开关磁阻电动机的优点是磁链集成可在每个电气周期复位，因此，可限制估计漂移。此外，通过磁链在每个激励周期结束时必须为零的物理条件，可通过模型电阻的在线调整来补偿估计路径中任何位置的误差。对这种补偿方法的详细分析可从中找到。然而，实验表明，在实际操作条件下，通过有源相电压测量和模拟信号处理，可以实现 0.5Hz 的最小机械角频率，转矩估计误差小于 5%。

3. 结果

仿真和实验测试表明，直接转矩控制可实现平滑的转矩控制，达到额定速度和额定转矩。图 8-8 显示了不同速度下的模拟转矩波形。

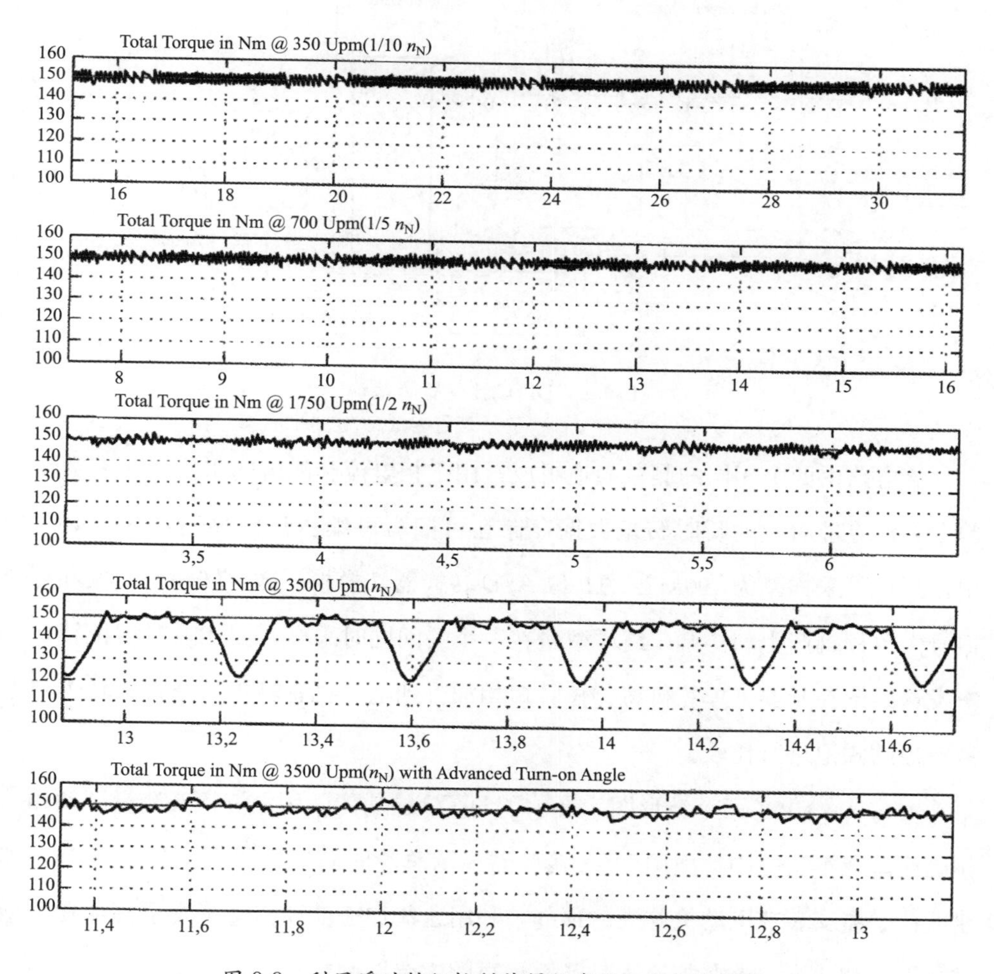

图 8-8　利用瞬时转矩控制获得仿真转矩和电流波形

开关角度是固定的，转矩被调节到标称速度的一半。通过先进的导通角（底部曲线），也可以在额定速度下获得平滑的转矩。这种先进的导通角也可在较低的速度下使用，然后获得平稳的转矩，但电动机效率降低。通过简单的开关角度自学习调整，可优化所有工作条件下的开关角度。

直接瞬时转矩控制应用于一款额定功率为55kW的四相开关磁阻电动机的电动汽车牵引驱动系统中，控制策略的平台是英飞凌的C167微控制器，其CPU频率为20 MHz，图8-9展示了实现DITC的结构。

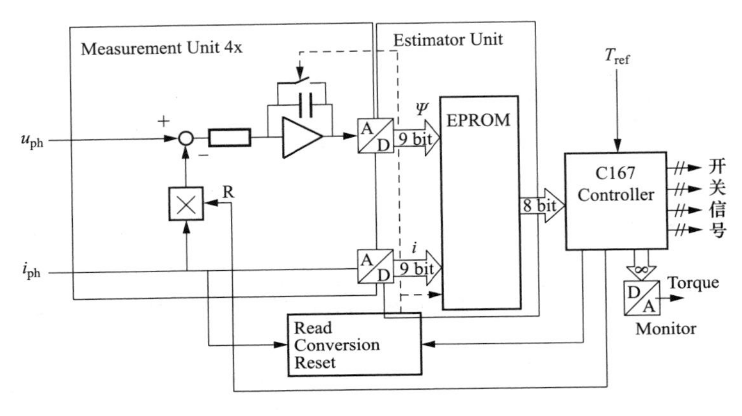

图8-9　DITC控制器的结构

该电路由四个相同的测量通道组成，用于相电流和磁链的采集。所有数字化数据直接寻址对应的瞬时转矩数据存储在可擦写可编程只读存储器（EPROM）中，采用了采样率为400kHz的9位A/D转换器，模拟—数字转换、读取和复位信号由单片机产生和协调，终端数量在一个瞬间同时采样，四相瞬时相位转矩依次发送给微控制器。单片机将相位转矩相加得到电动机总转矩，并将该转矩与参考转矩的阈值进行比较。

图8-10给出了两个波形图，展示了DITC的功能。用电流探头测量了两相的相电流。在本实验中，使用D/A转换器显示总瞬时转矩（见图8-9）。此外，加速度传感器安装在电动机外壳的顶部，利用这些加速度计测量了定子框架在振型激励下的加速度，这些加速度是产生噪声的主要原因。

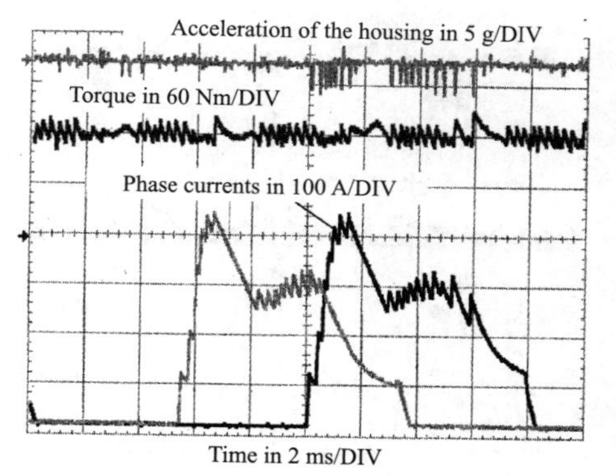

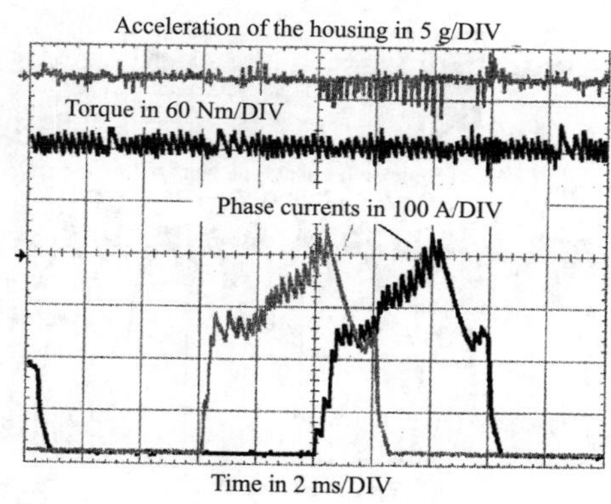

图 8-10　测量了不同开关角度下的相电流并在线估计了瞬时总转矩

两个测量值显示了在大致相同的操作点（即 300r/min 和 120N·m 的平均转矩）下获得的相电流和总转矩。测量是在开关角度（$\theta_{on}=10°$，$\theta_{off}=140°$ 顶部波形图；$-\theta_{on}=30°$，$\theta_{off}=170°$ 底部波形图）的不同设定点下进行的，在这两种情况下均可控制瞬时转矩。在不同操作点（T，n，u_{dc}）的额外测量表明，可实现具有可变切换角的瞬时转矩平滑调节。因此，可验证针对转子位置不准确和针对不准确开关瞬间的鲁棒性。请注意，一旦相位开启，DITC 就不需要任何位置信息来计算和调节转矩。

此外，还注意到在非对准位置附近设置一组开关角可降低噪声，噪声随着转弯角度的增加而增加。在定、转子极点对齐位置，径向力在给定的磁动势下达到最大值。因此，噪声降低与一个先进的传导角，但在这样做的效率降低。

监测电动机量，如加速度、速度或转矩可评估转矩脉动的电动机轴。因此，目前存在多种检测转矩脉动的方法，在实验室里测试了不同的方法，最有希望的结果是通过在电动机轴上安装应变计获得的。传感器的信号安装在惠斯顿桥的布置中，以补偿弯曲转矩，并通过遥测系统传输，图 8-11 显示了开关磁阻电动机在标准操作和 DITC 下的情况。同样，在波形图中，定子框架的加速度被监测，加速度振幅几乎相同，有无 DITC 都是如此，其原因是选择了相同的切换角度。因此，可以说明开关角度的选择是噪声的一个关键因素。

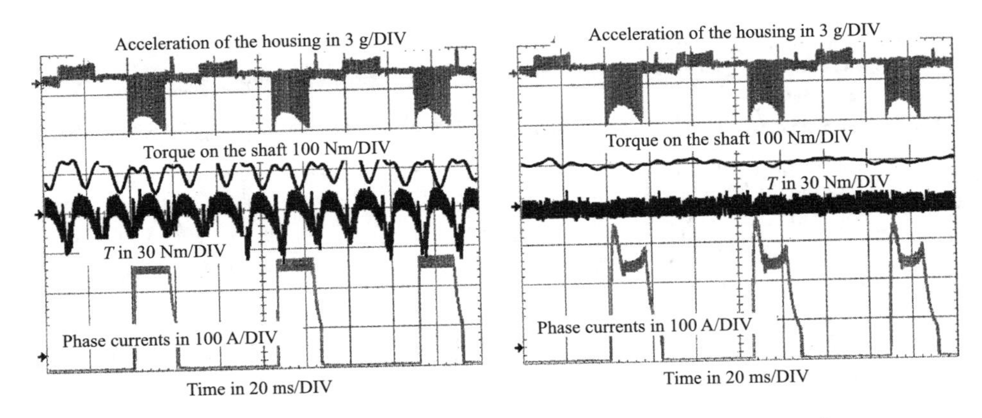

图 8-11　使用标准控制技术（上图）和 DITC（下图）测量的轴转矩

可以看出，使用 DITC 不仅可控制估计的总转矩的转矩脉动，还可显著减少直接在电动机轴上监测到的转矩脉动。然而，由于传动系统不同机械部件的相互作用，无法完全消除转矩波动。

8.1.2　转矩分配函数

一些常用的 TSF 基于线性、正弦、三次或指数曲线，为了选择最佳 TSF 并优化其参数，有必要指定次要目标。由于任何相位转矩波形均可转换为电流或磁链波形，TSF 的选择直接影响“跟踪”TSF 所需的铜损耗和供电电压。因此，次要目标可以是与功率转换器的驱动效率、转矩速度能力和峰值电流要求相关的铜损耗最小化、相电压最小化或峰值相电流的最小化。如果考虑多个次要目标，最优 TSF 将变得更加复杂，因为它会动态变化。例如，铜损耗的最小化意味着相邻相之间的快速换向（在低速下是可能的），但相电压的最小化（在更高的速度下需要避免电压饱和）意味着需要扩展换向周期。

在最流行的转矩脉动最小化控制方法中，静态 T-i-θ 特性存储在三维查找表中。在电动机运行过程中，根据转子位置和转矩要求来确定各相的指令电流。一种较好的替代方案是采用解析 SRM 模型来计算指令电流，但由于模型精度不够、模型复杂，特别是不能将相电流表示为转矩和转子位置的函数，因此实现受到了限制。

本小节讨论了在保证低铜损耗和可接受的驱动性能前提下，降低SRM转矩脉动的TSF优化准则，提出一种适用于低铜损耗的新型TSF系列。该系列中的每个TSF都提供了相电流流经整个区域，在该区域可产生正转矩。因此，由于换向区域的扩大，转矩—速度能力得到了提高，但铜损仍可保持在接近理论最小值的水平。在更次要的目标之间取得平衡的TSF，如驱动效率、转矩速度能力或峰值电流要求，可从该系列中选择。

1. 理论背景

(1) SRM中的转矩产生。一般来说，在任意转子位置θ和相电流i_k下，由有源相k产生的转矩T_k可通过求出磁储能W_c的偏导数来计算

$$T_k(\theta, i_k)=\frac{\partial W_c(\theta, i_k)}{\partial\theta}, \quad k=1, 2, \cdots, m \tag{8-1}$$

式中：m为相数并且W_c定义为

$$W_c(\theta, i_k)=\int_0^{i_k}\Psi_k(\theta, i_k)\mathrm{d}i_k \tag{8-2}$$

相通量链Ψ_k的两个基本方程为

$$\Psi_k(\theta, i_k)=L_k(\theta, i_k)\cdot i_k \tag{8-3}$$

$$\frac{\mathrm{d}\Psi_k}{\mathrm{d}t}=u_k-R_k i_k \tag{8-4}$$

式中：L_k为相位电感；u_k为相位电压；R_k为相位电阻。

式(8-3)中的电感L_k不仅随转子位置变化，而且随相电流变化。通过忽略SRM中饱和场的影响，电感L_k与电流i_k无关。此时根据式(8-1)～式(8-3)，转矩T_k可表示为

$$T_k(\theta, i_k)=\frac{1}{2}\cdot\frac{\mathrm{d}L_k(\theta)}{\mathrm{d}\theta}\cdot i_k^2=a_k(\theta)i_k^2 \tag{8-5}$$

正转矩T_k仅对正电感斜率产生，即正的$\mathrm{d}L_k/\mathrm{d}\theta$。电感$L_k$及其导数$\mathrm{d}L_k/\mathrm{d}\theta$呈周期性变化，如图8-12所示。

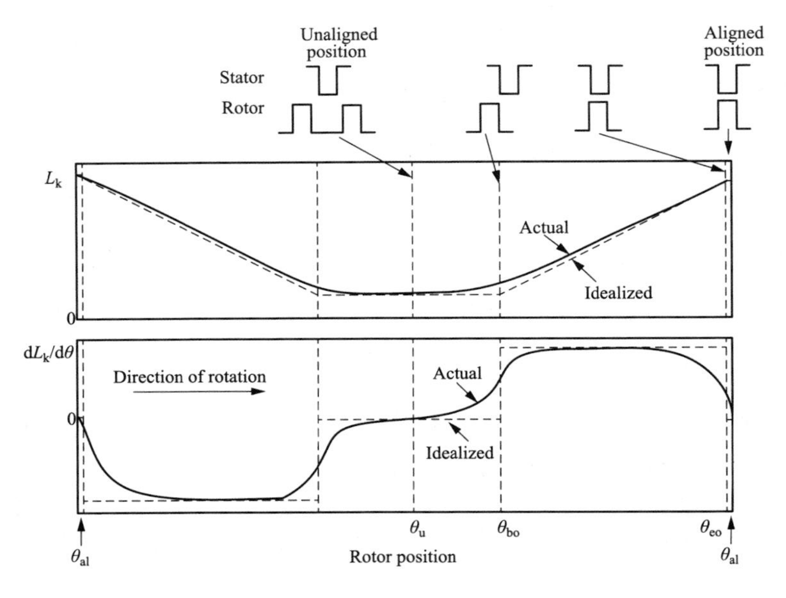

图 8-12　相位电感及其导数

在理想情况下，只有在转子两个位置 θ_{bo} 和 θ_{eo} 之间才能产生正转矩，分别表示定子与转子两极重叠的起点 θ_{bo} 和终点 θ_{eo}。而在实际情况中，在非对准的 θ_u 和对准的 θ_{al} 位置之间的整个区域均可产生正转矩，该区域等于转子极距的一半（$\tau/2$）：

$$
\begin{aligned}
&T_k \leqslant 0, \quad 0 < \theta < \frac{\tau}{2} = \theta_u \\
&T_k \geqslant 0, \quad \frac{\tau}{2} < \theta < \tau = \theta_{al} \\
&T_k = 0, \quad \theta = 0, \quad \theta = \frac{\tau}{2}
\end{aligned}
\tag{8-6}
$$

其中 $\tau = 2\pi/N_r$ 为转子极距，N_r 为转子极数。

（2）TSF 方法。图 8-13 为采用 TSF 方法的三相 SRM 驱动转矩控制框图。输入转矩命令 T^* 通过 TSF 函数块，根据转子位置，被分为每个阶段的单个转矩参考。根据转子位置信息，将分离的转矩参考信号转换为“转矩—电流”模块中的电流指令信号，通过电流控制器调节指令电流。

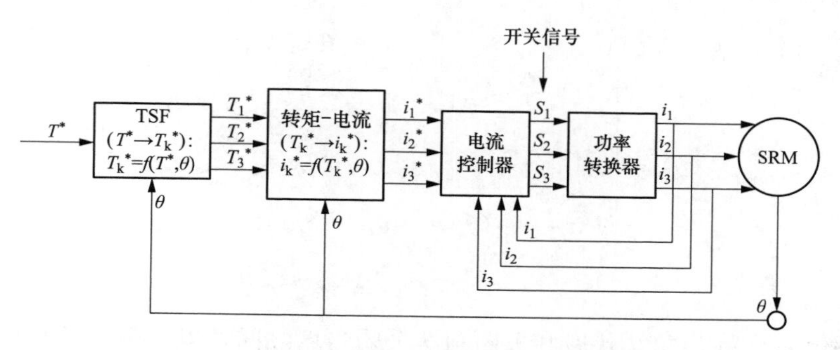

图 8-13　采用 TSF 方法的三相 SRM 驱动转矩控制框图

每个相位的参考相位转矩 T_k^* 是通过适当移动 TSF 得到的。将 TSF 分为零值区域和非零值区域。TSF 的非零区域被划分为子区域，所考虑的相 k 应单独产生整个转矩（$T_k^*=T^*$），以及子区域（称为交换或重叠区域），子区域与一个或多个阶段共享转矩（$0<T_k^*<T^*$）。

根据重叠区域的转矩分配曲线，最流行的传统 TSF 可分为线性、指数、三次和正弦 TSF，图 8-14 显示了线性 TSF 和正弦 TSF 的典型曲线，相 k 的参考转矩 T_k^* 定义为

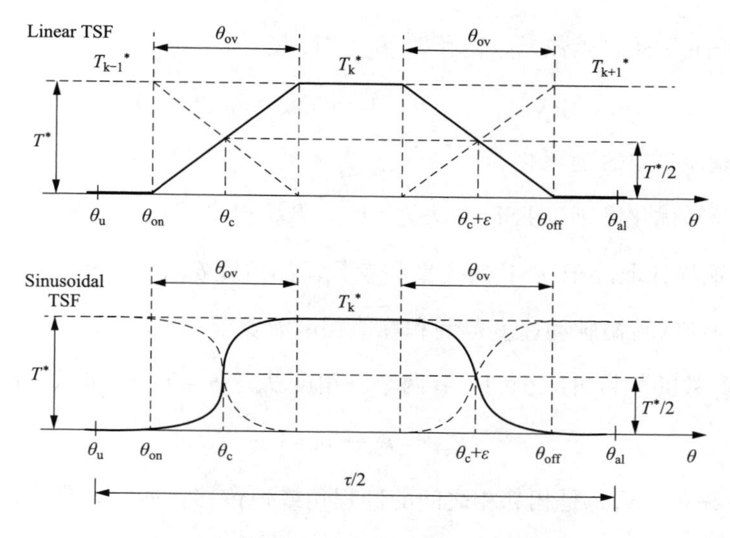

图 8-14　线性 TSF 和正弦 TSF 的典型曲线

$$T_{k}^{*}(\theta)=\begin{cases}0, & 0\leqslant\theta\leqslant\theta_{on}\\ T^{*}\cdot f_{rise}(\theta), & \theta_{on}<\theta<\theta_{on}+\theta_{ov}\\ T^{*}, & \theta_{on}+\theta_{ov}\leqslant\theta\leqslant\theta_{off}-\theta_{ov}\\ T^{*}\cdot f_{fall}(\theta), & \theta_{off}-\theta_{ov}<\theta<\theta_{off}\\ 0, & \theta_{off}\leqslant\theta\leqslant\theta_{al}\end{cases} \tag{8-7}$$

相位 k 在导通角 θ 开启和关断角 θ 关闭角度之间通电，根据转矩产生能力式（8-6），这些角度必须满足条件：$\theta_{u}\leqslant\theta_{on}<\theta_{off}\leqslant\theta_{al}$。重叠角 θ_{ov} 表示相位 k 与输出相位（$k-1$）或与输入相位（$k+1$）共享转矩时的间隔。因此，在换向间隔期间，函数 f_{rise} 必须从 0 上升到 1，函数 f_{fall} 必须从 1 下降到 0。在线性 TSF 的情况下，函数 f_{rise} 定义为

$$f_{rise}(\theta)=\frac{(\theta-\theta_{on})}{\theta_{ov}} \tag{8-8}$$

对于正弦 TSF，定义为

$$f_{rise}(\theta)=\sin\left[\frac{\pi}{2}(\theta-\theta_{on})/\theta_{ov}\right]^{2} \tag{8-9}$$

对于任何 TSF，函数 f_{fall} 与函数 f_{rise} 相关

$$f_{fall}(\theta)=1-f_{rise}(\theta+\theta_{ov}-\theta_{off}+\theta_{on}) \tag{8-10}$$

2. 低铜损 TSFS 的优化

（1）TSF 优化准则。TSF 方法为 SRM 驱动提供了低转矩脉动运行。然而，SRM 中的铜损耗取决于 TSF 的类型和参数，如角度 θ_{on}、θ_{off} 和 θ_{ov}。此外，TSF 的选择影响到低转矩脉动速度范围和峰值相电流要求。

TSF 参数的数目可减少到只有两个，角度 θ_{on}、θ_{off} 和 θ_{ov} 如式（8-11）所示

$$\theta_{off}=\theta_{on}+\theta_{ov}+\varepsilon \tag{8-11}$$

式中：$\varepsilon=2\pi/(mN_{r})$ 是相邻相之间的冲程角或角位移。通常，重叠角 θ_{ov} 和圆心角 θ_{c}（见图 8-14）被用作参数。圆心角定义了两个相邻相应传递相同转矩的点（$T_{k}^{*}=T_{k-1}^{*}=T^{*}/2$），它由 θ_{on}、θ_{off} 和 θ_{ov} 导出，如式（8-12）所示

$$\theta_{c}=\theta_{on}+\frac{\theta_{ov}}{2}=\theta_{off}-\frac{\theta_{ov}}{2}-\varepsilon \tag{8-12}$$

在最小导通和最大关断角（$\theta_{on}=\theta_{u}$，$\theta_{off}=\theta_{al}$）的情况下，获得了最大重叠角 $\theta_{ov,max}=\tau/4$。例如，在四相 8/6 开关磁阻电动机中，重叠角被限制为 θ_{ov}，最大值为 15°，当 $\tau=60°$时。在这种情况下，两相绕组将在任何位置同时通电，因为行程角也是 $\varepsilon=15°$。然而，由式（8-11）施加的第二个约束 $\theta_{ov}\leqslant\tau/2-\varepsilon$ 对某些电动机配置更为关键。因此，对于三相 6/4 开关磁阻电动机，有 $\tau=90°$，$\varepsilon=30°$，$\theta_{ov,max}=15°$。在这种情况下，每个相必须单独产生最小 15°的总转矩。

中心角 θ_{c} 的选择对 θ_{ov} 的可能范围也有影响。由式（8-12），可定义以下条件

$$\theta_{ov}=2(\theta_{c}-\theta_{on})\leqslant 2(\theta_{c}-\theta_{u}) \tag{8-13}$$

$$\theta_{ov}=2(\theta_{off}-\theta_{c}-\varepsilon)\leqslant 2(\theta_{al}-\theta_{c}-\varepsilon) \tag{8-14}$$

铜损耗与均方根相电流 I_{k}^{2} 的平方成正比。因此，最小化损耗即优化控制参数 θ_{ov} 和 θ_{c}，以最小化 I_{k}^{2}，其计算公式为

$$I_{k}^{2}=\frac{1}{\tau}\int_{\theta_{on}}^{\theta_{off}}i_{k}^{2}(\theta)\mathrm{d}\theta \tag{8-15}$$

考虑到式（8-11），式（8-15）可改写为

$$\begin{aligned}I_{k}^{2}=&\frac{1}{\tau}\int_{\theta_{on}+\theta_{ov}}^{\theta_{off}-\theta_{ov}}i_{k}^{2}(\theta)\mathrm{d}\theta\\&+\frac{1}{\tau}\int_{\theta_{on}}^{\theta_{on}+\theta_{ov}}[i_{k}^{2}(\theta)+i_{k}^{2}(\theta+\varepsilon)]\mathrm{d}\theta\end{aligned} \tag{8-16}$$

均方根电流的最小化问题在式（8-16）中被简化为第二项的最小化，因为第一项与所考虑的相位 k 应单独产生整个转矩 T^{*} 的区域有关。根据式（8-7）、式（8-10）和式（8-11），式（8-16）第二项中的电流 $i_{k}(\theta)$ 和 $i_{k}(\theta+\varepsilon)$ 共享指令转矩 T^{*}，并且它们应分别产生转矩 $T_{k}^{*}=T_{k}^{*}(\theta)$ 与 $T_{k}^{*}(\theta+\varepsilon)=T^{*}-T_{k}^{*}$。因此，子积分函数可以建立为

$$f(\theta,T_{k}^{*})=i_{k}^{2}(\theta,T_{k}^{*})+i_{k}^{2}(\theta+\varepsilon,T^{*}-T_{k}^{*}) \tag{8-17}$$

均方根电流的最小化问题进一步简化为频率为 T_{k}^{*} 的函数最小化，分别针对

换向期间的每个位置（$\theta_{on}<\theta<\theta_{on}+\theta_{ov}$）。

如果转矩—电流—位置关系由式（8-5）定义，则式（8-17）可表示如下

$$f(\theta,T_k^*)=\frac{T_k^*}{a_k(\theta)}+\frac{T^*-T_k^*}{a_k(\theta+\varepsilon)} \tag{8-18}$$

由于相位磁化或退磁所需的时间，零换向角（$\theta_{ov}=0°$）只能在零转子转速（$\omega=0$）下实现。在磁化期间，相电流 i_k 必须从零上升到必要的水平，以产生指令转矩 T^*。同样，在退磁过程中，i_k 必须降至零。因此，在 θ_{ov} 区间内，通量链 $\Psi_k=L_k\cdot i_k$ 必须从零上升到适当的水平或下降到零。可能的变化速率 $|d\Psi_k/d\theta|$ 受电压饱和的限制，随着速度的增加而减小。对于给定的速度 ω，忽略相电阻，式（8-4）可改写为

$$\frac{d\Psi_k}{d\theta}=\frac{u_k}{\omega} \tag{8-19}$$

因此，重叠角的理论最小值为

$$\theta_{ov,min}=\frac{\omega\Psi_{crit}}{V_{dc}} \tag{8-20}$$

式中：Ψ_{crit} 是在位置 θ_c 和 $\theta_{c+\varepsilon}$ 周围产生指令转矩 T^* 所需的临界磁链；V_{dc} 是全磁化/消磁电压。考虑到式（8-3）和式（8-5），$\theta_{ov,min}$ 可近似估计为临界角 θ_c^i 的重要性在《A balanced commutator for switched reluctance motors to reduce torque ripple》中得到了认可，其中提出了低转矩脉动 SRM 驱动操作的控制方法，称为平衡换向器。所提出的控制器以 $di_k/d\theta$ 的固定比率在位置 θ_c^i 周围进行换向，以最大限度地减少相电流波形中的峰值，从而降低功率电子器件上的额定值和应力。然而，如式（8-20）和式（8-21）所示，由于 $\theta_{ov,min}$ 随着 ω 的增加而增加，因此通过固定 $di_k/d\theta$ 不会使换向角 θ_{ov} 最小化。

$$\theta_{ov,min}=\max_{\substack{\theta=\theta_c\\ \theta=\theta_c+\varepsilon}}\left\{\sqrt{\frac{T^*}{a_k(\theta)}}\cdot\frac{L_k(\theta)\cdot\omega}{V_{dc}}\right\} \tag{8-21}$$

在一定速度以上，当 $\theta_{ov,min}$ 等于 $\theta_{ov,max}$ 时，转矩波动变得更加明显，驱动性能恶化。通过将角度 θ_c 固定到点 θ_c^i，$\theta_{ov,max}$ 根据式（8-13）和式（8-14）被额外

约束，并且操作速度范围进一步减小。

最佳的 TSF 保证最小的铜损耗，同时考虑峰值电流和供电电压的限制。一般随转子转速和转矩水平的变化而变化，每个 SRM 驱动应分别确定。本小节考虑的是在零转速时铜损耗能保持在理论最小值附近时的中低转速。

（2）新 TSF。提出能在更高的转速范围内提供低转矩脉动运行的 TSF，但仍保留接近理论最小的铜损耗。任何 TSF 保证两相在角度 θ_c^i 时的相等参考转矩，但是，与传统的 TSF 不同，θ_c^i 不是换向间隔中的中间点。消除约束式（8-13）和式（8-14）使换相角 θ_{ov} 最大，在整个正转矩产生区（$\theta_{on}=\theta_u$，$\theta_{off}=\theta_{al}$）激发相位。

这样的 TSF 可通过最小化函数自动生成

$$f(\theta,T_k^*)=[i_k(\theta,T_k^*)]^p+[i_k(\theta+\varepsilon,T^*-T_k^*)]^p \tag{8-22}$$

通过修改函数式（8-17）得到。用式（8-17）来最小化当前 i_k 的平均平方（并因此最小化其均方根值），用式（8-22）来最小化它的平均 p 次方。考虑到式（8-5），式（8-22）可表示为

$$f(\theta,T_k^*)=\left[\frac{T_k^*}{a_k(\theta)}\right]^{\frac{p}{2}}+\left[\frac{T^*-T_k^*}{a_k(\theta+\varepsilon)}\right]^{\frac{p}{2}} \tag{8-23}$$

可以证明，如果 $p>2$，$a_k(\theta)>0$，$a_k(\theta+\varepsilon)>0$，函数 $f(T_k^*)$ 在区间 $0<T_k^*<T^*$ 时具有一定的 T_k^* 的最小值。计算 $\mathrm{d}f/\mathrm{d}T_k^*=0$，可找到在换相过程中使任意位置的 f 最小化所需的 T_k^* 为

$$T_k^*(\theta)=\frac{T^*}{1+[a_k(\theta+\varepsilon)/a_k(\theta)]^{\frac{p}{p-2}}} \tag{8-24}$$

考虑到式（8-5）和式（8-6），条件 $a_k(\theta)>0$ 和 $a_k(\theta+\varepsilon)>0$ 将满足以下范围内的位置：$\theta_u<\theta<\theta_{al}-\varepsilon$。第 k 相的参考转矩由式（8-7）定义，其中 $T^*.f_{rise}$ 由式（8-24）给出，TSF 参数的值为：$\theta_{on}=\theta_u$，$\theta_{off}=\theta_{al}$，$\theta_{ov}=\tau/2-\varepsilon$。由于重叠角也必须满足条件 $\theta_{ov}\leqslant\tau/4$，因此所提出的 TSF 只能用于满足条件 $\varepsilon\geqslant\tau/4$ 的电动机配置，即当 SRM 具有四个或更少相位时。

（3）优化示例。针对可用的三相 SRM 驱动器，分析了传统的线性和正弦 TSF 以及所提出的系列 TSF，电动机的额定电源电压为 270V，每相额定均方根电流为 2A，每相电阻为 6.9Ω。选择优选的 TSF 曲线作为关于铜损耗和驱动转矩速度能力的折中解决方案。

式（8-5）中使用电感斜率（$dL_k/d\theta$）的数据来表示转矩—电流—位置的关系。6/4 SRM 原型的这些数据是通过使用电动机几何形状和非饱和磁场水平下的铁芯特性来估计的。

临界角 θ_c^i 为 58.4°，并以此作为线性和正弦 TSF 的中心换向角 θ_c。根据条件式（8-14），这些 TSF 的重叠角仅限于 3.2°。为了提供合理的换相间隔，选择最大重叠角（$\theta_{ov}=\theta_{ov,max}=3.2°$）为最优。

估计的角度 θ_c^i 在图 8-15 中与不同电流水平下实验获得的值进行了比较。可看出，相邻相位的适当静态转矩特性以接近预测的 58.4°角或 88.4°角。因此，估计的角度 θ_c^i 可用于任何转矩水平。

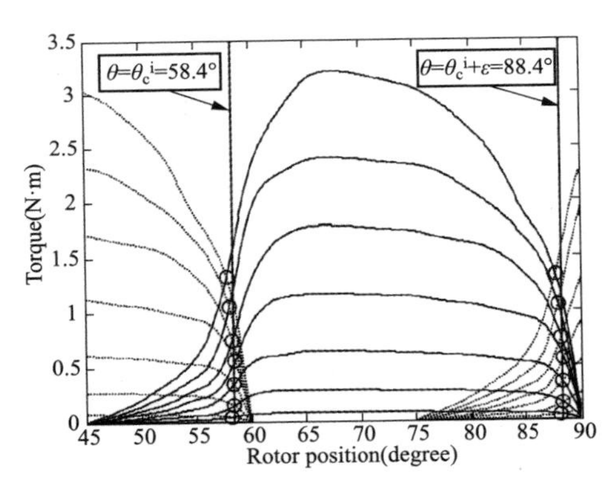

图 8-15　三相 SRM 在相电流为 0.5 ～ 3.5A，步长为 0.5 a 时的转矩

图 8-16 显示了属于所提出的 TSF 族的许多 TSF，通过在式（8-24）中放入指数 p 的不同值来计算，包括两个边界 TSF（$p=2$ 和 $p\to\infty$），对于 $T^*=1\text{N}\cdot\text{m}$ 获得的相应参考相电流分布如图 8-17 所示。这些结果简单地从式（8-5）中获得

$$i_k^*(\theta)=\begin{cases}\sqrt{T_k^*(\theta)/a_k(\theta)}, & a_k(\theta)>0\\ 0, & a_k(\theta)\leqslant 0\end{cases} \tag{8-25}$$

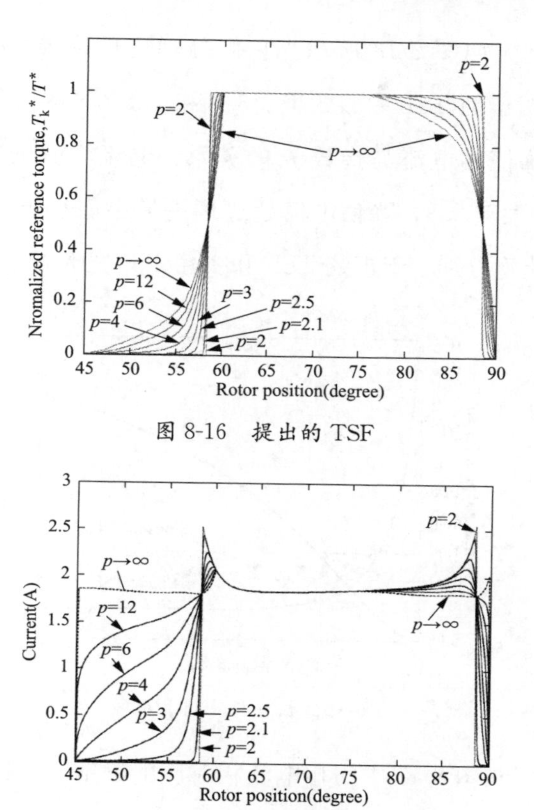

图 8-16　提出的 TSF

图 8-17　所提出的 TSFS 的参考相电流（在 $T^*=1\mathrm{N\cdot m}$）

图 8-18 显示了均方根相电流和指数 P 之间的关系。电流的均方根值用理论最小值除法归一化（$P\to 2$）。正如预期的那样，均方根电流与 P 成比例，并且只有当 P 超过 5 的值时，它才超过理论最小值 5%。对应于最佳线性和正弦 TSF

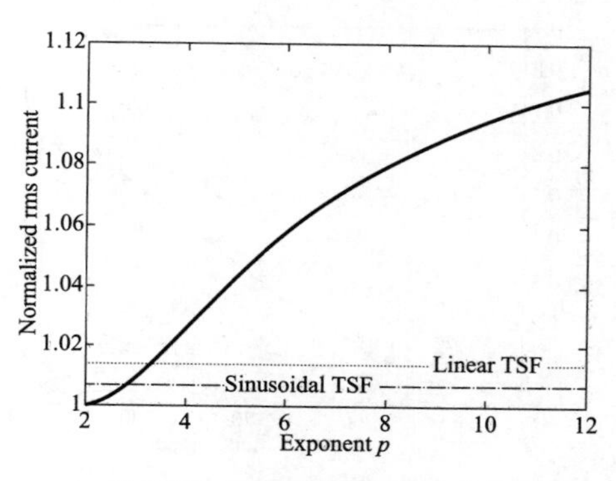

图 8-18　均方根相电流的比较

的归一化均方根电流如图 8-18 所示。它们分别比理论最小值高出不到 2%和 1%，但仍大于所提出的 TSF 家族的 $P<3.3$ 和 $P<2.8$ 的情况。

图 8-19 示出峰值相电流与指数 p 的关系。电流峰值按理论最小值归一化（$p \to \infty$）。如果 p 大于 2.8，峰值电流超过理论最小值小于 5%。对于 $p>3$ 和 $p>3.2$，峰值电流将分别小于正弦 TSF 和线性 TSF 的情况。

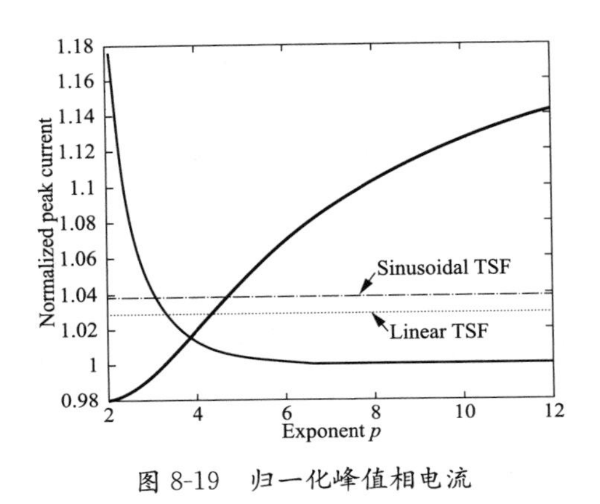

图 8-19 归一化峰值相电流

图 8-20 显示了与图 8-17 中的相电流相对应的磁链，磁链 Ψ_k 是通过将电感和参考电流数据放入式（8-3）中来计算的。然后使用所获得的磁链来计算由特定指数 p 定义的每个 TSF 磁链导数 $d\Psi_k/d\theta$。图 8-21 显示了通量链的最大 $(d\Psi_k/d\theta)\max$ 和最小 $(d\Psi_k/d\theta)\min$ 变化率作为指数 p 的函数。连同这些结果，计算的线性和正弦 TSF 的 $(d\Psi_k/d\theta)\max$ 和 $(d\Psi_k/d\theta)\min$ 如图 8-21 所示。

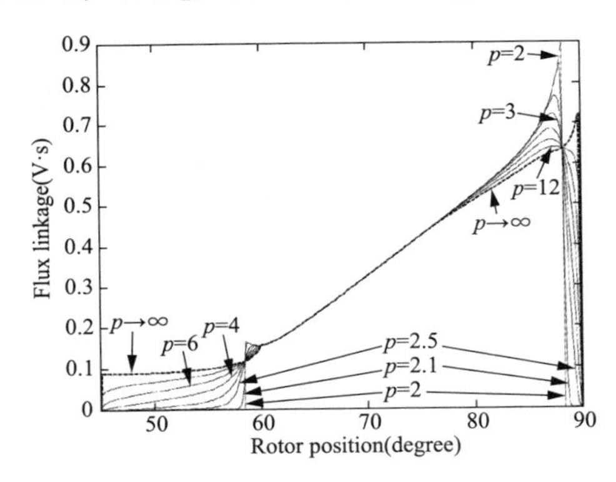

图 8-20 在 $T^*=1\text{N}\cdot\text{m}$ 时，提出的 TSFs 的磁通链

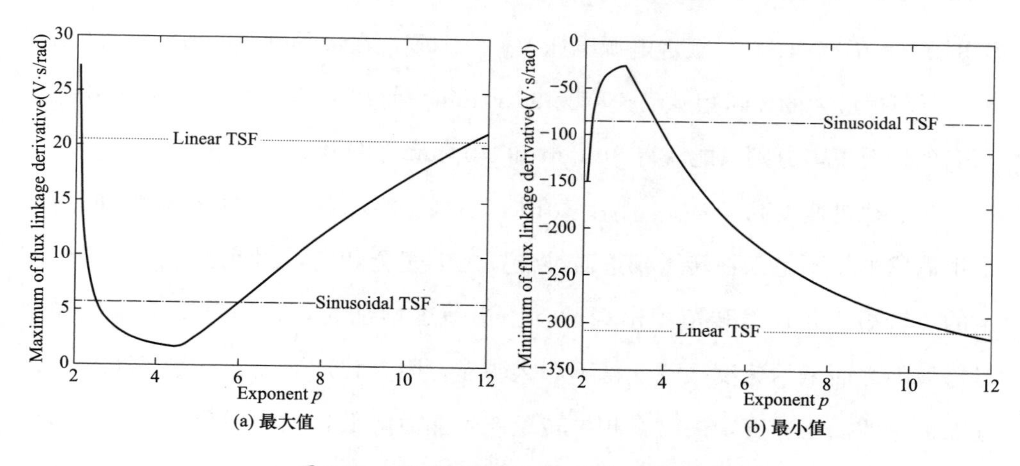

图 8-21 磁链变化率比较（$T^*=1\mathrm{N\cdot m}$）

给定转矩水平下要求的变化率（$\mathrm{d}\Psi_\mathrm{k}/\mathrm{d}\theta$)max 和（$\mathrm{d}\Psi_\mathrm{k}/\mathrm{d}\theta$)min 可用于估计 SRM 理论上可能无转矩脉动运行的速度范围。根据式（8-19），最大无转矩脉动速度为

$$\omega_{\mathrm{RIPPLE\_FREE,max}}=\min\left(\frac{V_\mathrm{M}}{M_\mathrm{R}},\frac{V_\mathrm{D}}{D_\mathrm{R}}\right) \tag{8-26}$$

式中：V_M 和 V_D 为最大可用磁化和退磁电压，$M_\mathrm{R}=(\mathrm{d}\Psi_\mathrm{k}/\mathrm{d}\theta)_{\max}$，$D_\mathrm{R}=|(\mathrm{d}\Psi_\mathrm{k}/\mathrm{d}\theta)_{\min}|$。

如果 M_{R1} 和 D_{R1} 是为给定转矩 $T^*=T_1^*$ 确定的变化率，则忽略饱和场效应，可计算任何指令转矩的速度 $\omega_{\mathrm{RIPPLE\_FREE,max}}$。假设可用的磁化和消磁电压相等（$V_\mathrm{M}=V_\mathrm{D}=V_\mathrm{dc}$），并考虑式（8-3）、式（8-5）、式（8-7）和式（8-26），可得

$$\omega_{\mathrm{RIPPLE\_FREE,max}}(T^*)=\left(\frac{T_1^*}{T^*}\right)^{\frac{1}{2}}\cdot\frac{V_\mathrm{dc}}{\max(M_{\mathrm{R1}},D_{\mathrm{R1}})} \tag{8-27}$$

比较图 8-21（a）和（b）所示的特性，可看到，对于任何指数 p，$\max(M_{\mathrm{R1}},D_{\mathrm{R1}})=D_{\mathrm{R1}}$。这意味着，对于给定式（8-27）中的 T^*，$\omega_{\mathrm{RIPPLE\_FREE,max}}$ 只取决于速率 D_{R1}，并且当 D_{R1} 下降时，它上升。因此，在 $p=3$ 时，D_{R1} 在 $p\approx3$ 处达到最小值［即图 8-21（b）中的函数（$\mathrm{d}\Psi_\mathrm{k}/\mathrm{d}\theta$)min 达到最大值］。例如，假设命令

转矩 $T^* = T_1^* = 1\mathrm{Nm}$，额定电源电压 $V_{dc} = 270\mathrm{V}$，在最佳 TSF（$p=3$）的情况下，可获得最大的无转矩脉动速度为 95 r/min，而在最佳线性 TSF 和最佳正弦 TSF 的情况下，分别只能获得 8r/min 和 30r/min 的速度。

在电动机速度高于 $\omega_{\mathrm{RIPPLE\_FREE,max}}$ 时，不可能实现 SRM 的无转矩脉动运行。由于消磁电压不足以在转子到达对准位置之前完全断电，因此各相继续产生一定的负转矩，并且总转矩中出现脉动。当速度增加时，转矩脉动变得更加明显，但随之而来的速度振荡变得不那么明显，因为转矩的高频分量由于转子惯性而被过滤。当速度增加时，相位转矩产生能力降低，因为磁化电压不能确保磁通连接的期望变化率的跟踪。因此，具有最小 M_R 的 TSF，即由 $p=4.5$ 定义的 TSF［见图 8-21（a）］，应在更高的速度下使用，因为它最大限度地降低了磁化电压要求。该 TSF 表示为 TSF2（$p=4.5$），提供的速度 $\omega_{\mathrm{RIPPLE\_FREE,max}}$，最大值被表示为 TSF1（$p=3$）的最佳 TSF 低五倍（$T^* = 1\mathrm{N\cdot m}$ 时为 19r/min）。另一方面，TSF2 规定，在磁化至 1471r/min（对于 $T^* = 1\mathrm{N\cdot m}$）的速度期间，可跟踪指令转矩。这比 TSF1（743r/min）或最佳线性 TSF（126r/min）和最佳正弦 TSF（453r/min）的情况要多得多。此外，TSF2 应提供比 TSF1 更低的峰值相电流（见图 8-19），而 TSF1 应提供更低的铜损耗（见图 8-18）。

需要注意的是，$p \approx 12$ 时每磁链转矩控制达到最大（见图 8-20），因为此时磁链的最大值达到理论最小值，这等于在 $\theta_c^i + \varepsilon = 88.4°$ 位置处所需的磁链值。然而，均方根电流，因此铜损耗将显著增加（见图 8-18）。

3. 参考电流分布的产生

当磁场的饱和效应不明显时，方程式（8-25）可用于在低转矩水平下将参考转矩转换为参考电流。然而，在较高转矩水平下使用式（8-25）来获得参考电流波形会导致指令和实际转矩的显著失配以及转矩脉动的恶化。因此，应该使用比式（8-25）给出的 T-i-θ 关系更精确的表示。为了产生参考电流，通过使用以下转矩表达式对 T-I-θ 特性进行建模

$$T_k(\theta,i_k)=\frac{a_k(\theta)i_k^2}{[1+b_k(\theta){i_k}^3]^{\frac{1}{3}}} \tag{8-28}$$

式（8-28）中的角函数 a_k 和 b_k 取决于电动机几何形状和铁的磁性，它们可通过对可用电动机的测量进行实验获得，或可通过使用适当的分析表达式来近似表示。在图8-22中，将实测的静态转矩特性与式（8-28）得到的静态转矩特性进行比较。

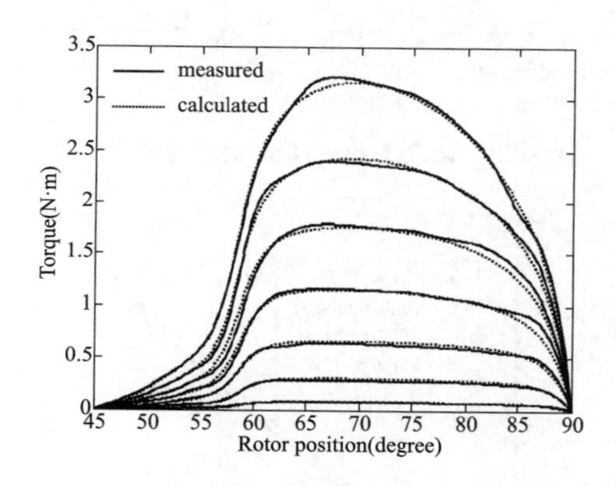

图8-22　多相电流（0.5至3.5A，阶跃0.5A）下测量和计算的静态转矩特性比较

由式（8-28）定义的转矩函数 $T_k(\theta,\ i_k)$ 是可逆的，可由 $i_k(\theta,\ T_k)$ 表示。因此，参考转矩 T_k^* 直接转换为参考电流 i_k^*（$T_k^*>0$，$a_k>0$，$b_k\geqslant0$）：

$$i_k^*(\theta,T_k^*)=\frac{T_k^*}{a_k}\left[\frac{b_k}{2}+\sqrt{\frac{b_k^2}{4}+\left(\frac{a_k}{T_k^*}\right)^3}\right]^{\frac{1}{3}} \tag{8-29}$$

与使用静态 T-i-θ 数据的三维查找表进行参考转矩到电流的转换不同，只有两个角度函数的数据存储在存储器中，用于计算参考电流。

图8-23对所考虑的四个最佳TSF获得的参考电流分布进行了比较。对应于TSF2($p=4.5$）的参考电流比其他三个参考电流具有更小的峰值，如图8-19所预测的。图8-24显示了每个指令转矩水平下参考电流的峰值。图8-25中比较了与所考虑的TSF相对应的均方根电流。在TSF2($p=4.5$）的情况下，均方根电流略大于其他情况，如图8-18所预测。

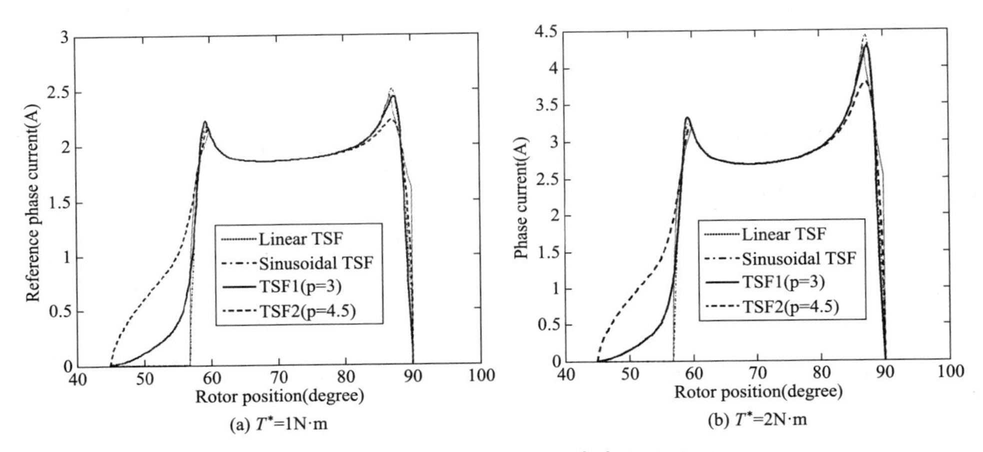

图 8-23　比较了四种 TSF 的参考电流波形

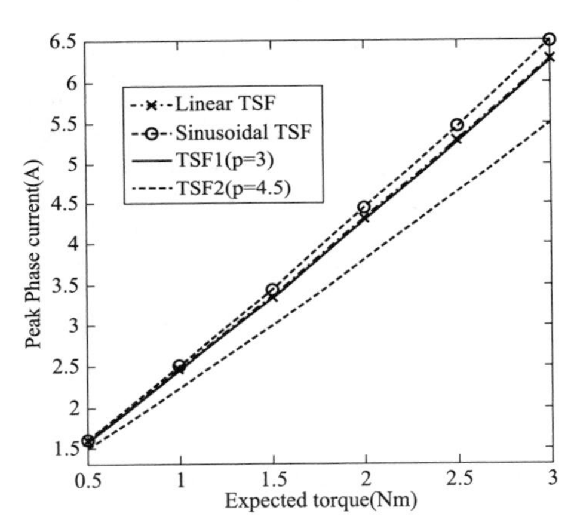

图 8-24　峰值相电流对应的 TSF

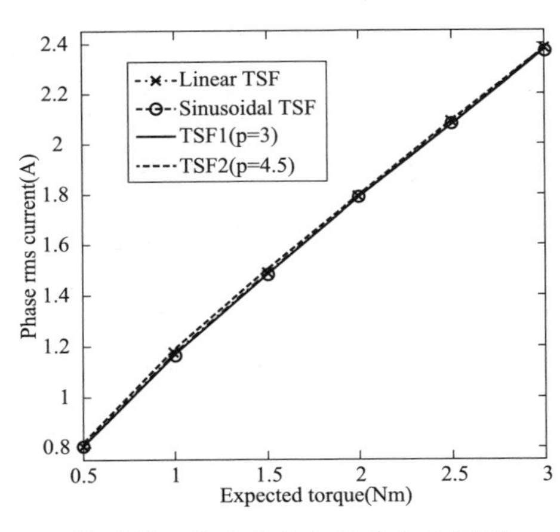

图 8-25　均方根相电流对应的 TSF

4. 应用

图 8-13 所示的控制原理图被用来通过仿真实现 SRM 驱动原型中的转矩脉动最小化，式（8-29）中使用所提出的四个最优 TSF 来计算参考相电流，通过积分式（8-4）计算磁链。实际相电流由磁链—电流—位置（Ψ-i-θ）表估计，由下式引出

$$\Psi_{\mathrm{k}}(\theta,i)=\int_{\theta_{\mathrm{u}}}^{\theta}\frac{\partial T_{\mathrm{k}}(\theta,i_{\mathrm{k}})}{\partial i_{\mathrm{k}}}\mathrm{d}\theta+L_{\mathrm{u}}i_{\mathrm{k}} \tag{8-30}$$

式中：$T_{\mathrm{k}}(\theta,\ i_{\mathrm{k}})$ 由式（8-28）定义，L_{u} 为 SRM 的无对齐电感（$L_{\mathrm{u}}=48\mathrm{mH}$）。图 8-26 给出了在特定转子位置获得的 Ψ-i 特性，并与实验结果进行了比较。

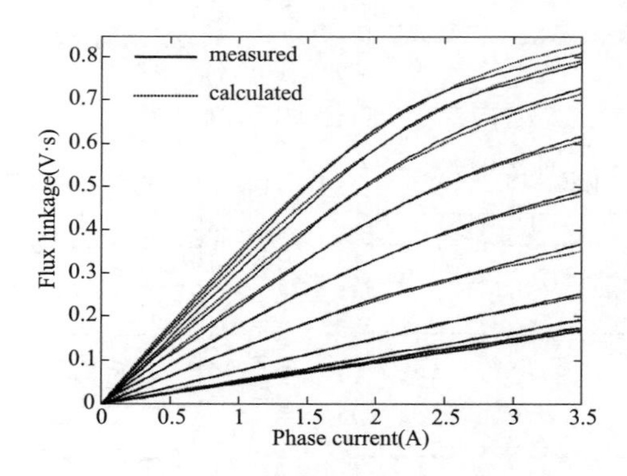

图 8-26　测量和计算磁化曲线的比较（从未对准到对准位置，角度步长为 5°）

当 SRM 驱动器在转矩 $T^*=2\mathrm{N\cdot m}$ 和速度为 100r/min 时，四个 TSF 的仿真结果如图 8-27 所示。所有结果都是在相同的采样频率 $f_{\mathrm{s}}=60\mathrm{kHz}$ 下获得的。"经典"（不对称）功率转换器用于为 SRM 供电。为了提供参考电流波形的跟踪，采用了磁滞带为±0.1A 的电流控制器。由于速度高于所有 TSF 的 $\omega_{\mathrm{RIPPLE\_FREE}}$ 的最大值，因此在其尾部不能理想地跟踪参考电流。即使 6/4 SRM 驱动中的转矩波动自然非常明显，但总转矩几乎是理想平坦的。根据图 8-27（a）～（d）中的情况，计算了转矩脉动系数 TR，该系数定义为最大和最小瞬时转矩之间的差值，表示为稳态运行期间平均转矩的百分比（$TR=T_{\max}-T_{\min}/T_{\mathrm{av}}$），其值分别为 21.3％、17％、16.5％和 16.8％。与图 8-25 中的预测值相比，均方根电流的增

加幅度可忽略不计。在线性 TSF 和 TSF2（$p=4.5$）的情况下，铜损耗约为 66.5W，在正弦 TSF 和 TSF1（$p=3$）的情况中，铜损耗略高于 65W，而估计效率分别为 23.8%和 24.2%。

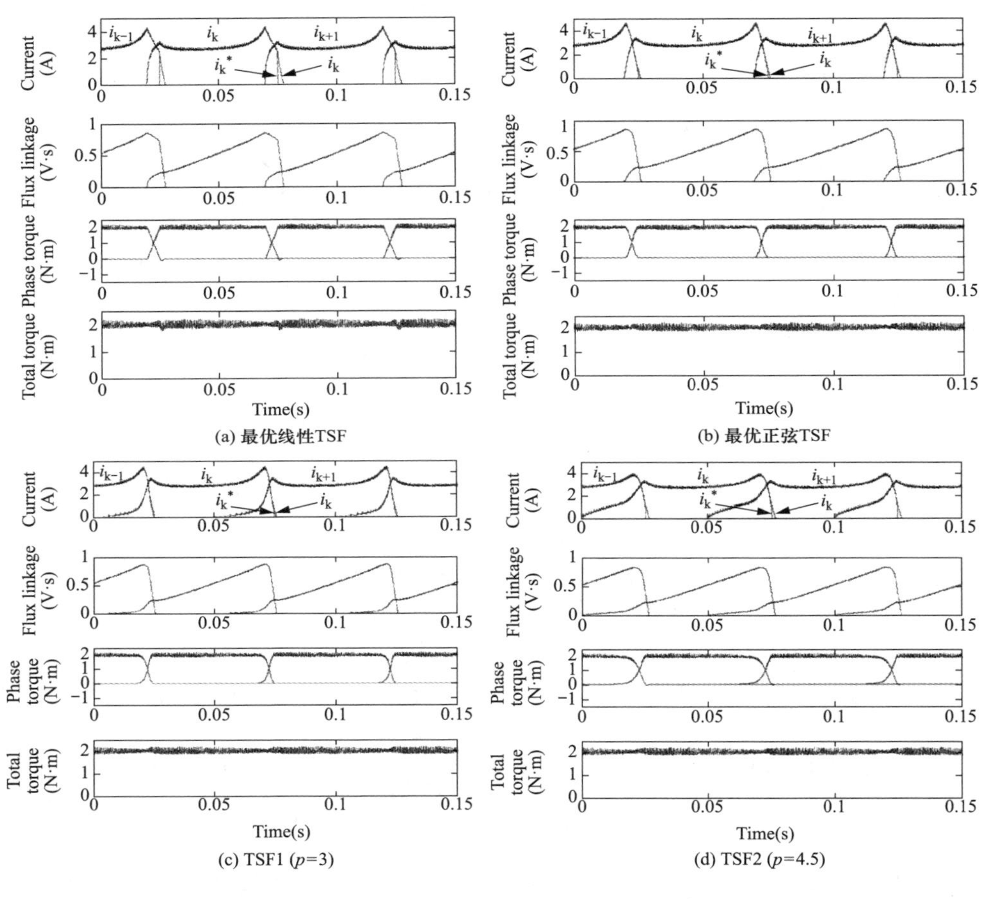

图 8-27 100r/min，$T^*=2$N·m 时的仿真结果

图 8-28 显示了 1200r/min 和 $T^*=2$N·m 时的模拟结果。随着转速的升高，由于缺少换相时间，转矩脉动增大。然而，在 TSF1（$p=3$）和 TSF2（$p=4.5$）的情况下，控制性能得到显著改善，TSF1 提供了最高的平均转矩和最低的转矩脉动。图 8-28（a）～（d）中相应的转矩脉动系数分别为 115.2%、117.5%、69.7%和 63.7%，而驱动器的相应输出转矩为 1.51N·m(线性 TSF)、1.50N·

m(正弦 TSF)、1.64N·m(TSF1) 和 1.71N·m(TSF2)。所有的 TSF 仍提供几乎相同的 SRM 驱动效率，约为 73%，但是，在线性和正弦 TSF 的情况下，效率随着转速的进一步增加而迅速降低。例如，在 1800r/min 的速度下，最高效率 (72.3%) 提供 TSF2(p=4.5) 和最低线性 TSF(59.2%)。

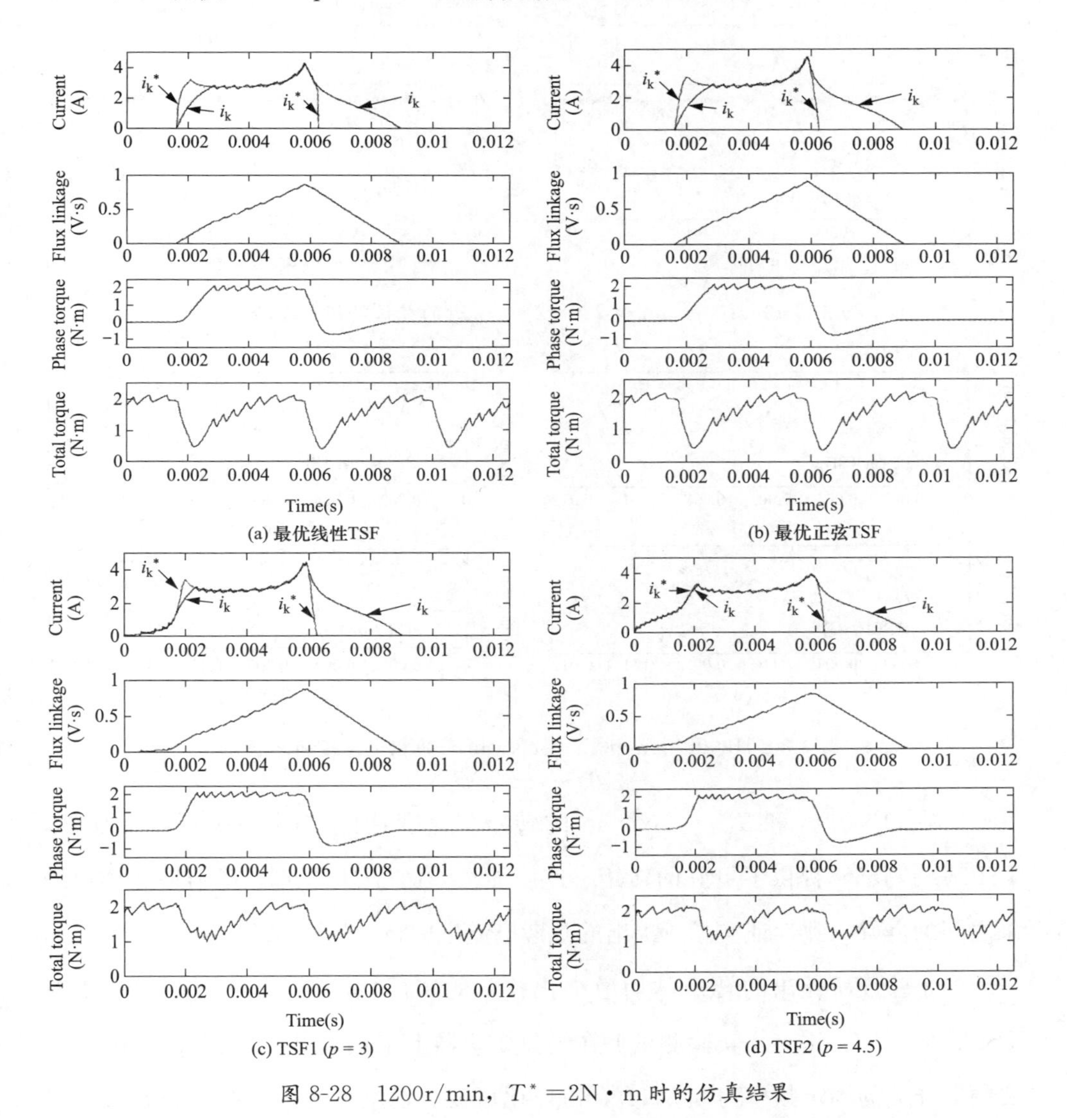

图 8-28　1200r/min，T^* =2N·m 时的仿真结果

为了验证仿真结果，使用实测静态转矩数据的双三次样条插值估计产生的转矩。图 8-29 和图 8-30 示出了与图 8-27 和图 8-28 中所示的结果相对应的内插相位转

矩和内插总转矩。由于式（8-29）的精度不理想，插值总转矩中的脉动略有增强。

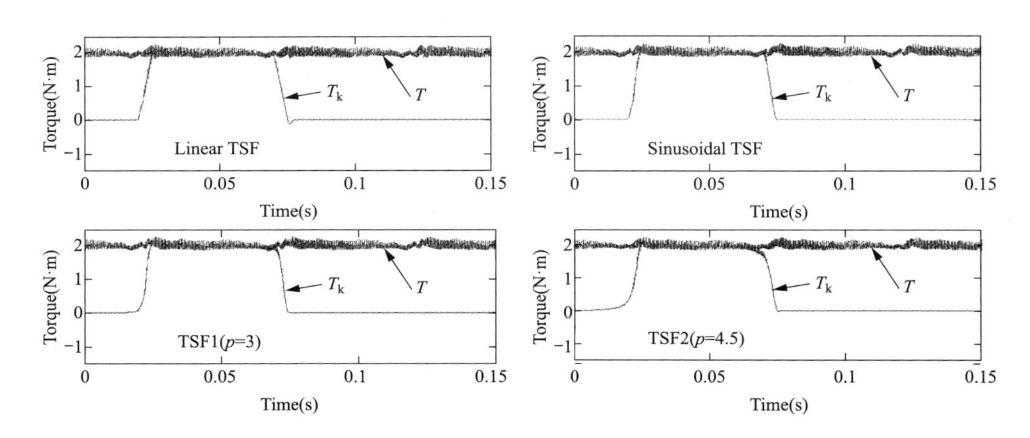

图 8-29　100r/min 和 $T^*=2\text{N}\cdot\text{m}$ 时的相位转矩和总转矩

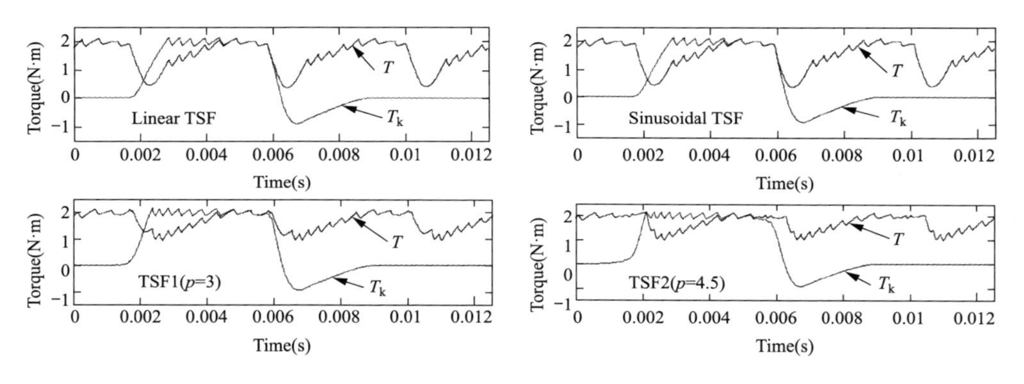

图 8-30　1200r/min 和 $T^*=2\text{N}\cdot\text{m}$ 时的相位转矩和总转矩

$T^*=1\text{N}\cdot\text{m}$ 和 $T^*=2\text{N}\cdot\text{m}$ 的转矩—速度特性如图 8-31 所示。显然，TSF2（$p=4.5$）提供了更好的转矩—速度能力。图 8-31 中的计算结果和插值结果之间的良好一致性证实了所提出的参考电流生成技术的稳健性。

为了验证所提出的转矩脉动最小化技术的实用性，在 SRM 运行状态下对 TSF2（$p=4.5$）进行了实验测试。在经典变频器上采用硬开关方案控制相电流，变频器开关的固定频率为 5.2kHz，占空比可变。占空比由数字控制器每 2.8 机械角度，或更精确地说，在每个相位的未对准和对准转子位置之间改变 16 次，它还随着转速和转矩水平的变化而变化。转子位置由 10 位编码器获得。图 8-32

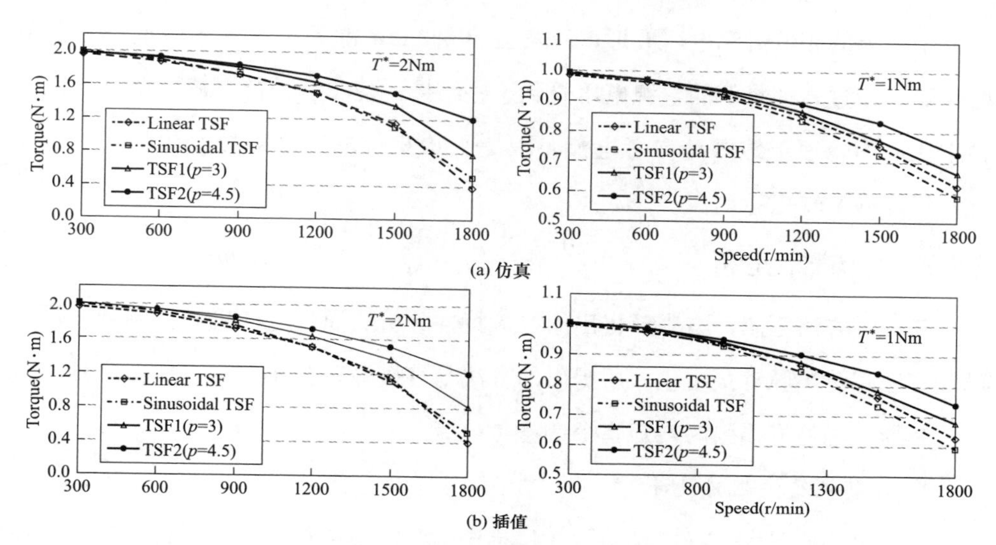

图 8-31　$T^*=1\mathrm{N \cdot m}$ 和 $T^*=2\mathrm{N \cdot m}$ 时的转矩—速度特性比较

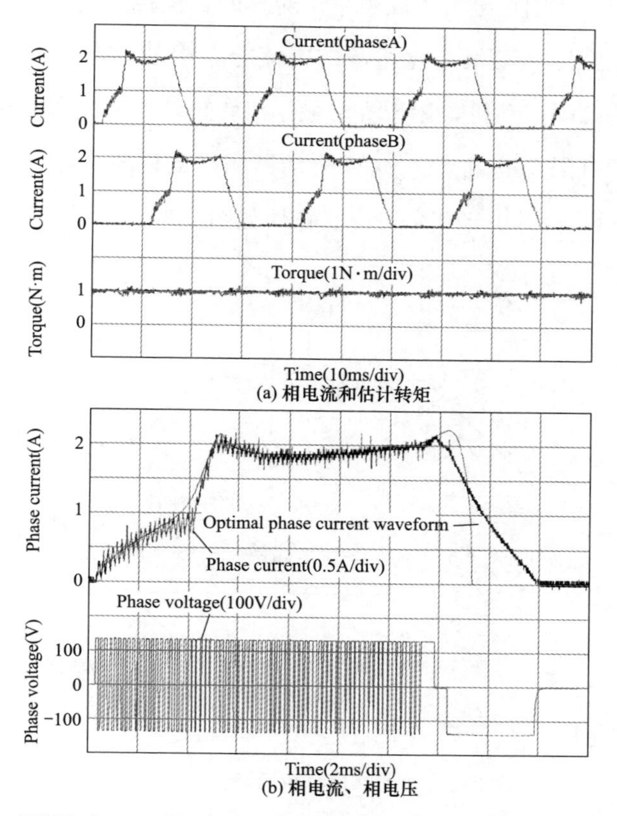

图 8-32　TSF2（$p=4.5$）在 500r/min 和 $T^*=1\mathrm{N \cdot m}$ 速度下的实验结果

给出了测得的相电流和电压波形，以及在 500r/min 和 $T^{*}=1\mathrm{N}\cdot\mathrm{m}$ 时估计的瞬时转矩。通过施加降低的电源电压得到这些结果，使驱动性能下降。此外，因为占空比而不能理想地跟踪参考电流，因此平均相位电压是离散变化的，尽管如此，仍降低了转矩脉动。

8.1.3 电流特性分析

与传统方法不同，本小节提出的电流特性分析法通过电动机和控制器的耦合设计方法将转矩脉动最小化。所提出的方法与直接瞬时转矩控制有相似之处，其中控制器使相位遵循瞬时转矩指令的参考电流。

1. 电动机及控制器设计

（1）电动机设计。在电动机设计过程中，转矩脉动最小化的目标是在尽可能宽的角度范围内，在固定电流下获得平坦对称的相位转矩输出。这种特定的转矩特性是为了避免转矩脉动最小化所需的电流分布中的动态特性。设计一种三相 12/8、12V 开关磁阻电动机，用于要求最小化转矩脉动的汽车应用，在设计迭代过程中使用基于有限元的建模。SRM 驱动器应用的四象限运行中转矩—转速包络如图 8-33 所示。设计电动机的 $T\text{-}i\text{-}\theta$ 特性如图 8-34 所示。

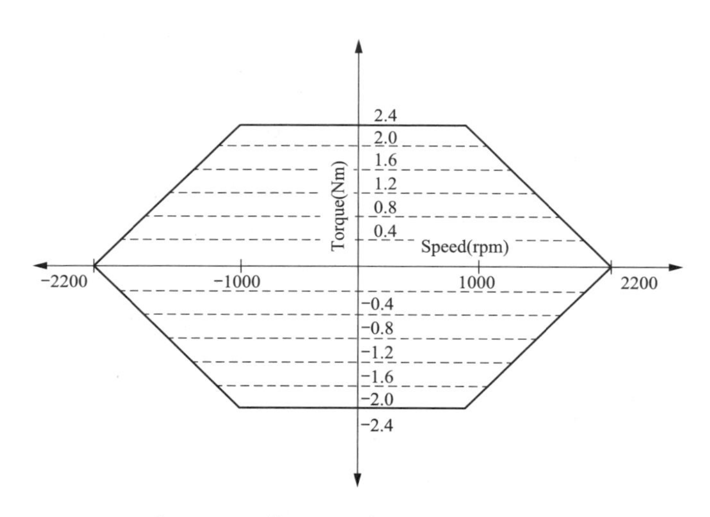

图 8-33 四象限运行中的转矩—转速包络

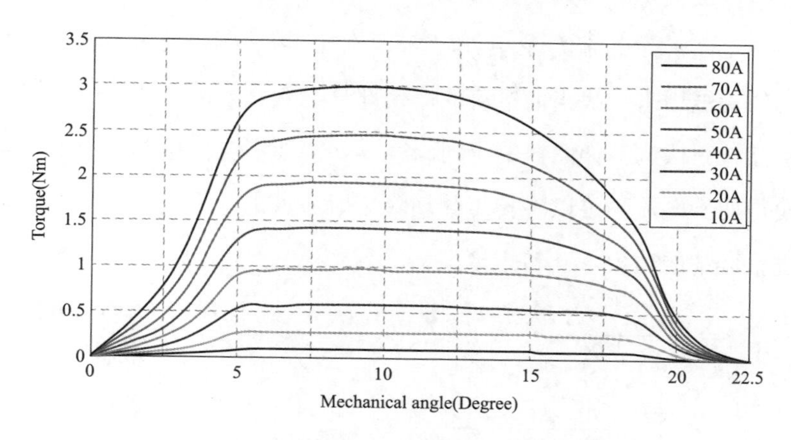

图 8-34　有限元分析模拟的 $T\text{-}i\text{-}\theta$ 特性

（2）电流生成。通过引入精确的相互耦合模型，改进了《Torque ripple minimization of switched reluctance machines through current profiling》中提出的基于静态 $T\text{-}i\text{-}\theta$ 特性生成电流的离线方法。每个初始电流分布都有四个基于角度间隔的不同区域，如图 8-35 所示。角度 θ_1 是两个相邻相电流相互交叉的角度。0～θ_1 和 θ_2～θ_3 间隔内的斜率取决于最大速度下的转矩—速度特性，因为局部斜率不应大于在剖面中任何一点上可达到的电流变化率。

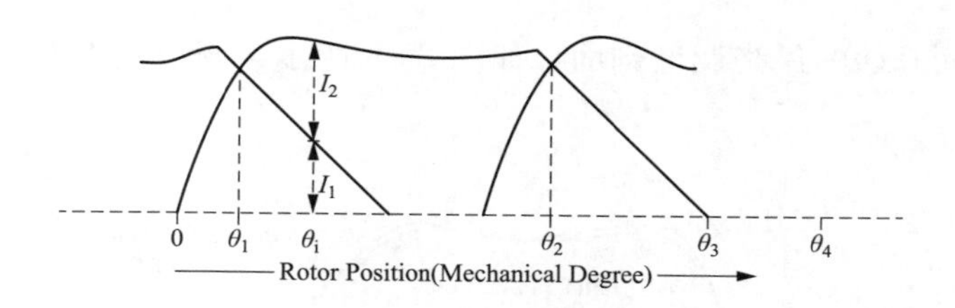

图 8-35　生成位置 θ_1 到 θ_2 的电流

目标是遵循预先计算的电流分布，以获得平滑的转矩输出。以下电流相位从角度 $2\pi/(NRNph)$ 开始，这是平均有效相位角。角度 θ_3 应大于相位转矩将符号从正变为负的角度。电流在区间（θ_3 到 θ_4）内为零。（θ_1 至 θ_2）区域的电流是在两步过程中产生的，如图 8-35 所示。该图解释了任意位置 θ_i 的过程。首先，I_1 的部分是从相邻的传导相电流下降或上升部分获得的。I_2 由以下关系式获得

$$I_2=i[\{T_{com}-T(I_1,\theta_i)\},\theta_i] \tag{8-31}$$

式中：$T(I_1,\theta_i)$ 为电流 I_1 在 θ_i 位置产生的转矩。T_{com} 是指令转矩。剩余转矩和相同的位置被用来寻找当前电流的剩余部分。从 $\theta_1\sim\theta_2$ 的范围重复这一过程。

（3）互转矩微调。如图 8-34 所示，T-i-θ 特性不包括相邻相位的相互耦合效应，这使得初始电流不足以将转矩脉动降至所需水平。为了合并互转矩，需要对互转矩进行详细的建模，互转矩模型为

$$T_m=\frac{\partial W'_m(i_a,i_e,\theta_{a,e})}{\partial\theta_{a,e}}+\frac{\partial W'_m(i_b,i_e,\theta_{b,e})}{\partial\theta_{b,e}}+\frac{\partial W'_m(i_n,i_e,\theta_{a,e})}{\partial\theta_{n,e}}$$

$$=\sum_{p=1,p\neq e}^{n}\frac{\partial W'_m(i_p,i_e,\theta_{p,e})}{\partial\theta_{p,e}} \tag{8-32}$$

式中：T_m 是由其他相中的电流产生的集总互转矩；W_m 是来自互磁链的共能；n 为相数；e 可为任意相位。

生成最佳电流的过程具有合并相互转矩的附加步骤，由相互转矩引起的调整使用以下方程式进行

$$\Delta i(\theta_i)=i(T_m,\theta_i) \tag{8-33}$$

根据互转矩的符号，对相互转矩产生的电流修正项进行加或减。在为位置 θ_i 添加调整部分之后，将该过程重复多次，以达到指令转矩水平的预定百分比。得到从初始剖面开始的最终调谐剖面，如图 8-36 所示，调节也可通过转矩反馈来完成。

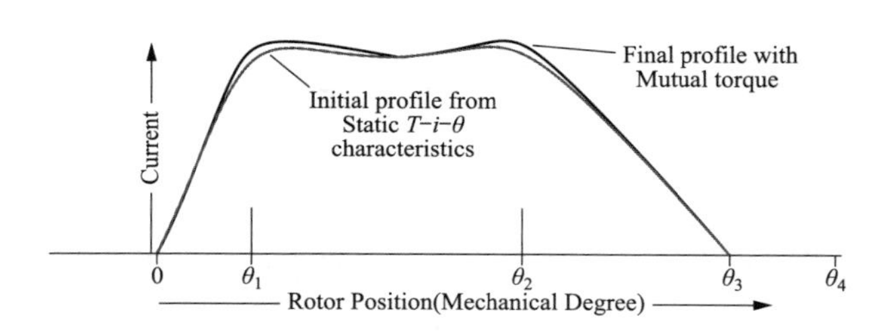

图 8-36　结合互转矩的剖面微调

为了覆盖整个转矩—转速工作区域，生成了多个转矩指令的最优电流曲线。为了实现动态转矩指令的实时执行和生成电流，有两种适合于任意转矩指令的电流重构方法。在一种方法中，在整个转矩范围内的几个电流被存储为一个查找

表，查找表中配置文件的数量取决于可用内存空间，可使用线性或样条插值来获得存储在其中的电流。另一种方法是用一组傅里叶级数系数来表示电流，该控制算法不需要太多的存储空间，因为每次谐波只需要存储二阶多项式函数的系数。

2. 四象限运算

特定位置的转矩取决于瞬时电流。T-i-θ 特性定义了在驱动和发电模式下产生的转矩作为位置和电流的函数。对于这两种模式，控制器利用磁化、消磁和续流来控制相电流。对于任何方向和操作模式，控制器遵循相同的配置。在发电模式下，控制器遵循与电动机模式存储的电流相反的方向。四象限操作的当前电流模式如图 8-37 所示。

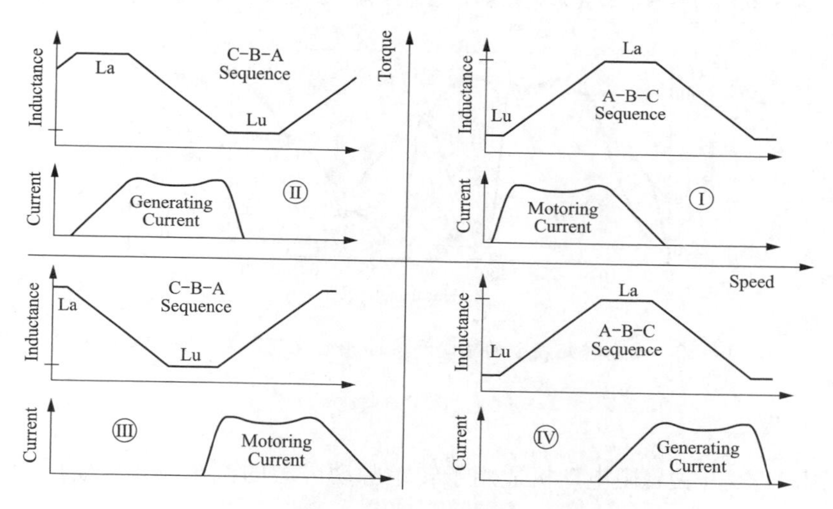

图 8-37　四象限操作的当前电流模式

控制器启动时假定在第一象限，基于指令转矩和测量位置更新象限信息。在 1000r/min 时，动态转矩指令范围为－2～2N·m，仿真结果如图 8-38 所示。采用傅里叶级数方法对动态转矩命令进行相应的动态电流重构，所有相位的参考电流是基于象限识别、位置和指令转矩创建的。

在这个设置过程中，电动机从第一象限移动到第四象限。第三和第二象限的操作与第一和第四象限的操作相似，区别在于旋转的方向。

图 8-39 显示了从电动机模式到发电模式的转矩指令变化期间，控制器提供

的指令电流相电流，如图 8-38 所示。随着指令转矩的变化，在每个数字时间步长产生相应的电流，该数字时间步长为 50μs，对应于 20kHz 的固定脉宽调制频率。

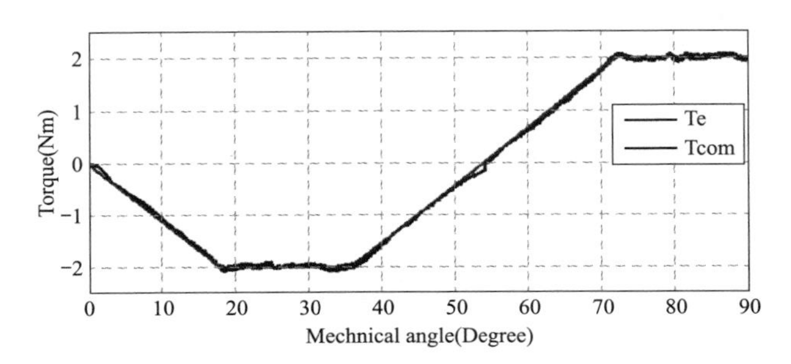

图 8-38　动态指令转矩和电动机转矩范围为−2～2N・m，转速为 1000r/m

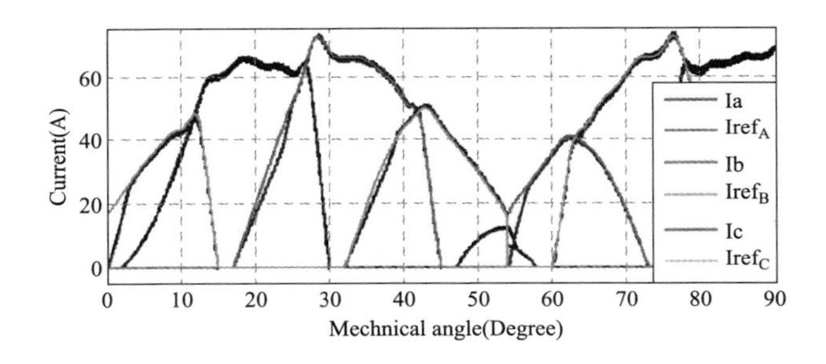

图 8-39　动态转矩指令的参考和实际相电流范围为−2～2N・m

3. 实验结果

三相 12/8 开关磁阻电动机适用于转矩脉动灵敏的汽车应用，使用定点数字信号处理器为电动机搭建了一个控制器板。

为了验证四象限控制算法，1N・m 指令转矩的固定微调电流已用于电动机驱动和发电，根据图 8-37 对剖面进行索引和定位。电动机转矩的实验结果如图 8-40 所示。由图 8-40 可知，当电动机以 10r/min 运行时，电动机产生的平均转矩为 1N・m，转矩脉动最小。电动机以 10r/min 运行时产生转矩的实验结果如图 8-41 所示，仿真结果和实验结果之间有很好的相关性。

当电动机产生的平均转矩为 1N・m 时，测量到的峰值转矩脉动约为 0.04N・m。24 阶转矩脉动分量是主要分量，这是三相 12/8 SRM 的预期。

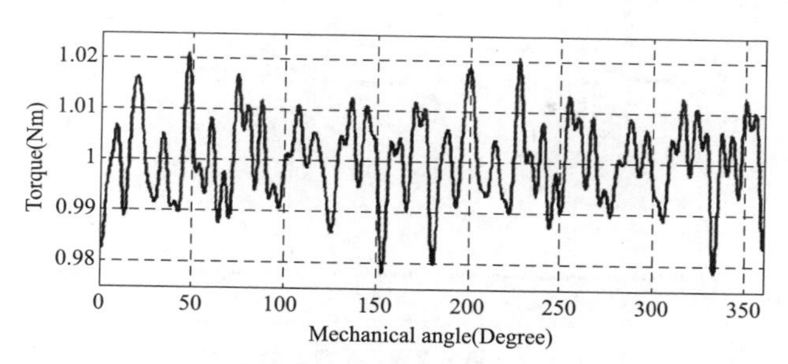

图 8-40　电动转矩对应的一次完整的电动机旋转

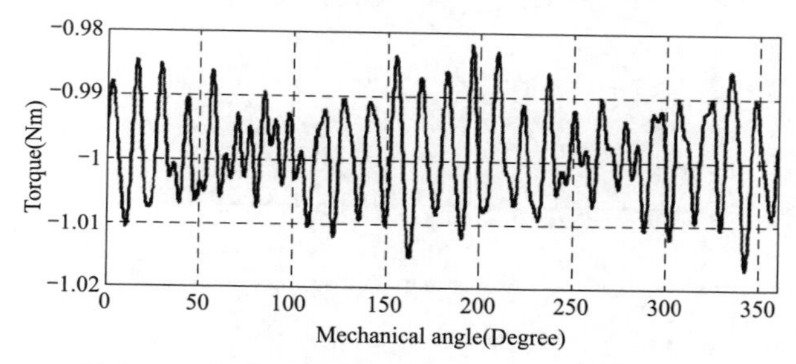

图 8-41　发电转矩对应的一次完整的电动机旋转

图 8-42 和图 8-43 给出了运行在 10r/min 时四象限的相电流和轴转矩输出。在图 8-43 中，当控制器启用三相电流时，轴转矩为±1N・m。在数据采集时间段内，控制器启用相电流，并在一段时间后禁用相电流。理想情况下，每个电周

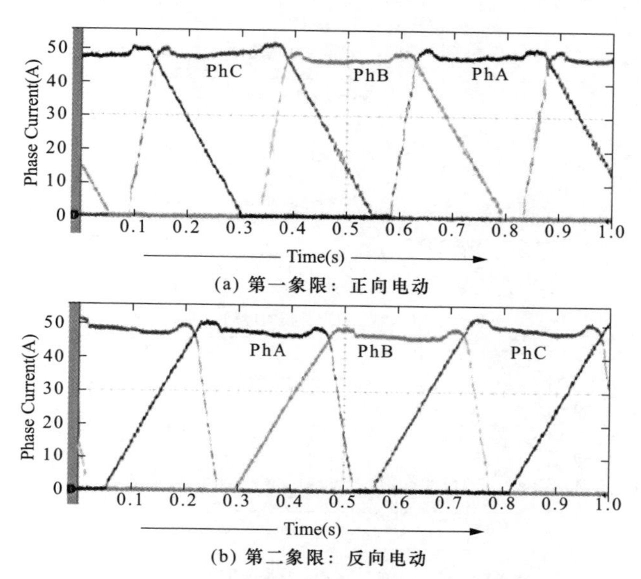

(a) 第一象限：正向电动

(b) 第二象限：反向电动

图 8-42　在 10r/min 下 1N・m 电动转矩和－1N・m 发电转矩的四象限三相电流的实验结果（一）

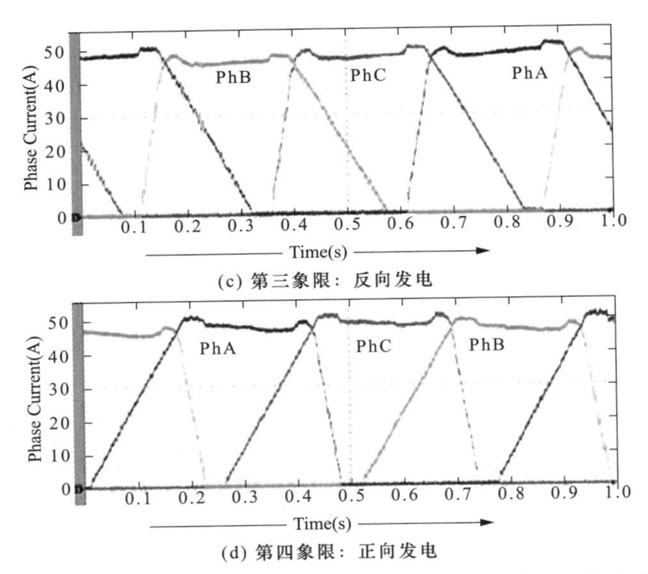

(c) 第三象限：反向发电

(d) 第四象限：正向发电

图 8-42　在 10r/min 下 1N・m 电动转矩和－1N・m 发电转矩的四象限三相电流的实验结果（二）

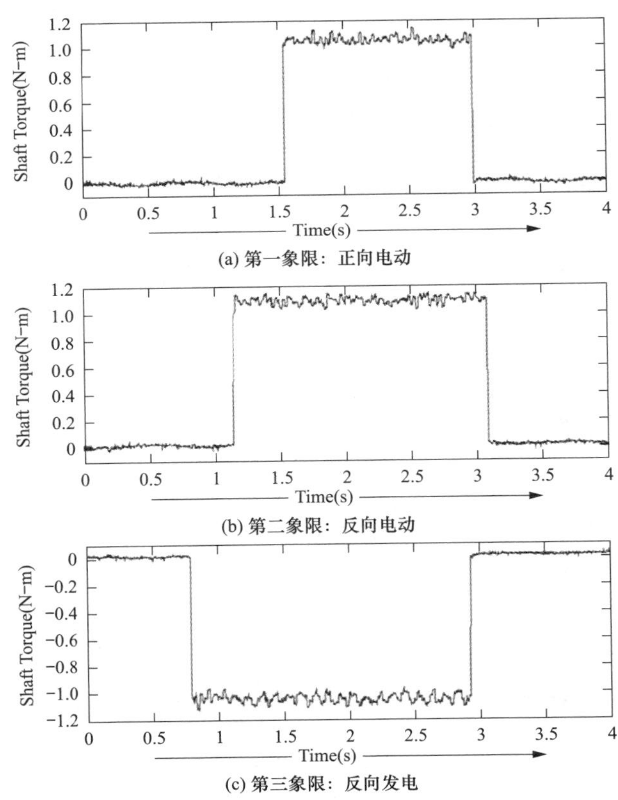

(a) 第一象限：正向电动

(b) 第二象限：反向电动

(c) 第三象限：反向发电

图 8-43　在 10r/min 下正向电动和反向发电四象限输出转矩的实验结果（一）

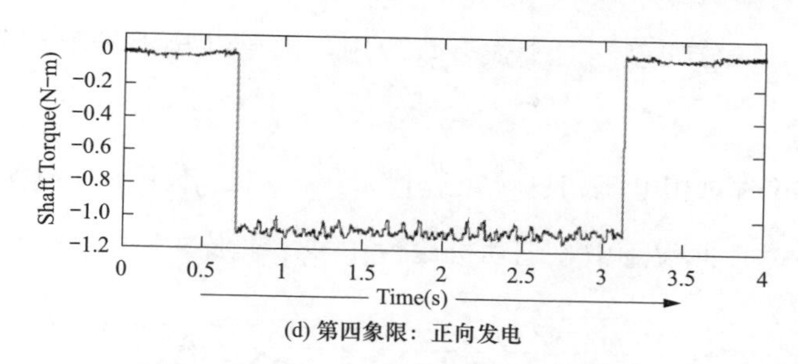

(d) 第四象限：正向发电

图 8-43　在 10r/min 下正向电动和反向发电四象限输出转矩的实验结果（二）

期中的转矩波形应保持相似，但在测试中，由于静态离心率和传感器的不准确性，发现在不同的电周期中，无论是电动模式还是发电模式的转矩波形都是不同的。

图 8-44 为 375r/min 时三相电流和轴转矩的数据采集。平均转矩值为 1N・m，乘以一个比例因子，与相电流同时绘制。转矩传感器带宽为 200Hz，375r/min 的极点通过频率为 150Hz。因此，为了捕获极点通过频率，考虑到实验室实验设置的转矩传感器带宽，系统速度应低于 500r/min，在 375r/min 的转矩脉动小于 2%。

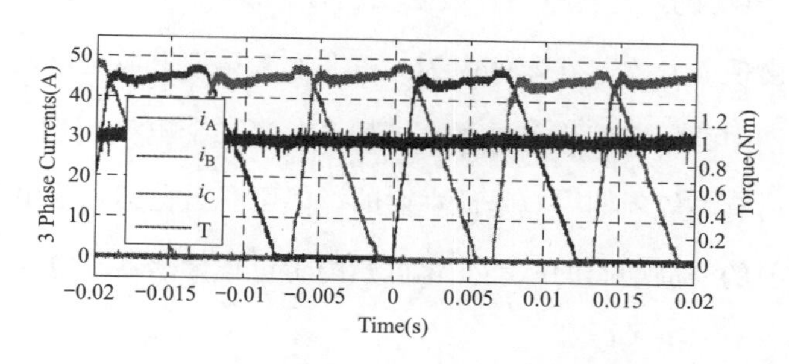

图 8-44　在 375r/min 下相电流和转矩采集

4. 误差分析

采用高带宽电流控制器，根据最佳参考电流调节电动机相电流。然而，减少转矩脉动的有效性取决于所使用传感器的精度和结构差异。在电动机制造过程中，转子离心率是固定的，将传感器放置在轴上时，位置传感器误差是固定的，电流传感器误差是由部件间的差异引起的。在对传感器的模拟输出进行采样时，会增加一部分误差。对于大多数应用，由于结构差异引起的误差是可以忽略不计的。

在 10r/min 时对相电流和总转矩进行采集，用于转矩脉动测量和误差分析，如图 8-45 所示。在此设置中，电动机运行在第一象限。

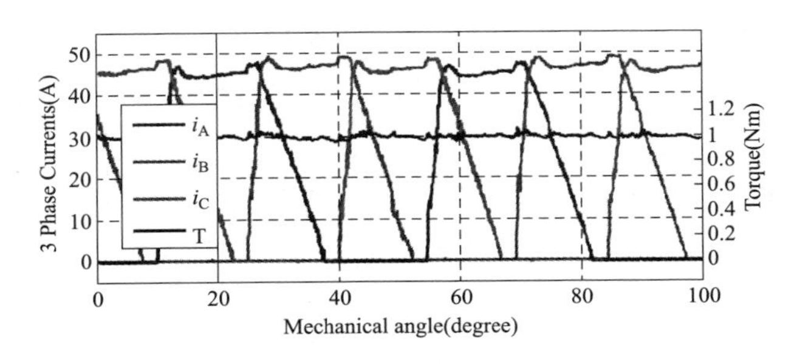

图 8-45 在 10r/min 下电动模式的总转矩和相电流

通过对图 8-45 中所选电流的转矩脉动进行谐波分析，得到了转矩输出中的谐波含量。在图 8-45 中，第一个电气周期机械角度从 0°～45°，第二个电气周期机械角度从 45°～90°。第一个和第二个电气周期的谐波纹波含量如图 8-46 所示。对于三相 12/8 电动机，每转一圈，换向纹波有 $N_R N_{ph}$ 次。因此，纹波在一个电气周期内峰值出现 N_{ph} 次，在本例中为“三”次。第三谐波是最显著的谐波，在第一个电气周期中的幅度约为基波的 1.6%，在第二个电气周期中为 0.5%。预期第三谐波在所有电气周期中应是最主要的，但可看出在第二个电气周期中，第九谐波是最主要的。周期间的脉动变化可归因于位置传感器、电流传感器和转子离心率的误差。

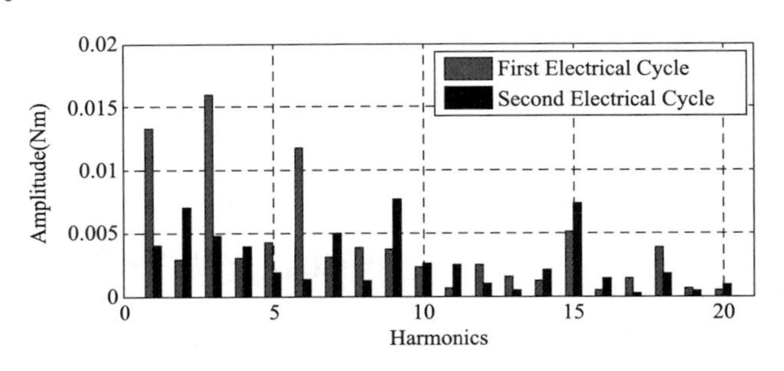

图 8-46 实验结果中的转矩脉动谐波

转子与定子之间的离心率是一种结构上可以控制但无法完全消除的问题，通过耦合仿真装置，分析了转子离心率对转矩脉动的影响，在一个离心的相位通过固定的 80A 电流。然后，在电动机中存在离心率的情况下，重新生成静态的 T-i-θ 特性曲线，将带有离心率的 T-i-θ 特性曲线与没有离心率的曲线进行比较，对于串联和并联相位路径连接都进行相同的过程，结果如图 8-47 所示。发现在串联和并联线圈连接中，转矩特性曲线中的误差会在每个电气周期内重复出现。在 12/8 电动机中，同样的误差在八个电气周期中重复。一旦电动机建造完成，离心率就固定了。

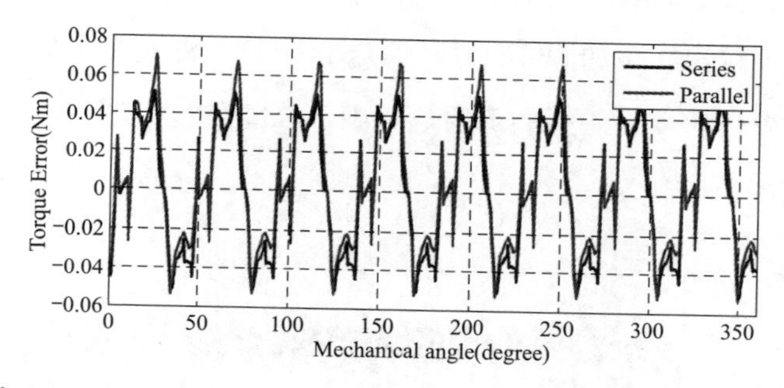

图 8-47　串并联电路连接 80A 相位电流下，离心的 T-i-θ 和非离心的 T-i-θ 之间的误差

在实验装置中使用的位置传感器是一种模拟型位置传感器。位置传感器和电流传感器的误差因部件而异，并对特定的控制器板固定。为了测量位置传感器的误差，将每转 10000 个脉冲的主编码器与位置传感器进行比较，主编码器与控制器中使用的传感器之间的误差如图 8-48 所示。建立耦合仿真装置，测量转矩脉动与被测位置传感器的误差，对应的输出转矩如图 8-48 所示。在图 8-49 中展示了几个周期内的谐波含量，发现在位置传感器误差较大的位置，峰间纹波较高。

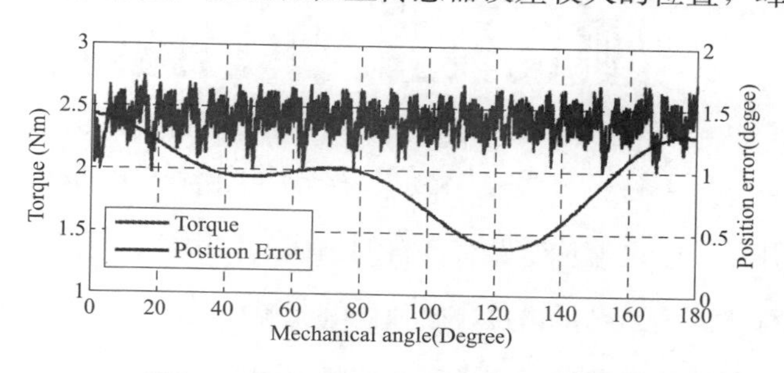

图 8-48　转矩脉动与相应实验位置误差

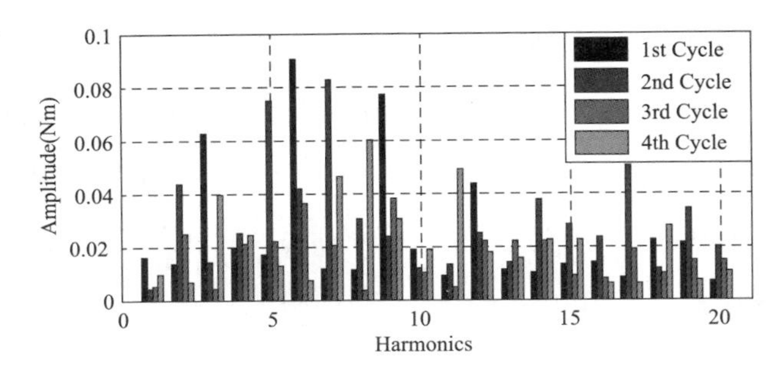

图 8-49 位置传感器的连续四个电周期谐波间的误差

建立一个耦合仿真装置，用于测量位置传感器误差和最差的转子离心率情况下的转矩脉动，输出转矩如图 8-50 所示，图 8-51 中展示了几个周期内的谐波含量。发现在位置传感器误差大的那些位置中，峰间纹波更高。当在仿真中添加离心率时，纹波甚至更高。

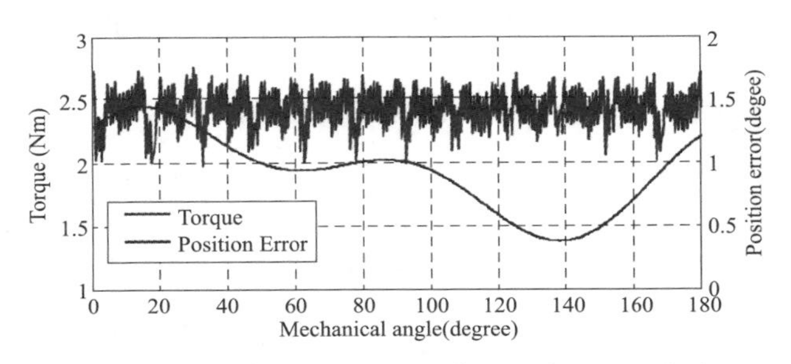

图 8-50 带有离心和位置传感器误差的转矩波动

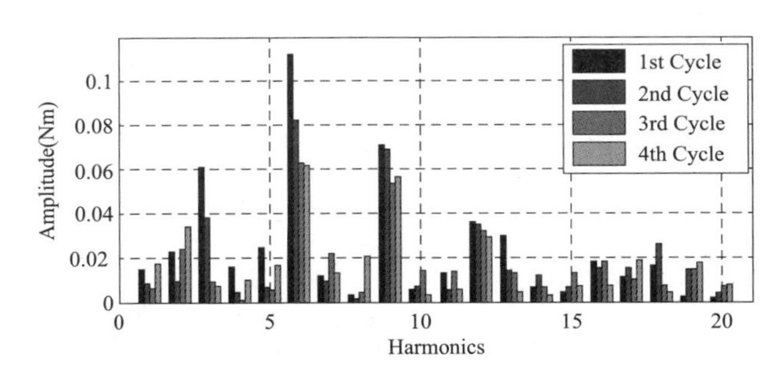

图 8-51 在连续四个电周期中带有离心和位置传感器误差的周期间谐波

三相中使用的三个电流传感器有各自的偏移量和增益，通过测量相电流为零的电流来测量偏移量。为了测量增益，由独立电流源控制的固定电流通过相位，电流也通过电动机控制器传感器进行测量。在实际应用中，对电流传感器的增益和偏移误差进行了校准和补偿。在校准之前，所有电流传感器的增益都设定为 16。校准后，a、b 相和 c 相的增益分别设定为 16.27、15.90 和 15.87。在调整了电流传感器的增益和偏移后，转矩脉动从 4%降低到 2%，图 8-52 显示由于电流跟踪误差引起的转矩误差百分比。图 8-53 显示了在 300r/min 下实时实现的相对改进情况。

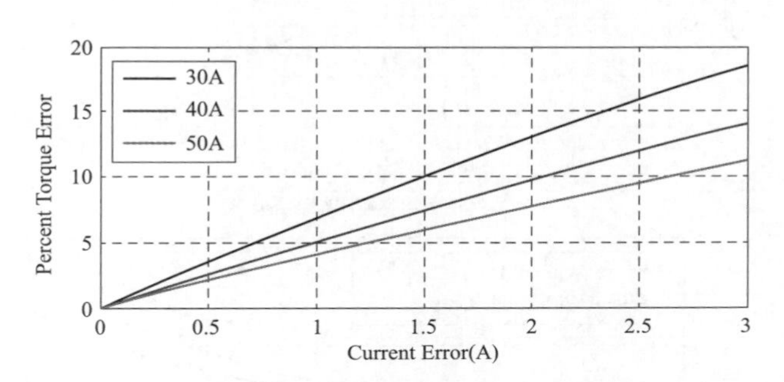

图 8-52　与电流误差相关的转矩误差百分比

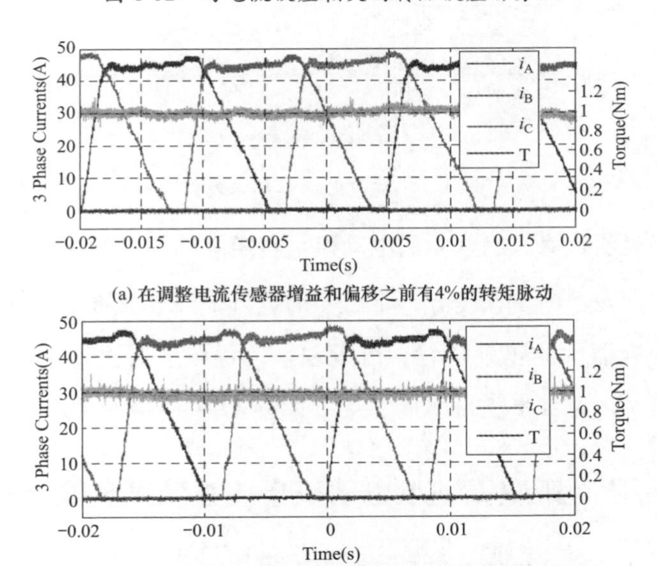

(a) 在调整电流传感器增益和偏移之前有4%的转矩脉动

(b) 在调整电流传感器增益和偏移之后有2%的转矩脉动

图 8-53　调整电流传感器前后变化

二极管压降是另一个需要纳入电流控制器的问题，施加电压会在二极管的正向压降上消耗。由于总线电压为 12V，剩余电压不足以达到无差拍控制器的参考电流。在大多数情况下，施加电压低于 6。0.7V（一个二极管）或 1.4V（两个二极管）是施加电压的重要部分。图 8-54 显示了在控制器中对二极管压降进行补偿后的电流跟踪误差的改善。

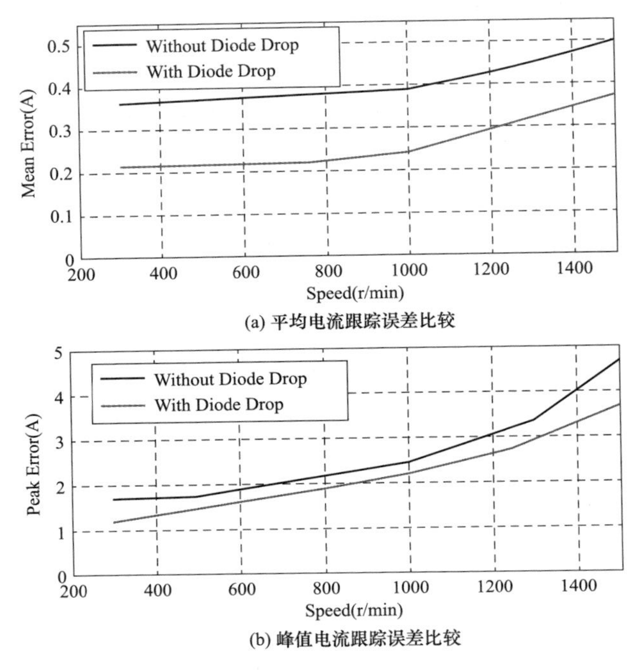

(a) 平均电流跟踪误差比较

(b) 峰值电流跟踪误差比较

图 8-54　补偿后电流跟踪误差的改善

上述结果表明，对于已建立的电动机，转矩脉动的主要原因是位置传感器和电流传感器的误差。由于误差分布是已知的，可很容易地对位置传感器误差进行补偿以计算控制器中的正确位置。可发现，位置传感器误差不取决于运行的象限，它只取决于位置本身。

8.2　新型无轴承电动机集成系统结构及原理

一般意义上的电动机都是由轴承进行支撑，从而使转子旋转过程中不会与定子进行碰撞，因而转子会与机械轴承发生机械摩擦，这个过程不仅会阻碍转子旋转，也会使轴承磨损。而随着高速电动机、超高速电动机在各领域上的应用，如高速机床、飞轮储能、离心机、压缩机、航空航天等，由于转速的上升，上文提到的磨损问题以及发热问题更加严重，导致由机械轴承支撑的电动机使用寿命不如预期，导致成本上升。

气浮轴承、液浮轴承应运而生，它们的出现虽然解决了机械摩擦的问题，但是又添加了额外的控制系统，使得系统更加冗杂，仍然具有自身的局限性。

图 8-55 为一种常见的五自由度磁轴承电动机，在保持转子旋转不受限制时，其他方向的自由度都交给磁轴承控制，需要两个径向磁轴承和一个轴向磁轴承互相调节。

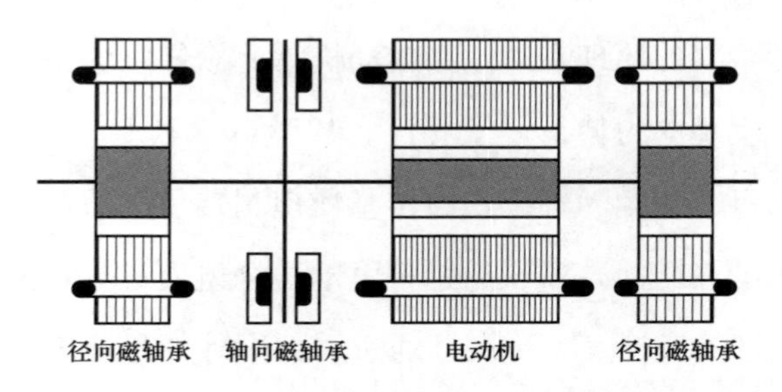

图 8-55　五自由度磁轴承电动机

图 8-56 为在磁轴承电动机基础上进行优化的无轴承电动机的几种结构。图 8-56（a）将电动机和径向磁轴承合并，用过电动机控制径向自由度；图 8-56（b）只使用了一个无轴承电动机控制径向自由度；图 8-56（c）在（b）的基础上将径向

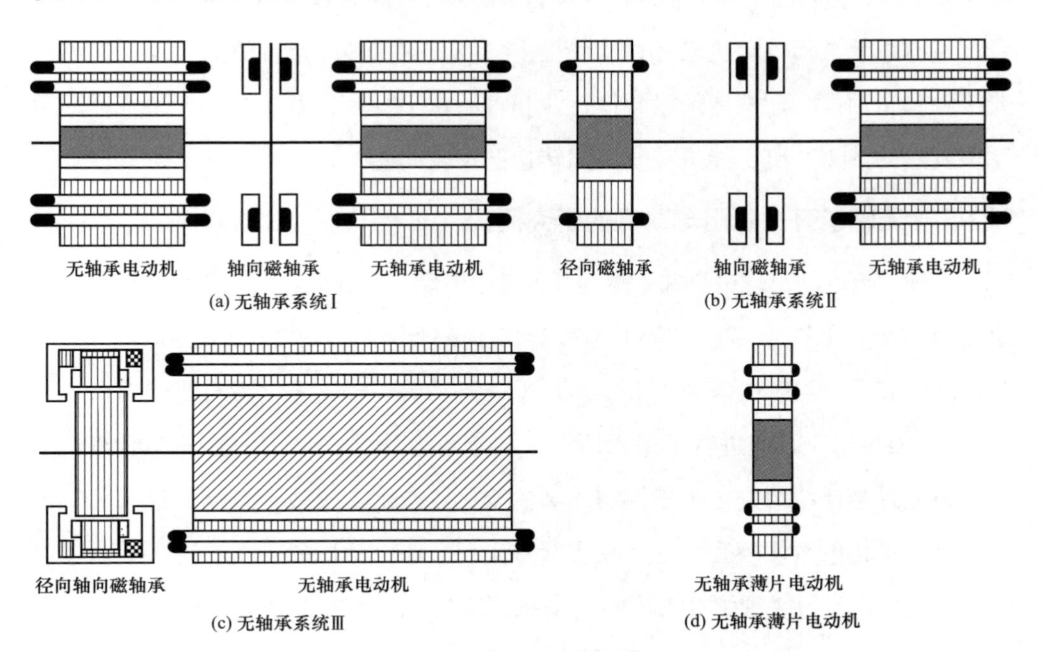

图 8-56　无轴承电动机系统结构

磁轴承和轴向磁轴承结合起来；图 8-56（d）为无轴承薄片电动机，是一种转子轴向长度和直径相比很小的特种电动机，只需要自行控制径向自由度便可实现转子悬浮的目的。

8.2.1 无轴承电动机的研究概况

20 世纪中期出现了磁悬浮轴承技术，这个技术能从根本上解决电动机旋转需要轴承这一问题，它的原理是通过在电动机轴上额外添加一套定子绕组，通过控制额外的绕组产生径向力使得定子悬浮。1973 年，P. K. Hermann 提出了一种新型电动机，它通过三相驱动轴承，由传感器检测转子气隙，在提供旋转磁场的同时也能提供转子的径向力，他认为这种电动机绕组极对数和磁轴承绕组极对数之间相差为±1[1]；1991 年，J. Bichsel 通过添加额外的悬浮绕组，在实验室完成了首台无轴承电动机的样机[2]，实现了无轴承电动机从理论到实物的突破。自此以后，更多的科研学者都将精力投入到无轴承电动机技术中，目前国内研究部门主要有南京航空航天大学、江苏大学、河海大学、北京交通大学、西安交通大学、台湾淡江大学等。但目前仍然只是停留在实验室阶段，在国内没有真正推广开来。

目前，无轴承电动机已经在国外很多领域获得了其商业价值的实现：比如需要接触到腐蚀性化学液体的半导体行业和食品化工行业、需要有效抑制普通轴承摩擦发热的人工心脏、能进一步提高转速的飞轮储能

8.2.2 无轴承开关磁阻电动机的研究概况

无轴承技术的出现最早并不是为开关磁阻电动机服务的，当时研究的重点在于永磁同步电动机之上，直到 20 世纪 90 年代才被日本学者提出并发展为成规模的理论和研究成果。当时由 Masatsugu Takemoto、Akira Chiba 等学者对研究对象——12/8 极双绕组 BSRM 进行了深入研究，在定子上额外安装了一套悬浮绕组，通过调整通过悬浮绕组的电流来控制磁场的变化，产生支撑转子悬浮的径向力，推导了该电动机的数学模型，并且在实验室实现了该电动机的首次悬浮。

目前国内进行无轴承开关磁阻电动机研究的机构有对双绕组 BSRM 进行科研的南京航空航天大学、北京交通大学等，对单绕组 BSRM 进行科研的台湾淡江大

学，不同于上文提到的双绕组电动机，单绕组电动机只绕有一套绕组，需要通过控制通过绕组的电流来保证电动机的悬浮。文献［118］提出了用于快速计算在工作在磁饱和状态的 BSRM 的径向力和转矩的公式，实验表明该公式的有效性。

由于传统 BSRM 转矩和悬浮力存在强耦合非线性的特点，文献［119］提出了一种具有解耦结构，不存在悬浮力死区的单绕组复合转子 BSRM；文献［120］、［121］提出了一种双定子 BSRM，内定子产生径向悬浮力，外定子产生转矩，从而使得控制方法更加简易；文献［122］、［123］提出了 12/14 结构的 BSRM，其定子磁极的内径圆弧互相的间隔不等，实现了转矩极短路；文献［124］提出了一种由两个单相 BSRM 组成的四自由度永磁偏置 BSRM，在两个电动机中间放置了一个为悬浮力提供偏置磁通的永磁体，两个电动机分别负责转矩和悬浮力，之间磁路互不相干，实现了解耦，简化了控制策略。

另外，并不拘泥于单绕组和双绕组，部分研究人员也对一些特殊结构的 BSRM 开展了研究，文献［125］提出了一种新型的共悬浮绕组式 BSRM，降低了功率电路的元件数量，旋转过程中不需要切换悬浮绕组；文献［126］研究了一种锥形 BSRM 的数学模型，该电动机功率电路需要器件少，定子绕组数量少，所以集成度高。

8.2.3　无轴承开关磁阻电动机结构及原理

磁悬浮开关磁阻电动机，利用磁轴承与开关磁阻电动机绕组结构的相似性，将磁轴承的悬浮力绕组叠加在开关磁阻电动机定子绕组上，同时产生悬浮力与电磁转矩，实现电动机转子的悬浮与旋转。日本东京理工大学的 M. Takemoto 等率先研究提出了 12/8 双绕组 1，如图 8-57 所示。在定子上安装两套集中式绕组，分别为主绕组和悬浮绕组，其中悬浮绕组产生悬浮力的偏置磁场，通过调节悬浮绕组电流以改变原有气隙磁场的分布，利用转子对极两侧的气隙磁场不平衡作用，产生转轴上的径向悬浮力，以保证转轴的径向悬浮。在对双绕组磁悬浮开关磁阻电动机的研究相对完善后，一些学者开始研究单绕组磁悬浮开关磁阻电动机的技术。德国开姆尼茨工业大学的 L. Chen 等研究提出了 8/6 单绕组结构 41，如

图 8-58 所示。台湾淡江大学的 F. C. Lin 等提出了 12/8 单绕组结构 s111。另外部分学者通过改变电动机的定、转子结构，研究了一些特殊结构的磁悬浮开关磁阻电动机。韩国庆星大学的 J. W. Ahn 以及我国沈阳工业大学的张凤阁等提出了双定子 12/8、混合定子 8/10 以及混合定子 12/14 单绕组结构，双定子 12/8 结构示意图如图 8-59 所示。

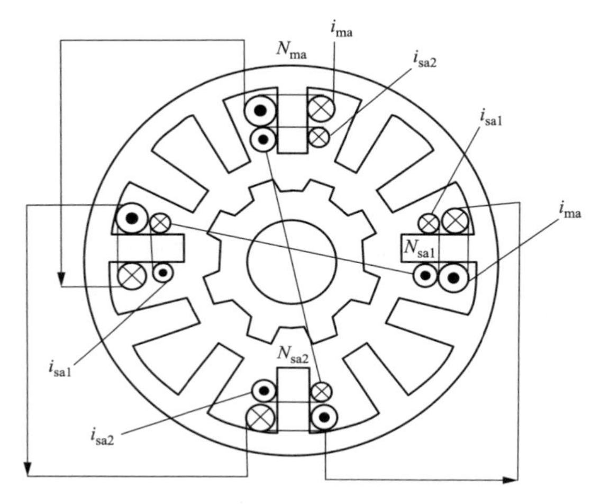

图 8-57　三相 12/8 双绕组磁悬浮开关磁阻电动机 A 相绕组连接示意图

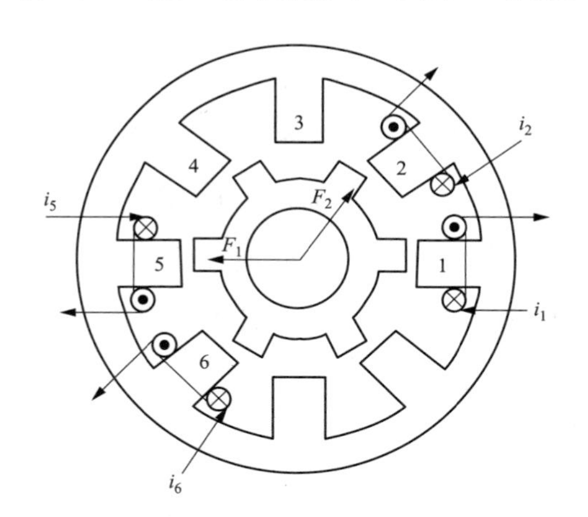

图 8-58　8/6 单绕组磁悬浮开关磁阻电动机运行原理示意图

图 8-57 为三相 12/8 双绕组磁悬浮开关磁阻电动机 A 相绕组电气连接示意图。磁悬浮开关磁阻电动机 A 相主绕组 M_{ma} 由径向相对的 A 相四极绕组正向串联而成；

悬浮绕组包括水平方向悬浮绕组 N_{a1} 和垂直方向悬浮绕组 N_{a2}，其中水平方向悬浮绕组 M_{a1} 由径向水平方向相对的两极绕组反向串联而成，垂直方向悬浮绕组 M_{a2} 由径向垂直方向相对的两极绕组反向串联而成。B 相和 C 相在绕组结构及连接方式上与 A 相相同，只是在空间位置上分别位于 A 相旋转方向的 1/3 和 2/3 处。

图 8-58 为 8/6 单绕组磁悬浮开关磁阻电动机运行原理示意图。其绕组电流由转矩电流和悬浮电流共同组成，调节悬浮电流的大小，可产生不同方向的悬浮力。例如，当绕组 1、2、5 和 6 分别通入电流且电流大小满足

$$\begin{cases} i_1 = -i_m + i_{s1} \\ i_5 = -i_m + i_{s1} \\ i_2 = ki_m + i_{s2} \\ i_6 = -ki_m + i_{s2} \end{cases}$$

式中，i_m、ki_m 提供电动机所需的转矩力；i_{s1} 与 i_{s2} 提供转子悬浮力。F1 与 F2 的合力可产生垂直方向的悬浮力，转子达到悬浮效果。

图 8-59 所示电动机的主要特点为：在三相 12/8 磁悬浮开关磁阻电动机转子内部，增加 4 个相隔 90°的定子极。外部定子极只有提供转矩力的主绕组。内部的定子产生径向力维持转子的悬浮且 4 个悬浮绕组独立控制。这种结构的优势就是控制简单且更容易实现悬浮力和转矩力的解耦控制。

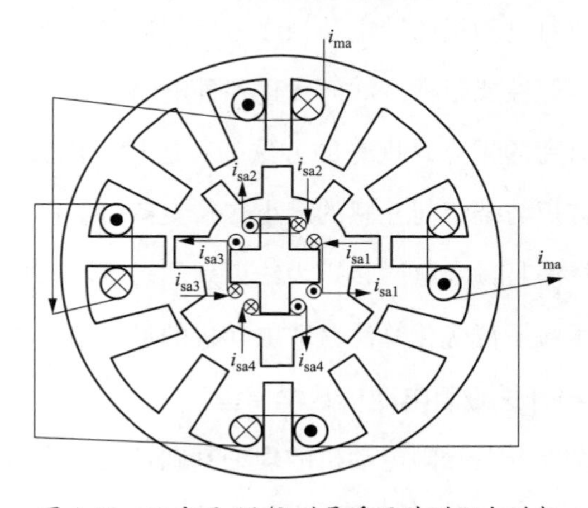

图 8-59　双定子 12/8 磁悬浮开关磁阻电动机

目前，磁悬浮开关磁阻电动机结构已有多种类型被提出，但仍存在一些问题。总结如下：根据每极定子绕组数量的不同，可分为双绕组磁悬浮开关磁阻电动机和单绕组磁悬浮开关磁阻电动机。两种电动机在运行原理上没有本质的区别，但在电动机体积、成本和控制难易程度上各有优缺点。单绕组磁悬浮开关磁阻电动机需要控制的电动机绕组数目相对较少，系统成本较低，但是对应的控制策略却更加复杂，增大了数字控制系统的运行负担。未来的研究目标是形成一套完整的磁悬浮开关磁阻电动机分析设计理论，设计出一种转矩大、结构紧凑、控制简单、成本低且能适应恶劣工作环境的超高速电动机。

8.2.4 无轴承开关磁阻电动机的关键技术

8.2.4.1 电动机电磁场分析与参数优化设计

由于磁悬浮开关磁阻电动机的驱动是以电磁场为介质的，因此电磁场解析和磁路设计是电动机整体结构设计的前提。准确的磁场解析对磁悬浮开关磁阻电动机消除端部效应、降低转矩脉动和提高电动机动静态性能等方面均有指导意义，是磁悬浮开关磁阻电动机建立准确模型和实现高速运行的理论基础。通常在磁悬浮开关磁阻电动机稳定悬浮的有限元模型基础上，采用双标量磁位法计算得到其磁场分布，获得电感与转子径向位移的关系和稳定悬浮状态下的绕组电感。

磁悬浮开关磁阻电动机定、转子齿极结构，主绕组和悬浮绕组匝数分配以及其他电动机基本参数对电动机的转矩和悬浮力控制都有重要影响，决定了径向承载能力以及电磁转矩等性能指标。如何优化各种电动机参数，设计出一台高性能的电动机是该方向研究的重点。现有的方法为：通过有限元仿真建立样本空间，构建悬浮力、电磁转矩与绕组间互感的最小二乘支持向量机非参数模型，并基于该非参数模型，选择满足额定电磁转矩为约束条件，悬浮力最大且绕组间互感最小为优化目标，采用粒子群优化算法获取电动机的最优结构参数。

8.2.4.2 磁悬浮开关磁阻电动机数学模型

数学模型是磁悬浮开关磁阻电动机的理论基础，也是许多学者研究的重点之一。研究数学模型的最终目的是得到较为准确的悬浮力和电磁转矩数学表达式以便更好地控制电动机。现有的数学模型由两种方法得到：虚位移法和麦克斯韦应力法。

虚位移法的基本思路为：根据磁场有限元法和分割磁导法得到气隙磁导，然后根据等效磁路原理推导用气隙磁导表示的绕组电感矩阵，在电感矩阵的基础上得出磁场储能的表达式，最后根据机电能量转换原理得出悬浮力和转矩的数学表达式。从日本学者的研究过程来看，其采用的是虚位移法，得到了磁路不饱和情况下的数学模型。此数学模型忽略了转子在两个径向垂直方向上所受悬浮力的耦合作用及偏心力的影响。文献考虑了转子在两个相互垂直方向上所受悬浮力的耦合作用，但仍忽略了磁饱和。文献在前者的基础上，讨论了充分考虑磁饱和情况下的电动机数学模型。

此外磁悬浮开关磁阻电动机的数学模型还可采用麦克斯韦应力法得到。麦克斯韦应力法是用等效的磁张力（面积力）来代替体积力，该方法对确定交界面上的电磁力比较方便。在恰当选取积分路径的基础上，分析电动机转子所受到的径向力和切向力关于气隙磁通密度的表达式。建立定、转子磁极的气隙主磁通密度和边缘磁通密度的简化公式，即可推导径向悬浮力和电磁转矩的计算公式。基于麦克斯韦应力的研究手段也为磁悬浮开关磁阻电动机数学模型及其特性的研究开辟了与众不同的视角。

8.2.4.3　无轴承开关磁阻电动机控制策略

磁悬浮开关磁阻电动机是一个复杂的非线性强耦合系统，其控制策略的研究至关重要。磁悬浮开关磁阻电动机的悬浮力、转矩与主绕组电流、悬浮绕组电流、开通角和电动机参数均有密切关系，所以根据给定的悬浮力和转矩，如何确定主绕组电流、悬浮绕组电流以及开通关断角是控制策略研究的关键。

（1）瞬时悬浮力与平均转矩控制由于磁悬浮开关磁阻电动机定、转子极对齐时，所受径向悬浮力最大，可对主绕组的电流采用方波控制，来实现电动机调速系统的稳定运行。因此现有控制策略主要是以悬浮力和转矩的控制为基础展开的。瞬时悬浮力与平均转矩的控制策略中，主绕组电流一般为方波，而悬浮绕组电流则根据电动机转子位置和所需悬浮力实时计算。文献对超前角和绕组电流的计算方法进行了改进，对超前角的判定更加全面，使转轴的悬浮更加稳定。

（2）平均悬浮力与平均转矩控制随着电动机转速的增加，绕组反电动势变大，当电动机运行在高速状态时，电流实时计算和控制困难，尤其是悬浮绕组开通时刻电流，导致瞬时悬浮力难以实时控制。根据磁悬浮开关磁阻电动机的悬浮原理和数学模型，可采用平均悬浮力和平均转矩的控制策略：主绕组电流和悬浮绕组电流均采用方波控制。通过推导的平均悬浮力与绕组电流之间的关系，以及主绕组电流和悬浮绕组电流的计算公式，可得出超前角和绕组电流的计算流程。

（3）最小磁动势控制。磁悬浮开关磁阻电动机主绕组采用方波电流控制策略，但是方波电流并非主绕组电流的唯一控制方式。最小磁动势控制策略考虑了主绕组磁动势和悬浮绕组磁动势的不同组合对电动机控制的影响，其中主绕组电流不再采用方波控制方式，而是和悬浮绕组电流相同，根据电动机旋转位置实时计算得到。最小磁动势控制以合成磁动势的绝对值最小作为约束条件求解超前角、主绕组电流、悬浮绕组电流和四个控制参数。主绕组磁动势和悬浮绕组磁动势的不同组合对电动机的旋转和悬浮有重要的影响作用，在不同的悬浮力下，当合成磁动势为零时瞬时转矩最小，而且对不同的转矩，在合成磁动势为零时能产生最大的悬浮力。

8.2.4.4 无轴承开关磁阻电动机传感器技术

在无传感器技术方面，虽然国内外已有不少学者提出了一些策略，已取得了一些阶段性成果，但都是单独针对磁悬浮开关磁阻电动机无速度或无位移传感器运行的，并没有把两者有机结合起来。由于磁悬浮开关磁阻电动机运行时需要准确的转子位置信息，需在电动机内部额外装置位置传感器和位移传感器。目前位移检测一般采用电涡流传感器，增加了系统的成本和复杂程度，降低了系统结构的坚固性，尤其是在某些恶劣的应用环境下，会影响电动机的可靠运行。优化检测传感器的个数，是该方向研究的重点之一。目前无位置传感器技术有两种：①通过在定子齿极上附加线圈，注入高频谐波，通过检测反电动势的方法来检测转子径向位移；②基于最小二乘支持向量机设计转子位移/位置观测器：对磁悬浮开关磁阻电动机数学模型进行状态空间变换，采用最小二乘支持向量机设计转子位移/位置观测器，通过观测器离线训练和在线学习，实现观测器的稳定运行。

8.2.4.5　磁悬浮开关磁阻电动机定子转矩脉动与电磁噪声

磁悬浮开关磁阻电动机是一种定、转子具有齿槽结构且气隙较小的电动机，齿槽转矩脉动和噪声较大是其固有不足。由于脉动的径向电磁力是开关磁阻电动机定子振动和噪声的根源，阻碍了其推广应用。可采用前馈补偿方案，在控制系统中引入一定的补偿力，以减小电动机在动态过程中的振动。文献分析了将磁悬浮技术引入开关磁阻后对不平衡径向力起到的补偿作用，给出了同时适用于开关磁阻电动机和磁悬浮开关磁阻电动机的定子极径向力数学模型，建立了两种电动机的系统仿真模型，分析了两种电动机定子极所受的径向力，并得出磁悬浮开关磁阻电动机定子单边磁拉力直流分量及低次谐波含量幅值较开关磁阻电动机大幅减小，因而由此引起的振动和噪声小，更适合应用在要求低噪声的领域。文献将麦克斯韦应力法和磁路法结合起来计算了不同控制策略下磁悬浮开关磁阻电动机定子极受到的径向电磁力。通过时域分析和频域分析的方法研究了定子极径向电磁力特性，得到了不同控制策略对定子振动的影响。

8.2.4.6　磁悬浮开关磁阻电动机解耦控制

磁悬浮开关磁阻电动机要实现旋转和悬浮功能于一体，必须同时控制电动机的转矩和悬浮力，因此电动机的解耦控制既包含转矩和悬浮力间的解耦控制，也包含径向两个方向上悬浮力间的解耦控制。文献基于神经网络控制算法，提出直接悬浮力控制的概念。文献采用反馈精确线性化方法进行了动态解耦和完全线性化设计，实现了两自由度上转子径向位移的独立控制，并对解耦后的独立线性子系统采用滑模变结构控制方法进行综合。文献推导了磁悬浮开关磁阻电动机的径向力模型，对该模型进行可逆性分析，并证明该系统可逆，应用神经网络逆系统方法实现径向力的动态解耦，达到电动机高性能的控制目的。文献提出一种基于最小二乘支持向量机的逆动力学建模与解耦控制方法，给出悬浮力和转矩的动力学模型，结合最小二乘支持向量机拟合与逆模解耦线性化特点，研究磁悬浮开关磁阻电动机的最小二乘支持向量机逆动力学建模与解耦控制方法。

8.2.4.7　磁悬浮开关磁阻电动机故障运行技术

磁悬浮开关磁阻电动机的故障包括电动机故障、功率变换器故障和传感器故障等。电动机故障主要为绕组故障、接地故障等。解决绕组故障的方法通常为断相运行，即将故障相切除，通过延长其余相的导通宽度，合理地控制绕组电流，实现电动机的断相运行。功率变换器故障主要为开路故障和短路故障等。由于过电流、过电压等导致功率开关管和二极管的损坏，造成开路或器件击穿短路等故障。一般变换器故障可转化为断相运行。传感器故障分为位置传感器故障和位移传感器故障，可用无位置传感器技术或传感器冗余备份技术解决此问题。

8.2.4.8　磁悬浮开关磁阻发电模态

当前磁悬浮开关磁阻电动机研究主要集中在的电动运行状态，发电运行的研究处于前期探索阶段。磁轴承技术与发电机的结合将是磁悬浮电动机发展的必然趋势。作为起步阶段，磁悬浮开关磁阻发电机发电模态主要研究对象有：12/8极双绕组磁悬浮开关磁阻电动机全周期发电动机，8/10 极磁悬浮开关磁阻发电机，双绕组结构 12/8 极三相串联励磁式磁悬浮开关磁阻发电机。研究重点主要集中在数学模型、控制策略及样机实现等。磁悬浮开关磁阻发电机技术在飞机辅助动力单元、机车起动/发电一体机、舰船起动/发电一体机等军用和民用领域均具有重要应用价值。

本章以双绕组 12/8 极 BSRM 为研究对象，图 8-60 为 12/8 极双绕组 BSRM 的绕组结构图。该电动机定子为十二极，转子为 8 极，定子绕组分为 A、B、C 三相，每相由各自相对两两垂直的四极组成。每个定子极上都绕有两组绕组，分别是传统开关磁阻电动机都有的主绕组 N_{m} 和为了保持转子悬浮的悬浮绕组 N_{s}。以 A 相为例，主绕组 N_{ma} 由 A 相四个主绕组正向串联组成，悬浮绕组 N_{sa1} 由 α

方向两极上的悬浮绕组反向串联组成，同理，悬浮绕组 N_{sa2} 由 β 方向两极上的悬浮绕组反向串联组成。在向 A 相的三组绕组中通入电流 i_{ma}、i_{sa1}、i_{sa2} 时，主绕组产生驱动电动机旋转的转矩，并产生偏置磁场，两组悬浮绕组分别产生悬浮磁场，与主绕组产生的偏置磁场叠加后产生悬浮力使得转子悬浮。在气隙 1 处主绕组和悬浮绕组产生的磁场同向，所以此处磁密增强，在气隙 2 处磁密降低，所以产生一个 α 正方向上的磁拉力，β 方向上的磁拉力以及 B、C 相的悬浮力都同理。所以即可通过控制通过六组悬浮绕组的电流 i_{sa1}、i_{sa2}、i_{sb1}、i_{sb2}、i_{sc1}、i_{sc2} 的大小和方向来实现转子的悬浮。

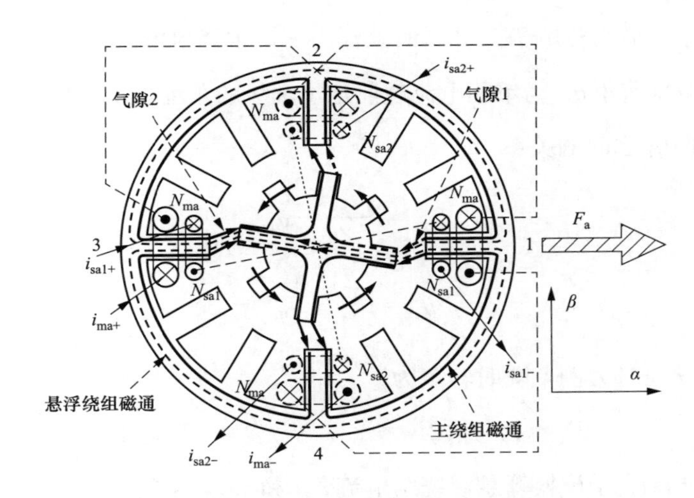

图 8-60　12/8 极双绕组 BSRM 工作原理图

8.2.5　控制策略

上文提到无轴承开关磁阻电动机要做到高速旋转的同时稳定悬浮，需要同时控制转矩和悬浮力，下面将对 12/8 极双绕组 BSRM 的常见控制策略进行介绍。

研究对象的转子有八个齿极，按一般定义，将转子角度零度定义在定转子中轴线为一条时，而八个齿极将 360°平分为 45°，单相电感在 45°的范围内变化，在转子零度时达到最大值，三相将 45°平分为 15°，所以控制时导通的宽度一般为 15°，图 8-61 左边为定转子轴线重合时的示意图，右边为 A 相主绕组电感随转子角度变化的曲线。

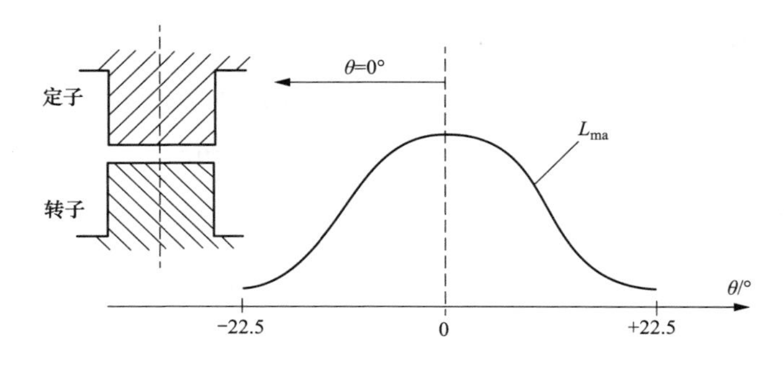

图 8-61 转子零角度定义和电感周期

8.2.5.1 主绕组方波电流控制策略

该方法控制平均转矩 T_{avg} 和瞬时悬浮力 F，主绕组电流为方波，三相电流依次导通，定义超前角 θ_m 为单相电流超前定子轴线的角度，由此可得开通角 θ_{on} 和关断角 θ_{off} 和 θ_m 之间的关系

$$\theta_{on}=-\frac{\pi}{24}-\theta_m \tag{8-34}$$

$$\theta_{off}=\frac{\pi}{24}-\theta_m \tag{8-35}$$

以 A 相导通时为例，瞬时转矩为

$$T_a=J_t(\theta)(2N_m^2 i_{ma}^2+N_b^2 i_{sa1}^2+N_b^2 i_{sa2}^2) \tag{8-36}$$

使用瞬时悬浮力 F 换算悬浮绕组电流 i_{sa1} 和 i_{sa2}，可得

$$T_a=T_{mavg}+T_{savg}=J_t(\theta)\left[2N_m^2 i_{ma}^2+N_b^2\frac{F^2}{i_{ma}^2 K_{f0}^2(\theta)}\right] \tag{8-37}$$

通过对瞬时转矩积分，可得在 $\theta_{on}-\theta_{off}$ 的平均转矩 T_{avg}

$$T_{avg}=\frac{12}{\pi}\int_{\theta_{on}}^{\theta_{off}}T_a\mathrm{d}\theta=\frac{12}{\pi}\int_{\theta_{on}}^{\theta_{off}}J_t(\theta)\left[2N_m^2 i_{ma}^2+N_b^2\frac{F^2}{i_{ma}^2 K_{f0}^2(\theta)}\right]\mathrm{d}\theta \tag{8-38}$$

将式（8-34）、式（8-35）代入式（8-37）可得

$$T_{avg}=T_{mavg}+T_{savg}=G_{tm1}(\theta_m)i_{ma}^2+G_{ts1}(\theta_m)\frac{F^2}{i_{ma}^2} \tag{8-39}$$

式中：$G_{tm1}(\theta_m)$ 和 $G_{ts1}(\theta_m)$ 是电动机参数和 θ_m 的关系。

闭环反馈以实际径向位移和转速差为输入量，通过 PID 控制器转化为控制对象：径向力和转矩，在控制对象已知的情况下，通过式（8-39）得出的关系，调节 θ_{m} 和 i_{ma} 来达到径向力和转矩。图 8-62 为示意图。

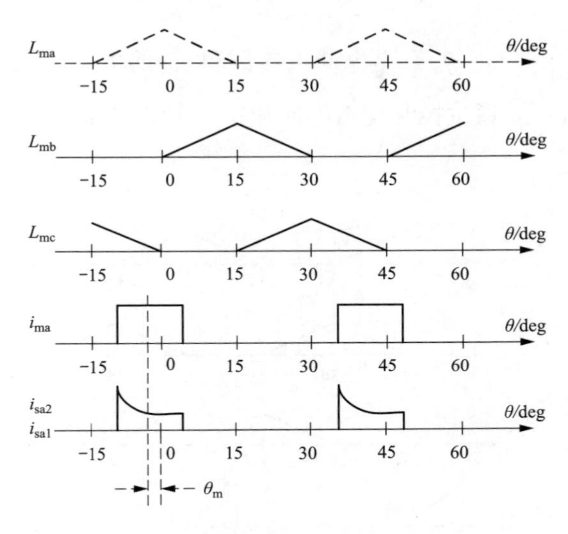

图 8-62 主绕组方波控制策略

8.2.5.2 最小磁动势控制策略

该控制方法以平均转矩 T_{avg} 和瞬时悬浮力 F 为对象，而主绕组电流不为方波，而是根据转子角度实时计算主绕组和悬浮绕组电流，绕组的磁动势为

$$U_{fma}=U_{m}i_{ma} \tag{8-40}$$

$$U_{fsa1}=N_{b}i_{sa1} \tag{8-41}$$

$$U_{fsa2}=N_{b}i_{sa2} \tag{8-42}$$

将两个绕组电流用磁动势表示，可得瞬时悬浮力 F 和瞬时转矩 T_{a} 为

$$F=K_{fe}(\theta)\sqrt{2}U_{fma}U_{fsa} \tag{8-43}$$

$$T_{a}=J_{t}(\theta)(2U_{fma}^{2}+U_{fsa}^{2}) \tag{8-44}$$

因为主绕组电流不为方波，所以不能像式（8-38）直接积分得到平均转矩，将式（8-44）在一个周期积分并求平均值可得平均转矩 T_{avg} 为

$$T_{avg}=\frac{12}{\pi}\int_{\theta_{on}}^{\theta_{off}}\left[U_{fa}^{2}J_{t}(\theta)+2\sqrt{2}N_{m}N_{b}F\frac{J_{t}(\theta)}{K_{f}(\theta)}\right]d\theta \tag{8-45}$$

将式（8-34）、式（8-35）代入式（8-45）可得

$$T_{avg}=\frac{G_{tm}(\theta_m)}{2N_m^2}U_{fa}^2+G_{tf}(\theta_m)F \tag{8-46}$$

其中 $G_{tm}(\theta_m)$ 和 $G_{tf}(\theta_m)$ 是电动机参数和 θ_m 的关系。该控制策略在保持合成磁势最小的情况下，通过控制绕组电流和 θ_m，达成所需的转矩和悬浮力，图 8-63 为示意图。

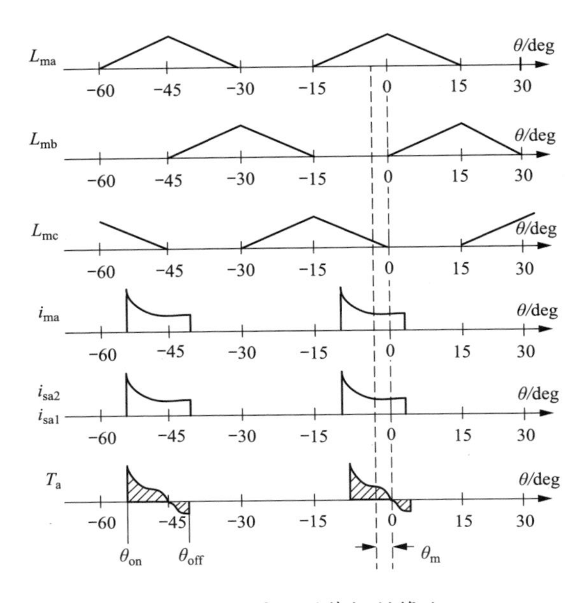

图 8-63　最小磁势控制策略

8.2.5.3　平均悬浮力控制策略

电动机转速变高，电动机的反电动势相应增加，在绕组端电压恒定的情况下，会导致绕组电流难以得到准确值，而且，电动机转速提高会导致在一个导通周期内的调整次数降低，使得电流调整次数减少，以上两种控制策略的效果就不佳了，从而，引入了一个在电动机高速旋转时的控制方法，以平均转矩 T_{avg} 和平均悬浮力 F_{avg} 为控制对象。

与对平均转矩进行控制同理，需要对瞬时悬浮力 F 进行积分再求平均值，此时两个绕组控制电流均为方波，α 和 β 方向的平均悬浮力如下

$$F_{\alpha avg} = K_{favg}(\theta_m) i_{ma} i_{sa1} \tag{8-47}$$

$$F_{\beta avg} = K_{favg}(\theta_m) i_{ma} i_{sa2} \tag{8-48}$$

将瞬时转矩积分求平均的 T_{avg} 为

$$T_{avg} = G_{tm}(\theta_m) i_{ma}^2 + \frac{N_b^2}{2N_m^2} G_{tm}(\theta_m) i_{sa}^2 \tag{8-49}$$

再将式（8-47）、式（8-48）代入式（8-49）得到

$$T_{avg} = G_{tm}(\theta_m) i_{ma}^2 + \frac{N_b^2}{2N_m^2} \cdot \frac{G_{tm}(\theta_m)}{K_{favg}^2(\theta_m)} \cdot \frac{F_g^2}{i_{ma}^2} \tag{8-50}$$

其中，$K_{favg}(\theta_m)$ 和 $G_{tm}(\theta_m)$ 是电动机参数和 θ_m 的关系。

在保持平均转矩不变的条件下，θ_m 越大，转矩脉动就越小，所以该控制策略在保持 θ_m 最大的情况下，通过式（8-50）得到绕组电流和 θ_m 的期望值，图 8-64 为示意图。

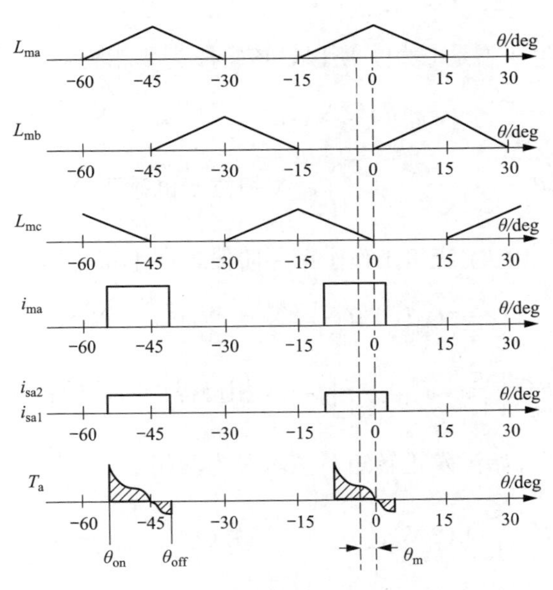

图 8-64　平均悬浮力控制策略

8.2.5.4　独立控制策略

以上三种方案都是将两个变量绕组电流和 θ_m 计算在一个式子里，如式（8-39）、式（8-46）、式（8-50）。如果同时控制转矩和悬浮力，需要进行复杂的计算，然

而工作过程中不能进行实时计算，只能使用查表法，将使用到的数据填入表中，按需取用。所以提出了一种新型的控制策略，使用两个独立的变量分别控制转矩和悬浮力，实现两个变量的解耦。

以 A 相为例，控制过程分为四个阶段，在第一阶段时主绕组电流为 i_{ma1}，第二～第四阶段为 i_{ma2}。

第一阶段时$\left(\theta\in\left[\theta_{\mathrm{on}},\ -\frac{\pi}{24}\right]\right)$，A 相处于电感上升区，主绕组产生正转矩，悬浮绕组电流为零，不产生径向力，所需的径向力由 C 相产生，C 相处于电感下降区，产生负转矩，因此，该阶段为两相励磁，产生的瞬时转矩为

$$T_1=J_{\mathrm{tp}}(\theta)(2N_{\mathrm{m}}^2i_{\mathrm{ma1}}^2)+J_{\mathrm{tn}}\left(\theta+\frac{\pi}{12}\right)(2N_{\mathrm{m}}^2i_{\mathrm{mc2}}^2+N_{\mathrm{b}}^2i_{\mathrm{sc1}}^2+N_{\mathrm{b}}^2i_{\mathrm{sc2}}^2)\tag{8-51}$$

第二阶段时$\left(\theta\in\left[-\frac{\pi}{24},\ 0\right]\right)$，A 相仍处于电感上升区并产生正转矩，此时径向力由 A 相产生而不是 C 相，所以，该阶段为单相励磁，瞬时转矩为

$$T_2=J_{\mathrm{tp}}(\theta)(2N_{\mathrm{m}}^2i_{\mathrm{ma2}}^2+N_{\mathrm{b}}^2i_{\mathrm{sa1}}^2+N_{\mathrm{b}}^2i_{\mathrm{sa2}}^2)\tag{8-52}$$

第三阶段时$\left(\theta\in\left[0,\ \frac{\pi}{12}+\theta_{\mathrm{on}}\right]\right)$，A 相位于电感下降区，仍会产生所需的径向力和负转矩，B 相的主绕组工作于第一阶段，产生正转矩，瞬时转矩为

$$T_3=J_{\mathrm{tn}}(\theta)(2N_{\mathrm{m}}^2i_{\mathrm{ma2}}^2+N_{\mathrm{b}}^2i_{\mathrm{sa1}}^2+N_{\mathrm{b}}^2i_{\mathrm{sa2}}^2)\tag{8-53}$$

第四阶段时$\left(\theta\in\left[\frac{\pi}{12}+\theta_{\mathrm{on}},\ \frac{\pi}{24}\right]\right)$，A 相仍提供所需的径向力，B 相主绕组电流在其电感上升区开始激发正转矩，该阶段为两相励磁，瞬时转矩为

$$T_1=J_{\mathrm{tp}}\left(\theta-\frac{\pi}{12}\right)(2N_{\mathrm{m}}^2i_{\mathrm{mb1}}^2)+J_{\mathrm{tn}}(\theta)(2N_{\mathrm{m}}^2i_{\mathrm{ma2}}^2+N_{\mathrm{b}}^2i_{\mathrm{sa1}}^2+N_{\mathrm{b}}^2i_{\mathrm{sa2}}^2)\tag{8-54}$$

B 相和 C 相的控制过程依此类推，电动机由混合励磁驱动，主绕组时而单相励磁，时而两相励磁，而悬浮绕组始终为单相励磁，产生的平均转矩为零，避免了传统方案悬浮绕组产生额外转矩的问题，实现了转矩和悬浮力的解耦。

由于第二阶段～第四阶段每个相位产生的平均转矩为零，所以总的平均转矩

可从 A 相第一阶段的瞬时转矩通过积分求平均得到，为

$$T_{avg}=\frac{12}{\pi}\int_{\theta_{on}}^{-\frac{\pi}{24}}J_{tp}(\theta)2N_m^2 i_{m1}^2\mathrm{d}\theta=G'_{tm}(\theta_{on})i_{m1}^2 \tag{8-55}$$

由于悬浮绕组是由单相导通的，所以 A 相的瞬时径向力为

$$\begin{bmatrix}F_\alpha\\F_\beta\end{bmatrix}=i_{ma2}\begin{bmatrix}K'_f(\theta) & 0\\0 & K'_f(\theta)\end{bmatrix}\begin{bmatrix}i_{sa1}\\i_{sa2}\end{bmatrix} \tag{8-56}$$

从上面的分析中可得出，总的平均转矩由 i_{m1} 和 θ_{on} 决定，而瞬时悬浮力由 i_{m2} 和 i_s 决定，达到了独立控制的目的，图 8-65 为示意图。

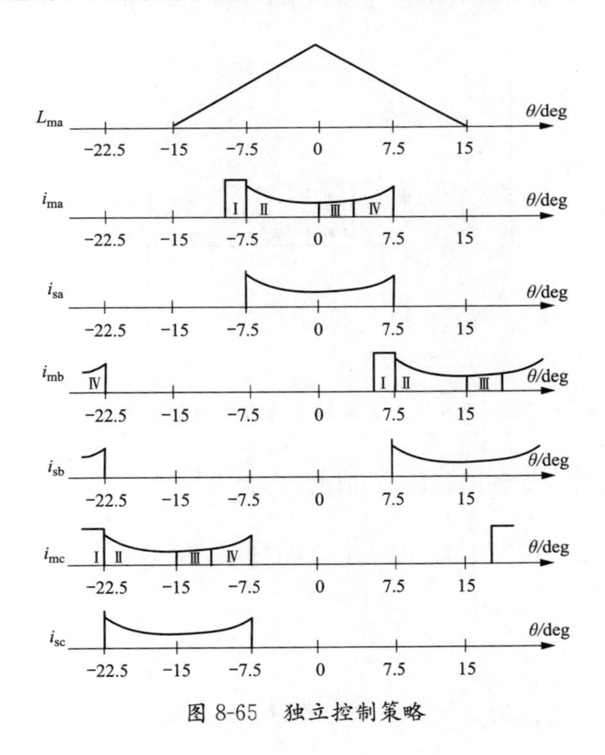

图 8-65　独立控制策略

8.2.6　麦克斯韦应力法

麦克斯韦应力法将一定空间 V 内的磁质上的合力和力矩等效成包围该空间的面 S 上的合力和力矩

$$F=\oint_S T\mathrm{d}s=\int_V f\mathrm{d}v \tag{8-57}$$

式中：T 为磁场的张力张量；f 为磁场的有质动力。

在空间直角坐标系中，可将 f 通过变换变为法向力 F_{n} 和切向力 F_{t}。其法向力和切向力的计算公式如下

$$F_{\mathrm{n}}=\frac{1}{2\mu_0}\iint_S(B_{\mathrm{n}}^2-B_{\mathrm{t}}^2)\mathrm{d}S \tag{8-58}$$

$$F_{\mathrm{t}}=\frac{1}{\mu_0}\iint_S B_{\mathrm{n}}B_{\mathrm{t}}\mathrm{d}S \tag{8-59}$$

式中：μ_0 为真空磁导率；B_{n} 为气隙磁密的法向分量；B_{t} 为切向分量。

图 8-66 为麦克斯韦应力法积分路径示意图，其中折线 1→7 为积分路径。

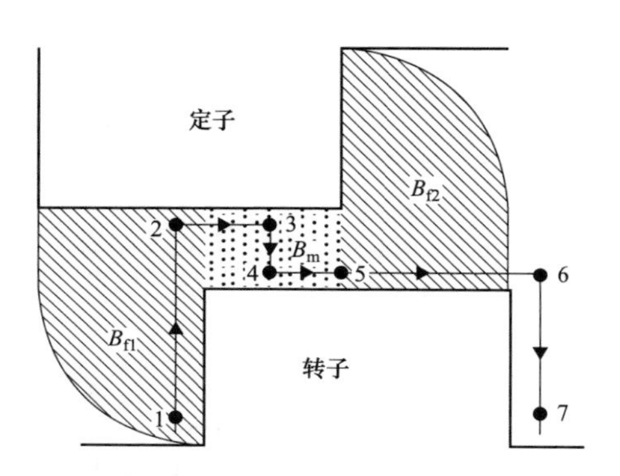

图 8-66　麦克斯韦应力法积分路径

可得电动机转子受到的径向力和切向力为

$$F_{\mathrm{r}}=\frac{h}{2\mu_0}\left(\int_2^3 B_{\mathrm{m}}^2\mathrm{d}l+\int_4^5 B_{\mathrm{m}}^2\mathrm{d}l+\int_5^6 B_{\mathrm{f2}}^2\mathrm{d}l\right)=\frac{h}{2\mu_0}[B_{\mathrm{m}}^2(l_{23}+l_{45})+B_{\mathrm{f2}}^2 l_{56}] \tag{8-60}$$

$$F_{\mathrm{t}}=\frac{h}{2\mu_0}\left(\int_1^2 B_{\mathrm{f1}}^2\mathrm{d}l-\int_3^4 B_{\mathrm{m}}^2\mathrm{d}l\right)=\frac{h}{2\mu_0}(B_{\mathrm{f1}}^2 l_{12}-B_{\mathrm{m}}^2 l_{34}) \tag{8-61}$$

由此，可得电磁转矩为

$$T=F_{\mathrm{t}}r=\frac{hr}{2\mu_0}(B_{\mathrm{f1}}^2 l_{12}-B_{\mathrm{m}}^2 l_{34}) \tag{8-62}$$

式中：h 为转子轴向长度；r 为转子半径。

8.2.7　气隙磁密计算

图 8-67 为无轴承开关磁阻电动机定转子结构，假设忽略转子的偏心位移，

则可得气隙 a_1 的磁场主磁通密度 B_{ma1} 为：

$$B_{ma1}=\frac{\mu_0(N_m i_{ma}+N_b i_{sa1})}{l_0} \tag{8-63}$$

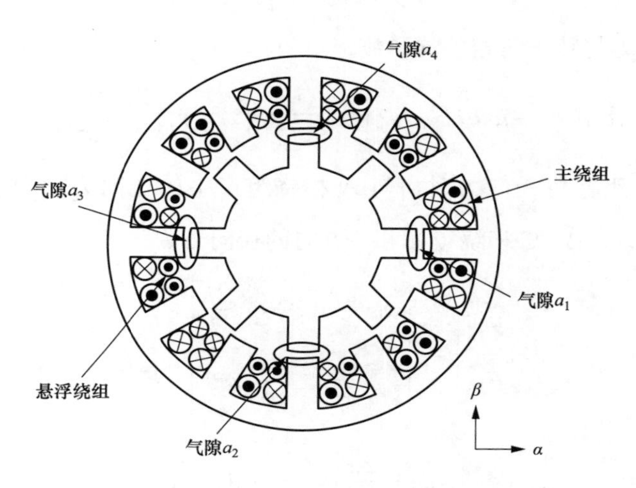

图 8-67　定转子结构

边缘磁通路径选择为圆形，则其平均长度为 $l_f=l_0+\pi r|\theta|/4$，气隙 a_1 的边缘磁通密度 B_{fa1} 为

$$B_{fa1}=\frac{\mu_0(N_m i_{ma}+N_b i_{sa1})}{l_0+\pi r|\theta|/4} \tag{8-64}$$

式中：N_m 为主绕组匝数；N_b 为悬浮绕组匝数；i_{ma} 为 A 相主绕组电流；i_{sa1} 为 A 相 α 方向上的悬浮绕组电流；l_0 为平均气隙宽度；θ 为转子磁极中轴与定子中轴的夹角，定义逆时针旋转为正向。其他三个气隙的主磁通密度和边缘磁通密度都可同理求得。

8.2.8　转矩和悬浮力计算

根据上文，可得到 A 相 α 和 β 方向的径向力为

$$F_\alpha=F_{a1}-F_{a3}=h\frac{(B_{ma1}^2-B_{ma3}^2)\left(\frac{\pi r}{12}-r|\theta|\right)+(B_{fa1}^2-B_{fa3}^2)r|\theta|}{2\mu_0} \tag{8-65}$$

$$F_\beta=F_{a2}-F_{a4}=h\frac{(B_{ma2}^2-B_{ma4}^2)\left(\frac{\pi r}{12}-r|\theta|\right)+(B_{fa2}^2-B_{fa4}^2)r|\theta|}{2\mu_0} \tag{8-66}$$

在磁场未达到饱和非线性时，可得到径向力和绕组电流的关系

$$F_{\alpha}=K_{f}(\theta)i_{ma}i_{s12} \tag{8-67}$$

$$F_{\beta}=K_{f}(\theta)i_{ma}i_{sa2} \tag{8-68}$$

式中：$K_{f}(\theta)$ 为与转子角相关的系数。

$$K_{f}(\theta)=\mu_{0}hrN_{m}N_{b}\left[\frac{\pi-12|\theta|}{6l_{0}^{2}}+\frac{32|\theta|}{(4l_{0}+\pi r\theta)^{2}}\right] \tag{8-69}$$

B、C 相绕组提供径向力时，与 A 相绕组产生的径向力相角分别相差 2π/3 和−2π/3，所以，B、C 相绕组 α 和 β 方向的径向力为

$$\begin{bmatrix}F_{B\alpha}\\F_{B\beta}\end{bmatrix}=\begin{bmatrix}\cos\frac{2\pi}{3} & -\sin\frac{2\pi}{3}\\ \sin\frac{2\pi}{3} & \cos\frac{2\pi}{3}\end{bmatrix}\begin{bmatrix}F_{\alpha}\\F_{\beta}\end{bmatrix} \tag{8-70}$$

$$\begin{bmatrix}F_{C\alpha}\\F_{C\beta}\end{bmatrix}=\begin{bmatrix}\cos\left(-\frac{2\pi}{3}\right) & -\sin\left(-\frac{2\pi}{3}\right)\\ \sin\left(-\frac{2\pi}{3}\right) & \cos\left(-\frac{2\pi}{3}\right)\end{bmatrix}\begin{bmatrix}F_{\alpha}\\F_{\beta}\end{bmatrix} \tag{8-71}$$

A 相提供的电磁转矩为四个气隙提供的转矩之和

$$T_{a}=T_{a1}+T_{a2}+T_{a3}+T_{a4}=J_{t}(\theta)(2N_{m}^{2}i_{ma}^{2}+N_{b}^{2}i_{sa1}^{2}+N_{b}^{2}i_{sa2}^{2}) \tag{8-72}$$

式中：$J_{t}(\theta)$ 是与转子角度相关的系数，在电动机正转矩和负转矩是分别为

$$J_{tp}(\theta)|_{\theta\leqslant 0}=\mu_{0}hr\left[\frac{1}{l_{0}}-\frac{16(l_{0}-r\theta)}{(4l_{0}-\pi r\theta)^{2}}\right] \tag{8-73}$$

$$J_{tn}(\theta)|_{\theta\geqslant 0}=\mu_{0}hr\left[-\frac{1}{l_{0}}+\frac{16(l_{0}+r\theta)}{(4l_{0}+\pi r\theta)^{2}}\right] \tag{8-74}$$

8.2.9 电感矩阵

仿真时使用模拟电感来产生相应的绕组电流，主绕组和悬浮绕组的自感和互感如式所示

$$L=\begin{bmatrix}L_{ma} & M_{sma1} & M_{sma2}\\ M_{sma1} & L_{sa1} & M_{sa12}\\ M_{sma2} & M_{sa12} & L_{sa2}\end{bmatrix} \tag{8-75}$$

$$L_{ma}=2N_m^2(P_{a1}+P_{a3})$$

$$\approx\frac{8\mu_0 hN_m^2}{\pi(\pi-2)}\cdot\left\{(\pi-4)\ln\frac{\left(\frac{\pi^2 r}{12}+2l_0\right)^2}{\left[\pi r\left(\frac{\pi}{6}-|\theta|\right)+2l_0\right]\left[\pi r\left(|\theta|-\frac{\pi}{12}\right)+2l_0\right]}\right.$$

$$\left.+\pi\ln\frac{\left(\frac{\pi r}{12}+l_0\right)^2}{\left[r\left(\frac{\pi}{6}-|\theta|\right)+l_0\right]\left[r\left(|\theta|-\frac{\pi}{12}\right)+l_0\right]}\right\}\tag{8-76}$$

$$L_{sa1}=L_{sa2}=N_s^2(P_{a1}+P_{a3})$$

$$\approx\frac{4\mu_0 hN_s^2}{\pi(\pi-2)}\cdot\left\{(\pi-4)\ln\frac{\left(\frac{\pi^2 r}{12}+2l_0\right)^2}{\left[\pi r\left(\frac{\pi}{6}-|\theta|\right)+2l_0\right]\left[\pi r\left(|\theta|-\frac{\pi}{12}\right)+2l_0\right]}\right.$$

$$\left.+\pi\ln\frac{\left(\frac{\pi r}{12}+l_0\right)^2}{\left[r\left(\frac{\pi}{6}-|\theta|\right)+l_0\right]\left[r\left(|\theta|-\frac{\pi}{12}\right)+l_0\right]}\right\}\tag{8-77}$$

$$M_{sma1}=N_mN_s(P_{a1}-P_{a3})\approx\frac{4\mu_0 hN_mN_s}{\pi(\pi-2)}$$

$$\cdot\left\{(\pi-4)\ln\frac{\left(\frac{\pi^2 r}{12}+2l_0-2\alpha\right)^2\left[\pi r\left(\frac{\pi}{6}-|\theta|\right)+2l_0+2\alpha\right]\left[\pi r\left(|\theta|-\frac{\pi}{12}\right)+2l_0+2\alpha\right]}{\left(\frac{\pi^2 r}{12}+2l_0\right)^2\left[\pi r\left(\frac{\pi}{6}-|\theta|\right)+2l_0\right]\left[\pi r\left(|\theta|-\frac{\pi}{12}\right)+2l_0\right]}\right.$$

$$\left.+\pi\ln\frac{\left(\frac{\pi r}{12}+l_0-\alpha\right)^2\left[\pi r\left(\frac{\pi}{6}-|\theta|\right)+2l_0+\alpha\right]\left[\pi r\left(|\theta|-\frac{\pi}{12}\right)+2l_0+\alpha\right]}{\left(\frac{\pi r}{12}+l_0\right)^2\left[\pi r\left(\frac{\pi}{6}-|\theta|\right)+2l_0\right]\left[\pi r\left(|\theta|-\frac{\pi}{12}\right)+2l_0\right]}\right\}$$

$$\tag{8-78}$$

$$M_{sma2}=N_mN_s(P_{a2}-P_{a4})\approx\frac{4\mu_0 hN_mN_s}{\pi(\pi-2)}$$

$$\cdot\left\{(\pi-4)\ln\frac{\left(\frac{\pi^2 r}{12}+2l_0-2\beta\right)^2\left[\pi r\left(\frac{\pi}{6}-|\theta|\right)+2l_0+2\beta\right]\left[\pi r\left(|\theta|-\frac{\pi}{12}\right)+2l_0+2\beta\right]}{\left(\frac{\pi^2 r}{12}+2l_0\right)^2\left[\pi r\left(\frac{\pi}{6}-|\theta|\right)+2l_0\right]\left[\pi r\left(|\theta|-\frac{\pi}{12}\right)+2l_0\right]}\right.$$

$$+\pi\ln\frac{\left(\frac{\pi r}{12}+l_0-\beta\right)^2\left[\pi r\left(\frac{\pi}{6}-|\theta|\right)+2l_0+\beta\right]\left[\pi r\left(|\theta|-\frac{\pi}{12}\right)+2l_0+\beta\right]}{\left(\frac{\pi r}{12}+l_0\right)^2\left[\pi r\left(\frac{\pi}{6}-|\theta|\right)+2l_0\right]\left[\pi r\left(|\theta|-\frac{\pi}{12}\right)+2l_0\right]}\right\}\tag{8-79}$$

$$M_{sa12}\approx 0\tag{8-80}$$

8.2.10 无轴承开关磁阻电动机研究展望

现阶段，国内外对磁悬浮开关磁阻电动机的研究尚处实验室阶段，仍有许多关键问题没有统一的解决方案，磁悬浮开关磁阻电动机的产品更是比较少见，一般都需要专门研制与定做，造价昂贵。当前的首要任务是进行磁悬浮开关磁阻电动机设计和控制技术实用化的研究，使该种电动机获得实际应用。根据上述对磁悬浮开关磁阻电动机相关技术的论述，磁悬浮开关磁阻电动机今后的研究重点应致力于以下几个方面：

（1）随着新型导电、导磁和绝缘材料的出现，从本体上对电动机进行优化设计以提高磁悬浮开关磁阻电动机的性能，将是今后发展的一个重要方向。本体结构的可靠性是磁悬浮开关磁阻电动机在特殊场合推广应用的基础。

（2）微机电系统技术的发展将使电动机控制系统朝控制电路和传感器高度集成化的方向发展，可使磁悬浮开关磁阻电动机控制系统更加简单可靠。电流传感器、速度传感器、位移传感器以及温度传感器等是磁悬浮开关磁阻电动机驱动系统十分重要的组成部分，为系统稳定悬浮运行发挥着重要作用。但是这些传感器同样也是潜在的故障隐患，由于长时间的使用将会引起传感器的失效，从而进一步引起控制系统的误操作而发生故障，导致整个系统无法正常工作。因此研究能同时满足无径向位移和无速度传感器运行的控制策略，实现无传感器化运行，将是关键技术研究中又一个需要探索的新命题，对实现低成本、小型化、集成化具有重要的意义。

（3）磁悬浮开关磁阻电动机性能的改善可通过电动机本体优化设计及电力、电子装置的控制实现，也可利用各种先进的控制策略完成。磁悬浮开关磁阻电动机是一种具有局部磁路高度饱和的电动机，目前不管是基于虚位移法还是麦克斯韦应力法的数学模型，都是难以考虑磁路饱和效应的一种简化模型，要想获得高品质的控制性能，应建立更为准确的数学模型。现有的数学模型，均是在忽略漏磁端部效应、相间互感的情况下得到的，但电动机实际运行时，上述因素不可忽略。如何得到更精确并实用的数学模型，将是磁悬浮开关磁阻电动机研究的重点之一。因此必须借助现代控制理论方法，采用数据建模与机理建模相结合的方法，在现有近似的解析模型基础上，充分考虑各种非线性因素，进一步分析研究基本模型随关键参数变化的规律。

（4）随着电动机的应用和发展，双相导通策略的研究还有待继续深入。其重点是兼顾径向悬浮力和转矩脉动的同时，在两相中分配径向悬浮力和确定两相工作交叠宽度，以尽量减小负转矩的不良影响。

（5）磁悬浮开关磁阻电动机的转矩和悬浮力与主绕组电流和悬浮绕组电流均有关，必须引入新的控制算法和概念以便同时实现转矩和悬浮力的解耦控制，以及两个方向上悬浮力间的解耦控制。

（6）将磁悬浮开关磁阻电动机电动和发电功能相结合，最终实现磁悬浮开关磁阻起动/发电机一体化技术，为强化其在多电/全电航空发动机和飞轮储能等领域的应用奠定基础。

参 考 文 献

[1] 陈炜. 永磁无刷直流电机换相转矩脉动抑制技术研究 [D]. 天津：天津大学，2006.

[2] 夏长亮，俞卫，李志强. 永磁无刷直流电机转矩波动的自抗扰控制 [J]. 中国电机工程学报，2006，26 (24)：137-142.

[3] 陈炜，刘会民，谷鑫，等. 基于反电动势函数的无刷直流电机无位置传感器控制方法 [J]. 电工技术学报，2019，34 (22)：4661-4669.

[4] 张兰红，杨婷婷，王韧纲，等. 无位置传感器无刷直流电机换相位置的检测与修正 [J]. 微电机，2019，52 (10)：60-65，97.

[5] 姚绪梁，林浩，鲁光旭，等. 一种基于线电压差积分的无位置传感器无刷直流电机换相误差检测和校正方法 [J]. 电工技术学报，2019，34 (22)：4651-4660.

[6] Li W，Fang J，Li H，et al. Position sensorless control without phase shifter for high-speed BLDC motors with low inductance and nonideal back EMF [J]. IEEE Transactions on Power Elec- tronics，2016，31 (2)：1354-1366.

[7] Park J S，Lee K，Lee S G，et al. Unbalanced ZCP compensation method for position sensorless BLDC motor [J]. IEEE Transactions on Power Electronics，2019，34 (4)：3020-3024.

[8] Yang L，Zhu Z，Shuang B，et al. Adaptive threshold correction strategy for sensorless high-speed brushless DC drives considering zero-crossing-point deviation [J]. IEEE Transactions on Industrial Electronics，2020，67 (7)：5246-5257.

[9] Kim Dong-Youn，Moon Jong-Joo，Kim Jang-Mok，et al. Sensorless control method of 3-phase BLDC motor through the real time compensation of back-EMF constant [C] //2016 IEEE 8th International Power Electronics and Motion Control Conference (IPEMC-ECCE Asia)，IEEE，2016：3361-3367.

[10] 弓箭，廖力清，叶冰清. 基于高精度电感法的无刷直流电机起动及反电动势同步检测稳定性研究 [J]. 电工技术学报，2017，32 (5)：105-112.

［11］胡银全，刘和平，伍小兵．基于磁链函数的 BLDC 无速度传感器控制策略［J］．电气传动，2019，49（10）：23-29.

［12］王晓东，白国长．无刷直流钻井电机无位置传感器控制方法研究［J］．机电工程技术，2018，47（2）：98-102.

［13］陈建龙，汪亮，李孟秋，等．间接磁链控制 BLDCM 直接转矩控制系统［J］．电力电子技术，2016，50（1）：66-69.

［14］Chen S，Zhou X，Bai G，et al．Adaptive commutation error com- pensation strategy based on a flux linkage function for sensorless brushless DC motor drives in a wide speed range［J］．IEEE Transactions on Power Electronics，2018，33（5）：3752-3764.

［15］韦鲲，任军军，张仲超．三次谐波检测无刷直流电机转子位置的研究［J］．中国电机工程学报，2004，24（5）：167-171.

［16］窦满峰，苏超，谭博，等．优化磁链算法的稀土永磁无刷电机位置检测方法［J］．微电机，2017，50（5）：81-86.

［17］冯培磊，刘冲，陈潇雅，等．基于续流二极管法的无位置传感器控制系统设计［J］．水电与抽水蓄能，2020，6（6）：102-107.

［18］王可东．Kalman 滤波基础及 MATLAB 仿真［M］．北京：北京航空航天大学出版社，2019.

［19］郭子钊，佃松宜，向国菲．基于卡尔曼滤波算法的无刷直流电机直接转矩控制［J］．科学技术与工程，2016，16（17）：49-55.

［20］徐会风，苏少平，杜庆诚，等．基于扩展卡尔曼滤波观测器的无刷直流电机无位置传感器控制系统研究［J］．微电机，2020，53（5）：31-39，50.

［21］詹国兵．基于衰减记忆卡尔曼滤波的无刷直流电机转子位置估计［J］．微特电机，2017，45（5）：32-35，39.

［22］Oh J，Bae H，Jeong H，et al．BLDC motor current control using filtered single DC link current based on adaptive extended Kalman filter［C］//2017 IEEE/RSJ International Conference on Intelligent Robots and Systems（IROS），IEEE，2017：2213-2218.

［23］Alex S S，Daniel A E，Jayanand B．Reduced order extended Kalman filter for state estimation of brushless DC motor［C］//2016Sixth International Symposium on Embedded

Computing and System Design (ISED), IEEE, 2016: 239-244.

[24] 史婷娜，张倩，夏长亮，等. 基于UKF算法的无刷直流电机转子位置和速度的估计[J]. 天津大学学报，2008 (3)：338-343.

[25] Jafarboland M, Silabi M H R. New sensorless commutation method for BLDC motors based on the line-to-line flux linkage theory [J]. IET Electric Power Applications, 2019, 13 (6): 703- 711.

[26] 王桂荣，李建勇. 改进UKF算法在PMLSM无位置传感控制中的应用 [J]. 传感器与微系统，2017，36 (2)：158-160.

[27] 白国长，姚记亮. 基于改进滑模观测器的BLDCM无传感器控制 [J]. 郑州大学学报(工学版)，2020，41 (2)：25-31.

[28] 史婷娜，肖竹欣，肖有文，等. 基于改进型滑模观测器的无刷直流电机无位置传感器控制 [J]. 中国电机工程学报，2015，35 (8)：2043-2051.

[29] 杨沛豪，王晓兰，刘向辰，等. 基于新型自适应滑模观测器的BLDC控制 [J]. 电气传动，2019，49 (4)：6-10.

[30] 倪有源，余长城，陈浩. 基于端电压平均值和准滑模观测器的无刷直流电机控制 [J]. 电机与控制学报，2019，23 (5)：34-41，50.

[31] 周贝贝，苏少平，徐会风，等. 基于幂次趋近律滑模观测器的无刷直流电机无位置传感器控制系统研究 [J]. 微电机，2019，52 (5)：27-32.

[32] 武紫玉，王海峰，顾国彪. 无刷直流电机滑模观测器参数优化设计方法 [J]. 电气传动，2016，46 (6)：7-10.

[33] 张国栋，祁瑞敏. 无刷直流电机模糊PID控制系统设计与仿真 [J]. 煤矿机械，2018，39 (1)：13-15.

[34] 赵红，赵德润，罗鹏，等. 无刷直流电机模糊自适应控制系统的研究 [J]. 微电机，2020，53 (1)：72-78.

[35] 顾祖成，耿小江，王永娟，等. 模糊自适应PID控制在无刷直流电机调速系统中的应用[J]. 机械设计与制造工程，2020，49 (1)：39-41.

[36] 周晓华，张银，王荔芳，等. 无刷直流电机调速系统模糊神经元PID控制 [J]. 现代电子技术，2017，40 (23)：140-143.

[37] 潘雷，孙鹤旭，王贝贝，等. 基于单神经元自适应PID的无刷直流电机反电势与磁链观测及无位置传感器直接转矩控制 [J]. 电机与控制学报，2014，18 (5)：69-75.

[38] 张闯，王勋，黄亮程. 基于BP神经网络的无刷直流电机控制系统 [J]. 机电信息，2020 (32)：25-26.

[39] 李强，李波，李玉娇，等. 基于RBF神经网络的直驱式AMT无传感控制技术研究 [J]. 微电机，2020，53 (5)：56-61.

[40] 李涛，邵光保，孙楚杰，等. 改进型BP神经网络无刷直流电机速度控制方法 [J]. 湖北工业大学学报，2019，34 (5)：1-5.

[41] 王宏志，王婷婷，胡黄水，等. 基于Q学习优化BP神经网络的BLDCM转速PID控制 [J]. 吉林大学学报（工学版），2021，51 (6)：2280-2286.

[42] 唐伎玲，赵宏伟，王婷婷，等. LQR优化的BP神经网络PID控制器设计 [J]. 吉林大学学报（理学版），2020，58 (3)：651-658.

[43] 张世维，林莘，张大鹏，等. 基于模糊RBF神经网络PID算法的无刷直流电机控制 [J]. 电工技术，2021 (2)：16-18，52.

[44] 王浩，白国振，刘世交. 无刷直流电机RBF神经网络滑模控制器设计 [J]. 软件导刊，2021，20 (3)：176-181.

[45] Chen X，Li H，Sun M，et al. Sensorless commutation error com pensation of high speed brushless DC motor based on RBF neu- ral network method [C] //IECON 2018-44th Annual Conference of the IEEE Industrial Electronics Society，IEEE，2018：683- 688.

[46] 刘扬，张振海. 小波神经网络的无刷直流电机转子位置检测方法 [J]. 武汉工程大学学报，2014，36 (10)：66-70.

[47] Ganesan R，Suresh S，Sivaraju S S. ANFIS based multi-sector space vector PWM scheme for sensorless BLDC motor drive [J]. Microprocessors and Microsystems，2020，76 (Jul.)：10309.

[48] Zhou X，Zhou Y，Peng C，et al. Sensorless BLDC motor commutation point detection and phase deviation correction method [J]. IEEE Transactions on Power Electronics，2019，34 (6)：5880- 5892.

[49] 王婷婷，王宏志，刘清雪，等. 遗传算法优化的无刷直流电机模糊PID控制器设计

[J]. 吉林大学学报（理学版），2020，58（6）：1421-1428.

[50] 徐红梅. 蚁群算法的舰船电机智能调速系统参数整定 [J]. 舰船科学技术，2021，43（2）：109-111.

[51] 远世明，杨明发. 基于改进型粒子群算法的无刷直流电机速度控制研究 [J]. 电气开关，2021，59（1）：34-38.

[52] X. D. Xue，K. W. E. Cheng，S. L. Ho. Optimization and Evaluation of Torque-Sharing Functions for Torque Ripple Minimization in Switched Reluctance Motor Drives. IEEE Transactions on Power Electronics. 2009，24（9）：2076-2090.

[53] 陈小元，彭亦稍. 基于电流补偿策略的转矩分配函数法抑制整距绕组分块转子 SRM 的转矩脉动. 电工技术学报，2014，29（1）：131-138.

[54] Ye J，Bilgin B，Emadi A. An Extended-Speed Low-Ripple Torque Control of Switched Reluctance Motor Drives. IEEE Transactions on Power Electronics，2015，30（3）：1457-1470.

[55] Vladan P. Vuji˘ci´c. Minimization of Torque Ripple and Copper Losses in Switched Reluctance Drive. IEEE Transactions on Power Electronics，2012，27（1）：388-399.

[56] Cheok D，Fukuda Y. A New Torque and Flux Control Method for Switched Reluctance Motor Drives. IEEE Transactions on Power Electronics，2002，17（4）：543-557.

[57] Inderka R B，De Doncker R W. A. A. DITC-direct instantaneous torque control of switched reluctance drives. IEEE Transactions on Industry Applications，2003，39（4）：1046-1051.

[58] 漆汉宏，张婷婷，李珍国，等. 基于 DITC 的开关磁阻电机转矩脉动最小化研究. 电工技术学报，2007，22（7）：136-140.

[59] Wu C Y，Pollock C. Analysis and reduction of vibration and acoustic noise in the switched reluctance drive. IEEE Transactions on Industry Applications，1995，31（1）：91-98.

[60] 张鑫，王秀和，杨玉波，等. 基于转子齿两侧开槽的开关磁阻电机振动抑制方法研究. 中国电机工程学报，2015（6）：1508-1515.

[61] Ahn J W，Oh S G，Moon J W，et al. A three-phase switched reluctance motor with two-phase excitation. IEEE Transactions on Industry Applications，1999，35（5）：1067-

1075.

[62] Ehsani M, Fahimi B. Elimination of position sensors in switched reluctance motor drives: state of the art and future trends. IEEE Transactions on Industrial Electronics, 2002, 49 (1): 40-47.

[63] 邓智泉，蔡骏. 开关磁阻电机无位置传感器技术的研究现状和发展趋势. 南京航空航天大学学报，2012，44（5）：611-620

[64] Panda S K, Amaratunga G A J. Analysis of the waveform-detection technique for indirect rotor-position sensing of switched reluctance motor drives. IEEE Transaction on Energy Conversion, 1991, 6 (3): 476-483.

[65] G. Gallegos-Lopez, P. C. Kjaer, T. J. E. Miller. A new sensorless method for switched reluctance motor drives. IEEE Transactions on Industrial Application, 1998, 34 (4): 832-840.

[66] Bateman C. J., Mecrow B. C., Clothier A. C., et al. Sensorless operation of an ultra-high-speed switched reluctance machine. IEEE Transactions on Industry Applications, 2010, 46 (6): 2329-2337.

[67] K. Xin, Q. H. Zhan, Z. Y. Ma, et al. Sensorless Position Estimation of Switched Reluctance Motors Based on Gradient of Phase Current. In IEEE International Conference on Industrial Technology 2006, Mumbai, 2006, 2509-2513.

[68] 曾辉，陈昊，徐阳，等. 基于分步续流法的开关磁阻电机无位置传感器控制. 电工技术学报，2013，28（7）：124-130.

[69] Gan C, Wu J, Hu Y, et al. Online Sensorless Position Estimation for Switched Reluctance Motors Using One Current Sensor. IEEE Transactions on Power Electronics, 2016, 31 (10): 7248-7263.

[70] 邱亦慧，詹琼华，马志源，等. 基于简化磁链法的开关磁阻电机间接位置检测. 中国电机工程学报，2001，21（10）：59-62.

[71] 郑洪涛，蒋静坪，徐德鸿，等. 开关磁阻电机无位置传感器能量优化控制. 中国电机工程学报，2004，24（1）：153-157.

[72] 李珍国，李彩红，阚志忠，等. 基于改进型简化磁链法的开关磁阻电机无位置传感器速

度控制. 电工技术学报，2011，26（6）：62-66.

[73] 张磊，刘闯，王云林，等. 开关磁阻电机改进型简化磁链无位置传感器技术. 电机与控制学报，2013，17（11）：13-19.

[74] Al-Bahadly I H. Examination of a sensorless rotor-position-measurement method for switched reluctance drive. IEEE Transactions on Industrial Electronics，2008，55（1）：288-295.

[75] Cheok A D，Ertugrul N. Use of fuzzy logic for modeling，estimation，and prediction in switched reluctance motor drives. IEEE Transactions on Industrial Electronics，1999，46（6）：1207-1224.

[76] Ertugrul N，Cheok A D. Indirect angle estimation in switched reluctance motor drive using fuzzy logic based motor model. IEEE Transactions on Power Electronics，2000，15（6）：1029-1044.

[77] Cheok A D，Wang Z. Fuzzy Logic Rotor Position Estimation Based Switched Reluctance Motor Dsp Drive With Accuracy Enhancement. IEEE Transactions on Power Electronics，2005，20（4）：908-921.

[78] Xu L，Wang C. Accurate rotor position detection and sensorless control of SRM for super-high speed operation. IEEE Transactions on Power Electronics，2002，17（5）.

[79] Mese E，Torrey D A. An approach for sensorless position estimation for switched reluctance motors using artifical neural networks. IEEE Transactions on Power Electronics，2002，17（1）：66-75.

[80] Hudson C，Lobo N S，Krishnan R. Sensorless Control of Single Switch-Based Switched Reluctance Motor Drive Using Neural Network. IEEE Transactions on Industrial Electronics，2008，55（1）：321-329.

[81] 夏长亮，王明超，史婷娜，等. 基于神经网络的开关磁阻电机无位置传感器控制. 中国电机工程学报，2005，25（13）：123-128.

[82] 夏长亮，王明超，史婷娜，等. 开关磁阻电机小波神经网络无位置传感器控制. 电工技术学报，2008，23（7）：33-38.

[83] Suresh G，Fahimi B，Rahman K M，et al. Inductance based position encoding for sensor-

less SRM drives. Power Electronics Specialists Conference，1999. PESC 99. 30th Annual IEEE，1999，2：832-837.

[84] 陈坤华，孙玉坤，吴建兵，等. 基于电感模型的开关磁阻电机无位置传感技术. 电工技术学报，2007，21（11）：71-75.

[85] 蒯松岩，王鹏飞，成静红，等. 基于变系数电感模型开关磁阻电机四象限无位置传感器技术. 电工技术学报，2014，29（7）：114-124.

[86] Gao H，Salmasi F R，Ehsani M. Inductance Model-Based Sensorless Control of the Switched Reluctance Motor Drive at Low Speed. IEEE Transactions on Power Electronics，2004，19（6）：1568-1573.

[87] Komatsuzaki A，Miura Y，Miki I. Novel Position Estimation for Switched Reluctance Motor Based on Space Vector of Phase Inductance. International Conference on Electrical Machines and Systems. 2008：2932-2937.

[88] Misawa S，Miura Y，Miki I. A rotor position estimation for 3-phase switched reluctance motor based on complex plane expression. International Conference on Electrical Machines and Systems. IEEE，2010：1701-1705. [101] Misawa S，Miki I. A rotor position estimation using Fourier series of phase inductance for Switched Reluctance Motor. Speedam. IEEE，2010：1259-1263.

[89] 周竟成，王晓琳，邓智泉，等. 开关磁阻电机的电感分区式无位置传感器技术. 电工技术学报，2012，27（7）：34-40.

[90] 蔡骏，邓智泉. 一种具有容错功能的开关磁阻电机无位置传感器控制方法. 中国电机工程学报，2012，32（36）：109-116.

[91] Jun Cai，Zhiquan Deng. A Position Sensorless Control of Switched Reluctance Motors Based on Phase Inductance Slope. Journal of Power Electronics，2013，13（2）：264-274.

[92] Mccann R，Islam M S，Husain I. Application of a sliding-mode observer for position and speed estimation in switched reluctance motor drives. IEEE Transactions on Industry Applications，2001，37（1）：51-58.

[93] 辛凯. 开关磁阻电机滑模观测器间接位置检测的研究，[博士学位论文]. 武汉：华中科技大学，2007.

[94] Khalil A，Und erwood S，Husain I，et al. Four-quadrant pulse injection and sliding mode observer based sensorless operation of a switched reluctance machine over entire speed range including zero speed. IEEE Transactions on Industry Applications，2007，43（3）：714-723.

[95] 张旭隆，谭国俊，蒯松岩，等. 在线建模的开关磁阻电机四象限运行无位置传感器控制. 电工技术学报，2012，27（7）：26-33.

[96] 詹琼华，王双红，肖楚成. 开关磁阻电机电容式位置检测技术. 电工技术学报，1999，14（3）：1-5.

[97] 毛良明，经亚枝，樊小明，等. 反串线圈法间接位置检测技术在开关磁阻发电机系统中的应用研究. 中国电机工程学报，2000，20（10）：27-30.

[98] 王骋，邓智泉，蔡骏，等. 利用检测线圈的开关磁阻电机转子位置估计方法. 电工技术学报，2015，30（14）：41-50.

[99] Bu Jianrong，Xu Longya . Eliminating starting hesitation for reliable sensorless control of switched reluctance motors. IEEE Transactions on Industry Applications，2001，37（1）：59-66.

[100] Krishnamurthy M，Edrington C S，Fahimi B. Prediction of rotor position at standstill and rotating shaft conditions in switched reluctance machines. IEEE Transactions on Power Electronics，2006，21（1）：225-233.

[101] Pasquesoone G，Mikail R，Husain I . Position estimation at starting and lower speed in three-phase switched reluctance machine using pulse injection and two thresholds. IEEE Transactions on Industry Applications，2011，47（4）：1724-1731.

[102] Ofori E，Husain T，Sozer Y，et al. A pulse injection based sensorless position estimation method for a switched reluctance machine over a wide speed range. IEEE Transactions on Industry Applications，2013，51（5）：518-524.

[103] 邱亦慧，马志源，詹琼华. 无位置传感器开关磁阻电机的无反转起动研究. 电工技术学报，2001，16（2）：18-22.

[104] 王旭东，张奔黄，王喜莲，等. 无位置传感器开关磁阻电机位置的检测与预报. 中国电机工程学报，2000，20（7）：5-8.

[105] 刘卫国，宋受俊，Uwe Schäfer. 无位置传感器开关磁阻电机初始位置检测方法. 中国电机工程学报，2009，29（24）：91-97.

[106] Shen L，Wu J，Yang S. Initial position estimation in SRM using bootstrap circuit without predefined inductance parameters. IEEE Transactions on Power Electronics，2011，26（9）：2449-2456.

[107] 蔡骏，邓智泉. 两种开关磁阻电机无位置传感器起动技术的比较研究. 中国电机工程学报，2013，33（6）：136-143.

[108] Jun Cai，Zhiquan Deng. A Sensorless Starting Control Strategy for Switched Reluctance Motor Drives with Current Threshold. Electric Power Component and Systems. 2013，41（1）：1-15.

[109] 张磊，刘闯，王云林，等. 一种具有容错功能的开关磁阻电机初始位置估计方法. 电工技术学报，2014，29（7）：125-132.

[110] 李景男，王旭东. 基于两相脉冲激励的开关磁阻电机的无位置传感器转子位置检测. 电机与控制学报，2002，6（1）：6-9.

[111] Guo H J，Takahashi M，Watanabe T，et al. A new sensorless drive method of Switched Reluctance Motors based on motor′s magnetic characteristics. IEEE Transactions on Magnetics，2001，37（4）：2831-2833.

[112] 毛宇阳，邓智泉，蔡骏，等. 基于电流斜率差值法的开关磁阻电机无位置传感器技术. 电工技术学报，2011，26（9）：87-93.

[113] Kayikci E，Lorenz R D. Self-sensing control of a four phase switched reluctance drive using high frequency signal injection including saturation effects. Electric Machines and Drives Conference，2009. IEEE International，2009：611-618.

[114] 胡荣光，邓智泉，蔡骏，等. 基于PWM控制的开关磁阻电机中低速无位置传感器控制方法. 航空学报，2015，36（7）：2340-2349.

[115] Ye J，Bilgin B，Emadi A. Elimination of Mutual Flux Effect on Rotor Position Estimation of Switched Reluctance Motor Drives Considering Magnetic Saturation. IEEE Transactions on Power Electronics，2015，30（3）：1499-1512.

[116] 蔡骏，邓智泉. 基于相电感综合矢量法的开关磁阻电机初始位置估计. 中国电机工程

学报，2013，33（12）：145-151.

[117] Jun Cai，Zhiquan Deng. Initial Rotor Position Estimation and Sensorless Control of SRM Based on Coordinate Transformation. IEEE Transactions on Instrumentation and Measurement，2015，64（4）：1004-1018.

[118] Husain I，Ehsani M. Rotor position sensing in switched reluctance motor drives by measuring mutually induced voltages. IEEE Transactions on Industry Applications，1994，30（3）：665-672.

[119] M. Takemoto，A. Chiba，H. Suzuki，er al. Radial force and torque of a bearingless switched reluctance motor operating in a region of magnetic saturation [C]. IEEE Transactions on Industry Applications，2004，40（1）：103-112.

[120] 陈昊. 单绕组复合转子无轴承开关磁阻电机控制方法研究 [D]. 南京邮电大学，2019.

[121] 彭薇. 新型双定子无轴承开关磁阻的设计和控制 [D]. 沈阳工业大学，2012.

[122] 陈坤，王翠，王喜莲. 双定子无轴承开关磁阻电机径向力解析模型 [J]. 北京交通大学学报，2016，40（02）：71-78.

[123] 徐振耀. 一种新颖的 12/14 混合定子极型无轴承开关磁阻电机的设计与控制 [D]. 沈阳工业大学，2012.

[124] 鲍军芳，薛秉坤，唐绍飞，王惠军，姚丙雷. 新型 12/14 无轴承开关磁阻电机的设计 [J]. 电动机与控制应用，2015，42（05）：32-37+50.

[125] 唐行菊，鲍军芳，薛秉坤，刘剑峰，王惠军. 新型无轴承开关磁阻电机的特性分析 [J]. 航空精密制造技术，2014，50（02）：24-27.

[126] 王喜莲. 共悬浮绕组式无轴承开关磁阻电机的基础研究 [D]. 北京交通大学，2014.

[127] Zhou Heng，Cao Xin，Qiao Yanchen，et al. A novel 6/4 conical bearingless switched reluctance motor [C] 2015 18th International Conference on Electrical Machines and Systems，Pattaya，Thailand，2015：1807-1811.